Joachim Wachtel

Claude Dornier – Ein Leben für die Luftfahrt

Titelbild: Claude Dornier

nach einem Gemälde von D. Mollering,
mit freundlicher Genehmigung durch die
„International Aerospace Hall of Fame",
San Diego, Kalifornien.

ISBN 3-925505-10-5

1. Auflage 1989

Genehmigte, autorisierte Lizenzausgabe

Aviatic Verlag Peter Pletschacher
8033 Planegg, 1989

Schutzumschlag- und Buchgestaltung:
Design Rottiers, 7401 Pliezhausen

Gesamtherstellung: Information & Werbung
Résidence Verlag GmbH, 4773 Möhnesee-Körbecke

Joachim Wachtel

Claude Dornier

Ein Leben für die Luftfahrt

AVIATIC VERLAG

Inhalt

DORNIER
MERKUR
171

S.A.NAVIGAZIONE AEREA
GENOVA

D-3025

Vorwort

Claude Dorniers Wirken überspannt ein halbes Jahrhundert, es reicht von der Zeit des Kaiserreiches über die Weimarer Republik und Hitlers „Drittes Reich" bis in die Bundesrepublik mit ihren Wirtschaftswunderjahren. In diesem Zeitraum mit seiner schnellen, ja sprunghaften technologischen Entwicklung hat Claude Dornier weit über 50 Flugzeugmuster mit vielen Varianten entweder selbst konstruiert oder ihre Konstruktion maßgeblich beeinflußt. Flugboote vor allem waren seine Passion – sie haben Luftfahrtgeschichte gemacht.

Ohne den zeitgeschichtlichen Hintergrund kann das Leben dieses Flugzeugbaupioniers und Unternehmers kaum gewürdigt werden. Gerade die Luftfahrtindustrie sah sich ja immer, bis heute, in der Abhängigkeit vom politischen Umfeld.

Es wäre reizvoll gewesen, auf diese Umstände näher einzugehen. Doch die Grenzen einer Darstellung wie der vorliegenden sind eng gezogen. Geschichte, Zeitgeschichte kann hier nur soweit einfließen, wie sie unmittelbar auf die Unternehmenspolitik und das Schicksal des Unternehmens einwirkte.

Die Arbeiten an diesem Buch stützen sich weitgehend auf die Unterlagen des Dornier-Firmenarchivs. Bei den schweren Bombenangriffen im Jahr 1944 wurde mit den Werkshallen und Verwaltungsgebäuden auch das damalige Archiv zerstört. Es ist das Verdienst Eugen Jägers, des ehemaligen Leiters des Projektbüros, in den sechziger Jahren aus eigener Erinnerung und unter Mitarbeit vieler alter Dornier-Angehöriger den Grundstock zu einem neuen Bild- und Textarchiv gelegt zu haben.

Außer diesen Unterlagen, außer den schriftlich niedergelegten Erinnerungen Claude Dorniers, die bis in das Jahr 1932 reichen, und seinen Vorträgen (bis 1939), waren dem Autor keine weiteren Dokumente aus der Feder des Konstrukteurs oder aus seiner engeren Umgebung zugänglich.

Als interessante Quellen haben sich die im Dornier-Archiv aufbewahrten Erinnerungen ehemaliger Dornier-Mitarbeiter erwiesen. Während Heinrich Schulte-Frohlinde und Oskar Pönitzsch aus ihrer Perspektive des Betriebsleiters schrieben, hat Heinrich Triller vor allem die Frühzeit der ersten Flugboote geschildert, an deren Erprobung er als „Flugmeister" beteiligt war. Ehemalige Techniker und Ingenieure des Hauses Dornier haben zudem ihre Kenntnisse der Entwicklung in der Zeit vor und nach dem Zweiten Weltkrieg zur Verfügung gestellt.

Außer dem Dornier-Archiv, dessen Leiterin, Frau Helga Burgmaier, die Hauptarbeit bei der Dokumentation leistete, haben dankenswerterweise auch andere Archive aus ihren Beständen zu diesem Buch beigetragen: das Bundesarchiv Koblenz und Militärarchiv Freiburg, das Lufthansa-Archiv Köln, das Archiv der Firma Zeppelin-Metallwerke GmbH Friedrichshafen, das Archiv Ott in Berlin und die Sondersammlungen des Deutschen Museums in München.

Claude Dornier hatte bei aller Faszination für technologische Innovationen stets ein untrügliches Gespür für das unternehmerisch Machbare. Die erfolgreiche Geschichte des Dornier-Konzerns, heute im Verbund der Deutschen Aerospace AG, gründet auf seinem Lebenswerk.

Joachim Wachtel
Puchheim, im August 1989

Claude Dornier, einer der großen Pioniere der Luftfahrt.

Ein Ingenieur geht seinen Weg

An einem hellen Herbsttag des Jahres 1910 stieg Claude Dornier, 26 Jahre alt, Diplom-Ingenieur und seit Jahren durch die, wie er später sagte, „harte Schule" der mittelständischen Metallindustrie gegangen, auf dem Bahnhof Friedrichshafen aus dem Zug und machte sich zu Fuß auf den Weg zur Luftschiffbau Zeppelin GmbH. Er war eingeladen, sich bei dem zwei Jahre zuvor gegründeten Unternehmen vorzustellen.

Am Anfang: Zeppelin

Friedrichshafen, die stille Sommerresidenz der Könige von Württemberg, stand damals im Blickpunkt aller an der Luftschiff-Fahrt interessierten Kreise. Seit der Jahrhundertwende experimentierte Graf Ferdinand von Zeppelin, Jahrgang 1838, pensionierter württembergischer Reitergeneral und selbst geborener Konstanzer, mit seinen Luftschiffen auf und am Bodensee, diesem idealen „Manövrierfeld" ohne Hindernisse.

Die Fortschritte seit jenem legendären 2. Juli 1900, als das 128 m lange, starre und stoffbespannte Aluminiumgerüst des „LZ 1" (LZ: Luftschiff Zeppelin) die schwimmende Halle vor Manzell zu einer ersten Fahrt von 17 ½ Minuten Dauer verlassen hatte und 6 km entfernt, vor Immenstaad, wieder wassern mußte, waren zwar nicht mehr zu übersehen. Fahrten von mehreren Stunden, über Hunderte von Kilometern, wie die zwölfstündige Schweiz-Rundfahrt am 1. Juli 1908, gehörten nicht mehr zur Ausnahme. Lotterien in Baden, Württemberg und auch in anderen Ländern des Deutschen Reiches hatten Zeppelin zusätzlich zu seinem privaten Vermögen, das er für seine Idee riskierte, Geld zum Weiterbauen gebracht. Dennoch glich der Weg zum Erfolg eher einem spannenden Auf und Ab. LZ 2 war 1906 im Allgäu gestrandet und abgewrackt worden, LZ 3 nicht leistungsfähig genug. Und LZ 4 war bei der für ein Militärluftschiff von der Reichsregierung geforderten Vierundzwanzigstunden-Fahrt am 4. August 1908 bei Echterdingen in einem Gewitter verbrannt.

Echterdingen hatte die Nation erschüttert. Und paradoxerweise hatte gerade diese Katastrophe, dieses scheinbar endgültige Aus, die Wende gebracht. Innerhalb von wenigen Wochen kamen aus dem ganzen deutschen Volk 6.250.000 Goldmark an Spendengeldern für den Grafen zusammen, Grundstock der (heute noch bestehenden, jetzt von der Stadt Friedrichshafen verwalteten) Zeppelin-Stiftung. Drei Millionen Mark aus der Volksspende statteten die Luftschiffbau Zeppelin GmbH mit dem nötigen Kapital aus. Als Geschäftsführer holte sich Graf Zeppelin aus Westfalen Alfred Colsman, Schwiegersohn jenes Industriellen Carl Berg, der kostenlos das Aluminium für die ersten beiden Luftschiffe geliefert hatte.[1]

Alfred Colsman, ein hochbefähigter Organisator, in seinem realistischen, nüchternen Urteil der dringend nötige Widerpart zu dem immer zur Attacke bereiten Grafen, baute in den nächsten Jahren um den Luftschiffbau Zeppelin als Kern eine Reihe von Spezialbetrieben auf, die Pionierarbeit auf ihren Gebieten leisteten. Da Luftfahrt – bei Luftschiffen wie bei Flugzeugen – eine Frage von leistungsstarken, betriebssicheren Motoren ist, wurde im März 1909 die Luftfahrzeug-Motorenbau GmbH in Bissingen gegründet, an der sich die Luftschiffbau-Zeppelin GmbH mit zunächst 40 Prozent beteiligte; technischer Geschäftsführer wurde Karl Maybach, der Sohn von Wilhelm Maybach. 1912 wurde die Fabrikation nach Friedrichshafen verlegt, die Firma in „Motorenbau GmbH" umbenannt.

Dann rief Colsman im November 1909 die Deutsche Luftschiffahrts-Aktiengesellschaft (Delag) ins Leben, die erste Luftverkehrsgesellschaft der Welt. Schließlich rundeten später die Ballonhüllen-Gesellschaft mbH in Berlin-Tempelhof und die Zeppelin-Hallenbau GmbH, ebenfalls in Berlin, den Zeppelin-Konzern ab. Am 30. April 1910 war in Friedrichshafen schon das „Kurgarten-Hotel" eingeweiht worden, auch dies ein eigenständiger Zeppelin-Betrieb; in den nächsten Jahrzehnten sollte es zu einem internationalen Treffpunkt der Luftfahrtwelt werden.

Als Claude Dornier sich im Jahr 1910 in Friedrichshafen vorstellte, schien für den Luftschiffbau Zeppelin das Schlimmste überwunden. Graf Zeppelin, einst der „verrückte Graf" und nun der populärste Deutsche, stand auf der Höhe seines Ruhms. Im August 1909 hatte ihn Kaiser Wilhelm II. auf dem Tegeler Schießplatz bei Berlin mit dem Luftschiff LZ 6 willkommen geheißen – eine Szene, die durch die Anwesenheit eines anderen Mannes, eines nüchternen Amerikaners, noch an Symbolgehalt gewann: Wilbur Wright, auch er drückte dem Grafen die Hand. Die „Eroberung der Luft", von der alle Welt sprach, machte gewaltige Fortschritte, und noch längst stand nicht fest, wer das Rennen machen, welches Prinzip sich durchsetzen würde: „leichter als Luft", also Luftschiffbauer wie Zeppelin, Parseval, Schütte – „oder schwerer als Luft", die Brüder Wright und ihre Anhänger und Schüler.

Allen Ehrungen, aller Verehrung des Grafen zum Trotz stand es aber noch gar nicht so gut um Zeppelins Unternehmen. Die erhofften Aufträge blieben vorerst aus, das Militär, auf das es ja ankam, teilte nicht die allgemeine Begeisterung und blieb zurückhaltend, die Finanzlage war kritisch.

Ferdinand Graf von Zeppelin förderte die Talente des jungen Ingenieurs Claude Dornier. Mit neuen konstruktiven Ideen trug er zu den ersten Erfolgen der Luftschiffe bei.

Die Delag, die eine Art Luftverkehr zwischen deutschen Großstädten etablieren wollte, eine kühne, den Realitäten weit vorauseilende Gründung, blieb von Problemen nicht verschont. Die „Deutschland" (LZ7), eines ihrer Schiffe, strandete im Teutoburger Wald, ausgerechnet mit Journalisten an Bord. Ein zweites, LZ6, verbrannte in der Halle in Baden-Oos, ein drittes, die „Deutschland II" (LZ8), wurde beim Manövrieren aus der Halle vom Wind so stark beschädigt, daß es abmontiert werden mußte. Hatte nicht Graf Zeppelin recht, konnte man es ihm verdenken, wenn er auf Colsmans Delag-Pläne zurückhaltend reagiert hatte?

Es blieb noch viel zu tun an Zeppelins Luftschiffen! Die neugegründete Versuchsabteilung des Luftschiffbau Zeppelin hatte dringend anstehende Fragen der Werkstoffe und der Struktur, der Getriebe, der Luftschrauben und der elektrostatischen Aufladung zu klären und zukunftsweisende Entwicklungsaufgaben, beispielsweise in der Aerodynamik, zu lösen. In diese Versuchsabteilung trat Claude Dornier am 2. November 1910 mit einem Monatsgehalt von 250 Mark ein (dazu „die Berge und den See gratis", wie Colsman, der das Einstellungsgespräch führte, bemerkte).

Der Bau von Luftschiffen, der Bau von Luftschiffhallen, der Dornier in den nächsten Jahren beschäftigte, mußte ihn von seiner Ausbildung und von seinen Interessen her reizen.

„Gute Technik ist immer schön"

„Eigentlich wollte ich Architekt werden." Mit diesem Satz begann Claude Dornier im 82. Lebensjahr seinen leider Fragment gebliebenen Lebensrückblick „Aus meiner Ingenieurlaufbahn". Ihm verdanken wir manch aufschlußreiches Detail aus den frühen Jahren seiner Laufbahn und der Zeit des Aufstiegs zum alleinigen Gesellschafter des Unternehmens, das seinen Namen hinaus in die Welt trug.[2)]

Aus Frankreich war der Vater, Dauphin Dornier, ins Allgäu zugewandert. In Kempten hatte er eine Bürgerstochter aus der Familie Buck geheiratet. Claude Honore Desiré, geboren am 14. Mai 1884, war das älteste von sieben Kindern. Ein Zug ins Künstlerische kam bei den Kindern vom Großvater, Josef Buck, der selbst Schüler bei Peter Cornelius gewesen war, an der Kemptener Lateinschule als Zeichenlehrer wirkte und auch später, als er sich aus der väterlichen Brauerei zurückgezogen hatte, die Heimat mit Stift und Wasserfarben im Bilde festhielt. In dieser Atmosphäre eines Romantikers war Claude Dorniers Mutter groß geworden.

Ausgerechnet dieser kunstliebende Großvater hatte dem jungen Claude, den es früh zur Architektur gezogen hatte, die Fähigkeit zum Zeichnen schlicht abgesprochen. Dornier selbst erinnerte sich später seiner ausgeprägten jugendlichen Freude an Wasserrädern und deren Bau – naheliegend angesichts der Wasserkraftanlagen an der heimischen Iller, die ihre Arbeit für Spinnereien und Webereien leisteten. Naheliegend auch der Vorschlag des Gymnasiasten, ihn auf die Technische Hochschule zu schicken, um zu lernen, „wie man Turbinen baut".

Mit 23 Jahren, Mitte 1907, war Claude Dornier Diplom-Ingenieur. Sein Ehrgeiz während des Studiums in München habe, so Claude Dornier im Rückblick, mehr darin gelegen, sich körperlich, in jeder Art von Leibesübungen und auf dem Fechtboden, hervorzutun als in den Wissenschaften. Vor allem hatten es ihm die Berge angetan, diesem „leidenschaftlichen Bergsteiger", der auch mal zur Zither griff und in seltener Ausgelassenheit sogar Schnaderhüpferl singen konnte.

Die Eltern von Claude Dornier: Dauphin Dornier war aus Frankreich ins Allgäu zugewandert und heiratete in Kempten Mathilde Buck.

Das Haus, in dem Claude Dornier am 14. Mai 1884 in Kempten geboren wurde.

„Ich glaube, zu jener Zeit hätte ich das einfache Leben eines Bergbauern dem Ingenieurberufe vorgezogen. Mir graute vor den Fabriken und Städten, in denen sich meine Zukunft abwickeln sollte. Wenn ich nicht für meine Eltern und Geschwister zu sorgen gehabt hätte, wäre meine ‚Ingenieurlaufbahn' wohl nie begonnen worden."

Claude Dornier mußte in der Tat schleunigst ans Geldverdienen denken. Sein Vater war nun einmal „kein Geschäftsmann", so der Sohn, Geld wurde knapp in der vielköpfigen Familie. *„Ich habe mir mit dem Anfertigen von Bewerbungsunterlagen beinahe die Finger wund geschrieben." Aber weder aus Deutschland noch aus Frankreich* – Claude war ja durch seinen Vater französischer Staatsbürger – *kamen brauchbare Angebote.* Gehaltspegel für junge Ingenieure damals: 100 Goldmark monatlich. Ein primitives „Konstruktionsbüro" im elterlichen Haus half ihm über die Zeit. Dornier berechnete Dachstühle für einen Baumeister und erfand für sich Flugmaschinen. Einen – abenteuerlichen – Entwurf schickte er an Professor M.W. Kutta, der sich intensiv mit Fragen des Auftriebs beschäftigte. Kutta, Mathematiker, bewies ihm klipp und klar, daß der Apparat nicht fliegen würde. Immerhin: Der renommierte Münchner Wissenschaftler riet Dornier, weiter Flugstudien zu betreiben.

Am 1. Oktober 1907 trat Dornier als Konstrukteur bei der Maschinenfabrik Nagel in Karlsruhe ein – Beginn der üblichen Ochsentour. Im Bürogebäude machte sich ein unangenehmer Moderduft breit, verbunden mit dem Geruch von Schmieröl und Kohlenruß – ein finsterer, niedriger Raum. Dorniers erster Auftrag paßte zu der Stimmung: Er hatte für das neuerbaute Krematorium in Karlsruhe die Vorrichtung für den Transport der Särge zum Verbrennungsofen zu entwerfen. Mit einem Anflug von schwarzem Humor notierte er später: *„Meine erste Konstruktion hat einer großen Anzahl von Zeitgenossen die letzte Reise mechanisiert."*

Dornier sollte über ein Jahr lang einen ersten, vielsagenden Einblick in den Arbeitsalltag kleinerer deutscher Fabriken der Vor-Weltkriegszeit bekommen. Er spürte etwas von der Spannung zwischen den erfahrenen Praktikern und ihm, dem jungen Akademiker, aber auch von der Sympathie bei den Handwerkern in der Werkstatt, und begriff, daß er, der in der Pause arbeitete und abends länger blieb, sich mit der Situation des Einzelgängers abzufinden hatte. Er war *„sehr unglücklich über die Verhältnisse im Büro".*

Stellungswechsel. Illingen im Württembergischen, 1909. Die Firma Luig war im Brücken- und Eisenhochbau tätig. Als Dornier eintrat, lag ein größerer Auftrag über Brückenverstärkungen für die Kgl. Württembergischen Staats-Eisenbahnen vor; die Lokomotiven waren größer und schwerer

Ein Bild aus der Studentenzeit: Claude Dornier (hintere Reihe ganz rechts) absolvierte an der Technischen Hochschule in München das Studium des Maschinenbaus.

geworden. Zeichnungen gab es von den meisten Brücken nicht mehr, so daß sich der junge Ingenieur monatelang an die Befundaufnahme machen mußte, bevor er an die statische Berechnung und die pingelig genaue Aufstellung für die Bahndirektion über das für die Verstärkung erforderliche Eisen gehen konnte. Damals, bei der Vermessung der Brükken, so schrieb er, wurde ihm klar, welche *„Sicherheit in dem Vorhandensein vieler, voneinander unabhängiger Bauteile liegt"*. Auch hier in der Fabrik wieder Arbeit unter harten physischen Belastungen. In dem Glaskasten über der Werkstatt, auf einer Art Hühnerleiter erreichbar, dröhnte ununterbrochen der Lärm der Niethämmer, dazu pfiffen die vorbeifahrenden Lokomotiven ohrenbetäubend.

Die einfache, fast karge Lebensweise im Dorf, sein kleines Zimmer über dem Ziegenstall behagten ihm, Ordnung beherrschte das Leben, das mit Arbeit ausgefüllt war – bis ihn ein dringender, flehender Brief der Mutter nach Kempten rief. Der Handel mit französischem Wein, den der Vater betrieb, hatte falliert, der Vater war schwer erkrankt. Es wurde für Claude die „schwerste Zeit" seines Lebens. Als Ältester (nach ihm waren noch zwei Brüder, Marcel und Maurice, und vier Schwestern geboren) mußte er mit den Banken verhandeln, Außenstände eintreiben, das Lager veräußern. In Illingen verdiente er 150 Goldmark, die mußten jetzt für ihn und die Familie reichen.

Schließlich Kaiserslautern, 200 Goldmark monatlich. Für ihn selbst blieb der Verdienst eines Tagelöhners. Sein Chef im traditionsreichen Eisenwerk Kaiserslautern, Oberingenieur Eckart, beeindruckte ihn durch seine straff und einfach gegliederten Entwürfe, *„bar jeder nicht aus dem Spiel der Kräfte gegebenen Zutat"*, bei ihm begriff er, daß *„gute Technik immer schön ist"* – kein schlechter Ansatz für den späteren Flugzeugbauer. Die Arbeitszeit betrug neun Stunden am Tag, sechsmal in der Woche. Nur am Sonntagabend leistete er sich ein warmes Essen. Ärztlicher Befund: unterernährt.

Die unverhoffte Aufforderung vom Luftschiffbau aus Friedrichshafen – Dornier hatte sich schon längere Zeit zuvor beworben – mußte ihm, dem gläubigen Menschen, wie eine höhere Fügung, wie ein Wink des Himmels erscheinen: *„Ich sah Licht in der Dunkelheit meines Daseins..."* Die Inhaber des Kaiserslauterer Eisenwerks, die ihre Arbeiter und Angestellten morgens gelegentlich mit der Uhr in der Hand am Werktor empfingen, trennten sich nur ungern von Dornier. Luftschiffbau Zeppelin? Da könnte er, spottete einer der beiden Kommerzienräte, ebenso zum Zirkus gehen...

Die drehbare Halle

Zirkus – das war in diesen Pionierjahren der Fliegerei vor dem Ersten Weltkrieg die landläufige Metapher, wenn es in Laienkreisen um Fragen der Luftfahrt, besonders um das Prinzip „schwerer als Luft" ging, um die frühen Flugzeuge aus Holz und Leinwand, Bambus und Klavierdraht. Da schwang in Deutschland gehöriger Patriotismus mit, Stolz auf den Grafen Zeppelin, diesen zähen, willensstarken Mann, der einer staunenden Welt mit seinen „silbernen Zauberfischen" am Himmel demonstriert hatte, wie die Luftfahrt der Zukunft aussehen würde: mit gasgefüllten Luftschiffen, nach dem Prinzip „leichter als Luft".

Andererseits schickte sich Frankreich jedoch an, mit schnellen, wendigen Flugzeugen die Rolle des Vorreiters im europäischen Flugzeugbau zu übernehmen. Das große Wettfliegen im August 1909 in Reims, das erste internationale Flieger-Meeting der Welt überhaupt, war eine klare Sache der Franzosen gewesen (wenn man von dem ungestümen Außenseiter aus den USA, Glenn Curtiss, absieht). Deutsche waren dabei vorerst Zaungäste. Deutschlands Pilot Nr. 1, August Euler, dessen Pilotenschein am 1. Februar 1910 ausgestellt wurde, schuf sich seinen Gitterrumpf-Doppeldecker ausdrücklich *„in Anlehnung an die Fabrikationserfahrung von Voisin"*. Frankreich flog vorerst allen davon.

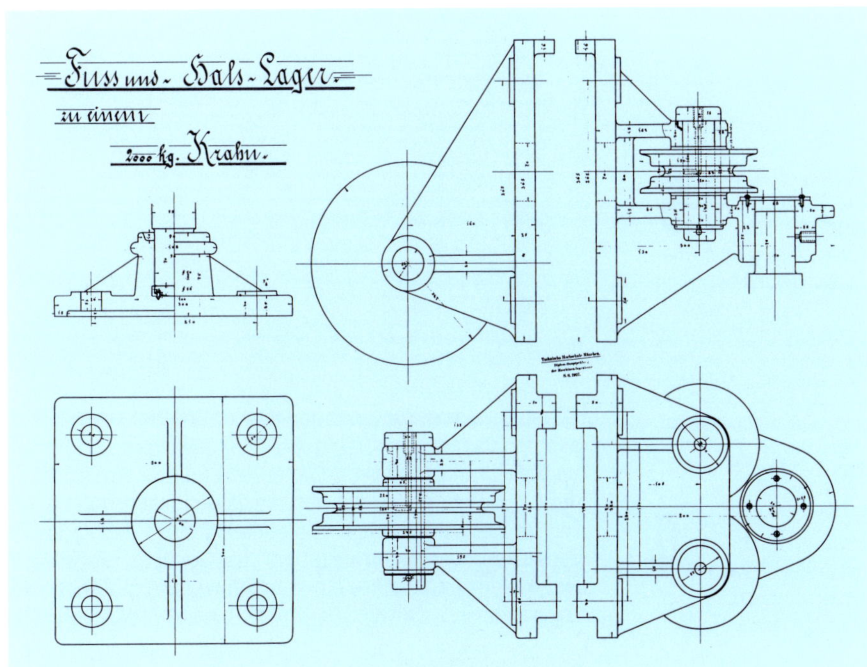

Aus Claude Dorniers Diplomarbeit: die Konstruktionszeichnung eines Lagers für einen Zweitonnen-Kran.

Deutschland, das Deutsche Reich, setzte – zunächst – auf Zeppelin und seine Luftschiffe. Um den einmal errungenen Vorsprung im Luftschiffbau zu halten, um die Schiffe schrittweise weiter zu verbessern, hatte das Unternehmen die eigene Versuchsabteilung eingerichtet und zu deren Chef Graf Karl Alfred von Soden-Fraunhofen berufen, Dorniers unmittelbarer Vorgesetzter. Er hatte wie Dornier in München studiert, erst Jura, dann Elektrotechnik und Maschinenbau. Über die Konstruktionsabteilung der M.A.N. war er zum Luftschiffbau gekommen – ein kultivierter Mann, dem der junge Ingenieur nach eigenem Bekunden viel verdankte. Später baute Graf Soden im Zeppelin-Konzern die Zahnradfabrik Friedrichshafen zu ihrer führenden Stellung aus.

Claude Dornier, angetan von der modernen Werft in Friedrichshafen und der ungewohnt humanen Arbeitswelt – *„Alles neu, hell, weitläufig und schön"*, *„Ich kam mir beinahe vor wie in der Sommerfrische"* –, fand beim Luftschiffbau ein weites Betätigungsfeld. Mit am dringlichsten, das hatte die

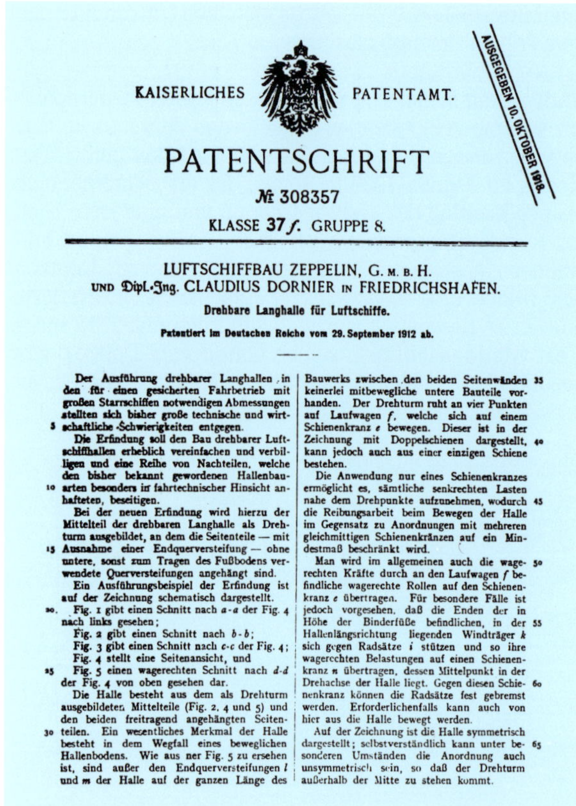

KAISERLICHES PATENTAMT.

AUSGEGEBEN 10. OKTOBER 1918.

PATENTSCHRIFT

№ 308357

KLASSE 37 *f*. GRUPPE 8.

LUFTSCHIFFBAU ZEPPELIN, G. M. B. H. UND Dipl.-Ing. CLAUDIUS DORNIER IN FRIEDRICHSHAFEN.

Drehbare Langhalle für Luftschiffe.

Patentiert im Deutschen Reiche vom 29. September 1912 ab.

Der Ausführung drehbarer Langhallen in den für einen gesicherten Fahrbetrieb mit großen Starrschiffen notwendigen Abmessungen stellten sich bisher große technische und wirtschaftliche Schwierigkeiten entgegen.

Die Erfindung soll den Bau drehbarer Luftschiffhallen erheblich vereinfachen und verbilligen und eine Reihe von Nachteilen, welche den bisher bekannt gewordenen Hallenbauarten besonders in fahrtechnischer Hinsicht anhafteten, beseitigen.

Bei der neuen Erfindung wird hierzu der Mittelteil der drehbaren Langhalle als Drehturm ausgebildet, an dem die Seitenteile — mit Ausnahme einer Endquerversteifung — ohne untere, sonst zum Tragen des Fußbodens verwendete Querversteifungen angehängt sind.

Ein Ausführungsbeispiel der Erfindung ist auf der Zeichnung schematisch dargestellt.

Fig. 1 gibt einen Schnitt nach *a-a* der Fig. 4 nach links gesehen;

Fig. 2 gibt einen Schnitt nach *b-b*;

Fig. 3 gibt einen Schnitt nach *c-c* der Fig. 4;

Fig. 4 stellt eine Seitenansicht, und

Fig. 5 einen wagerechten Schnitt nach *d-d* der Fig. 4 von oben gesehen dar.

Die Halle besteht aus dem als Drehturm ausgebildeten Mittelteile (Fig. 2, 4 und 5) und den beiden freitragend angehängten Seitenteilen. Ein wesentliches Merkmal der Halle besteht in dem Wegfall eines beweglichen Hallenbodens. Wie aus ner Fig. 5 zu ersehen ist, sind außer den Endquerversteifungen *l* und *m* der Halle auf der ganzen Länge des Bauwerks zwischen den beiden Seitenwänden keinerlei mitbewegliche untere Bauteile vorhanden. Der Drehturm ruht an vier Punkten auf Laufwagen *f*, welche sich auf einem Schienenkranz *e* bewegen. Dieser ist in der Zeichnung mit Doppelschienen dargestellt, kann jedoch auch aus einer einzigen Schiene bestehen.

Die Anwendung nur eines Schienenkranzes ermöglicht es, sämtliche senkrechten Lasten nahe dem Drehpunkte aufzunehmen, wodurch die Reibungsarbeit beim Bewegen der Halle im Gegensatz zu Anordnungen mit mehreren gleichmittigen Schienenkränzen auf ein Mindestmaß beschränkt wird.

Man wird im allgemeinen auch die wagerechten Kräfte durch an den Laufwagen *f* befindliche wagerechte Rollen auf den Schienenkranz *e* übertragen. Für besondere Fälle ist jedoch vorgesehen, daß die Enden der in Höhe der Binderfüße befindlichen, in der Hallenlängsrichtung liegenden Windträger *k* sich gegen Radsätze *i* stützen und so ihre wagerechten Belastungen auf einen Schienenkranz *n* übertragen, dessen Mittelpunkt in der Drehachse der Halle liegt. Gegen diesen Schienenkranz können die Radsätze fest gebremst werden. Erforderlichenfalls kann auch von hier aus die Halle bewegt werden.

Auf der Zeichnung ist die Halle symmetrisch dargestellt; selbstverständlich kann unter besonderen Umständen die Anordnung auch unsymmetrisch sein, so daß der Drehturm außerhalb der Mitte zu stehen kommt.

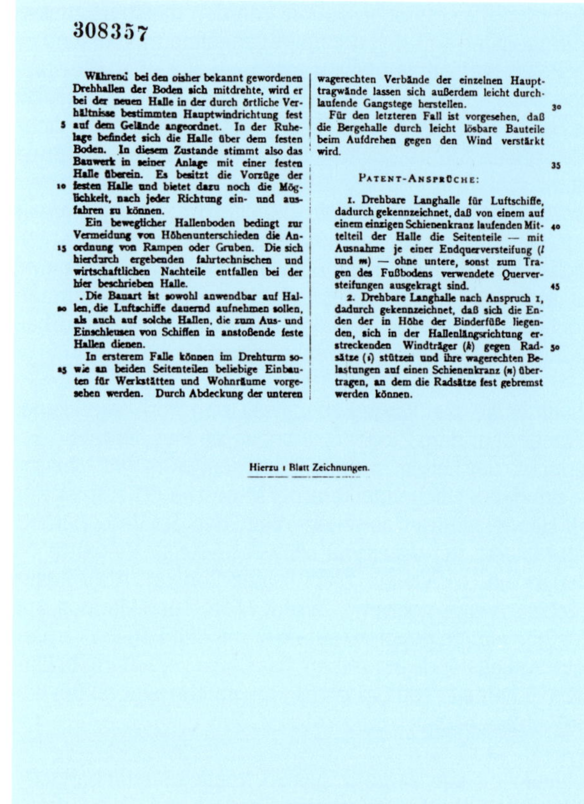

308357

Während bei den bisher bekannt gewordenen Drehhallen der Boden sich mitdrehte, wird er bei der neuen Halle in der durch örtliche Verhältnisse bestimmten Hauptwindrichtung fest auf dem Gelände angeordnet. In der Ruhelage befindet sich die Halle über dem festen Boden. In diesem Zustande stimmt also das Bauwerk in seiner Anlage mit einer festen Halle überein. Es besitzt die Vorzüge der festen Halle und bietet dazu noch die Möglichkeit, nach jeder Richtung ein- und ausfahren zu können.

Ein beweglicher Hallenboden bedingt zur Vermeidung von Höhenunterschieden die Anordnung von Rampen oder Gruben. Die sich hierdurch ergebenden fahrtechnischen und wirtschaftlichen Nachteile entfallen bei der hier beschrieben Halle.

Die Bauart ist sowohl anwendbar auf Hallen, die Luftschiffe dauernd aufnehmen sollen, als auch auf solche Hallen, die zum Aus- und Einschleusen von Schiffen in anstoßende feste Hallen dienen.

In ersterem Falle können im Drehturm sowie an beiden Seitenteilen beliebige Einbauten für Werkstätten und Wohnräume vorgesehen werden. Durch Abdeckung der unteren wagerechten Verbände der einzelnen Haupttragwände lassen sich außerdem leicht durchlaufende Gangstege herstellen.

Für den letzteren Fall ist vorgesehen, daß die Bergehalle durch leicht lösbare Bauteile beim Aufdrehen gegen den Wind verstärkt wird.

PATENT-ANSPRÜCHE:

1. Drehbare Langhalle für Luftschiffe, dadurch gekennzeichnet, daß von einem auf einem einzigen Schienenkranz laufenden Mittelteil der Halle die Seitenteile — mit Ausnahme je einer Endquerversteifung (*l* und *m*) — ohne untere, sonst zum Tragen des Fußbodens verwendete Querversteifungen ausgekragt sind.

2. Drehbare Langhalle nach Anspruch 1, dadurch gekennzeichnet, daß sich die Enden der in Höhe der Binderfüße liegenden, sich in der Hallenlängsrichtung erstreckenden Windträger (*k*) gegen Radsätze (*i*) stützen und ihre wagerechten Belastungen auf einen Schienenkranz (*n*) übertragen, an dem die Radsätze fest gebremst werden können.

Hierzu 1 Blatt Zeichnungen.

Mit dieser Patentschrift für eine „Drehbare Langhalle für Luftschiffe" löste Claude Dornier das Problem, die Zeppeline auch bei ungünstigen Windverhältnissen sicher ein- und ausbringen zu können.

Katastrophe von Echterdingen in aller Deutlichkeit gezeigt, erschien das Hallenproblem. Graf Zeppelin vertrat zunächst die Meinung, es müsse gelingen, die Schiffe strukturell so stark zu machen, daß sie sich am Boden festzurren ließen. Dornier merkte schnell, daß hier der Wunsch der Vater des Gedankens war. Denn dazu war das Gewicht, das für das Gerippe des Luftschiffes eingehalten werden mußte, zu gering.

Besonders die Gründung der Delag und der beabsichtigte Luftverkehr innerhalb Deutschlands hatten die Hallenfrage aktuell werden lassen. Ohne Verankerungen und Hallen war an einen regelmäßigen Einsatz der Luftschiffe nicht zu denken. Wenn der Wind nicht genau in der Längsrichtung wehte, machte das Einbringen den Luftschiffkapitänen bei feststehenden Hallen immer wieder erhebliche Schwierigkeiten, es kam zu gefährlichen Situationen. Man behalf sich mit Schienen und Laufkatzen, die vor der Halle auf dem Boden angebracht wurden, so daß das Luftschiff mit Tauen, die durch Ringe gelegt waren, herabgezogen werden konnte. Oder die Hallen wurden wesentlich verbreitert. Ideal war das alles nicht. Je nach Windrichtung drehbare Hallen boten sich an, schienen aber zu teuer.

Dornier setzte dennoch auf dieses Prinzip. Eines Abends hatte er, der „Outsider", als der er sich wieder empfand, sich in die Werfthalle zurückgezogen und saß im Heck des Luftschiffes. *„Wie in einer Vision sah ich plötzlich die Wände der Halle sich vom Boden heben."* Die „bodenlose Halle" war geboren – eine Idee, die Dr. Hugo Eckener, Volkswirtschaftler und Journalist, der seit August 1911 bei der Delag die Verantwortung für die Ausbildung des gesamten Fahrpersonals übernommen hatte, sofort einleuchtete. Am 29. September 1912 wurde Dornier die „Drehbare Langhalle für Luftschiffe" patentiert: Der bewegliche Hallenboden fiel weg, die Halle bestand aus dem als Drehturm ausgebildeten Mittelteil und den freitragend angehängten Seitenteilen; der Drehturm ruhte auf vier Punkten auf Laufwagen, die sich auf einem Schienenkranz bewegten. Zeppelins Berliner Hallenbaugesellschaft übernahm die Realisierung.

Graf Soden hatte ein umfangreiches Versuchsprogramm aufgestellt, in das auch Dornier eingespannt war. Es zielte besonders darauf ab, brauchbare Meßwerte von fahrenden Luftschiffen zu bekommen, was die alten „Zeppeliner" gar nicht gern sahen; überhaupt war ihnen die ganze Versuchsabteilung ein Dorn im Auge. Praktiker wie der erfahrene Ludwig Dürr, Zeppelins leitender Konstrukteur, mit seinem ungemein entwickelten technischen Gefühl, hatten keinen Sinn für die Wissenschaft. Dornier: *„Einmal, als ich ihm über die Ergebnisse meiner statischen Berechnungen referierte, brauste er auf und sagte: ‚Wir brauchen keine Statiker, machen Sie erst hundert Fahrten mit dem Schiff mit, bevor Sie überhaupt mitreden'."*[3)]

Graf Sodens Programm sah vor, sowohl die Geschwindigkeit als auch den Widerstand während der Fahrt genau zu bestimmen und die am Gerippe auftretenden Kräfte zu ermitteln. Auch das war Neuland, Meß- und Kontrollgeräte mußten erst entwickelt werden. Außerdem sollten im fahrenden Luft-

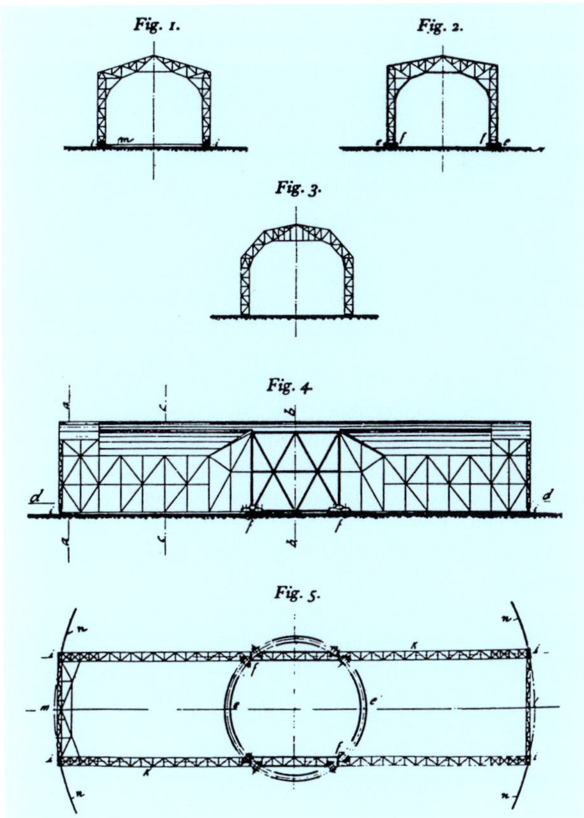

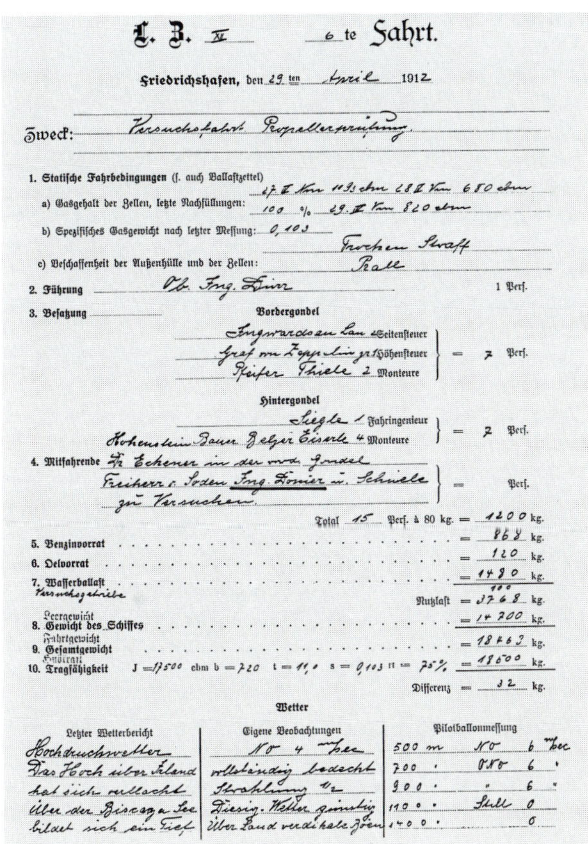

L. Z. XI 6te Fahrt.

Friedrichshafen, den 29ten April 1912

Zweck: Versuchsfahrt Propellerprüfung.

1. Statische Fahrbedingungen (s. auch Ballastzettel)
   a) Gasgehalt der Zellen, letzte Nachfüllungen: 27. II. Vm 1193 cbm 28. II. Vm 680 cbm / 100 % 29. II. Vm 820 cbm
   b) Spezifisches Gasgewicht nach letzter Messung: 0,103
   c) Beschaffenheit der Außenhülle und der Zellen: Trocken Straff Prall
2. Führung Ob. Ing. Dürr 1 Pers.
3. Besatzung

Vordergondel
Ingwardsen Lau 2 Seitensteuer
Graf von Zeppelin jr. 1 Höhensteuer
Pfeifer Thiele 2 Monteure
= 7 Pers.

Hintergondel
Siegle 1 Fahringenieur
Hohenstein Bauer Belzer Eiserle 4 Monteure
= 7 Pers.

4. Mitfahrende Dr. Eckener in der vord. Gondel
Freiherr v. Soden Ing. Dornier u. Schwiele
zu Versuchen
= Pers.

Total 15 Pers. à 80 kg. = 1200 kg.

5. Benzinvorrat = 868 kg.
6. Oelvorrat = 120 kg.
7. Wasserballast = 1480 kg.
Versuchsgetriebe 100
Nutzlast = 3768 kg.
8. Leergewicht Gewicht des Schiffes = 14700 kg.
9. Fahrtgewicht Gesamtgewicht = 18463 kg.
10. Auftrieb Tragfähigkeit J = 17500 cbm b = 720 t = 11,0 s = 0,103 n = 75% = 18600 kg.
Differenz = 32 kg.

Wetter

Letzter Wetterbericht	Eigene Beobachtungen	Pilotballonmessung
Hochdruckwetter	NO 4 m/sec	500 m NO 6 m/sec
Das Hoch über Irland	vollständig bedeckt	700 " ONO 6 "
hat sich verflacht	Strahlung 1/2	900 " " 6 "
über der Biscaya See	Diesig. Wetter günstig	1100 " Still 0
bildet sich ein Tief	über Land vertikale Böen	1400 " 0

schiff die Ruderkräfte gemessen und der Kurvenradius bestimmt werden. Da es aber fast bei jeder Fahrt irgendwelche Zwischenfälle gab, so Dornier, erwies es sich zu dieser Zeit noch als schwierig, zu exakten Messungen zu kommen.

In seinen Erinnerungen berichtet er höchst anschaulich über solche Fahrten im Zeppelin, auch über deren Risiken:

„Ich erinnere mich noch einer Fahrt – es muß im Frühjahr gewesen sein –, ich befand mich in der hinteren Gondel. Der zum Glück mäßige Wind trieb das Schiff langsam in Richtung Schweiz. Wir befanden uns wohl in einer Höhe von etwa 300 m über dem See. Die Höhenzüge von Walzenhausen

kamen bedenklich näher, als unser Motor in der hinteren Gondel anfing, zu spucken. Der Fahrmonteur versuchte immer wieder, ihn in Ordnung zu bringen, als plötzlich eine Öllache im Motor anfing, zu brennen. Wir zogen unsere Lederjacken aus, um den Brand zu bekämpfen. Nach einigen ungemütlichen Minuten gelang uns dies auch. Inzwischen war der vordere Motor wieder in Gang gebracht worden, das Schiff gehorchte langsam dem Ruder, wir landeten wohlbehalten vor der Halle. Ich hatte mir kurz vor dieser Fahrt eine schöne Nappalederjacke gekauft. Zu meinem großen Bedauern kam sie beim Löschen des Brandes schlecht weg. Wir waren uns damals der Gefahr, in der wir schwebten, gar nicht recht bewußt. Erst später stellte sich heraus, daß der Wasserstoff, mit dem die Zellen des Schiffes gefüllt waren, diffundierte und

Wie dieses Protokoll (ganz links) über eine Versuchsfahrt des LZ 12 beweist, nahm Claude Dornier persönlich an der Erprobung der Zeppelin'schen Luftschiffe teil.

Hugo Eckener, der Motor der Luftschiff-Fahrt, im Gespräch mit Claude Dornier (rechts im Bild).

daß zwischen den Zellen überall hochexplosives Knallgas vorhanden war.

Ich erinnere mich einer weiteren Fahrt, auf der wir unsere Pitotröhren eichen wollten (Pitotröhren dienten für Messungen der Strömungsgeschwindigkeit der Luft). Die Fahrt war sehr früh angesetzt. Morgens gegen 4 Uhr, die Sonne ging gerade auf, wir marschierten zur Halle (man hatte sich vorher im Kurgarten-Hotel getroffen). Ich ging an der Seite von Dr. Eckener, der, als gerade die ersten Zeichen der Morgenröte erschienen, das Liedchen »Morgenrot, Morgenrot, leuchtest mir zum frühen Tod« summte.

So tragisch sollte die Fahrt, die wir antreten wollten, nicht werden. Herr Siegle dirigierte mit dem alten Lorenz das Schiff aus der Halle. Der alte Graf war mit an Bord. Begleitet von den ersten Sonnenstrahlen gewann das Schiff rasch an Höhe. Nach wenigen Minuten waren wir im Nebel. Wie es kam, daß wir jede Orientierung verloren, vermag ich nicht zu sagen. Navigateure waren genug an Bord. Etwa eine halbe Stunde nach dem Aufstieg wußte niemand, wo wir waren. Es war dies etwas unangenehm mit Rücksicht auf die sich in nächster Nähe befindlichen Schweizer Alpen. Es muß eine sehr ausgedehnte Nebelbank gewesen sein, in die wir geraten waren. Jedenfalls schipperten wir mit halber Kraft stundenlang im Nebel umher, bis sich endlich ein Loch auftat. Wir sahen ein schloßähnliches Gebäude, das der alte Graf als Schloß Salem ausmachte. Eine halbe Stunde darauf landeten wir wohlbehalten vor der Halle."[4)]

„Abteilung Do." und das Atlantik-Luftschiff

Erst 1912, so berichtet Alfred Colsman, der Architekt des Zeppelin-Konzerns, sei das Unternehmen, vor allem also die Luftschiffbau Zeppelin GmbH und die Motorenbau GmbH (später Maybach-Motorenbau GmbH), aus den Schwierigkeiten herausgekommen und lebensfähig gewesen. Es war die Zeit der beginnenden Industrialisierung der Friedrichshafener Region.

Die Delag, die vor dem Krieg zwar nie den Durchbruch zum kostendeckenden Luftverkehr schaffte, weil die Strecken einfach zu kurz waren, konnte mit ihren Luftschiffen immerhin den Beweis der Zuverlässigkeit erbringen, der nach all den Rückschlägen der Frühzeit dringend nötig war.[5)] Besonders die „Schwaben" (LZ 10) machte sich einen Namen als „glückhaftes Schiff" und sorgte für Vertrauen. Auf mehr als 250 Fahrten unter Hugo Eckeners Führung fuhr sie in alle Teile Deutschlands. „Viktoria Luise" (LZ 11), „Hansa" (LZ 13), und „Sachsen" (LZ 17) beförderten Tausende von Passagieren. Bis zum Kriegsausbruch im August 1914 machten die Delag-Luftschiffe 1588 Fahrten mit 34.028 Personen. Nie ist dabei ein Fluggast zu Schaden gekommen.

Zwei Stunden Fahrt im Luftschiff kosteten 200 Mark. *„Jeder, der sich heute einem Luftschiff zu einer Fahrt über Wälder und Fluren anvertraut, darf gleichzeitig das Bewußtsein haben, daß er durch die Bezahlung seiner Fahrkarte der deutschen Wehrkraft nützt"*, verkündete freimütig die „Woche" aus dem Verlag Scherl, der so manchesmal die Werbetrommel für den Grafen gerührt hatte. Im Zeichen des allgemeinen Wettrüstens in Europa war der zivile Luftschiff-Verkehr ja immer nur eine Art Notnagel für den Luftschiffbau gewesen, solange sich das Militär verhalten zeigte. Doch nach den überzeugenden Demonstrationen der Delag besserte sich die Auftragslage der Luftschiffswerft schlagartig. Das Heer zeigte Interesse und beschaffte Zeppeline – auch die Kaiserliche Marine zog schließlich nach.

Die Versuchsabteilung, in der Claude Dornier arbeitete, hatte ihren Anteil am Erfolg der mächtigen, ausdauernden Zeppeline, die als eine „gewaltige und überragende Kulturtat", zum Symbol deutscher Überlegenheit in der Technik wurden. So hatten Ingenieure die Explosionsursache der „Schwaben" im Sommer 1912 im Gummistoff der Zellen lokalisiert, der beim Zerreißen Funken bildete und das Wasserstoffgas entzündete. Ein neues Unternehmen fertigte die Gaszellen dann aus der äußeren Haut des Blinddarms von Rindern, dem „Goldschlägerhäutchen"; für ein Luftschiff wurden etwa 700.000 solcher Häutchen, die keine Reibungselektrizität erzeugten, gebraucht.

Claude Dornier beschäftigte sich in dieser Zeit intensiv mit der Theorie der Propeller, konstruierte auch selbst einen aus Metall. 1912 erschien in dem renommierten wissenschaftlichen Verlag von Julius Springer sein *„Beitrag zur Berechnung der Luftschrauben"*. Mit einfachen Mitteln wollte er, wie er im Nachwort formulierte, anhand von Versuchsmaterial beim Entwurf von Propellern *„über das rein gefühlsmäßige Abwägen der maßgebenden Verhältnisse hinauskommen"*. Weg vom *„Gefühlsmäßigen"*: Damit wird Dornier im Luftschiff- und dann im Flugzeugbau Schule machen.

Dorniers konstruktives Talent blieb nicht unerkannt. Bald war er in den engsten Zirkel des Grafen Zeppelin aufgenommen, spielte mit ihm Schach und saß bei ihm, diesem von Natur aus geselligen Herrn, an der großen Tafel. Der Graf, jahrelang auch auf diplomatischem Posten in Berlin, ein Menschenkenner, hatte einen unglaublich sicheren Griff in der Wahl seiner Mitarbeiter. So hatte er mit den Jahren um sich einen bedeutenden Kreis von eigenwilligen Männern versammelt: Alfred Colsman, Hugo Eckener, Graf Soden, dazu die Luftschiffkapitäne Lehmann, Strasser und Gluud.

Claude Dornier, der Jüngste unter ihnen, stand auch sonst in der Gunst des Grafen, mit dem er trotzdem mitunter in manchen Sachfragen aneinandergeriet. Zeppelin hatte ihm, dem Angestellten, mit einer fairen Geste den gesamten Preis von 80.000 Goldmark zuerkannt, den das Preußische Kriegsministerium auf eine drehbare Luftschiffhalle ausgesetzt hatte und der Dorniers Entwurf zuerkannt worden war. Mehr noch: Innerhalb des Luftschiffbau Zeppelin bekam Dornier, um ihm größere Entwicklungsmöglichkeiten zu geben, nun eine eigene Abteilung, die „Abt. Do.", die zur Keimzelle des Dornier-Konzerns werden sollte. In einem kleinen Gaswerk an der Grenze des Luftschiffbau-Geländes, dem „Carbonium", bezog sie ihren Arbeitsplatz: zwei Büroräume, eine kleine Werkstatt und einen Versuchsraum.

Dornier setzte, zusammen mit einem Ingenieur und zwei

Im „Carbonium" wurde innerhalb des Luftschiffbau Zeppelin die „Abteilung Do." eingerichtet, die Keimzelle des Dornier-Konzerns.

Claude Dornier wies nach, daß mit gebördelten Profilen und mit dünnwandigen Hohlkörpern äußerst feste Bauteile entwickelt werden konnten.

oder drei Technikern und Zeichnern, seine seit 1911 betriebenen systematischen Versuche fort, die dünnwandigen L- und U-Profile der Träger des Luftschiffgerüsts ohne Mehraufwand an Gewicht knicksteifer, also tragfähiger zu machen. Das war ihm durch die Änderung des Profilquerschnitts, durch Bördelung der Flanschenden gelungen. Und so sah einer dieser Versuche aus:

„Ein Winkel aus Bergschem Aluminium (Duraluminium wurde noch nicht verwendet) von Abmessungen 20x20x1 mm wurde bei 140 mm Knicklänge einer axialen Belastung auf Druck ausgesetzt. Zum Vergleiche wurde ein zweiter Winkel gleicher Abwicklung unter denselben Verhältnissen belastet. Die Flansche dieses zweiten Winkels waren am Rande auf ca. 2 mm aufgebördelt. Die Ergebnisse waren folgende:
Normaler Winkel
Knicklast 650 kg, spez. Beansp. 16,3 kg/m^2
Gebördelter Winkel
Knicklast 922 kg, spez. Beansp. 23,0 kg/m^2

Bei der Belastung zeigten sich bei dem ungebördelten Winkel schon bei einer Druckkraft von 500 kg starke Wellungen der Flansche. Bei dem gebördelten Winkel traten diese Faltungen erst bei 800 kg auf. Obwohl das Trägheitsmoment des gebördelten Winkels kleiner ist als jenes des ungebördelten, wurde die Knicklast durch den aussteifenden Einfluß der Bördelung um 42 vH erhöht."[6)]

An einer selbstkonstruierten Knickmaschine wurden Tausende von Versuchen unternommen, die den Vorteil der mit Bördelung versehenen Gurtwinkel bewiesen. Die Schaffung von Baugliedern großer Festigkeit und Knicksicherheit aus

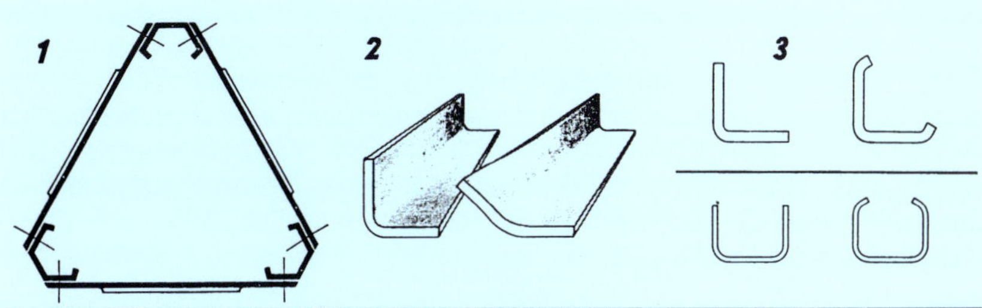

Abb. 3: 1. Dreiecksträger — 2. Winkel-Aufweitung bei Druckbeanspruchung — 3. Profile mit geknicktem Schenkel

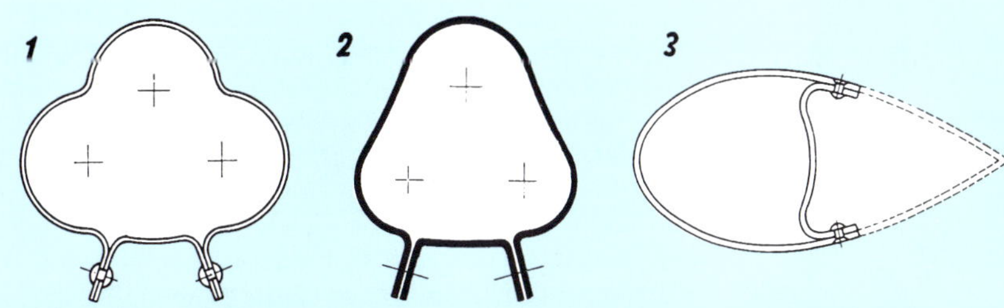

Abb. 4: 1. Profil von angenäherter Kreisform für Bleche von 0,3 bis 0,5 mm Wandstärke — 2. Ein weiteres fast kreisförmiges Profil für Verwendung größerer Blechdicken — 3. Leichtes Profil mit geringstem Luftwiderstand

hochwertigen Stahlbändern war das vorläufige Ergebnis seiner Studien. Grundlegende Arbeiten, die zur Erkenntnis der Prinzipien führten, die für die Querschnittgebung der Metallkonstruktionen des Luftfahrzeugbaues maßgeblich wurden.

Der Kontakt zwischen Zeppelin und Dornier muß mit der Zeit immer enger geworden sein, so eng jedenfalls, daß Dornier schließlich neben Zeppelins Suite im Kurgarten-Hotel ein eigenes Arbeitszimmer zugewiesen bekam. Graf Zeppelin, der den Luftschiffbau immer als *„große Aufgabe"* sah und der sich von der Delag mit ihren Wirtschaftlichkeitsberechnungen in seinem vitalen Erfinder-Elan allzu eingeengt fühlen mußte, hatte schon längst das nächste, das ganz große Ziel im Auge: Amerika. Aus dem Jahr 1895 stammt die erste Tagebucheintragung, in der Graf Zeppelin Pläne für den Luftschifftransport von Passagieren und Fracht skizziert, auch nach New York.

Der Atlantik, die große Herausforderung an die Luftfahrt – das Thema wird Claude Dornier jahrzehntelang beschäftigen. Zeppelins Atlantik-Luftschiff, ein Stahlluftschiff, das nun in ersten Umrissen auf den Reißbrettern entstand, sollte einen Rauminhalt von 80.000 cbm haben (1914 an das Heer gelieferte Zeppeline wie LZ 22 und LZ 23 hatten 22.100 cbm). Es sollte 1916 nach Amerika fahren, von Düsseldorf aus, wo für dieses Jahr eine Weltausstellung geplant war. Colsman hatte darüber schon Vereinbarungen mit dem Düsseldorfer Oberbürgermeister Marx getroffen. *„Die Hoffnung Zeppelins auf diese Amerikafahrt"*, so Colsman, *„war sein letzter an dies Leben gestellter großer Wunsch."*

Graf Zeppelin gedachte sich das Geld für sein aufwendiges Atlantikunternehmen in der deutschen Industrie zu holen. Robert Bosch, auch er ein Mann mit visionärem Blick, hatte ihm eine halbe Million zugesagt. Colsman erinnerte sich später, daß Zeppelin Dornier einen Direktorenposten in diesem separierten Unternehmen angeboten habe.

Erstes Interesse für „schwerer als Luft"

Von seinem Drang, *„etwas in der Luft zu betreiben"*, hatte Dornier breits bei seinem Einstellungsgespräch im Jahr 1910 in Friedrichshafen gesprochen. Vorläufig beschäftigte ihn der Bau von Luftschiffen. Aber niemand konnte auf die Dauer die geradezu stürmischen Fortschritte in der Fliegerei übersehen. Ein Jahrzehnt nach dem ersten Zwölf-Sekunden-Flug von Orville Wright am 17. Dezember 1903 schraubte ein französischer Pilot den Höhenweltrekord auf 6.150 m, blieb ein deutscher Flieger, Viktor Stoeffler, 24 Stunden und 45 Minuten in der Luft. Die „Daily Mail", die schon Bleriots sensationelle Kanalüberquerung 1909 mit einem 10.000-Pfund-Preis honoriert hatte, setzte abermals 10.000 Pfund aus – für die Atlantik-Überquerung. Kaum zu fassen, aber wahr: Dieser ungeheure Sprung vom ersten motorisierten Gleiter bis zu den Großflugzeugen, die jetzt entstehen sollten, war das Werk eines Jahrzehnts. Keiner hatte mit dieser Beschleunigung der techischen Entwicklung rechnen können.

Dabei war Graf Zeppelin, was oft übersehen oder verschwiegen wird, keineswegs engstirnig und borniert auf seine Zeppeline fixiert. Früh schon, noch zu Lebzeiten Otto Lilienthals, hatte er sich Flügelgerüste mit Motor vorstellen können und 1897 in seinem Tagebuch notiert: *„Gelänge es jedoch, Flugmotoren mit genügender Betriebssicherheit herzustellen, so würden diese (die Flugzeuge) vor Ballonfahrzeugen die Vorteile außerordentlicher Geschwindigkeit und der Unabhängigkeit von dem Wechsel der Wärme und der absoluten Höhe bei ihren Fahrten voraus haben."*[7)] Später hatte er den Flugzeugbau auch praktisch unterstützt. Der Ingenieur Theodor Kober, der schon Ende des 19. Jahrhunderts, zu Zeiten der „Aktiengesellschaft zur Förderung der Luftschiffahrt", zum Grafen Zeppelin gestoßen war und mit ihm das für alle Luftschiffe verbindliche Prinzip – das Aluminiumgerippe mit einzelnen Gaskammern – entwickelt hatte, konstruierte seit 1908 am Bodensee Flugzeuge. Zeppelin am 22. Februar 1910 an Colsman: *„Herrn Kober muß eine ernst zu nehmende Tätigkeit gesichert bleiben. Als solche kann sein jetziges Tun angesehen werden; denn wenn er es zur Ausführung eines Gesellschaftsflugzeuges bringt – was keineswegs ausgeschlossen ist – so könnte das einstens noch eine sehr wertvolle Sache für uns werden; entweder durch Selbstanfertigung oder durch Verkauf."*[8)]

Nach kostspieligen Versuchen innerhalb des Konzerns hatte der Graf dem treuen Gefährten aus frühen Kampfzeiten Geld aus seiner Privatschatulle zur Verfügung gestellt, andere Privatmittel kamen dazu – hatte ihm auch die alte, verlassene Halle in Manzell überlassen, das Stück Land also, das er dem König von Württemberg verdankte und zu dem er so oft, zusammen mit seinen Arbeitern, von Friedrichshafen aus im Motorboot hinübergefahren war. Die Flugzeugbau Friedrichshafen GmbH (FF) florierte bald und vergrößerte sich. Seeflugzeuge, Schwimmerflugzeuge wurden die Spezialität des Unternehmens, in dem schließlich gegen Ende des Krieges, 1918, über 3.000 Menschen tätig waren.

Auch Dornier hatte nun das prägende Erlebnis mit der Fliegerei. Im Dezember 1913 begleitete er Graf Soden nach Paris, wo sie die V. Internationale Ausstellung für Luftfahrt, den „Salon", besuchten, der traditionsgemäß im Grand Palais stattfand. Was da auf den Ständen von Bleriot, Caudron, Farman, Clement Bayard, Morane-Saulnier, Breguet, Nieuport an Neuigkeiten zu sehen war, auch was im Motorenbau geleistet wurde, mußte den erfahrenen Ingenieuren zeigen, daß, wie Oskar Ursinus den „Flugsport"-Lesern in Deutschland (Dezember 1913) berichtete, die *„Zeit des Fühlens und Tastens vorbei"* sei, und daß sich Frankreich durch das *„innige Zusammenarbeiten der Theorie mit der Praxis"* vor Deutschland auszeichne. Dornier suchte in Paris auch Gustave Eiffel auf, den Erbauer des Eiffelturms, der in Auteuil ein eigenes aerodynamisches Institut mit einem Windkanal aufgebaut hatte. Eiffel führte ihn durch sein Institut. Dornier verließ ihn tief beeindruckt.

Seit diesem Besuch in Paris – *„er war entscheidend für meine weitere Laufbahn"* – hatte sich Dorniers Interesse, wie er notierte, *„immer mehr dem Transportmittel ‚schwerer als Luft' zugewandt"*. Er war auf die Probleme des Flugzeugbaus zumindest vorbereitet, als mit Kriegsbeginn die Vorarbeiten am Atlantik-Luftschiff eingestellt werden mußten.

Theodor Kober, ein enger Mitarbeiter des Grafen Zeppelin, leitete die Flugzeugbau Friedrichshafen GmbH, bei der erfolgreiche Seeflugzeuge produziert wurden.

Grundlegende Arbeiten im Metallflugzeugbau

Am 1. August 1914 brach der Erste Weltkrieg aus. Die Überquerung des Atlantik blieb dadurch vorerst ein kühner Traum. Die Kriegsjahre sollten für Claude Dornier eine bittere Zeit der Denunziationen und Verdächtigungen werden. Durch seinen Vater französischer Staatsbürger, hatte er schon 1913, auf Graf Zeppelins Betreiben, zusätzlich die deutsche Staatsbürgerschaft angenommen. *„Mein Leben lang habe ich an der Zwiespältigkeit meiner Nationalität gelitten",* schrieb er später. Dem Allgäu, seiner Heimat zugetan, hatte es ihn jedoch stets ebenso nach Frankreich gezogen, dorthin wo der Vater geboren und aufgewachsen war. Eine Einstellung, die über Grenzen hinwegsah und -dachte, war in den mit beiderseitigen Emotionen aufgeladenen Kriegszeiten natürlich suspekt. Marcel, der jüngere Bruder, kam sogar ein Vierteljahr lang in ein Gefangenenlager.

In seinem neuen Büro in Seemoos begann Claude Dornier mit der Entwicklung seiner ersten Riesenflugzeuge.

Zeppelins Flugzeuge

Graf Zeppelin stand zu Claude Dornier und hielt seine schützende Hand über den Mitarbeiter, für viele andere freilich schlicht ein „ehemaliger Franzose". Dornier besaß sein volles Vertrauen, so sehr, daß Zeppelin ihn nach Besprechungen mit hohen Militärs in Berlin mit dem Bau eines Flugzeuges beauftragte.

Graf Zeppelin war Anhänger der sogenannten Hydroschocktheorie. Sie besagte, daß die Druckwellen einer explodierenden Bombe, die sich unter Wasser ausbreiten, Schiffe zerstören würden. Um solche Bomben zu transportieren, mußten große Flugzeuge konstruiert werden, – und Zeppelin drängte nun energisch auf ihren Bau. Colsman, der den Konzern im Auge hatte, sah sich bei der Marine mit der Lieferung von Luftschiffen in die Pflicht genommen und pochte auf die Auftragslage. Vorsichtig wie er war, schreckte er vor diesem *„großen Flugzeug unbekannter Art",* wie er später schrieb, zurück und berief sich auf Schwierigkeiten der Raum- und Arbeitsbeschaffung. Doch Zeppelin, der schon erkannt haben mochte, daß seine Luftschiffe bald nicht mehr ins Kriegsbild passen würden, beharrte auf seinen Vorstellungen von Flugzeugen in Zeppelinschen Dimensionen – Riesenflugzeuge, R-Flugzeuge!

Tatsächlich wurde die Entwicklung solcher Flugzeuge, die in den letzten Kriegsjahren dann auch noch eine gewisse Rolle spielten, angekurbelt. Colsman: *„Weil zum Kriegführen Geld gehört, und ich den Geldbedarf für einen solchen Flugzeugbau oberflächlich auf etwa 200.000 Mark schätzte, versprach ich die Bereitstellung dieser Summe; später reichte ein Vielfaches davon nicht aus."*[9] Zeppelin tat sich mit Robert Bosch zusammen, der ja schon Geld für das Transatlantikschiff zugesagt hatte. Es gab zu dieser Zeit, 1914, auch schon Pläne für ein Transatlantikflugzeug; Hellmuth Hirth, ein populärer Pilot der Vorweltkriegszeit, hatte daran mitgearbeitet. Bosch stellte mit Gustav Klein einen seiner fähigsten Direktoren frei, der weitere Mitarbeiter von Bosch mitbrachte.

Es kam wegen der Engpässe in Friedrichshafen zur Gründung der „Versuchsbau GmbH Gotha-Ost"; bei der Gothaer Waggonfabrik AG wurden Hallen gemietet und Arbeiter eingestellt. 1915 schon flog der erste dreimotorige Versuchsbomber mit Maybach-Motoren, die VGO I. 1916 wurde der Flugzeugbau nach Staaken bei Berlin verlegt, wo der Luftschiffbau Zeppelin vorsorglich Gelände für einen gedachten Weltflughafen Berlin gekauft hatte und im Juni 1916 den Luftschiffbau aufnahm. Daneben entstand in Staaken für den Bau von R-Flugzeugen die Flugzeugwerft GmbH Staaken mit Flugzeughallen und Werkstatt.

Graf Zeppelin verfuhr somit zweigleisig: Einerseits ließ er große Landflugzeuge entwickeln, andererseits gab er den Anstoß zu Claude Dorniers Flugboot-Konstruktionen.

Flugzeugbau und Wissenschaft

Claude Dornier, jetzt 30 Jahre alt, verließ die Büroräume im Carbonium und zog mit seinem kleinen Stab von Konstrukteuren und Zeichnern im Dezember 1914 nach Seemoos bei Friedrichshafen-Manzell. Am Seemoser Horn entstanden eine geräumige Werkhalle aus Holz, hoch genug für einen Dreidecker, 50 Meter breit, und die berühmt gewordene „Baracke", das Konstruktionsbüro.

Das gedachte Angriffsziel England – Zeppelins Vorstellung – war nur über See zu erreichen. Also entschied sich Dornier von Anfang an und im Gegensatz zu den anderen deutschen Herstellern von R-Flugzeugen für ein Flugboot. „Flugschiff", ein Terminus, den Graf Zeppelin für seine Zeppeline gebraucht hatte, war die erste (interne) Bezeichnung des Flugbootprojektes, abgekürzt FS I. Zeppelin bot Dornier mit diesem Flugboot die Chance und die Mittel, Erfahrungen und konstruktive Ideen aus dem Leichtmetallbau bei Zeppelinen in den Flugzeugbau einzubringen – und somit von der damals üblichen Bauweise – vor allem mit Holz – wegzukommen.

Mit der gleichen Geduld und Willenskraft, die ihn am Grafen Zeppelin so tief beeindruckten, ging Dornier nunmehr an die Entwicklung dieses Riesenflugbootes – des größten Flugzeuges, das bis dahin gebaut worden war. Von den Zeppelinen her war ihm ja der Sinn für das Kolossale nicht fremd, Dornier dachte in großen Dimensionen, er sah wie Zeppelin, daß größere Einheiten in mancher Hinsicht wirtschaftlicheres Fliegen versprachen. Die FS I, die dann offiziell als Rs I (Riesenflugzeug/See) in die Luftfahrtgeschichte einging, hatte eine Spannweite von 43,5 m, wesentlich mehr also als zur gleichen Zeit Sikorskys „Ilja Mouromez" mit ihren 29,80 m, und immer noch mehr sogar, als, Jahre später, der gigantische Riesenbomber aus Staaken, die R IV, mit ihren 42,20 m.
Als Dornier mit der Arbeit begann, konnte er sich kaum auf einschlägige Literatur stützen; er kannte den „Flugsport" und ein paar englische und amerikanische Patentschriften. So hatte der Amerikaner Glenn Curtiss, einer der Vorkämpfer des Flugbootbaus, schon 1912 und wohl als Erster bei seinem Modell E den Rumpfboden mit einer querverlaufenden „Stufe" (step), einer Abrißkante, versehen.

„Alle Grundlagen fehlten", wie Dornier selbst sagte, vor allem im Metallflugzeugbau. Dennoch war er entschlossen, die bis dahin beim Flugzeugbau übliche empirische Arbeitsweise hinter sich zu lassen und der Versuchs- und Forschungstätigkeit breiten Raum einzuräumen. Er nahm deshalb Kontakt zu dem führenden Aerodynamiker der Zeit, zu Professor

Die berühmt gewordene „Baracke" in Seemoos (oben), das Konstruktionsbüro, lag neben der großen, neuen Werfthalle am Bodenseeufer.

Ludwig Prandtl in Göttingen auf, der eine kleine Serie von Flügelprofilen für die Rs I untersuchte. Zudem wurden bei der Kgl. Versuchsanstalt für Wasserbau und Schiffbau in Berlin Schleppversuche mit einem Modell der Rs I gemacht, bei denen festgestellt wurde, wie die Stufe zum Schwerpunkt angeordnet sein müsse. Es bedurfte in den nächsten Jahren einer umsichtigen Versuchstätigkeit, um die statische Behandlung besonders der Tragkonstruktion bei den Flugzeugen in den Griff zu bekommen.[10] Es blieb jedenfalls Dorniers Grundgedanke, im Flugzeugbau nur solche Bauelemente zu verwenden, deren Eigenschaften schon vor dem Einbau rechnerisch genau zu ermitteln waren.

Sein Entschluß, das Flugboot aus Metall zu konstruieren, war ein Schritt in technisches Neuland. Er ging dabei von der Erkenntnis aus, daß die Weiterentwicklung des Flugzeugs zu höheren Leistungen und größeren Einheiten eine ingenieurmäßige und wissenschaftlich begründete Bauweise zur Grundlage haben müsse, bei welcher die Formgebung der Bauelemente, die Materialauswahl und die Verarbeitung folgerichtig voneinander abhängen.

Schon für die ersten Flugzeugkonstruktionen der Kriegsjahre stellte Dornier bestimmte Baugrundsätze auf: die Ausführung aller tragenden Teile des Flugzeuges in Metall, vorwiegend Leichtmetall, daneben hochwertiger Stahl; für hochbeanspruchte Bauglieder die Verwendung besonders geformter, für Leichtkonstruktionen geeigneter blechgezogener Metallprofile; die Verbindung der Bauteile durch Nieten und Schrauben; das Vermeiden nahtloser, durch Schweißung verbundener Rohre.

Mit der schrittweisen Verwirklichung dieser Ideen wurde die Werft in Seemoos zu einer der Keimzellen des Welterfolgs fortschrittlicher deutscher Flugzeugbauer in den nächsten Jahrzehnten.

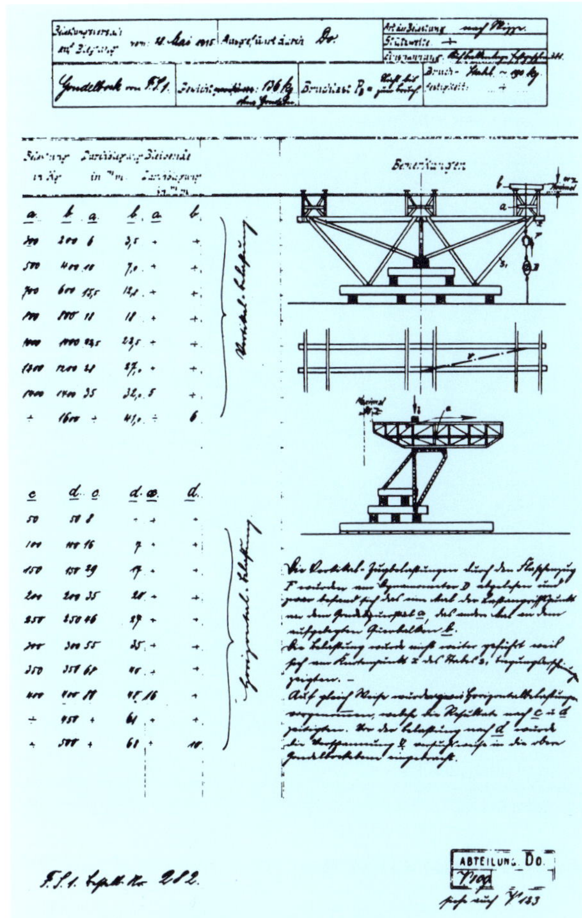

Berechnungsblatt zu einem im Jahr 1915 durchgeführten Festigkeitsversuch mit dem Gondelbock für die Rs I (oben).

Um den neuen Werkstoff Leichtmetall beherrschen zu können, wie hier beim Gondelbock zur Aufnahme der Motoren der Rs I, mußte weit in technisches Neuland vorgestoßen werden.

Rs I kam nicht „auf Stufe"

Dornier ging bei der Rs I von der geforderten 1.000-kg-Nutzlast, nämlich der Bombe, aus. Das Gewicht für Besatzung und Betriebsmittel war vorläufig noch eine Unbekannte, den Leistungsbedarf errechnete er mit 1 PS je 15 kg. So kam er auf ein Abfluggewicht von 9 bis 10 Tonnen. Mit drei Maybach-Motoren sollte das Flugboot etwa 100 km/h erreichen. Die neue Flugboot-Werft am Bodensee lebte von dem kleinen Ingenieurteam und von den handwerklich hochqualifizierten Facharbeitern.[11] Die mußten sich freilich auf vielen Gebieten selbst erst einarbeiten. Keiner wußte etwas mit Leichtmetall anzufangen. Glühbäder gab es noch nicht; mit Lötlampen, so Augenzeugen, wurde das Blech solange erhitzt, bis ein darübergestrichenes Tannenholz einen schwarzen Strich auf dem Blech hinterließ. Auch die Bearbeitung der gehärteten Stahlprofile bereitete zunächst Schwierigkeiten. Das Material, so ein Mitarbeiter, war hochwertiger, legierter Stahl von geringer Wandstärke, beginnend mit 0,3 mm, der in gehärtetem Zustand in Form von Bändern angeliefert wurde. Das Stahlprofil mußte wegen seiner geringen Stärke jedoch wie ein Rohr geschlossen sein, um die hohe Materialfestigkeit auszunutzen. Das genügte jedoch bei besonders geringen

Erste Ausführung der Rs I mit dem Mittelmotor über dem Boot; die beiden seitlichen Propeller wurden über Fernwellen von Motoren im Bootsinneren angetrieben (oben).

Die Rs I, hier in der endgültigen Ausführung mit den drei Motoren über dem Bootsrumpf (rechts).

Wandstärken noch nicht, darum wurden Sicken angebracht, die das dünne Blech zusätzlich versteiften. Die Profile bestanden aus einem Mantel und einer Einlage, die durch Nieten miteinander verbunden waren. Anfangs wurde alles von Hand gemacht.

Jeder Tag fast brachte neue praktische Erfahrungen. Deshalb war es so wichtig, daß die Bauelemente im eigenen Betrieb hergestellt wurden. Das Flugboot, das trotz solcher Schwierigkeiten 1915 langsam Gestalt annahm, war ein Doppeldekker. Ober- und Unterflügel waren mittels schräger Streben zu einem außerordentlich wirtschaftlichen Fachwerk zusammengefaßt; dabei bildete der Oberflügel den Obergurt und der Unterflügel den Untergurt des Fachwerks. Stützschwimmer an den Enden des Unterflügels sollten die Stabilität auf dem Wasser erhöhen. Das Tragwerk (Ober- und Unterflügel) war als Ganzes drehbar auf dem Boot gelagert. Über eine vom Oberflügel nach dem Boot führende Strebe, deren unteres Ende mit einer Gewindespindel versehen war, konnte über ein Handrad vom Boot aus die Einstellung der Flügel zur Luftströmung geändert werden. Die zwei Gelenkpunkte, um die sich das Tragwerk drehte, waren handwerkliche Kunstwerke. Sechs Mann hatten an jedem Punkt vier Wochen lang gearbeitet.

Als Werkstoff wurde fast ausschließlich Metall verwendet. Flügelholme, Querriegel, Flügelverstrebungen und Bootsgerippe waren als Dreiecksträger konstruiert; andere Bauteile, wie Spanten, Bootshaut (teilweise) und Verkleidungen waren aus Leichtmetall; Flügel und Leitwerk sowie ein Teil des Leitwerkträgers waren mit Leinen bespannt. Im vorderen oberen Teil des 3,5 m breiten Bootskörpers, der eine Querstufe hatte, unten mit Metall beplankt und oben mit Leinen bespannt war, lag der Führerstand mit einer nebeneinander angeordneten Doppelsteuerung.

Im Herbst 1915 wurde zuerst mit einer Triebwerkskonzeption experimentiert, die den Mittelmotor über dem Boot vorsah, die Motoren für die seitlichen Luftschrauben aber im Bootsinnern; ihr Antrieb über Fernwellen und Getriebe machte allerdings Schwierigkeiten. So wurden schließlich drei Maybach-Motoren mit je 240 PS mit Druckschrauben auf einem gemeinsamen Bock zwischen Ober- und Unterflügel montiert. Die Triebwerksgondeln waren so groß, daß die Motoren während des Betriebs von einem Monteur gewartet werden konnten. Das war Tradition vom Luftschiffbau her, die sich auch beim Flugbootbau hielt; die Motoren waren noch zu unzuverlässig. Ständig gab es durchgebrannte Kolben, verbrannte Ventile und sonstige Schäden an Zündung und Benzinzufuhr. Auch explosionsartige Propellerbrüche waren keine Seltenheit.

Ein Jahr hatte die Werft gebraucht, um das erste Riesenflugboot zu bauen – Pionierarbeit! Einer der Meister, ein ausgefuchster Motorenfachmann, hat damals, Ende 1915, über die fünf Versuche mit der Rs I exakt Buch geführt.[12] Ergebnis: Das Flugboot kam bei Geschwindigkeiten von 50 km/h nie auf Stufe, über Rollversuche auf dem See ist es nie hinausgekommen. Und auch dabei gab es noch – wie anderswo auch – Schwierigkeiten in Hülle und Fülle.

Triebwerksanlage der Rs I: Die Holzluftschrauben waren mit Metall beschlagen (links).

Mit der zentralen Strebe vom Oberflügel zum Boot konnte der Einstellwinkel des ganzen Tragwerks verstellt werden (unten).

Erstes Proberollen: Die Kühleranordnung erweist sich als ungünstig. Der Zellenstoff an der oberen Tragfläche löst sich durch die Motorvibrationen. Das Höhensteuer unterschneidet bei Kurven etwa 20 cm das Wasser. Wasser dringt in das Boot ein.

Zweites Proberollen mit zusätzlicher provisorischer Stufe, die beim ersten Startversuch verlorengeht. Wasser spritzt bei größerer Geschwindigkeit an Bord. An den Zahnradsegmenten vom Seitensteuer springen die Zähne über. Die Blechverkleidung in den Motorgondeln reißt sich los. Beide Wasserkühler an den Seitenmotoren sind an den oberen Befestigungswinkeln gerissen. An den Motoren müssen neue Zylinderdichtungen eingesetzt werden. Eine Tachometerwelle ist gebrochen. Und so weiter...

Das Flugboot war selbst von einem so erfahrenen Piloten wie Hellmuth Hirth nicht aus dem Wasser zu bringen, es klebte

Motoreinbau im Boot der Rs IIa (oben) und Führerstand mit dem hinter dem Steuerrad erkennbaren Handrad zur Verstellung des Tragwerks (rechts).

Die Propeller der Rs IIa wurden noch über Fernwellen von den im Boot installierten Motoren angetrieben (unten).

geradezu an der Oberfläche. Die Ursachen lagen in der starken Kielung des Bootes, der steil ansteigenden Kimm und der zu großen Vorlage der Querstufe. Die hing mit dem Bombenschacht zusammen, der hinter der Stufe lag. Dadurch lastete offensichtlich der hintere Teil des Bootes auf dem Wasser und bewirkte ein Festsaugen des Flugbootes.
Beim fünften Versuch am 21. Dezember 1915 flog schließlich der mittlere Propeller auseinander, und der Motor riß sich samt der Gondel von der Lagerung los. Die obere Tragfläche, das Querruder und das Bootsdach erlitten schwere Beschädigungen. Der Aufschleppwagen, der das Flugzeug auf der Werft transportierte und der mit Stahlseil und Winde bewegt wurde, sprang unter Wasser aus den Gleisen; aufkommender Sturm und Schneegestöber zwangen die Männer, das Flugboot an einer Boje im See festzumachen. Morgens riß eine riesige Welle die Rs I los, das Boot schlug leck, nur ein Wrack blieb übrig.

Claude Dornier hatte seine erste bittere Lehre im Flugbootbau bekommen – und er hatte dazugelernt. *„Ich habe später manchmal gedacht, daß das was mir in jener Dezembernacht als großes Unglück erschien, vom Geschick vielleicht gut gemeint war. Rs I war sehr schwer geworden und hätte die gestellten Anforderungen nie erfüllen können."* [13)]

Experimente mit dem Tandem-Motor

Auf dem Bodensee, diesem *„freien Feld"*, dieser *„Schaubühne"*, wie Hugo Eckener schrieb, konnte nichts geheim bleiben. Die Rollversuche der Rs I, die vergeblichen Startversuche coram publico, wurden von der Konkurrenz vom Flugzeugbau Friedrichshafen, die im Krieg mehr als 40 Prozent aller Marineflugzeuge lieferte, nicht ohne Schadenfreude registriert. Im Publikum ging ein geflügeltes Wort um: *„Das Flugschiff von Seemoos, das kommt nicht vom See los."* Nach dem Stranden der Rs I machte sich unter den Arbeitern Pessimismus breit, ob der tonnenschwere *„Blechkasten"* überhaupt jemals fliegen könne. Dornier wußte freilich den Grafen mit seinem Einfluß beim Zeppelin-Konzern hinter sich. *„Ich hatte die Entscheidung in allen Dingen und über-*

nahm auch die volle Verantwortung." Ohne Zögern ging er nun, nachdem Klarheit in den konstruktiven Grundsätzen bestand, nachdem auch die fertigungstechnischen Probleme erkannt und zum größten Teil gelöst waren, an den Neubau. Rs II also, ein Eineinhalbdecker.

Der Bootskörper wurde in der Unterwasserform geändert, wurde verbreitert. Das Boot mit zwei Querstufen war jetzt eigenstabil und brauchte, wie sich nach einigen Versuchen zeigte, keine weitere Stabilisierung durch Stützschwimmer. Um die Wasserstabilität weiter zu verbessern, wurden die Triebwerke in den Bootskörper verlegt; so lag der Schwerpunkt so tief wie möglich. Nochmals erprobte Dornier hier den Antrieb über Fernwellen: Die Zuordnung von Triebwerk und Zelle, auch das sprach ja für dieses Übertragungssystem, verursachte keine weiteren aerodynamischen Widerstände; außerdem ließen sich die Motoren im Bootsinnern besser warten (auch wenn es für die Maschinisten enorm heiß wurde). Um Beschädigungen des Leitwerkträgers durch Wasserschläge zu vermeiden, wurde eine offene Konstruktion in Form eines Gitterträgers gewählt. Wie bei der Rs I konnte der Oberflügel in seiner Einstellung zur Horizontalen vom Boot aus geändert werden.

Wieder zogen sich die Versuche hin, neuerliche Mißstimmung kam auf. Bei den Rollversuchen auf dem See gab es Schwierigkeiten mit den Motoren, den Luftschrauben, der Kühlanlage – und mit dem Fernantrieb natürlich. Am 30. Juni 1916 – endlich – erhob sich das Flugboot zum ersten Mal in die Luft, wenn auch nur drei Minuten lang und zwei Meter hoch. Ein zweiter Flug, etwa vier Minuten, folgte gleich danach. Am 1. Juni war Claude Dornier mit an Bord, *„ohne Augenzeuge des Starts zu sein"*, wie er sich erinnerte. Im Augenblick des Abhebens lag er auf dem Bauch im Boot, um das Verhalten der Bodenbleche in der Nähe der Stufe zu beobachten. Er spürte, wie die harten Schläge am Boden nachließen und plötzlich ganz aufhörten. Er kroch nach vorn ins Cockpit und sah Leute aus dem Motorboot heraufwinken. Das Flugboot war etwa 50 Meter hoch und hatte Kurs auf Seemoos genommen.

Die Rs II brachte es auf zehn Flüge, bei denen eine Fülle von Erfahrungen gewonnen wurde. So konnte der günstigste Einstellwinkel des Flügels zum Boot einwandfrei festgestellt werden. Veränderte man ihn, so verlängerte sich der Start. Beim zehnten Flug führten Schwingungen eines Propellergetriebes zum Propellerbruch, wobei die Trümmer in die untere Tragfläche schlugen. Durch die langsam laufenden zweiflügeligen Holzluftschrauben von großem Durchmesser bei diesem Flugboot 3,6 m – war auch das Drehmoment beträchtlich, und da die Getriebe klein waren, ergaben sich hohe Kräfte an der Lagerung.

Dornier: *„Rs II bedeutete einen erheblichen Fortschritt. Das Boot war aber noch weit entfernt von den verlangten Leistungen. Vor allem in Folge seiner viel zu hohen Leistungsbelastung."* Er entschloß sich zum Umbau, ging ab vom mechanisch schwer beherrschbaren Fernantrieb der Luftschrauben und verließ sich wieder auf direkt getriebene Propeller. Das, vor allem, unterschied die neue Rs IIb von der Rs IIa.

Dornier ordnete nunmehr je zwei Maybach HS-MB IV wassergekühlte Sechszylinder-Reihenmotoren mit je 240 PS hintereinander an und schuf damit die später typisch gewordene Tandem-Gondel. Auf einem Prüfstand wurden die ersten Standversuche gemacht – mit Erfolg. Claude Dornier berichtete über diese Testphase:

„Auf einem eigenen Prüfstand wurde im Sommer des Jahres 1916 die Wirkungsweise tandemartig angeordneter Luftschrauben eingehend studiert. Die Versuche wurden von

Der Schritt zum Tandem-Motor: Auf einem Versuchsstand wurde der Schub der beiden hintereinander liegenden Luftschrauben gemessen (links).

Durch den Umbau auf Tandemmotoren entstand die Rs IIb – die Probleme mit dem Fernantrieb waren damit umgangen worden.

meinem langjährigen Mitarbeiter, Herrn Dipl.-Ing. Schulte-Frohlinde, ausgeführt, der auch den Prüfstand konstruierte. Gemessen wurden für verschiedene Drehzahlen, die Schübe der vorderen Schraube und der hinteren Schraube allein, sowie die Schübe bei entsprechenden Drehzahlen, falls beide Schrauben zusammen arbeiten. Außerdem wurde mit Hilfe von Pitotrohren die Geschwindigkeitsverteilung im Abstrom der Luftschrauben gemessen... Wie man sieht, ist der Schubverlust infolge der hintereinanderliegenden Schrauben nicht sehr groß. Im Fluge stand zu erwarten, daß die Verluste noch kleiner würden. Neuere Versuche haben dies ja voll bestätigt. Nachdem eine große Anzahl von verschiedenen Luftschrauben untersucht worden waren, erfolgte der Einbau von zwei doppelmotorigen Tandemaggregaten in das früher mit drei auf doppelte Kegelradvorgelege arbeitenden Motoren ausgerüstete Flugboot Rs II. Die Flugergebnisse bestätigen vollkommen die auf Grund der Rechnung und Versuche am Stand gewonnenen Ansichten. Seither werden Getriebe nicht mehr verwendet." [14]

Am 6. November 1916 war die Rs II b fertig. Nach den ersten Flügen zeigte sich, daß der Umbau – auch das Leitwerk war neu gestaltet worden – ein voller Erfolg war; längere, sogar mehrstündige Flüge bestätigten die Betriebssicherheit. Für den Einsatz an der Front war diese Konstruktion allerdings noch nicht reif. Lange gab es beispielsweise noch das Problem der Kühlung der hinteren Triebwerke, oft kam es wegen Überhitzung zu Motorpannen. Die Rs II b wurde schließlich abgewrackt.

Vom Bodensee nach Norderney

Graf Zeppelin stimmte der Weiterentwicklung zu. Das Baumuster Rs III entstand, ein viermotoriger Hochdecker mit hochliegendem Leitwerksträger und eigenstabilem Boot, wegen seiner eigenwilligen, höchst zweckmäßigen Form im Volksmund auch als „fliegendes Bügeleisen" bezeichnet. Ein Erfolg der jahrelangen Entwicklung zeichnete sich jetzt ab.

Dorniers Abteilung Do., bislang in der Luftschiffbau Zeppelin GmbH angesiedelt, bekam nun als eigene Gesellschaft größere Eigenständigkeit und größeres Gewicht innerhalb des Konzerns. Mit einem (nicht voll eingezahlten) Kapital von 25.000 Goldmark war am 25. Januar 1917 die Zeppelin-Werk Lindau GmbH (Z.W.L.) gegründet worden, Geschäftsführer Claude Dornier. Gesellschafter dieser GmbH waren: Luftschiffbau Zeppelin, AEG, HAPAG und die Metallbank. So stand nun auch Dorniers Flugzeugbau im Rahmen des Zeppelin-Konzerns organisatorisch auf eigenen Füßen. Mehrfach hatte Zeppelin, wie Colsman überliefert, in den Kriegsjahren Dornier und Maybach gegenüber geäußert, daß es ihm gleichgültig sei, was aus seinen Zeppelinen werde.

Friedrichshafen bot jetzt mehr das Bild eines Kriegshafens als das eines Landstädtchens am Binnensee. Auf den Luftschiff- und Flugzeugwerften, in der Motoren- und in der Zahnradfabrik (im Arbeiterjargon „Zackenbude") wurde Tag und Nacht gearbeitet. Die Belegschaft des Konzerns war auf 8.000 Arbeiter und mindestens 5.000 ortsfremde Arbeitskräfte angewachsen. Besonders im Winter 1916-17 gab es ernsthafte Ernährungsschwierigkeiten. Auch die Heizung im Winter brachte Probleme. So konnte die große Montagehalle in Seemoos nur notdürftig beheizt werden. In einem besonderen kleinen Gebäude neben der Halle wurden drei große Werkstattöfen aufgestellt, die mit einem Mantel versehen waren. Die erwärmte Luft wurde mit einem Gebläse in hölzerne, viereckige Kanäle unter den Hallenboden geleitet und im Hallenboden Deckel zum Austritt der erwärmten Luft angeordnet. Durch Rohre aus Blech wurde die Luft auf die Arbeitsplätze und sogar in den jeweils in Arbeit befindlichen Bootskörper geblasen.

Der Krieg war härter geworden, am 6. April 1917 traten die USA auf seiten der Entente in den Krieg ein, Rohstoffe wurden knapp. 21. Juni 1917: *„Wir beehren uns mitzuteilen, daß wir keinerlei Material für den Bau weiterer R-Boote am Lager haben."* [15] Unzuverlässige Motoren, unsichere Propeller, auch schlechtes Benzin machten den Piloten zu schaffen, die Motorleistung ließ während des Fluges oft abrupt nach. Der Ruf der Militärs nach einem großen Flugboot war lauter geworden, zumal die Zeppeline auch bei der Seeaufklärung mehr und mehr von Jagdflugzeugen abgedrängt und abgeschossen wurden. 1917 tauchten auf englischer Seite große, auf Curtiss zurückgehende Flugboote auf. Das verstärkte den Druck, unter dem die Flugzeugbauer am Bodensee arbeiteten.

Seemoos allein schaffte die Arbeit nicht mehr. So war in Lindau-Reutin ein leerstehendes Werk gekauft worden. Die Teilefertigung erfolgte sowohl in Reutin als auch auf der Werft in Seemoos, hier fand auch die Gesamtmontage der R-Flugboote statt. Das Konstruktionsteam des neuen Flugbootes saß in Reutin. Der Bootskörper der Rs III war jetzt so verbreitert, daß die Eigenstabilität ohne Hilfsschwimmer völlig gesichert war. Das vollständig aus Duraluminium gebaute Boot hatte bei einer Breite von 4,70 m eine Länge von 12,60 m. Die Spannweite der Tragfläche wurde vergrößert, Flächentiefe und Profil des Flügels aber beibehalten. Auf Grund der Erfahrungen mit Rs II lag die hintere Stufe viel weiter hinten und war etwas gekielt, wodurch die Längsstabilität größer wurde, sowohl im Schwimmerzustand als auch beim Laufen auf der Stufe. Die Hauptstufe lag wie bei Rs II unter dem Hinterholm. Eine schmälere Mittelstufe war unter dem Schwerpunkt angeordnet, sowie zwei seitliche Hilfsstufen etwa zwischen Haupt- und hinterer Stufe.

Der Rumpf, der viereckigen Querschnitt hatte, war oben auf dem Flügel aufgebaut, und zwar aus drei Gründen: Erstens wollte man das Leitwerk bzw. die Ruder möglichst weit vom Wasser wegbringen; zweitens sollten aus militärischen Gründen oberhalb der Flügel Möglichkeiten für den Einbau der Bewaffnung vorhanden sein; und drittens sollte, um an Gewicht zu sparen, die bisher verwendete starre Verstrebung der Flügel durch eine Verspannung ersetzt werden. Die Triebwerke waren in stromlinienförmig verkleideten Motorgondeln untergebracht; der Zugang war vom Boot aus über eine Leiter möglich. Das Tragwerk wurde im Mittelteil durch windschnittig geformte Stahlprofile gegen den Bootskörper abgestützt, während der äußere Teil nach oben und unten durch profilierte Spezialkabel verspannt war.

Die riesige Rs III entstand im Jahr 1917 (links).

Beispiel einer Knotenpunktkonstruktion mit Dreiecksträgern in der Rs III (links unten).

Barogramm des Überführungsfluges von Friedrichshafen nach Norderney (unten).

Am 4. November 1917 startete die Rs III zu ihrem Erstflug; die Erprobung führte noch zur Vergrößerung des Seitenleitwerks. Die Überführung vom Bodensee nach Norderney fand unter strengen Sicherheitsmaßnahmen am 19. Februar 1918 statt – ein Flug von sieben Stunden am Rhein entlang, ein Überlandflug. An Bord waren zwei Piloten und zwei Maschinisten. Zwischen dem langen Rumpf mit Funkerraum und dem Boot mit Cockpit hing eine meterlange Strickleiter. Einer der Maschinisten: *„Es war immer ein angenehmes Gefühl, während des Fluges darauf auf- und abzuklettern."*[16] Von den 2.700 Litern Benzin beim Start (in acht Tanks) hatte die Rs III bei der Landung noch 800 Liter an Bord. Drei Tage zuvor, seltsamer Zufall, hatte ein (Zeppelin) Staaken R VI-Großbomber erstmal eine 1.000-kg-Bombe über London abgeworfen. Das Seeflugzeug-Versuchs-Kommando (SVK) unterzog die Rs III einer eingehenden harten Prüfung. Sie verlief zur vollen Zufriedenheit. Im Typenurteil hies es: *„Das Flugzeug bestand eine Seeprüfung bei Seegang 3-4, 10-11 m/sec Wind mit einer Zuladung von 2.000 kg in Warnemünde..."* In methodischen Entwicklungsschritten, bei denen alles, was sich nicht bewährte, systematisch durch Besseres ersetzt worden war, hatte Claude Dornier das gesteckte Ziel, ein frontreifes Riesenflugboot aus Metall zu bauen, erreicht und dabei schwierige Aufgaben der Statik, Aerodynamik, Hydrodynamik und Metallurgie gelöst. Die Kombination hochwertigen Stahles mit Leichtmetall hatte alle in sie gesetzten Erwartungen erfüllt. Auch anfängliche Schwierigkeiten gegenüber dem Holzflugzeugbau, vor allem die Unkenntnis des Verhaltens der Metallstärken bei Druckbeanspruchungen, waren jetzt beseitigt.

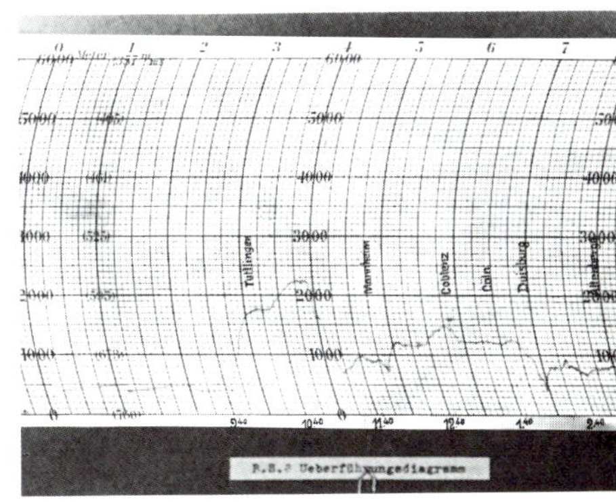

Bei der Seeprüfung vor Norderney bewährte sich die Rs III ganz ausgezeichnet.

Dorniers Eindecker-Konzeption war für die damalige Zeit kühn. Allgemein wurde noch die Ansicht vertreten, daß der Mehrdecker dem Eindecker in statischer wie in aerodynamischer Hinsicht überlegen sei. Erst im praktischen Vergleich mit einem Zweischwimmer-Doppeldeckerflugzeug wie der umgebauten R VI hatte diese weitverbreitete Vorstellung revidiert werden können.

Die Stimmung dieser Zeit beschreibt ein Mitarbeiter als „gespannt": *„Der Chef jung und genial, die Aufgabe neu und fesselnd, die Lösungen modern und ohne Vorbild, die Neuerungen erregend in ihren Irrtümern und Erfolgen, dazu die Aufregungen des Kriegsgeschehens..."*

Wegweisende Patente

Der greise Graf Zeppelin hatte Dorniers Triumph, den endgültigen Durchbruch, an den er, Zeppelin immer geglaubt hatte, nicht mehr erlebt. Im 79. Lebensjahr war er am 8. März 1917 in Berlin-Charlottenburg gestorben. In Friedrichshafen gingen die Flaggen auf halbmast.

Claude Dornier hatte in jahrelanger Arbeit den Aberglauben widerlegt, daß Metallflugzeuge aus Gewichtsgründen nicht würden fliegen können – ein enormer Innovationssprung. Dabei war die konstruktive Aufgabe nur die eine Seite der Arbeit – die andere, nicht minder kostenintensiv, war fabrikationstechnischer Natur. *„In der Kleinarbeit unserer Spezialprofile und Bauteile sowie in den Einrichtungen zu deren Herstellung liegt... der Hauptwert unserer Maschinen,"* argumentierte die „Abt. Do." am 25. Januar 1917 gegenüber dem Reichsmarineamt, als es um den Preis der Rs II ging.

Tatsächlich waren die selbstentwickelten Werkstätteneinrichtungen in Seemoos richtungweisend für den gesamten Metallflugzeugbau geworden. Es gab anfangs Schwierigkeiten mit den Werkstoffen, weil die notwendigen Leichtmetall-Legierungen und Stähle noch nicht in gleichmäßiger Beschaffenheit zur Verfügung standen. Die ersten Ziehversuche für Stahlprofile aus hartem Stahlband erforderten häufige Abänderungen der Ziehrollensätze, bis sie brauchbar waren. Bald allerdings konnten die Ziehbänke für die Verarbeitung von Stahlbändern (später auch von Duralbändern) zu offenen und geschlossenen Profilen unterschiedlichster Form und Dicke den Bedarf für das Flugboot decken, ja sogar an den Luftschiffbau Zeppelin liefern. Ein anderes Dornier-Verfahren war die Herstellung von Rohren mit tropfenförmigem Querschnitt und das flaschenhalsartige Einziehen von Rundrohren zu einem geringeren Durchmesser, was an den Rohrenden einen kleinen, einfachen Anschlußpunkt ergab. Das Herstellungsverfahren solcher Rohre wurde von Dornier 1917 entwickelt. Auch leistungsfähige Nietmaschinen wurden in der Seemooser Flugzeugwerft selbst entwickelt und gebaut. Es war freilich schwierig für die Arbeiter, bis das Nieten gelang, ohne daß besonders bei langen Trägern schädliche Spannungen oder Verformungen auftraten.

Dornier scheute das technische Neuland nicht. Er hatte eine Mannschaft von jungen Konstrukteuren um sich versammelt; die sich unter seiner Leitung auf allen Gebieten – wo es vorläufig noch keine Theorie gab – mit Fingerspitzengefühl an die Grenzen herantastete, die sich bei praktischer Erprobung als unüberschreitbar herausstellen mußten. Von der *„Friedrichshafener Schule"* sprach Dornier. Zu diesen Ingenieuren gehörten, zumindest eine Zeitlang, Adolf Rohrbach, der bei Kriegsende in Staaken selbst Riesenflugzeuge entwarf, und Hanns Klemm, der später dem deutschen Flugsport neue Wege wies und sich zeitlebens seine Verehrung für Dornier bewahrte. Auch Alexander M. Lippisch, später Schöpfer der Me 163, und Richard Vogt, der für Dornier in den 20er Jahren nach Japan ging, dort selbst Flugzeuge konstruierte und später bei Blohm & Voss Flugboote baute, gehörten dazu.

Die Kreativität dieser Kriegsjahre mit immer neuen Erkenntnissen im Leichtstoff- und Leichtformbau schlug sich in grundlegenden Patenten nieder. Schon am 1. September 1916 hatte Dornier das Patent Nr. 318412 für einen *„einholmigen Flugzeugtragflügel"* erhalten.[17)]

Alle Bestrebungen liefen darauf hinaus, die tragende Konstruktion, also das Fachwerkgerippe, und die raumabschließende Konstruktion, also die Behäutung der Tragflügel und Rümpfe, zu einem einzigen Konstruktionsteil zu vereinigen. Am 5. Mai 1917 wurden Claude Dornier mit der Nummer 310181 *„Hohlkörper aus Metall mit spantenartigen Versteifungen"* patentiert, bei denen durch Anwendung von Rahmenspanten in Verbindung mit glatter Blechhaut ein von allen Aussteifungen freier Innenraum erzielt wurde. In einem Vortrag sagte Dornier:

„Nach vielfachen Versuchen hat sich ein System von sich kreuzenden U-förmigen Profilen mit Doppelflanschen am geeignetsten erwiesen. Die Anwendung geschieht so, daß auf der außenliegenden Seite der auszusteifenden Blechwand die Profile in der Windrichtung angeordnet sind, während sie innerhalb annähernd unter einem rechten Winkel hierzu verlaufen. Die aussteifenden Profile überkreuzen sich also, ohne daß an den Schnittstellen eine Unterbrechung derselben notwendig ist, wodurch besonders steife Wände entstehen. Die innen liegenden Profile sind sehr oft gleichzeitig Teile von Spanten, Holmen usw.... Durch die Vernietung der doppelflanschigen U-Profile mit dem Blech entstehen Hohlkörper mit großer Steifigkeit. Die Anwendungsmöglichkeit dieser Profile ist eine ungemein mannigfaltige und bildet eines der Hauptmerkmale der von mir entwickelten Bauweise."[18)]

Hinter diesen Worten verbirgt sich eine der grundsätzlichen Erfindungen, die für den gesamten Metallfugzeugbau von entscheidender Bedeutung war, die Schalenbauweise für Rümpfe, Flügel, Leitwerke, Schwimmer, Boote und Flossenstummel, ohne die eine den aerodynamischen Erkenntnissen entsprechende Formgebung und die später übliche Beanspruchung der Flugzeuge schlechterdings unmöglich gewesen wäre.

Diese Bauweise wurde noch 1917 mit einem weiteren Eckpatent als Dorniers geistiges Eigentum gesichert. Das Patent Nummer 314354 vom 28. Dezember 1917 bezog sich auf die *„Tragende Blechaußenhaut für Flugzeugrümpfe"*, der Patentanspruch wurde mit den Worten definiert: *„Tragende Blechaußenhaut für Flugzeugrümpfe, Flugbootzellen und ähnliche größere Hohlkörper des Luftfahrzeugbaues, dadurch gekennzeichnet, daß die Stärke der einzelnen sowie gegebenenfalls konisch gewalzten und später zu ringartigen Bahnen zusammengesetzten Bleche zur Verringerung der Zahl, namentlich der äußeren Überlappungen, jeweils an dem einen oder anderen Blechende oder zwischen beiden einen Höchstwert besitzt und von diesem in Abstufungen oder allmählich fortschreitend zu geringeren Werten übergeht"*.

Zusätzlich zum Hauptpatent Nummer 310181, bei dem es darum ging, einen *„widerstandsfähigen, vornehmlich als Flugzeugrumpf verwendbaren metallenen Hohlkörper durch die Vereinigung eines kräftigen Blechmantels mit einer an sich nicht zur Übertragung von Kräften geeigneten Schar aus offenen Profilen bestehender Spante"* zu gewinnen, ließ sich Dornier unter der Nummer 377887 einen *„Hohlkörper aus Metall"* patentieren: *„Der vorliegenden Neuerung liegt der Gedanke zugrunde, daß man auf Längspante und damit auf jeden zusammenhängenden gerüstartigen Innenverband verzichten kann, wenn zur Querversteifung des kräftigen für sich allein nachgiebigen Blechmantels eine Schar von Spantenringen besonders kräftiger, aber dennoch leichter Form benutzt wird. Die Vereinigung der in gleicher Weise zur Kraftübertragung herangezogenen Außenhaut und der einzelnen*

Schon in seinen ersten Flugzeugen (oben die Rs IIb) wandte Claude Dornier ganz neue Konstruktionsmethoden an.

Durch die Verbindung von Glattblech mit Profilen konnte schon bei der Cs I ein Schalenrumpf gebaut werden (ganz links), und bei der D I wurde auch die Beplankung der Flügel als tragendes Element eingesetzt (links).

Der Aufklärer Cl 1 (oben) hatte einen Ganzmetall-Schalenrumpf (unten), und der Flächenkühler war im Flügelmittelstück installiert (rechts).

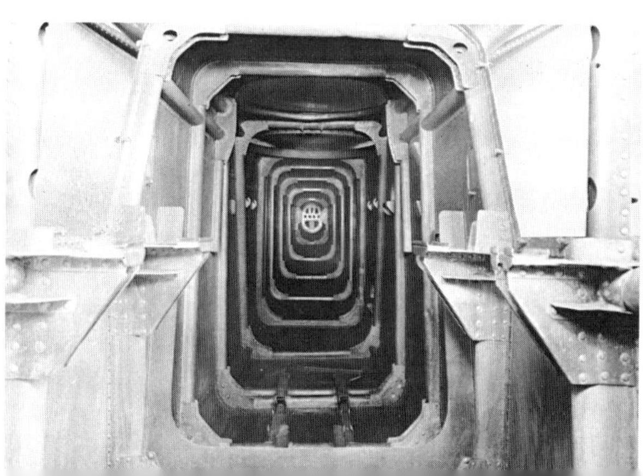

Versteifungsringe ergibt alsdann einen in jeder Richtung widerstandsfähigen Hohlkörper."

So hatte Claude Dornier zu der für ihn typischen Glattblechbauweise gefunden – im Gegensatz zu Hugo Junkers, der seit 1914 mit der Ganzmetallbauweise, zuerst mit 0,1 mm starkem Eisenblech, experimentierte, 1916 zu Duralumin überging und seine typische Wellblechbauweise entwikkelte. Beide, Dornier und Junkers, haben sich in den Kriegsjahren getroffen: Dornier besuchte, soweit festzustellen, Ende 1916 Junkers, dieser kam, so Colsman, 1917 nach Friedrichshafen. Dornier hielt übrigens nicht viel von Wellblech. Glatte Bleche, so sagte er, könnten in viel höherem Maße zum Tragen herangezogen werden; auch seien Beschädigungen beim glatten Blech seltener als bei Wellblech.

Landflugzeuge: „Fliegt prima, steigt ausgezeichnet"

Trotz der drängenden Arbeit am Riesenflugboot, im ständigen Auf und Ab von Erfolgen und Fehlschlägen, war Claude Dornier seit 1916 – wenn erforderlich auch gegen den Willen Zeppelins – entschlossen, seine Erfahrungen im Metallflugzeugbau gleichzeitig in die Entwicklung von kleineren Landflugzeugen einzubringen. Nach einem mißglückten Einstieg mit der als Jagdeinsitzer gedachten V1, einem verspannten Doppeldecker mit Druckschraube, der bei der Flugerprobung am 13. November 1916 abstürzte, befaßte sich Dornier mit der Konstruktion eines zweisitzigen Landaufklärungsflugzeuges, der C1, später Zep CII.

Das Versuchsflugzeug sollte nach einem vorhandenen Albatros-Modell in Metall gebaut werden, weshalb Konstrukteure zur Staakener Flugzeugwerft des Konzerns geschickt wurden, deren Vorschläge Dornier mit Gegenvorschlägen beantwortete. Das fertige Flugzeug, das am 3. November 1917 auf dem Flugplatz Zech bei Lindau seinen Erstflug machte, war ein verspannter Doppeldecker. Der einteilige Oberflügel saß auf vier trompetenförmigen, am unteren Ende mit dem Rumpf fest vernieteten Streben. Der Unterflügel war zweiteilig, jeweils am Rumpf gelenkig angeschlossen. Das Leitwerk bestand aus einem Metallgerippe und war mit Stoff bespannt wie die Tragflächen. Im oberen Tragwerk befand sich der Flächenkühler. Der Treibstofftank war unter dem Pilotensitz eingebaut und im Notfall abwerfbar. In das Flugzeug war ein Mercedes-Motor eingebaut, als Bewaffnung war ein starres und ein bewegliches MG vorgesehen.

Das Neue an der Konstruktion war der Rumpf in Schalenbauweise. Die Außenhaut bestand aus glatten Leichtmetallblechen. In entsprechenden Abständen waren einfache Spanten aus gebördelten U-Profilen eingenietet.

Bei größeren Rümpfen wurden außen zur Aussteifung Längsprofile angeordnet. Eigentliche Gurtungen waren meist nicht vorhanden. Stärkere Querverbände waren nur da angeordnet, wo große Kräfte aus dem Tragwerk, der Motorenlagerung oder den Rudern einzuleiten waren, so daß der Rumpf vollständig hohl war und der Raum voll ausgenutzt werden konnte. Diese Rümpfe ergaben eine ganz außerordentliche Widerstandsfähigkeit sowohl gegen Torsions- als auch Biegebelastungen; zudem erwies sich ihre Herstellung als einfach und billig. Die Flugzeuge wurden in Staaken gebaut.

Eine verbesserte CII, die ClII, machte am 17. August 1918 ihren Erstflug. An der Konstruktion des Tragwerks waren einige Verstärkungen vorgenommen, die Tiefe des Oberflügels um 10 cm vergrößert worden. Der Abstand zwischen Rumpf und einteiligem Oberflügel wurde erhöht, um die Sichtverhältnisse für den Piloten zu verbessern. Anstelle des Flächenkühlers wurde bei der ClII ein Stirnkühler verwendet. Unter dem Pilotensitz befand sich der abwerfbare Treibstofftank. Zum Einsatz kam das Flugzeug nicht mehr.

Auch ein Zweischwimmerflugzeug entstand seit 1917 auf den Reißbrettern des Konstruktionsbüros in Lindau-Reutin. *„In Anlehnung an das von Ihnen gebaute Duralumin-Landflugzeug"* hatte das Reichsmarineamt am 1. Dezember 1917 drei Duralumin-Typenflugzeuge eines verbesserten C 3 M.G. Flugzeuges mit 195-PS-Benz-V-Motor (bzw. IIIb) bestellt. Dieses See-Jagdflugzeug, Baumuster CsI, Dorniers erster Tiefdecker wegen des verlangten guten Schußfeldes nach vorn und oben, stand mit seinem Rumpf aus Leichtmetall in Konkurrenz zur Holzbauweise eines Heinkel-Doppeldekkers. Bei der Flugerprobung zeigte sich, daß Verbesserungen notwendig waren. Die Marine erhielt die fertigen Cs-Flug-

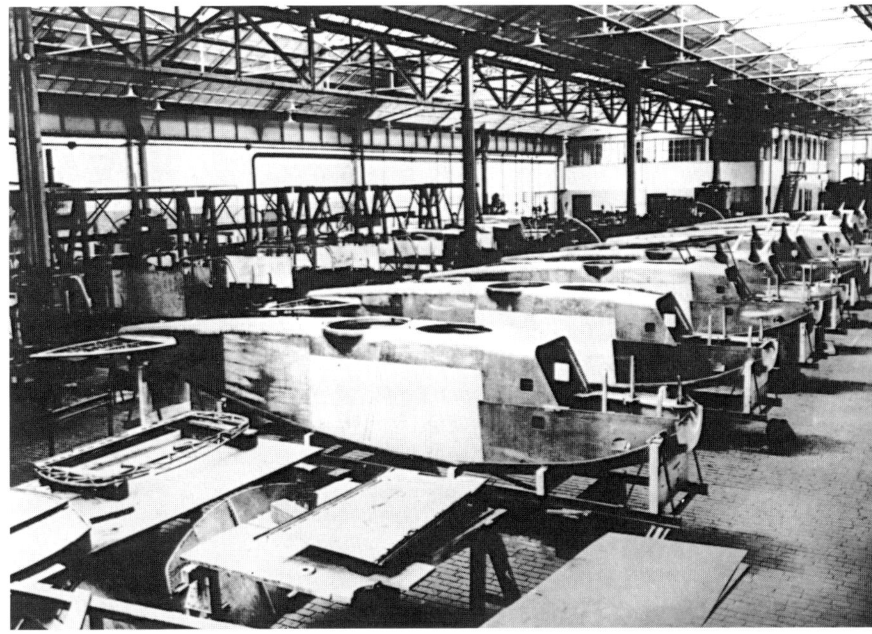

Serienproduktion der CII in Staaken bei Berlin (ganz oben).

Die ClII aus dem Jahr 1918, ebenfalls ein Aufklärer, kam nicht mehr zum Einsatz (oben).

Das erste von Claude Dornier konstruierte Schwimmerflugzeug, die CsI, wurde 1918 von der Marine erprobt (links).

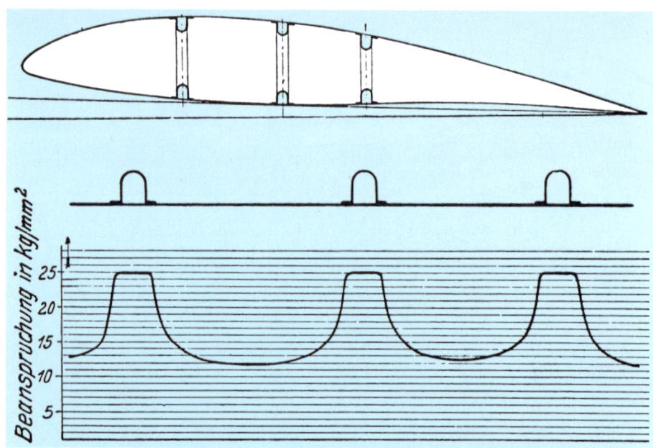

Für das Projekt des Jagd-Doppeldeckers D I wurde eine Attrappe gebaut (oben).

Der Querschnitt durch den Flügel zeigt die tragende Außenhaut (rechts) – ein Novum im Flugzeugbau.

Alle Rippen im dreiholmigen Flügel der D I waren gleich, um eine einfache und kostengünstige Produktion zu ermöglichen (rechts Mitte).

Systematische Belastungsversuche am Tragwerk der D I bewiesen die Festigkeit der neuartigen Konstruktion (ganz unten).

zeuge. Das Kriegsende verhinderte allerdings den endgültigen Konkurrenzvergleich.

Mit der D I (offizielle Bezeichnung: Zep D I) schließlich ging Dornier ganz konsequent noch einen wichtigen Schritt weiter: Er übertrug die Metallschalenbauweise auch auf das Tragwerk. So entstand der erste völlig mit glattem Blech beplankte, freitragende Flügel mit tragender Haut. Die Aussteifung der Haut erfolgt in Richtung der Flügelspannweite durch hutförmige Dornier-Spezialprofile, die Queraussteifung durch gestanzte und gepreßte Blechrippen. Dadurch war das Blech so gut ausgesteift, daß die Haut volltragend zur Übertragung von Längs- und Querkräften herangezogen war. Dornier war damit der allgemeinen Entwicklung um Jahre voraus.

Das neue Flugzeug, ein völlig freitragender Doppeldecker, war die Weiterentwicklung der Cl I. Anfang Februar 1918 hatten bei Dornier die Projektarbeiten an diesem Jagdeinsitzer begonnen, wenig später lag der telegraphische Auftrag für sechs Musterflugzeuge vor. Der durchlaufende Oberflügel saß auf vier biegungssteifen Stielen über dem Rumpf. Der Unterflügel war an der Rumpfunterseite eingelassen und an sechs Stellen angeschlossen. Es wurden verschiedene Triebwerke eingebaut: Daimler IIIa (160 PS), Benz IIIb (195 PS) und BMW IIIa (185 PS). Die Luftschrauben aus Holz hatten einen Durchmesser von 2,7 m. Der abwerfbare Kraftstofftank hing in Form eines stromlinienförmigen Behälters unter dem Rumpf. Zwei tropfenförmige Dural-Hohlkörper, mit dem Rumpf fest vernietet, bildeten den tragenden Teil für die Radachsen, für die Federung wurden Stahlfeder-Pakete verwendet. Die Bewaffnung bestand aus zwei starren Maschinengewehren.

Nach dem ersten längeren Flug am 4. Juni 1918 vom Flugplatz Zech bei Lindau aus berichtete der Pilot dem Konstrukteur Claude Dornier: *„Fliegt prima, steigt ausgezeichnet. Fast keine Vibrationen, gut ausgewuchtet, Höhen- und Seitenruder in Ordnung und tadelloser Motor."* Der erste Höhenflug mußte in einer Höhe von 5.950 m wegen Versagens des Höhenmessers abgebrochen werden. Die D I war durch die glatten Außenformen und durch das Fehlen von Verspannungen und Streben ein schnelles Flugzeug, aerodynamisch hervorragend gelungen. Sie wurde Anfang Juli 1918 zu den Vergleichsflügen nach Adlershof gebracht, wo sie von Frontfliegern getestet und beurteilt wurde.[19)] Hauptmann Reinhard, Kommandeur des Richthofen-Geschwaders, flog die D I nach Hermann Göring, obwohl die oberen Holmanschlüsse des freitragenden Flügels erst noch durch stärkere ersetzt werden sollten. Als Reinhard die Maschine auf ihre Sturzflugtauglichkeit testete, verunglückte er tödlich. Dennoch blieb die Inspektion der Fliegertruppe an diesem modernen, leistungsfähigen Flugzeug interessiert, das in 33 Minuten auf 6.000 m stieg. Mit einer Geschwindigkeit von 200 km/h und mit über 8.000 m Gipfelhöhe bei voller Beladung war die D I zu dieser Zeit das schnellste Jagdflugzeug der deutschen Streitkräfte. Für den Serienbau war es freilich, angsichts der Kriegslage, zu spät. Nach Kriegsende gingen zwei Flugzeuge dieses wegweisenden Typs zu Forschungszwecken in die USA.

Mit ihren freitragenden Flügeln war die D I eine Sensation im Flugzeugbau. Sie erwies sich beim Vergleichsfliegen im Juli 1918 zwar als das schnellste deutsche Jagdflugzeug, kam aber nicht mehr zum Einsatz (oben).

Eine der beiden D I, die nach Kriegsende in die USA geliefert und dort eingehend untersucht wurden (links).

Rs IV: zum ersten Mal mit Stummeln

Im letzten Kriegsjahr, 1918, hatte Claude Dornier einen ersten Höhepunkt in seinem Schaffen als Konstrukteur erreicht. Seine wegweisende Schalenbauweise für Flugzeugrümpfe und -flügel hatte ihre ersten Bewährungsproben bestanden; sie wurde im Prinzip von allen Flugzeugbauern als Voraussetzung für schnelle Hochleistungsflugzeuge übernommen. Sein Riesenflugboot Rs III, in Warnemünde zur Zufriedenheit der Marine getestet, hatte nur noch wenige konstruktive Verbesserungen nötig, die 1918 vorgenommen wurden. *„Die Hauptaufgabe bei den neuen Maschinen sehen wir in der gründlichen Durcharbeit der Einzelheiten. Dieses Durcharbeiten der Details ist aber nur möglich, wenn die Maschine als Ganzes sich wenig ändert,"* schrieb das Zeppelin-Werk Lindau an das Reichsmarineamt. So war aus Pilotenkreisen vorgeschlagen worden, den Führerstand vom Boot in den Leitwerkträger zu verlegen; dadurch würde die Sicht der Pi-

Das Riesenflugboot Rs IV auf der Ablaufbahn in Seemoos – es hatte eine Spannweite von 37 Metern (oben).

Zum erstenmal hatte Claude Dornier bei der Rs IV die seitlichen Flossenstummel verwirklicht (rechts); sie sollten von nun an zu einem Markenzeichen der künftigen Dornier-Flugboote werden.

Das Cockpit der Rs IV war zuerst im oberen Rumpf eingebaut, wurde dann aber in das Boot verlegt.

loten verbessert werden, das Cockpit wäre frei von Spritzwasser. Weitere Vorteile: Vereinfachung in der Führung der Steuerorgane und bessere Zugänglichkeit der Triebwerke, dazu die konstruktive Vereinfachung des Leitwerks.

Nach knapp einem Jahr Konstruktions- und Bauzeit ging am 12. Oktober 1918 das erste Rs IV-Flugboot in die Werkserprobung (ein weiteres war teilweise in der Montage). Der Rumpf, also der Leitwerkträger, war für das Cockpit nach vorn verlängert, die Triebwerksgondeln im Querschnitt vergrößert und in ihrer aerodynamischen Qualität verbessert worden. Um bei Luftschraubenpannen die Nachbarschraube nicht zu gefährden, wurden die Triebwerksgondeln so zueinander angeordnet, daß die Luftschrauben mit einer Versetzung von etwa 20 cm zueinander liefen. Nach den ersten Versuchsflügen wurde das Cockpit übrigens wieder zurück in das Boot verlegt, weil die Piloten bei der Landung den Wasserabstand nur schlecht hatten einschätzen können.

Die Rs IV hatte einen Schalenrumpf aus Duralblech. In hohem Maße war das Duraluminium für den Bau herangezogen worden, Stahl wurde in nennenswertem Umfang nur noch beim Bau des Flügels verwandt, denn der Fortschritt in den Festigkeits- und Korrosionseigenschaften des Durals waren bedeutend. Ausgeliefert wurde diese erste Rs IV, das überzeugende Endergebnis der vierjährigen Riesenflugboot-Entwicklung am Bodensee, nicht mehr.

Wichtig für die Zukunft: Zum erstenmal hatte Claude Dornier bei der Auslegung des Bootskörpers der Rs IV die später zur Tradition gewordenen, bewährten Bootsstummel eingeführt. Das Boot selbst konnte durch die Wirksamkeit dieser Flossen wesentlich schmaler gehalten werden als bei der Rs III, war somit bei gleichem Gewichtsaufwand fester. Die Flossen waren aerodynamisch günstig geformt und ergaben sowohl in der Luft wie auf dem Wasser Auftrieb. Da sich das Flugboot beim Start auf die Stufe hob, waren die Flossen vom Seegang frei und störten nicht.

Schon am 15. November 1917 hatte Dornier auf diese Erfindung das Patent Nr. 310720 erhalten, und zwar auf ein *„Flugboot, dadurch gekennzeichnet, daß zur Erhöhung der Querstabilität beim Schwimmen an den Bootskörper freitragende, in ihrer Stärke nach außen ständig abnehmende Flossen angebaut sind, deren im wesentlichen ebene oder schwach nach oben gewölbte und schrägliegende Unterseiten wenigstens angenähert den Bootskörper in der Wasserlinie treffen"*.

Im August 1918 konnte noch mit dem Bau der Gs I, einem bewaffneten Aufklärungsflugboot für die Marine, begonnen werden. Ein Auftrag auf drei Flugzeuge dieses Typs lag vor. Für Dornier war die Gs I nur ein Vorstadium für ein achtmotoriges Flugboot mit 2400 PS. Das Kriegsende, der November 1918, machte solchen optimistischen Plänen abrupt ein Ende.

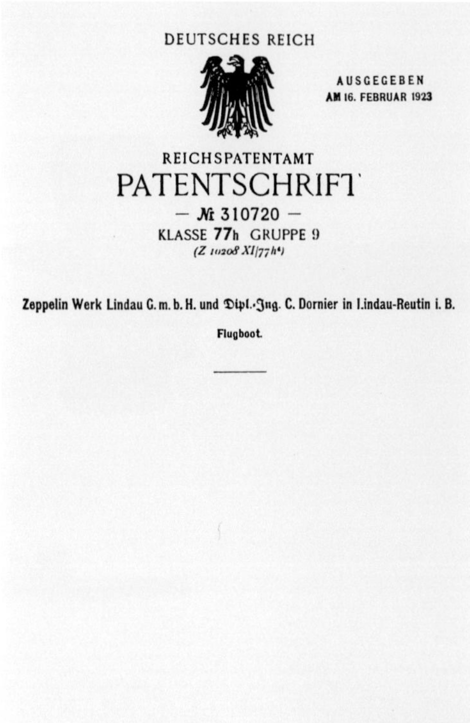

DEUTSCHES REICH

AUSGEGEBEN
AM 16. FEBRUAR 1923

REICHSPATENTAMT

PATENTSCHRIFT

— № 310720 —

KLASSE 77h GRUPPE 9

(Z 10208 XI/77h⁴)

Zeppelin Werk Lindau G. m. b. H. und Dipl.-Ing. C. Dornier in Lindau-Reutin i. B.

Flugboot.

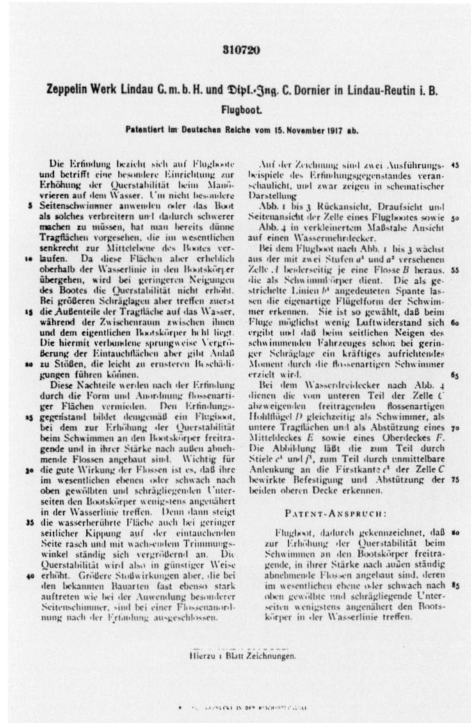

310720

Zeppelin Werk Lindau G. m. b. H. und Dipl.-Ing. C. Dornier in Lindau-Reutin i. B.

Flugboot.

Patentiert im Deutschen Reiche vom 15. November 1917 ab.

Die Erfindung bezieht sich auf Flugboote und betrifft eine besondere Einrichtung zur Erhöhung der Querstabilität beim Manövrieren auf dem Wasser. Um nicht besondere Seitenschwimmer anwenden oder das Boot als solches verbreitern und dadurch schwerer machen zu müssen, hat man bereits dünne Tragflächen vorgesehen, die im wesentlichen senkrecht zur Mittelebene des Bootes verlaufen. Da diese Flächen aber erheblich oberhalb der Wasserlinie in den Bootskörper übergehen, wird bei geringeren Neigungen des Bootes die Querstabilität nicht erhöht. Bei größeren Schräglagen aber treffen zuerst die Außenteile der Tragfläche auf das Wasser, während der Zwischenraum zwischen ihnen und dem eigentlichen Bootskörper hohl liegt. Die hiermit verbundene sprungweise Vergrößerung der Eintauchflächen aber gibt Anlaß zu Stößen, die leicht zu ernsteren Beschädigungen führen können.

Diese Nachteile werden nach der Erfindung durch die Form und Anordnung flossenartiger Flächen vermieden. Den Erfindungsgegenstand bildet demgemäß ein Flugboot, bei dem zur Erhöhung der Querstabilität beim Schwimmen an den Bootskörper freitragende und in ihrer Stärke nach außen abnehmende Flossen angebaut sind. Wichtig für die gute Wirkung der Flossen ist es, daß ihre im wesentlichen ebenen oder schwach nach oben gewölbten und schrägliegenden Unterseiten den Bootskörper wenigstens angenähert in der Wasserlinie treffen. Denn dann steigt die wasserberührte Fläche auch bei geringer seitlicher Kippung auf der eintauchenden Seite rasch und mit wachsendem Trimmungswinkel ständig sich vergrößernd an. Die Querstabilität wird also in günstiger Weise erhöht. Größere Stoßwirkungen aber, die bei den bekannten Bauarten fast ebenso stark auftreten wie bei der Anwendung besonderer Seitenschwimmer, sind bei einer Flossenanordnung nach der Erfindung ausgeschlossen.

Auf der Zeichnung sind zwei Ausführungsbeispiele des Erfindungsgegenstandes veranschaulicht, und zwar zeigen in schematischer Darstellung

Abb. 1 bis 3 Rückansicht, Draufsicht und Seitenansicht der Zelle eines Flugbootes sowie

Abb. 4 in verkleinertem Maßstabe Ansicht auf einen Wassermehrdecker.

Bei dem Flugboot nach Abb. 1 bis 3 wächst aus der mit zwei Stufen a^1 und a^2 versehenen Zelle A beiderseitig je eine Flosse B heraus, die als Schwimmkörper dient. Die als gestrichelte Linien b^1 angedeuteten Spante lassen die eigenartige Flügelform der Schwimmer erkennen. Sie ist so gewählt, daß beim Fluge möglichst wenig Luftwiderstand sich ergibt und daß beim seitlichen Neigen des schwimmenden Fahrzeuges schon bei geringer Schräglage ein kräftiges aufrichtendes Moment durch die flossenartigen Schwimmer erzielt wird.

Bei dem Wasserdreidecker nach Abb. 4 dienen die vom unteren Teil der Zelle C abzweigenden freitragenden flossenartigen Hohlflügel D gleichzeitig als Schwimmer, als untere Tragflächen und als Abstützung eines Mitteldeckes E sowie eines Oberdeckes F. Die Abbildung läßt die zum Teil durch Stiele e^1 und f^1, zum Teil durch unmittelbare Anlenkung an die Firstkante c^1 der Zelle C bewirkte Befestigung und Abstützung der beiden oberen Decke erkennen.

PATENT-ANSPRUCH:

Flugboot, dadurch gekennzeichnet, daß zur Erhöhung der Querstabilität beim Schwimmen an den Bootskörper freitragende, in ihrer Stärke nach außen ständig abnehmende Flossen angebaut sind, deren im wesentlichen ebene oder schwach nach oben gewölbte und schrägliegende Unterseiten wenigstens angenähert den Bootskörper in der Wasserlinie treffen.

Hierzu 1 Blatt Zeichnungen.

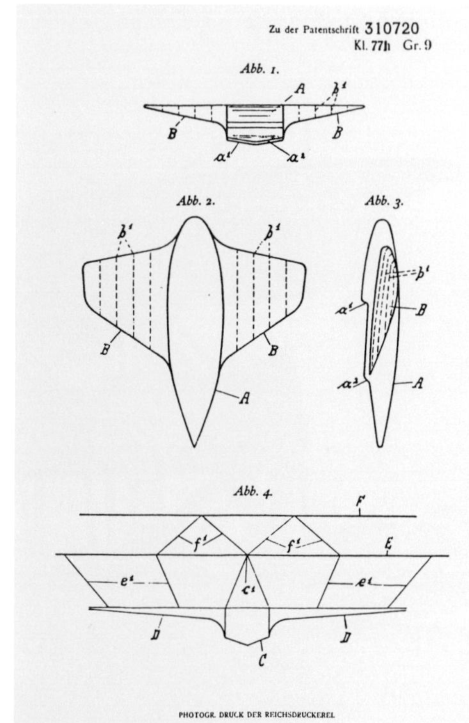

Mit diesem Patent aus dem Jahr 1917 beschrieb Claude Dornier die Erfindung der Flossenstummel zur Stabilisierung eines Flugbootes auf dem Wasser (oben).

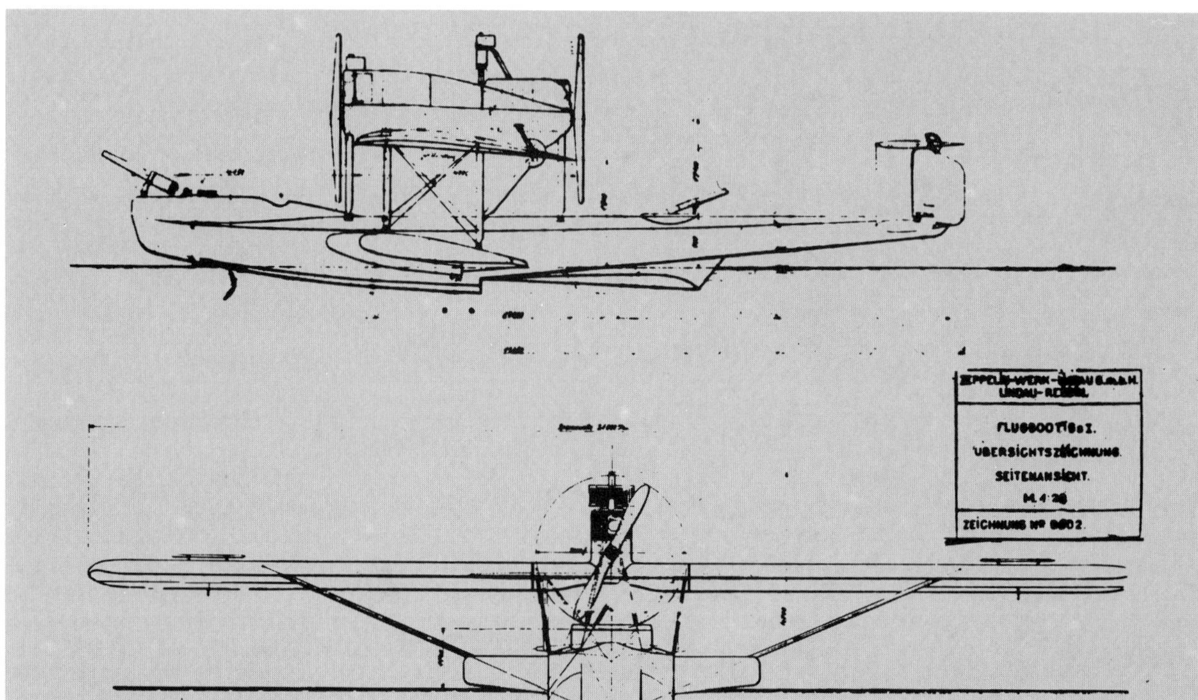

Diese Projektzeichnung der Gs I aus dem Jahr 1918 zeigt nun bereits alle Merkmale späterer Dornier-Flugboote: Auf dem flachgekielten Boot mit Flossenstummeln, Querstufe und Spornkasten saß der hochgesetzte, abgestrebte Flügel mit den auf Zug- und Druckschrauben arbeitenden Tandemmotoren. Die nach diesem Prinzip entworfene Gs I wurde erst nach dem Ersten Weltkrieg gebaut. Sie war der Ausgangspunkt für die spätere Familie der Wal-Flugboote, die mit vielen Rekorden und Pionierflügen die Überlegenheit dieses Konzepts weltweit unter Beweis stellen konnten. Nach wenigen Jahren intensiver Entwicklungstätigkeit war für Jahrzehnte der Standardtyp der erfolgreichen Dornier-Flugboote gefunden.

Fortschritte im Flugbootbau

Das Deutsche Reich hatte den Krieg verloren. Am 9. November 1918 entsagte Kaiser Wilhelm II. dem Thron und ging nach Holland ins Exil; in Berlin wurde die Republik ausgerufen, zwei Tage später der Waffenstillstand geschlossen. Auf der langen Liste der Bedingungen, auf die Deutschland eingehen mußte, stand auch die Ablieferung der Jagd- und Bombenflugzeuge.

Kampf ums Überleben

Schon im Januar 1919 wurde die Friedenskonferenz im Spiegelsaal des Schlosses zu Versailles eröffnet, am 28. Juni der Friedensvertrag mit seinen 440 Artikeln unterzeichnet. Für die Fliegerei, zumindest für die militärische, bedeutete er das Ende: Die siegreichen Alliierten hatten – Artikel 198 – auf dem völligen Verbot bestanden und alle Hinweise deutscherseits darauf, daß Militärflugverbände unentbehrliche Bestandteile „nur" einer Ordnungsarmee seien, verworfen. Verheerend war der Artikel 201: Er untersagte auf die Dauer von sechs Monaten *„die Herstellung und Einfuhr von Luftfahrzeugen und Teilen solcher, ebenso wie von Luftfahrzeugmotoren und Teilen solcher."* Die Frist wurde dann auf zwei Jahre ausgedehnt. Mit dem Artikel 210 wurde die Überwachung dieser Maßnahmen dem Interalliierten Luftfahrt-Überwachungsausschuß übertragen. Etwa 15.000 Flugzeuge und 28.000 Flugmotoren wurden ausgeliefert oder vernichtet.

Was in den Jahren der Forschungs- und Versuchsarbeit im Zeppelin-Werk Lindau erreicht war, ein hoher technischer Standard der Metallbauweise, der die Kontrolleure der Alliierten beeindruckte, schien nun ernstlich in Frage gestellt und ohne Zukunft. Dieses bittere Jahresende 1918 war für Claude Dornier, neben den Sorgen um das Werk, auch von einem schweren persönlichen Schicksalsschlag überschattet. Seine junge Frau Olga, die er 1913 geheiratet hatte, war im Oktober einer Grippeepidemie erlegen. Mit seinen zwei kleinen Söhnen, Claudius und Peter, stand er alleine da.

Für den Zeppelin-Konzern mit seiner Luftschiff- und Flugzeugfertigung waren die von den Siegermächten diktierten Bauverbot-Artikel lebensbedrohend. Die Zahnradfabrik Friedrichshafen stoppte die Produktion von Flugzeuggetrieben und versuchte, wie der Maybach-Motorenbau, auf dem engen Markt der Automobile Fuß zu fassen. Die Lage des Zeppelin-Werks Lindau war düster. Claude Dornier als Geschäftsführer ersuchte die Konzernleitung um die Einberufung einer Gesellschafterversammlung. Es ging um den Fortbestand des Werkes – seines Werkes. Alle Staatsaufträge waren storniert, Entschädigungszahlungen fraglich. Anzahlungen gab es, das große Bestellobligo lag nicht weit von den Anzahlungen entfernt. Dornier: *„Es war mir klar, daß unter den obwaltenden Umständen kein anderer Weg zu beschreiten war, als das Werk in Lindau stillzulegen und im übrigen sich so klein zu machen, als möglich war."*

Gegen die Stimmen der Gesellschafter, die für die Liquidation plädierten, konnte Dornier die Firma, *„in deren Erfahrungen und deren Personal wertvolle Möglichkeiten für die Zukunft steckten"*, doch noch retten. Allerdings, das Werk in Lindau-Reutin, das zusammen mit Seemoos 1918 an die 2.000 Arbeiter beschäftigt hatte, dazu noch 3.000 bei Zulieferern, war nicht zu halten. Die drei neuen Hallen in Lindau-

In den Werksanlagen Lindau-Reutin brachen nach Ende des Ersten Weltkriegs schwere Zeiten an. Viele Mitarbeiter mußten entlassen werden.

Blick auf die Passagierkabine im Leitwerksträger und auf das Cockpit im Boot der Rs IV (rechts).

Bei einem Erprobungsflug: Die Rs IV vor der Schloßkirche Friedrichshafen (unten).

Zech, Zentrum des entstehenden Großwerkes, kamen über den Rohbau nicht mehr hinaus; Zech sollte in sich sowohl einen Wasser- wie einen Landflughafen vereinigen. In Seemoos wurde mit kleiner Belegschaft, 60 altgedienten Facharbeitern und 20 Angestellten, vorerst weitergemacht.

Die Rs IV, die nicht mehr an die Marine abgeliefert werden konnte, wurde umgebaut. Sie erhielt im Leitwerksträger eine Kabine für sechs Personen und machte erste Rundflüge am Bodensee. Auf Anordnung der Alliierten mußte sie dann verschrottet werden, wie auch Teile der zweiten Rs IV, die bei Kriegsende im Bau war, und an der weitere Verbesserungen vorgenommen werden sollten. *„Zwei Tage lang"*, so Dornier, *„schallte der dumpfe Ton der Vorschlaghämmer und das Kreischen der Metallsäge von der Halle zu mir herüber. Ich habe sie während der Zeit nicht betreten."* Nur einige D I-Doppeldecker konnten, zur Nachtzeit in den beiden Torstützen der Halle aufgehängt, dem Zugriff der Kommission entzogen werden.

Der Vorläufer: Gs I

In den düsteren, zuweilen hoffnungslos scheinenden Nachkriegsjahren, in denen die alte hölzerne Halle in Seemoss *„unser schwer umkämpfter Arbeitsplatz war und wir oft nicht wußten, wie die nächste Löhnung aufzubringen war"*, kam Dornier bei dem Bemühen, die Werft über die Zeit der sozia-

len Spannungen und der inneren politischen Unruhen zu retten, von denen auch Friedrichshafen nicht verschont blieb, ein Zufall zu Hilfe: die sich anbahnende Verbindung mit den Niederlanden und ihrer Marine.

Marineflugzeuge hatten damals fast durchweg Schwimmer aus Sperrholz von geringer Lebensdauer und bald nachlassender Festigkeit; durch Eindringen von Feuchtigkeit wurden sie zudem schwerer. Dornier hatte schon 1917 vorgeschlagen, sie aus Dural zu bauen und Versuchsschwimmer geliefert, die durch harte Landungen beim SVK (Seeflugzeug-Versuchs-Kommando) erprobt worden waren. Nach geringfügigen Verstärkungen waren sie serienreif und zeigten sich allen anderen Bauarten überlegen.

Auch die niederländische Marine hatte Schwierigkeiten mit ihren Flugzeugen, die Schwimmer aus Holz hatten. Ihre Wartung war teuer, oft versagten sie den Dienst. Unverzüglich bot Dornier der Marine Schwimmer aus Leichtmetall an, die leichter und wesentlich widerstandsfähiger waren. Nach längeren Verhandlungen erhielt das Werk in Seemoos einen Probeauftrag über sechs Paar Metallschwimmer, dem bald eine weitere Bestellung folgte. In Seemoos war das Material auf Lager, schnelle Lieferung kein Problem. Fielen auch die Schwimmer unter die Verbote? Keiner fragte danach. Zwei Jahre lang hielt das Schwimmergeschäft mit der Marine der Niederlande den kleinen Betrieb bei angemessenen Preisen über Wasser. Denn mit ihren Badewannen und Eimern aus hochwertigem Material konnte die Werft, wie sich zeigte, nicht konkurrieren, sie waren zu teuer. Dornier selbst setzte weiterhin auf Flugboote, und sah im langsam keimenden internationalen Luftverkehr ein Potential und seine Chance. In einem Vortrag faßte er damals die Erfahrung zusammen, die das Unternehmen mit den Jahren im Flugbootbau gesammelt hatte:

„Metallkonstruktion aus Blechen und Spezialprofilen, meist mit Leichtmetall kombiniert. Keine Rohre, kein Wellblech, keine Schweißung. Selbststabile Boote. Stummelboote. Flügel ganz aus Metall oder Metall mit Stoff. Glatte Blechrümpfe ohne Fachwerk. Konzentrierung aller Massen, insbesondere der Motoren in Schwerpunktnähe. Vermeidung von Getrieben. Zugänglichkeit und Wartbarkeit der Motoren bei mehrmotorigen Typen. Ausgeführte Flugzeuge von 60 bis 1100 PS, Spannweiten von 8 bis 43,5 m, Tragflächenausmaße bis zu 330 m^2, Bootsbreiten bis zu 4,7 m, Nutzlasten bis zu 3500 kg."[20]

Dornier ließ das Ziel, diese Erfahrungen zu nutzen, auch in diesen kritischen Jahren nicht aus den Augen. Seine Zukunftshoffnungen beruhten auf der Überlegung, daß die Siegermächte zwar den Bau von Flugzeugen verboten hatten, daß sie aber deren Konstruktion kaum verhindern konnten. Es war eine Zeit der Ungewißheit, das ganze Ausmaß der nationalen Katastrophe schien noch gar nicht bewußt. Hugo Stinnes, der Industriegewaltige, dem schon während des Krieges ein kombinierter Flugzeug-Automobil-Großkonzern vorschwebte (*„Die Produkte müssen in der ganzen Welt vertrieben werden, mit der ganzen Welt konkurrieren"*), fragte Claude Dornier damals, was er von der Zukunft des Flugzeug-

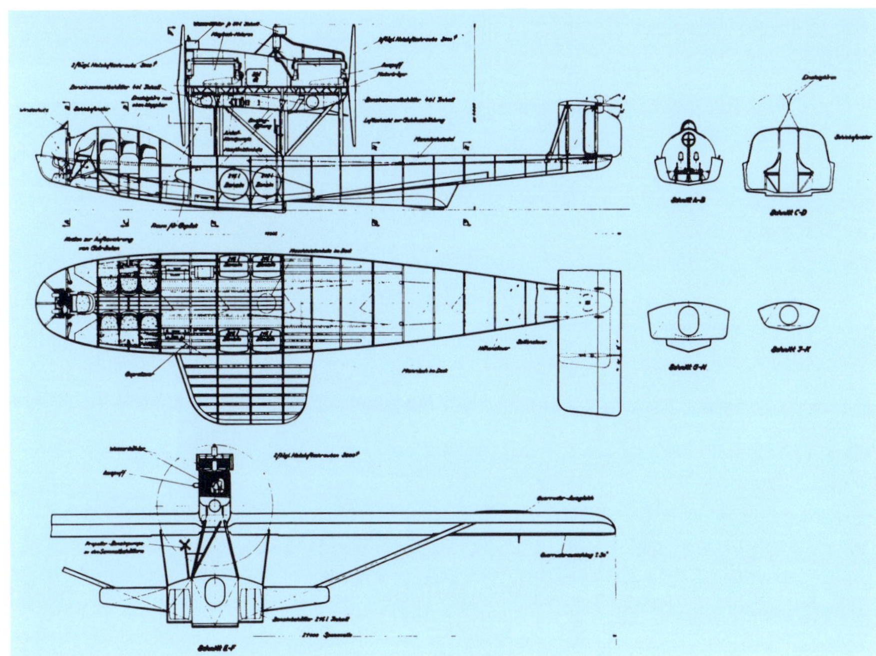

Die Hallen des neuen Werkes in Zech bei Lindau im Bau; bei Kriegsende mußte der Bau eingestellt werden (ganz oben).

Übersichtszeichnung des zweimotorigen Flugbootes Cs I (oben); im Bild links eine Gs I für die „Ad Astra", Schweizerische Luftfahrtgesellschaft (v.r.n.l.): Redakteur Bierbaum von der Zürcher Zeitung, Claude Dornier, Kommerzienrat Colsman, Schulte-Frohlinde, der schweizerische Pilot Frick und Monteur Marquardt.

Die Gs I, sie faßte in ihrer Kabine sechs Passagiere, wurde im Sommer 1919 erprobt (rechts).

Noch im selben Jahr entstand eine Attrappe mit der Bezeichnung „Dornier Wal Type 1919" – zum Bau dieses Flugzeuges kam es allerdings nicht mehr (unten).

baues in Deutschland dächte. Der antwortete ihm, daß diese Frage zu dieser Zeit wohl kein Mensch beantworten könne, *„daß aber in einem so großen Lande wie dem Deutschen Reich in Zukunft bestimmt Flugzeuge benötigt würden."*

Dornier fand bei dieser Begegnung kein Verhältnis zu Stinnes; er glaubte in ihm den *„verständnisvollen Förderer meiner Ideen"* jedenfalls nicht finden zu können. Auch Camillo Castiglioni, der österreichische Industriemagnat, nahm damals Verhandlungen mit Dornier auf, weil er Pläne für das Zusammengehen seiner Bayerischen Motorenwerke mit dem Flugzeugbau hatte. Aber auch in diesem *„Finanzgenie"* konnte Dornier kaum die Zukunft sehen.[21)]

Im Konstruktionsbüro wurde derweil an der zweimotorigen Gs I weitergearbeitet, am Bug erhielt sie eine Kabine für sechs Passagiere. Schon gefertigte und gut versteckte Bauteile kamen wieder ans Tageslicht. Schon am 31. Juli 1919 wurde der erste Startversuch unternommen. In der Gs I, einem abgestrebten Hochdecker in Metallbauweise, mit Stoffbespannung beim Tragflügel und Leitwerk, zeigte sich schon die Linienführung der später folgenden „Wal"-Familie: Die Tandem-Anordnung der beiden Motoren in der verkleideten Gondel und die Stabilisierungsstummel am Boot, das, mehrfach abgeschottet, aus Duraluminium gefertigt war. Der aerodynamische Fortschritt gegenüber der mächtigen, durch die Dreigliederung in Tragwerk und Leitwerk, in Motorenanlage und in das Boot freilich noch nicht befriedigenden Rs IV war nicht zu übersehen: Das zum Leitwerksträger verlängerte Boot wirkte als organisches Ganzes. Die Flugeigenschaften und die Leistungen der Gs I überzeugten und wiesen diese Konstruktion als einen entscheidenden Schritt auf dem Weg zum hochseefähigen Flugboot aus, ließen auch die Zweifel, die mancherseits gegen die Anordnung der Motoren in der Mittelebene des Flugzeugs geäußert wurden, verstummen. Anfang Oktober 1919 erhielt die Schweizerische Luftverkehrsgesellschaft Ad Astra Aero, eine Vorläuferin der Swissair, die Gs I zur Erprobung und zu Rundflügen. Wenn es schließlich doch zu keinem Auftrag kam, lag das an der behelfsmäßigen Lösung der Kabine: Die sechs Passagiere saßen quer zur Flugrichtung.

Auch die gerade gegründete Koninklijke Luchtvaart Maatschappij voor Nederland en Kolonien (KLM) interessierte sich für eine Vorführung der Gs I. Am 3. Februar 1920 wurde sie mit einem Flug, der über Potsdam zur Nordsee führte, auf die Insel den Helder überführt. Inzwischen wurde bekannt, daß die Überwachungskommission auf dieses Flugboot aufmerksam geworden war; eine Beschlagnahme schien nicht ausgeschlossen. Am 10. Januar 1920 war der Versailler Vertrag in Kraft getreten, und die Frist, innerhalb derer Material und Gerät ausgeliefert werden mußten, begann.

Die Gs I wurde nach Kiel-Holtenau geflogen, sollte auch noch in Stockholm gezeigt werden. Um diese moderne Flugboot-Konstruktion vor dem Zugriff der Alliierten zu retten, wurde die Gs I am 25. April 1920 in der Ostsee versenkt. Das Telegramm des Betriebsleiters an den Piloten Karl Lesch und der Vollzugsbericht sind Dokumente der Zeit:

An Karl Lesch, Maedickes-Hotel.
Erbitten folgende Maßnahmen mit größter Umsicht und Beschleunigung auszuführen Doppelpunkt Sofortiger Ausbau der Motoren und Instrumente sorgfältige Vorbereitung zum völligen Undichtmachen aller Bootsabteilungen samt Flossen Punkt Darauf ausschleppen mit Motorboot und wegsakkenlassen des Flugzeuges in tiefem Wasser Aufsehen vermeiden Motore und übrige Teile sind sofort abzusenden und nichts zurückzulassen Punkt Verlasse mich auf Ihre bewährte Umsicht Ausführung unbedingt im Interesse der deutschen Industrie erforderlich Punkt
gez. Schulte-Frohlinde[22]

Die mit diesem Boot gewonnenen Erfahrungen führten zur Konstruktion des Typs Gs II. Die Tragfläche wurde vergrößert, die schädlichen Widerstände wurden durch Fortfall der Tiefenkreuzverspannung, durch die Verringerung der Stäbe des Motorbockes auf die Hälfte und durch den Einbau einfacher Ruder sowie Veränderungen an der Kabine reduziert. In Seemoos entstand eine Attrappe, die schon die Beschriftung „Dornier Wal Type 1919" trug. Durch das Bauverbot und angesichts fehlender Mittel blieb es dabei.

Wegen des Bauverbots in Deutschland mußte das Verkehrsflugzeug Delphin in Rorschach, am schweizerischen Ufer des Bodensees montiert werden; im Bild der Delphin I mit versuchsweise verlängertem Vorschiff zur Verbesserung des Spritzwasserverhaltens.

Ein neues Projekt: der „Delphin"

Es kam das totale Bauverbot, an eine Gesamtmontage von Flugzeugen auf der Werft in Seemoos war nicht mehr zu denken. Gegenüber winkte die neutrale Schweiz. Dornier suchte nach Möglichkeiten, am anderen, freien Ufer seine Flugzeuge zu montieren. Bei Rorschach wurde ein leerstehender Schuppen gefunden, ein altes, halbverfallenes Gemäuer zur Winterlagerung von Booten, das als – wenn auch primitives – Asyl geeignet schien. In der Segeljolle eines Mitarbeiters, so die interne Dornier-Überlieferung, wurden unter Umgehung des Zolls Bauteile von Seemoos nach Rorschach geschafft, während das Konstruktionsbüro am „Delphin", an der kleinen „Libelle" und an Entwicklungen für Jagdflugzeuge auf der Basis der D I arbeitete, aus denen schon bald der „Falke" hervorgehen sollte.

Ausgerechnet der „Delphin", das erste nur für den Zivilluftverkehr gedachte, im Frieden entworfene und erbaute Flugboot, mußte im Ausland zusammengebaut werden. Dornier hatte bei diesem einmotorigen, zweistufigen Flugboot aus Ganzmetall den Typ des Schulterdeckers mit Stielabstützung und auch die bewährten Stummel am Bootskörper beibehalten, die sich, abgesehen von den stabilisierenden Eigenschaften, ebensogut zum Ein- und Aussteigen der Passagiere eigneten. Der Motor war nach vorn verlegt worden, das ergab Vorteile, so die einwandfreie Kühlung beim Rollen, der tiefliegende Schwerpunkt, die leichte Wartung des Motors, einfache und kurze Leitungen, vollständige Trennung des Antriebes und der Besatzung von den Fluggästen. Die aus Metall hergestellten Flügel waren wegen der leichteren und rascheren Abrüstung nicht freitragend gebaut, sondern an das Bootsdeck mit zwei Gelenken angeschlossen und

Der Pilot saß in der Flügelwurzel hinter dem 185 PS BMW-VI-Motor des verbesserten Delphin I.

durch zwei kurze Stiele gegen das Boot abgestützt. Als Antrieb wurde ein 185 PS starker wassergekühlter BMW-IIIa-Motor verwendet. Die Kabine für vier bis fünf Passagiere war (für die damalige Zeit) geräumig und bequem. Dornier hatte bei der Konstruktion des „Delphin" zwischen einer Druck- und Zugschraube geschwankt; er fand aber für die Druckschraube keine *„ästhetisch befriedigende Anordnung"*. Deshalb war er zur Zugschraube am Bug übergegangen – eine Lösung, die aerodynamisch schlechter war. Da der Propeller nun nah am Wasser arbeitete, bestand die Gefahr, daß er gelegentlich Spritzwasser erhielt. Dornier glaubte aber, einen vertretbaren Kompromiß gefunden zu haben. Im Rückblick auf die Arbeit am „Delphin" äußerte er seine Gedanken über den Kompromiß bei Konstruktionen:

„Der Delphin war das erste Glied einer nicht aufhörenden Reihe von Entwürfen, bei welchen durch die Gegebenheiten technischer Möglichkeiten Kompromisse geschlossen werden mußten. Die stets angestrebte ‚kompromißlose' Ausführung mußte bei der Gestaltung infolge technischer Notwendigkeiten immer modifiziert werden. ‚Kunst' ist es, den besten Kompromiß zu finden, wenn ich mir irgendein Verdienst in technischer Hinsicht beimessen darf, ist es die Fähigkeit, den jeweils besten Mittelweg zwischen dem idealen Projekt und dem bei dem jeweiligen Stand der Technik gegebenen ‚Möglichkeiten' gefunden zu haben. Ich habe mir dabei bei allen Entwürfen das Ziel immer möglichst hoch gesetzt, in Erkenntnis der Tatsache, daß das endgültige Erreichbare erheblich unter dem Erhofften liegen würde. Ich bin dabei nicht schlecht gefahren. Die Ultima ratio bei jedem neuen Entwurf war es, dem Bekannten meilenweit vorauszustreben."[23)]

Bei der Flugerprobung des „Delphin" (Erstflug am 24. November 1920) wirkte sich der stumpfe Bootsbug beim Start ungünstig aus. Es zeigte sich, daß der kurze Bootskörper sehr viel Wasser vor sich herschob. Das Vorschiff wurde deshalb verlängert. Dadurch verbesserte sich auch die Längsstabilität auf dem Wasser. Im Verlauf der Erprobung ergaben sich noch weitere Änderungen: das Bootsvorderteil wurde nochmals verlängert; die Bootsseitenwände wurden im hinteren Bootsbereich durch außen aufgenietete Längsprofile verstärkt; der Bordmechaniker bekam einen Platz im Cockpit, und die Triebwerksverkleidung wurde nach hinten über den Führerstand hinweg verlängert, um den Piloten gegen Wind und Regen besser zu schützen.

1921 wurde eine Delphin I an die US-Navy verkauft, die an diesem Flugzeug die Ganzmetallbauweise studierte.

Delphine für den Luftverkehr

Mit dem „Delphin" versuchte Claude Dornier, erstmals ein Flugboot für den Passagierverkehr auf den Markt zu bringen. Marcel Dornier, der künstlerisch begabte Bruder des Flugzeugbau-Pioniers, schuf mit der typischen Silhouette des „Delphin I", die an eine Taube erinnert, diese originelle Anzeige.

Vom „Delphin I" wurden vier Exemplare gebaut, eine Maschine ging zu Kawasaki nach Japan – eine weitere wurde zur Erprobung von der US-Navy übernommen.

Mit einem „Delphin II" erprobte der Deutsche Aero Lloyd im Jahr 1924 die See-Nachtflugstrecke zwischen Stettin und Kopenhagen, auch das englische Luftfahrtministerium übernahm eines dieser neuen Flugboote. Später flogen einige „Delphin II" und „Delphin III" linienmäßige Rundflugdienste beim Bodensee-Aero Lloyd.

Luftverkehr zu Lande und auf dem Wasser

Der zivile Luftverkehr hatte sich in den ersten Nachkriegsjahren formiert, erste Umrisse eines Liniennetzes innerhalb Europas zeichneten sich ab. Seit dem 5. Februar 1919 beflog die Deutsche Luft-Reederei (DLR) mit umgebauten Kriegsflugzeugen innerdeutsche Strecken, seit September 1920 betrieb sie zusammen mit der KLM und der dänischen DDL (Det Danske Luftfartselskab) ihre erste internationale Strecke zwischen Amsterdam und Kopenhagen über Bremen, Hamburg und Malmö: der sogenannte „Europa-Nord-West-Flug". Immerhin entfielen 1921 in dem 9.740 km langen, planmäßig beflogenen europäischen Streckennetz 3.300 km auf Deutschland.[24] Ein kaum abzuschätzender Markt für Verkehrsflugzeuge und Verkehrsflugboote tat sich auf – eine Entwicklung, die jeder Flugzeughersteller mit Aufmerksamkeit verfolgen mußte.

Die Entwicklung des Streckennetzes

Als Gesellschafter der DLR, die im November 1920 schon eine Million Flugkilometer zurückgelegt hatte, zeichnete seit ihrer Gründung allein die AEG, die schon an der Gründung des Zeppelin-Werks Lindau beteiligt gewesen war. Zwei andere Unternehmen, die „Zeppelin-Werke, Friedrichshafen" (so wörtlich) und die Hamburg-Amerika-Linie (HAPAG), wurden von der DLR unter der vielsagenden Bezeichnung „Interessengemeinschaft" geführt – neben sechs europäischen Fluggesellschaften; die DLR war ja eines der sechs Gründungsmitglieder der International Air Traffic Association (IATA) im Jahr 1919.[25]

Am 7. April 1921 schlossen sich die AEG, die HAPAG und die Luftschiffbau Zeppelin GmbH in einem Konsortialvertrag zusammen, *„um ihre Interessen im Luftverkehr mit Flugzeugen und im Flugzeugbau und aller damit zusammenhängenden Geschäfte, insbesondere auch dem Lichtbild- und dem Luftvermessungswesen in Zukunft ausschließlich gemeinsam zu verfolgen"*. Die zu diesem Zweck in Berlin gegründete Aero-Union Aktiengesellschaft übernahm – §2 des Vertrages – den *„ausschließlichen Vertrieb der von dem Zeppelin-Werk Lindau GmbH hergestellten Flugzeuge und deren Teile kommissionsweise oder auf eigene Buchung... Flugzeuge anderer Herkunft darf die Aero-Union ohne Zustimmung des Z.W. Lindau nicht vertreiben"*.

Die Aero-Union war mit einem Aktienkapital von 12,5 Millionen Mark gegründet worden. Der Luftschiffbau (im Vertrag „Zeppelin" genannt) übernahm davon 2,5 Millionen. AEG brachte die DLR als Sacheinlage ein, Zeppelin *„ein Drittel der Anteile des Z.W. Lindau GmbH, deren Gesellschaftskapital 50.000 Mark beträgt und einen Wert von 7,5 Millionen darstellt"*. Zeppelin verpflichtet sich – § 12 – *„die in Staaken und Lindau für DLR und Z.W. Lindau erforderlichen Grundstücke und Gebäude mietweise diesen zur Verfügung zu stellen"*.

Alfred Colsman als Konzernchef hielt es, bei allen Bedenken, für unumgänglich, Anschluß an den sich langsam entwickelnden Luftverkehr zu gewinnen – trotz seiner negativen Erfahrungen und seines „fröhlichen Irrglaubens an die Möglichkeit der Wirtschaftlichkeit eines Luftschiffverkehrs" bei der Gründung der Delag. Die Aero-Union, eine reine Holding-Gesellschaft, an der die Zeppelin-Werke Lindau nun mit einem Drittel beteiligt war, gründete ihrerseits unter Mitwirkung der Handelsvertretung der Union der Sozialistischen Sowjetrepubliken in Deutschland am 24. November 1921 die Deutsch-Russische Luftverkehrsgesellschaft (Deruluft), die den Luftweg in die Gebiete des europäischen Ostens erschließen sollte. In den ersten Betriebsjahren der Deruluft wurde deren Flugbetrieb durch die russische Regierung finanziert.

Wilhelm Cuno, der HAPAG-Chef (1922/23 deutscher Reichskanzler) und Walter Rathenau, der AEG-Chef, der 1922 als Außenminister in Berlin von Rechtsradikalen ermordet wurde, hatten Alfred Colsman für diese Allianz gewonnen. Claude Dornier hegte Bedenken, zu Recht, wie Colsman einräumt, *„denn der Konzern sollte Substanz gegen Hoffnungen auf Konzessionen unsicherer Verkehrslinien eintauschen"*. Colsman sah allerdings *„Zukunftsmöglichkeiten für den Konzern"* in diesem Arrangement.[26]

Die Bemühungen der Aero-Union, einen Zusammenschluß der zahlreichen, vornehmlich regional orientierten deutschen Luftverkehrsunternehmen zustandezubringen, hatte zumindest teilweise Erfolg: In der „Deutscher Aero Lloyd Aktiengesellschaft" schlossen sich am 6. Februar 1923 die DLR und die Gruppe des Lloyd-Luftdienstes zusammen. Es war die Zeit der Inflation. Der Geschäftsbericht 1923 wies für die Aero-Union einen Gewinn von 4.341.579.993.836.733,- Mark aus – was immer das wert gewesen sein mag.

Offenbar hat es damals auch bei Dornier Überlegungen gegeben, sich direkt am Luftverkehr zu beteiligen, wie es die Junkers-Konkurrenz nicht ohne Erfolg vormachte, erst als „Junkers-Werke Abteilung Luftverkehr", vom August 1924 an als Junkers Luftverkehr AG. Mit Junkers-Flugzeugen wurden zu dieser Zeit nicht nur nationale, sondern in Zusammenarbeit mit ausländischen Gesellschaften, auch internationale Strecken beflogen. Dornier nahm, wie es im Geschäftsbericht 1924 hieß, mit Rücksicht auf den nahestehenden Deutschen Aero Lloyd Abstand von solch ehrgeizigen Plänen, zumal der

Aero Lloyd Aufträge in Aussicht stellte. Die Beteiligung an der (regionalen) Luftverkehr Württemberg AG hatte jedenfalls zur Folge, daß die Strecke Bremen – Frankfurt – Stuttgart – Zürich mit der Dornier-„Komet" beflogen wurde.

„Komet" macht deutsche Luftfahrtgeschichte

Zur Zeit der Gründung der Aero-Union 1921, als der Zeppelin-Konzern trotz der alliierten Bauverbote sein Anrecht auf Mitsprache bei der Fortentwicklung des deutschen Luftverkehrs festgeschrieben hatte, als freilich auch zwei moderne Delag-Luftschiffe, „Bodensee" und „Nordstern", als Reparationen schon wieder beschlagnahmt worden waren, war in Seemoos bereits ein Verkehrsflugzeug fertiggestellt, das den absehbaren Aufgaben technisch entsprach: „Komet I" (auch als Do CIII geführt). Die Entwicklungsarbeiten verliefen parallel zum „Delphin", die beiden Baumuster stimmten im Tragwerk und Leitwerk weitgehend überein.

Wie alle Dornier-Flugzeuge wurde auch die „Komet"-Serie vollständig aus Metall gebaut. Für alle Bauelemente mit hoher Belastung und Beanspruchung wurde hochwertiger Stahl, im übrigen Duraluminium verwendet. Die Tragflügel des Schulterdeckers, eine bewußt einfache Konstruktion, bestanden aus zwei Holmen mit Stahlgurten, verbunden durch Kastenrippen aus Duraluminium. Die Zwischenräume zwischen den Kastenrippen wurden von auswechselbaren Duraluminiumplatten ausgefüllt. Streifen aus dünnem Blech (Duralblech) bildeten die Behäutung dieses Flügels; diese etwa 300 mm breiten Blechbahnen hatten einen aufgebördelten Rand, mit dem sie mit Hilfe eines übergeschobenen Profils durch Nieten miteinander verbunden und gehalten wurden. Der Rumpf des „Komet" war als Hohlkörper konstruiert. Er bestand aus Rahmenspanten mit einer Außenhaut aus glatten Duraluminiumblechen, verstärkt durch aufgenietete Spezialprofile.

Komet: Aufstieg zum Serienbau

Der Dornier „Komet" gehörte zu den ersten, erfolgreichen Passagierflugzeugen: Nicht nur auf den Strekken in Deutschland, sondern auch auf den ersten Auslandsrouten nach Amsterdam, London und Moskau machte diese robuste und leistungsfähige Maschine in den zwanziger Jahren Luftfahrtgeschichte. Das Anzeigen-Sujet von Marcel Dornier zeigt, daß Land- und Wasserflugzeuge nun zum Programm des jungen Unternehmens gehörten. Der „Komet" und der „Delphin" hatten dieselben Tragflächen und Leitwerke – das vereinfachte die Produktion ganz entscheidend.

Im Sommer 1921 war der „Komet I" fertigstellt. Der Rumpf mit rechteckigem Querschnitt war als Hohlkörper konstruiert und bestand aus Rahmenspanten mit glatter Blechbeplankung, verstärkt durch aufgenietete Spezialprofile. Die zwei Flügelhälften, die das Tragwerk bildeten, waren jeweils an der Rumpfseitenwand lösbar angeschlossen und mit je zwei Streben gegen den Rumpf abgestützt. Der Pilot saß zuerst, ein Relikt aus der Militärfliegerzeit, direkt hinter den Tragflächen. Nach den Versuchsflügen wurde das Cockpit wegen der Sichtverhältnisse und der Auspuffgase nach vorn verlegt und der Rumpf verlängert. Statt des BMW-IIIa-Motors mit 185 PS wurde nun der 250 PS-starke BMW-IV-Motor eingebaut. Diese verbesserte Version erhielt die Bezeichnung „Komet II". Sie flog seit Oktober 1922. Gegenüber den bis dahin im deutschen Luftverkehr verwendeten Typen brachte der Komet fast eine Verdoppelung der reinen Nutzlast und damit eine beträchtliche Steigerung der Wirtschaftlichkeit im Verkehr.

Er machte deutsche Luftfahrtgeschichte – zuerst im Brükkenschlag nach dem Westen, im Luftverkehr mit Großbritannien. Ein Vorvertrag verlangte damals, daß ein deutsches Flugzeug bis zum 31. Dezember 1922 in England gelandet sein müßte, und die Leitung des Aero Lloyd setzte, unterstützt von der Reichsregierung, alles daran, diesen Vertrag wegen der Landerechte zu erfüllen. Solch Vorsatz führte durch eine Kette widriger Umstände zu einem dramatischen Wettlauf mit der Zeit. Buchstäblich am letzten Tag, am 31. Dezember, ging ein „Komet II", die D-223, wegen ihres grünen Anstrichs „Laubfrosch" genannt, mit ihrem Piloten Max Kahlow und mit drei Direktoren des Aero Lloyd an Bord via Amsterdam auf die Reise. Das Wetter war schlecht, dichter Nebel empfing das Flugzeug über dem Kanal (Blindfluginstrumente gab es noch nicht). Der Londoner Flughafen Croydon, das Ziel, war nicht mehr zu erreichen. Unter schlechtesten Bedingungen, in der vorgeschrittenen Dämmerung landete Kahlow in der Nähe von Lympne, Kent, auf englischem Boden. Der Vertrag war doch noch erfüllt. Am 3. Mai 1923 konnte der regelmäßige Verkehr zwischen Berlin und London aufgenommen werden. Der „Komet II" bewältigte die etwas mehr als 1000 km lange Strecke über Hamburg und Bremen in 9 Stunden und 15 Minuten.

Auch der Osten wurde erschlossen. Die Deruluft, an der der Zeppelin-Konzern über die Aero-Union beteiligt war, hatte über Königsberg die Verbindung nach Moskau hergestellt. Dort hatten die Fluggäste Anschluß an das Streckennetz der 1923 gegründeten ukrainischen Gesellschaft „Ukrwosduchputj", die Strecken in die Ukraine, nach Nord- und Transkaukasien und bis nach Persien betrieb. Am 23. Mai 1923 wurde der Flugbetrieb der Gesellschaft auf der Linie Odessa – Charkow – Moskau feierlich eröffnet. Dornier stellte im ersten Jahr zwei Piloten, darunter den späteren Chefpiloten Egon Fath

Komet I: Der Führersitz hinter den Tragflächen bot nur schlechte Sichtverhältnisse (oben).

Die russische Fluggesellschaft „Ukrwoduchputj" eröffnete ihren Betrieb im Jahr 1922 mit dem Komet II, der Pilot saß bei dieser verbesserten Version in der Flügelvorderkante (links).

DORN

Besatzung und Passagiere vor einem Flug mit dem Komet II (ganz links). Auch bei der schweizerischen „Ad Astra", einer Vorläufergesellschaft der „Swissair", stand der Komet II im Einsatz (oben). Blick in die bequem ausgestattete Passagierkabine (links).

Die Fahrwerksstreben waren strömungsgünstig verkleidet (unten).

und zwei Bordmonteure, um die russischen Besatzungen der sechs „Komet II" einzuweisen. Vor allem die 1200 km lange Strecke von Moskau nach Rostow war damals – im offenen Cockpit, ohne FT-Verbindung, bei einer Reisegeschwindigkeit von 160 km/h – eine vielbeachtete fliegerische Leistung.

Die Dobrolet, eine andere Vorläufergesellschaft der Aeroflot, erhielt vier „Komet II", auch die spanische Compania Espanola de Trafico Aereo (CETA), eine Iberia-Vorläuferin, kaufte ein Flugzeug. Ein „Komet II" ging an Fritz W. Hammer, einen der Initiatoren der kolumbianischen Fluggesellschaft SCADTA. Hammer hatte die Dornier-Qualität schon während des Krieges schätzen gelernt, als die Rs III in Warnemünde getestet wurde. Der anerkannt hohe Standard des Metallflugzeugbaues bei Dornier veranlaßte später auch das britische Luftfahrtministerium, einen „Delphin" und einen „Komet" zu bestellen.

Mit dem „Komet II" war der Typ eines erfolgversprechenden Landverkehrsflugzeuges geschaffen, der dann im „Komet III" und im „Merkur" weiterentwickelt wurde.

„Libelle" – das Mini-Flugboot

Auch ein Mini-Flugboot stand auf dem Programm der Werft in Seemoos. Claude Dornier schwebte die Konstruktion eines Sport- und Schulflugboots vor, das preiswert und auch im Betrieb äußerst billig sein sollte – ein Sportflugboot also mit kleiner Motorleistung, großer Handlichkeit und geringem Platzbedarf bei der Unterbringung. Außer dem Einsatz als Sport- und Schulflugzeug war auch an die Verwendung als Post- und Kurierflugzeug auf kurzen Strecken gedacht.

1920 begann die Entwicklungsarbeit an diesem verspannungslosen, abgestrebten Hochdecker in Leichtmetallbauweise. Für die hochbeanspruchten Beschlagteile wurde, wie üblich bei Dornier, hochwertiger Stahl verwendet. Teile der Tragflächen und Ruderflächen waren mit Stoff bespannt. Das eigenstabile, einstufige, mehrfach abgeschottete Boot besaß die bewährten Flossenstummel. Gerade bei der „Libelle" zeigte sich die Richtigkeit der Dornierschen Erkenntnis, daß die Anwendung organisch mit dem Bootskörper verbundener Flossen auch ganz kleinen Booten die nötige Querstabili-

Die Leistungsfähigkeit des dreisitzigen Sportflugbootes Libelle II wurde bei diesem Demonstrationsflug mit fünf Personen an Bord demonstriert (links).

Mit zurückgeklappten Flügeln konnte das Sportflugzeug „Spatz", eine Landversion der Libelle, hinter einem Auto auf der Straße transportiert werden (unten).

Mit der Libelle I war es Claude Dornier schon 1921 gelungen, die Ganzmetallbauweise auch bei Kleinflugzeugen einzuführen (ganz oben).

Pilot und Passagiere saßen unter dem 55-PS-Siemens-Motor (oben).
In wenigen Minuten konnten die beiden Flügelhälften nach hinten geklappt werden (rechts).

tät verleihen würde, ohne den eigentlichen Bootskörper zu unförmig zu gestalten. In der Mitte des Bootsrumpfes waren drei Sitzplätze angeordnet, zwei vorn nebeneinander mit Doppelsteuerung, der dritte Sitz dahinter. Als Antrieb diente ein Fünfzylinder-Siemens-Sternmotor mit 55 PS in einer Gondel auf dem festen Tragwerkmittelstück. Der Kraftstoff wurde aus einem im Boot gelagerten Benzinbehälter über eine windgetriebene Pumpe in einen hinter dem Motor liegenden Entnahmetank befördert.

Das Neuartige an dieser Konstruktion waren die nach hinten zurückklappbaren Tragflächen, durch die das kleine Flugboot, auf eine Breite von 3 m reduziert, auch in einem normalen Bootsschuppen untergebracht werden konnte. In diesem Zustand konnte das Flugboot auf dem Wasser wie ein Motorboot manövrieren.

Unter Ausschluß der Öffentlichkeit wurden die Einzelteile der „Libelle" in Seemoos gefertigt und in Rorschach montiert. Am 16. August 1921 fand der Erstflug statt. Bei der Erprobung des Flugbootes wurde in 400 m Seehöhe bei völliger Windstille mit einer Zuladung bis zu 250 kg eine Startzeit von 30 s erreicht, wobei die Leistung des Motors etwa 50 PS betrug und die Geschwindigkeit des Bootes 125 km/h. Mit kleinen Kufen konnte sie selbst auf Schnee und Eisflächen starten und landen.

Die große Bausicherheit bei geringem Eigengewicht – eine Probebelastung ergab mehr als achtfache Sicherheit – ließ den Einbau eines stärkeren Triebwerks zu: „Libelle II". Die Leistungssteigerung erforderte am Flugboot nur geringfügige Veränderungen, eine größere Spannweite beispielsweise, auch eine Verlängerung des Vorschiffs. Die „Libelle II" wurde mit dem 70- bis 80-PS-Siemens-Sh5-Motor oder auch dem englischen luftgekühlten 4-Zylinder-Reihenmotor Blackburn-Cirrus mit etwa 80 PS geliefert. Im Ausland bestand ein relativ großes Interesse an diesem kleinen Flugboot. Von den 14 gebauten Exemplaren der „Libelle" wurden mehrere nach Schweden, Spanien, Japan, Brasilien, Neuseeland, Australien und auch an die Fidschi-Inseln geliefert.

Schließlich wurde auch noch eine Landversion hergestellt, der „Spatz", der am 12. Februar 1924 startete. Auch hier konnten die Flügelhälften nach hinten geklappt werden. Es wurde aber nur ein Flugzeug gebaut, da die Flugeigenschaften und die Leistungen nicht den Erwartungen entsprachen.

Der „Wal" und Marina di Pisa

Rorschach, die erste notdürftige Dependance im Ausland, genügte auf die Dauer nicht. Auch andere bedeutende Flugzeugproduzenten im Deutschland der Nachkriegsjahre suchten in dieser Zeit notgedrungen ihr Heil im Ausland, denn nur dort konnten sie unkontrolliert ihre Ideen verwirklichen. So errichtete Junkers Zweigwerke in Schweden, in Rußland und in der Türkei, während Heinkel in Deutschland sein abenteuerliches Spiel mit der Überwachungskommission trieb und in Schweden montieren ließ. Rohrbach, dessen im Auftrag des Zeppelin-Konzerns erbautes viermotoriges Verkehrsflugzeug nach ersten Probeflügen in Staaken von den Alliierten Flugverbot erhielt, wich nach Dänemark aus.

Der Aufbau der neuen Werft

Der Luftschiffbau Zeppelin konnte 1922, dank Hugo Eckeners unermüdlichem Einsatz für die Idee des Verkehrsluftschiffs, den Auftrag auf den Zeppelin ZR III (LZ 126) verbuchen, den die amerikanische Regierung zu Lasten des deutschen Reparationskontos bestellte – Glück für Friedrichshafen. Eckener riskierte dabei freilich die Existenz des Konzerns, den er als Bürgschaft im Falle des Mißlingens der vertraglich festgesetzten Atlantiküberquerung dem Reich gegenüber einsetzte – verständlicher Anlaß zu Spannungen im Management. (Dornier wird es erst später gelingen, an Reparationsaufträge zu kommen, die Arbeitsplätze sichern.) Anders als Eckener hatte Claude Dornier angesichts der andauernden Unsicherheit durch alliierte Verbote und Einschränkungen für das Zeppelin-Werk Lindau Ausschau nach geeigneten Fabrikationsanlagen jenseits der Reichsgrenzen halten müssen. Auch der vom Mai 1922 an erlaubte Bau von Flugzeugen in Deutschland wurde ja gleich wieder durch eine Note der Botschafterkonferenz vom 14. April an die Reichsregierung eingeengt. Diese Note enthielt die sogenannten „Begriffsbestimmungen". Danach durften deutsche Zivilflugzeuge keine höhere Geschwindigkeit als 170 km/h erreichen und keine größeren Reichweiten als 300 km haben. Sie durften nicht länger als zweieinhalb Stunden fliegen, nicht über 4000 m steigen und nicht mehr als 600 kg Nutzlast transportieren können. Das Verbot, Kriegsflugzeuge herzustellen, blieb davon selbstverständlich unberührt.

Ein italienischer Offizier, Mitglied der Kontrollkommission, hatte Claude Dornier, wie der sich erinnerte, auf Italien als mögliches Ausweichland aufmerksam gemacht. An der etwa 140 m breiten Mündung des Arno, in Marina di Pisa, einem kleinen Dorf in der Nähe von Pisa, fand sich eine stillgelegte Schiffswerft, die Societa Gallinari. Sie war zwar in heruntergekommenem Zustand, bot aber die Möglichkeit, Flugboote ins 4 bis 5 m tiefe Wasser zu bringen; außerdem hatte sie über eine Straßenbahn Gleisanschluß. Colsman als Vertreter des Zeppelin-Konzerns war nach einer Besichtigung

Wegen der Baubeschränkungen in Deutschland begann Claude Dornier ab 1922 in einer ehemaligen Werft in Marina di Pisa mit der Montage von Flugzeugen (unten).

Mit einer Bestellung der spanischen Heeresverwaltung begann der große Erfolg des Flugbootes Wal (rechts). Claude Dornier (unten) urteilte später: „Der ‚Wal' hat Dornier gemacht".

der Anlagen mit dem Erwerb einverstanden. Ende 1921 begannen die Kaufverhandlungen. Der Kaufpreis lag schließlich bei 100.000 Goldmark und einer Beteiligung der Italiener im Wert von 75.000 Mark an der neugegründeten „Costruzioni Meccaniche Aeronautiche Societa Anonima" (CMASA). Claude Dornier, die treibende Kraft, hielt den Kauf der Werft angesichts der beschränkten Mittel, die zur Verfügung standen, im Rückblick für ein „kühnes Unterfangen", vor allem deshalb, weil die neue Flugzeugfabrik keinerlei feste Aufträge hatte. Er selbst legte in Madrid Unterlagen über das geplante Flugboot vor, nannte auch auf gut Glück einen Globalpreis bei Abnahme von sechs Booten.

Anfang 1922 traf das Werkstatt-Stammpersonal, „die beste Garnitur unserer Flugzeugbauer" (Dornier), aus Deutschland ein, Werkzeuge und Maschinen aus Seemoos folgten, außerdem Teile von zwei „Delphin"-Flugbooten, die als erste montiert werden sollten. Alles war auf äußerste Sparsamkeit angelegt. Gelegentlich verzichteten die deutschen Techniker auf pünktliche Gehaltszahlung, stellten einmal sogar Barmittel zur Entlöhnung der italienischen Arbeiter zur Verfügung. Als die Produktion der Boote aufgenommen wurde, lag immer noch kein Auftrag vor. Glück für Dornier: Als es kritisch wurde, kamen die Bestellungen. Die Spanier hatten den „Wal" vom Reißbrett weg, nur auf Grund der Unterlagen, gekauft, hatten auch den Preis anstandslos akzeptiert. Als erste hatte die spanische Heeresverwaltung die Eignung dieses seefähigen, gegen Witterungseinflüsse unempfindlichen Metallflugbootes auch für den Einsatz in den afrikanischen Besitzungen erkannt.

Mit Tandem-Motor und Flossenstummel

„Man kann sagen, der ‚Wal' hat Dornier gemacht", urteilte der Schöpfer dieses Flugzeugs, das Luftfahrtgeschichte machen sollte. Die entwicklungsfähige Flugboot-Reihe, die erst in Marina di Pisa und dann auch auf anderen ausländischen Werften über einen Zeitraum von 15 Jahren in 264 Exemplaren gebaut wurde, machte nach Dorniers eigener Einschätzung aus dem Versuchsunternehmen eine international renommierte Firma. Mit dem „Wal", der seinen schließlich legendären Ruf einer Kombination von guten Flugeigenschaften mit überragender Seetüchtigkeit verdankte, wurden in den kommenden Jahren wichtige Seeverkehrswege dem Luftverkehr erschlossen.

Noch während des Krieges waren Claude Dornier die beiden Grundelemente seiner konstruktiven Idee, der Einbau der *„tandemartig unmittelbar hintereinander liegenden Motoren in einem in an sich bekannter Weise in der Höhenausdehnung entsprechend erweiterten Teil der eigentlichen Tragfläche"* und die beiderseitige *„stummelartige"* Verbreiterung des *„durch Streben oder Drahtverspannung mit der Tragfläche verbundenen und sie zweckmäßig um die Tragflächentiefe nach vorn überragenden Bootskörpers"*, also der Tandem-Motor und die Stabilitätsflossen, patentiert worden – das *„Flugboot"* ganz allein im Patent Nummer 310720 vom 15. November 1917 und danach das *„Mehrmotorige Eindekkerflugboot"* im Patent Nummer 410160 vom 30. Juli 1918.

In seiner Patentschrift war Dornier auf seine Erfahrungen beim Flugbootbau eingegangen. Dünne Tragflächen, die im wesentlichen senkrecht zur Mittelebene des Bootes verliefen, seien nichts Neues, die gäbe es schon, dadurch ließen sich besondere Seitenschwimmer, die das Boot verbreitern und dadurch schwerer machten, vermeiden.

Die Nachteile solcher erheblich oberhalb der Wasserlinie in den Bootskörper übergehenden Flächen lägen auf der Hand: Bei geringeren Neigungen würde die Querstabilität des Bootes nicht erhöht; bei größerer Schräglage aber träfen zuerst die Außenteile der Tragfläche aufs Wasser, während der Zwischenraum zwischen ihnen und dem eigentlichen Bootskörper hohl bliebe. *„Die hiermit verbundene Vergrößerung der Eintauchflächen aber gibt Anlaß zu Stößen, die leicht zu ernsteren Beschädigungen führen können."*

Wichtig für die positive Wirkung seiner „freitragenden und in ihrer Stärke nach außen abnehmenden Flossen", so postulierte der Erfinder, sei es, *„daß ihre im wesentlichen ebenen oder schwach nach oben gewölbten und schrägliegenden Unterseiten den Bootskörper wenigstens angenähert in der Wasserlinie treffen. Denn dann steigt die wasserberührte Fläche auch bei geringer seitlicher Kippung auf der eintauchenden Seite rasch und mit wachsendem Neigungswinkel ständig sich vergrößernd an. Die Querstabilität wird also in günstiger Weise erhöht."* Durch diese Flossenanordnung seien *„größere Stoßwirkungen"* ausgeschlossen. Diese Stummel seien, wie er im Patent 410 160 betonte, nötig mit *„Rücksicht auf die durch die besondere Anordnung der Motoren über der Tragfläche liegende große Masse"*. Das Resultat dieser Stummel sei nicht nur die *„einwandfreie Stabilität des Bootes auf dem Wasser"*. Zugleich werde *„hierdurch eine einfache aber wirksame Abstützung der Haupttragfläche, auch außerhalb der Motorenanlage erzielt, indem je eine Schar Streben etwa zur Mitte jeder Tragflächenhälfte geführt wird, und zwar so, daß der außerhalb der Streben liegende Teil der Tragfläche völlig freitragend ist."*

Kunden aus vielen Ländern erteilten Aufträge für den Wal: Die Serienproduktion in Marina di Pisa lief auf vollen Touren (links). Der noch unbeplankte Bootsboden des Wal zeigt die stabile Konstruktion dieses Flugbootes (unten).

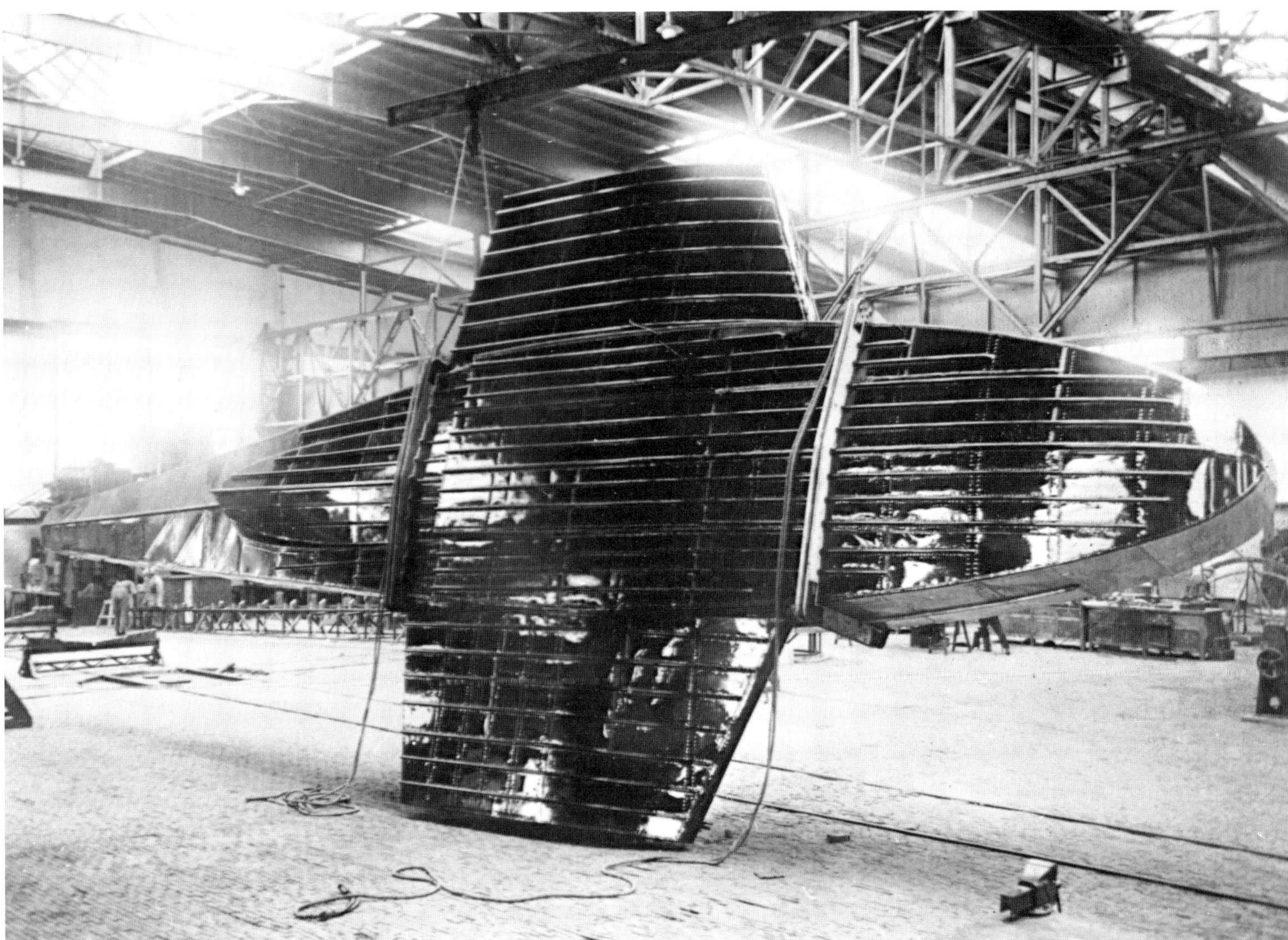

Die ungewöhnliche Seetüchtigkeit des Dornier Wal, hier in der ersten Militärausführung, machte dieses Flugzeug weltberühmt.

Die im Krieg konzipierte und dann 1920 in der Ostsee versenkte Gs I, diese umgebaute „Luftjacht", und die Gs II, die wegen des Bauverbots über die Attrappe nicht hinauskam, waren Stationen einer mehrjährigen Forschungs- und Entwicklungsarbeit, die konsequent zum „Wal" führte. Ein kleines Team, etwa zehn Ingenieure, schuf abgeschirmt, sozusagen in Hausarbeit, die Konstruktionsunterlagen für das neue Militärflugboot, zu dessen Fertigung die Werkanlagen in Marina di Pisa nun hergerichtet wurden.

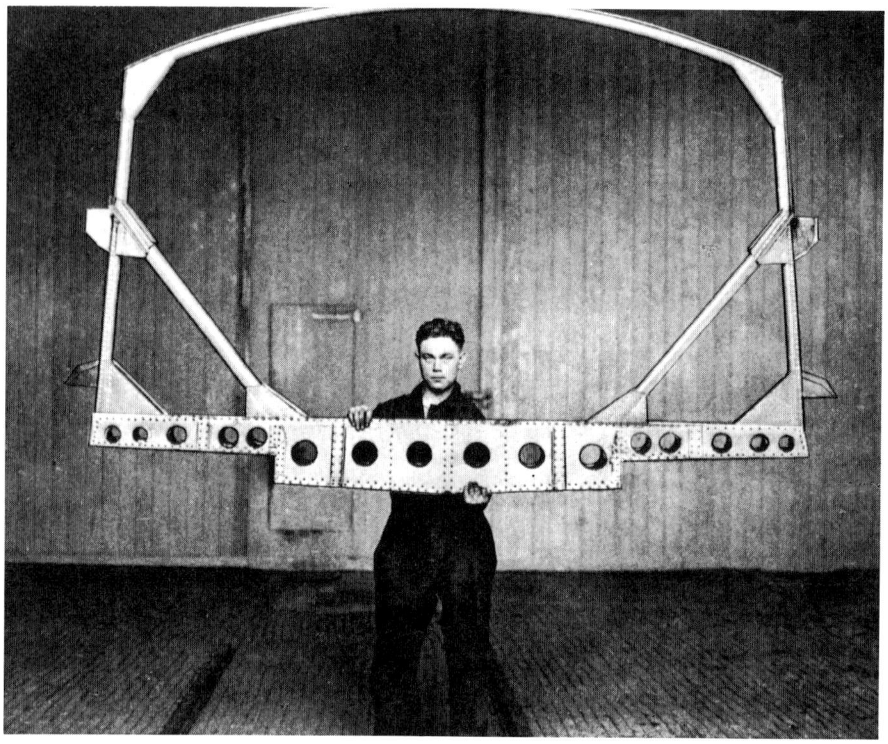

Auf Rädern ins Wasser

Das eigenstabile Militärflugboot, der Do J „Wal", der in Italien entstand, ein abgestrebter Hochdecker in Metallbauweise mit Stoffbespannung beim Tragflügel und Leitwerk, hatte einen Beobachtersitz mit MG im Bug, einen zweisitzigen Führerstand und einen Beobachtersitz mit MG im Heck, dazu eine Bombenabwurfvorrichtung.

Die sechs Boote, die in Marina di Pisa zunächst gebaut wurden, vereinigten in sich alle Dornier-Erfahrungen im Bau von seefähigen Flugbooten. Der Mittelteil des Bodens hatte einen Kiel, der eine Verringerung der Stöße beim Start im Seegang erzielte. Die Querstufe von mäßiger Höhe ging über die ganze Breite des Bootes. Hinter der Hauptstufe war der Bootsboden kräftig hochgezogen und lief in ein schlankes Heck aus, das zum Schutz des Seitenruders über dieses hinaus verlängert war. Zur Führung beim Manövrieren im Wasser und Erleichterung des weichen Einsetzens lag hinter der Hauptstufe ein in eine scharfe Schneide auslaufender Spornkasten, der sich auch bei den künftigen Dornier-Flugbooten gut bewährte.

Das Gerippe des Bootes bestand aus 25 Spanten, die zumeist als Rahmenspanten ausgebildet waren, während einige, die besonders hohe Kräfte zu übertragen hatten, eine Ausfachung aufwiesen. Die beiden Hauptspanten lagen in den Ebenen der Flügelholme und setzten sich nach außen in den Holmen der Flügelflossen fort. Sechs Spanten waren wasserdichte Schottspanten, die den Bootskörper in sieben Abteilungen trennten. Die Lage der Querschotten war derart angeordnet, daß jederzeit zwei beliebige Räume vollaufen konnten, ohne daß Schwimmfähigkeit und Stabilität des Bootes gefährdet wurden. Der Längsverband des Bootes wurde durch im Innern des Bootes auf dem Bootsboden befindliche Kielschweine, Längsträger, Kimmwinkel und Stringer in Verbindung mit der Außenhaut gebildet.

Ein Bootsspant des Wal mit den seitlichen Stummelanschlüssen und der Längsstufe im Boden (oben).

Große Holzräder konnten an den Stummeln angesteckt werden, um den Wal aus dem Wasser zu rollen (rechts).

Ein Wal in der Militärausführung auf dem Gelände der Werft in Marina di Pisa (links).
Viele Jahre lang setzte die spanische Marine den Wal mit großem Erfolg ein (unten).

Die Außenflügel schlossen beiderseits an das die Triebwerksgondel tragende Flügelmittelstück an. Das Flügelgerippe bestand aus zwei Holmen aus Stahlfachwerk, die durch Querriegel verbunden waren. Die entsprechenden rechteckigen Felder waren mit Profildrähten verspannt. Jede Flügelhälfte wurde durch zwei Stiele gegen die Bootsstummel abgestützt. Das Leitwerk war wie üblich auf der Heckspitze des Rumpfes aufgesetzt und mit ihr durch lösbare Bolzen verbunden, wobei die Höhenflosse mit je zwei Streben gegen das Rumpfheck abgefangen war. Sämtliche Flossen und Ruder waren, wie auch der Flügel, mit Stoff bespannt. Die Ruder wurden durch besondere Hilfsflächen entlastet. Durch Verstellen der Ausgleichsflächen des Höhenruders mittels Handrad vom Führersitz aus konnten Gewichtsverschiebungen längs der Rumpfachse ausgetrimmt werden. Sämtliche Steuerzüge lagen im Innern von Boot und Flügel; um Reibung und toten Gang der Steuerung möglichst zu verringern, erfolgte die Betätigung der Ruder nach Möglichkeit durch Stoßstangen. Die Übersetzung der Steuerbetätigung war so gewählt, daß die Fuß- und Handkräfte gering und gut aufeinander abgestimmt waren.

Der Antrieb bestand aus zwei in einer oberhalb des Flügels liegenden Tandemgondel eingebauten Motoren. Der vordere Motor trieb eine Zug-, der hintere eine Druckschraube an. Die Motorgondel war während des Fluges vom Boot aus zugänglich, so daß Arbeiten an den Motoren auch während des Betriebes ausgeführt werden konnten. Die Kühlanlage richtete sich nach den verwendeten Motoren.

Am 6. November 1922 fand der Erstflug des Wal statt. Der Bischof von Pisa hatte dem Flugboot (Kennzeichen M-MWAA-WI) vor der gesamten Belegschaft den kirchlichen Segen gegeben, bevor es zu Wasser gebracht wurde. Dornier hatte die Idee, statt des Krans oder des Aufschleppwagens, große schwimmbare Holzräder von 1,7 m Durchmesser zu verwenden, die mit ihren Achsen in passenden Lagerungen in den Stummeln befestigt wurden; sie waren leicht zu handhaben. Unter dem Bootsheck wurde zusätzlich ein zweirädriger lenkbarer Untersatz befestigt. So wurde der Wal ins Wasser geschoben, die Männer standen in Gummistiefelhosen bis zur Brust im Fluß.

Niemeyer, der Pilot, ließ währenddessen die Motoren laufen. Unter dem Beifall der Arbeiter erhob sich dann der „Wal" in die Luft. Es wurde gleich danach ein zweiter, längerer Flug unternommen, ebenfalls zur Zufriedenheit des Piloten. Das Einfliegen des „Wal" verlief überraschend gut, schon nach wenigen Wochen konnte der Termin für die Überführung nach Spanien festgesetzt werden. Dornier wollte den ersten Wal so schnell wie möglich nach Spanien bringen. Das Geld war knapp geworden, nach Übergabe der Boote an die spanische Heeresverwaltung wurde das letzte Drittel des Kaufpreises fällig.

Die Werft, ohne ausreichende Betriebsmittel arbeitend, finanzierte sich durch die Anzahlung auf die Boote – *„Wir lebten damals tatsächlich von der Hand in den Mund"*, so Claude Dornier. Die schnelle Überführung der fertiggestellten Flugboote war damit für den Bestand des Unternehmens lebenswichtig. Aber gerade sie, die Überführungsflüge nach Spanien, zogen sich anfangs über Wochen hin, wo man doch nur mit Tagen gerechnet hatte. Der Grund: die Motoren. Dornier hatte sich, um den Auftrag zu sichern, auf die Ausrüstung mit Hispano Suiza-Motoren eingelassen, die bei der Aeronautica Militar in größerer Zahl auf Lager waren. Das war ein Fehler, wie sich zeigte. Die Motoren, in Lizenz gebaut, arbeiteten höchst unzuverlässig, die Flugboote mußten auf der Strecke notwassern, neue Motoren auf den Weg (und durch den Zoll) gebracht werden. Erst die Umrüstung auf Rolls-Royce-Motoren machte den Wal endgültig zuverlässig.

Das Problem mit den Motoren blieb auch in der Zukunft: Bei Verkäufen im Ausland mußten immer wieder die Wünsche der Auftraggeber hinsichtlich der Motoren berücksichtigt werden. Da bei der Tandem-Anordnung des „Wal" der Schwerpunkt der gesamten Triebwerksanlage genau über dem Schwerpunkt des ganzen Flugzeuges im Fluge lag, war es allerdings möglich, ohne Veränderung der Gleichgewichtslage die verschiedensten Motorenmuster einzubauen und mit der Steigerung der eingebauten Antriebsleistung, die die Entwicklung mit sich brachte, Schritt zu halten, ohne am Flugzeug etwas ändern zu müssen.

Schwerpunkt: Italien

Der „Wal" und sein schneller Erfolg versetzten die CMASA in die Lage, Flugbootbau wirtschaftlich zu betreiben. Für drei bis vier Jahre verlagerte sich der Schwerpunkt des Unternehmens vom Bodensee, wo die Konstruktionsbüros blieben, wo auch „Komet" und „Delphin" gefertigt wurden, ans Mittelmeer. Die erfahrensten Techniker waren mit ihren Familien nach Marina di Pisa gegangen, wo sich um die Werft eine kleine deutsche Kolonie bildete. Es war jene entscheidende Zeit um die Mitte des Jahrzehnts, in denen „Wale" ihre aufsehenerregendsten Expeditionsflüge machten und den Ruf dieses robusten Flugbootes als den des fortschrittlichsten seiner Zeit von Mal zu Mal festigten.

Die Werft beschäftigte 1925, neben einer Handvoll Deutscher, etwa 100 Italiener. Diese waren in der Umgebung angeworben und in einer eigenen Werkstatt für den Flugzeugbau geschult worden; die meisten von ihnen waren es nicht gewöhnt, nach Zeichnungen zu arbeiten. An ein kleines zweistöckiges Verwaltungsgebäude schloß sich auf dem Werftgelände eine Reihe von aneinandergebauten kleinen Hallen für die Zuschneiderei, die Teilefertigung mit den Werkzeugmaschinen, die Lackiererei und das Lager an. Bürobaracken dazwischen dienten den Abnahmebeamten und Prüfern, der Arbeitsvorbereitung, der Auftragsausschreibung und -abrechnung.

In den mittelgroßen Hallen wurden Bootsspanten, Flächen-

Eng ging es zu in den Hallen von Marina di Pisa; hier ein Wal in der Militär-Erstausführung beim Nivellieren des Bootes.

holme, Querriegel hergestellt und zu Booten, Flächen, Leitwerkflossen, Rudern, Motorgondeln montiert. Die dazu nötigen Zusammenbauvorrichtungen bestanden aus einer Grundkonstruktion in Profileisen mit formgebenden Auflagen aus Hartholz. Beim Boot wurden zunächst die Spanten kieloben in die Vorrichtung eingespannt, damit die Seitenwände und der Bootsboden beplankt werden konnten. Dann wurde das oben noch offene Boot von Arbeitern mit der Hand aus der Bauvorrichtung gehoben und in einer Sandkuhle umgedreht, so daß der Bootsboden nach unten kam. So konnte das Boot, zu Wasser gebracht, einer Dichtprobe unterzogen

Mit Sandsäcken gefüllt, wird ein Wal-Boot vor der Ablauframpe auf seine Dichtigkeit geprüft (oben).

Ein Militär-Wal auf seinen Transporträdern vor den Montagehallen (links).

Wale über dem Werk von Marina di Pisa, direkt an der breiten Mündung des Arno ins Mittelmeer gelegen (unten).

werden. Um genügend Tiefgang zu erreichen, wurde es mit Sandsäcken beschwert. Leckstellen, die sich bei diesem Test herausstellten, wurden gekennzeichnet, das Boot ohne Deck wurde wieder in die Halle gebracht und repariert. Alle Blechstöße wurden mit einer Bandeinlage versehen, die mit Dichtungskitt eingestrichen war. Nach der zweiten Wasserprobe konnten die Bootskörper zumeist mit der Deckbeplankung geschlossen werden.

In einem Raum wurde die Bespannung auf das Tragflächengerippe aufgebracht. Sorgfältig gespannt, wurde sie rundum an die Tragflächenrandprofile geheftet, die dazu mit Bändern versehen waren. Dann wurde die Leinwand angenäht – auch an jedes Rippenprofil, das dafür Ösen hatte. Der auf der Hinterkante aufgestellte Flügel wurde schließlich mit Spannlack lackiert, danach bekamen die Flächen noch einen Schutzanstrich und die Kennzeichnung.

Der Reihe von Kleinhallen vorgelagert und der Rampe zum Wasser zugewandt, lag die große Montagehalle. Sie war so geräumig, daß darin gleich zwei bis drei Flugboote montiert oder abgestellt werden konnten. Sonderaufbauten wurden nach Attrappen und Skizzen gefertigt und in dieser Halle aufmontiert.

Amundsens Flug

Spaniens Militär blieb vorerst der wichtigste Kunde für die CMASA, die spanische Marine erprobte auch als erste die Zusammenarbeit mit diesem Flugboot. Ein Pilot vor allem hat

Gruppenstart von drei Holland-Walen (rechts).

Ein für die chilenische Marine bestimmter Wal wird vor dem Werk an Land gebracht (unten).

für den weltweiten Ruf der „Wal"-Flugboote viel getan: Ramon Franco, ein großer Flieger und Sportsmann, Bruder des späteren spanischen Staatschefs. Im Vertrauen auf die Zuverlässigkeit seiner Flugboote, deren Staffelführer er war, hatte er sich während des spanisch-marokkanischen Konfliktes nicht nur auf Unternehmen an der Küste beschränkt, sondern auch im Landesinnern in die Gefechte mit den um ihre Unabhängigkeit kämpfenden Rifkabylen unter Abd el Krim eingegriffen.

Überzeugt von der Leistungsfähigkeit seines „Wal", ging Franco an die Realisierung weitgreifender Pläne. So unternahm er im Januar 1924 – in Spanien regierte jetzt Primo de Rivera mit diktatorischen Vollmachten – einen ersten Flug von Spanien aus zu den Kanarischen Inseln. Begleitet wurde der Dornier-„Wal" mit dem Namen „Maria Antoinette" (Kennzeichen M-MWAG) zunächst von einer Staffel französischer Breguet-Landflugzeuge, die auf der Strecke durch Brüche und Notlandungen ausfielen.

Die Franzosen nahmen während der Besuche in französisch-marokkanischen Häfen mit Erstaunen von den See-Eigenschaften des „Wal" Kenntnis. Franco gelang auch der Rückflug von den Kanarischen Inseln, insgesamt eine Strecke von etwa 4.500 Kilometer.

Mit dem zwölften, in Marina di Pisa gebauten „Wal" der Militärausführung, der vom italienischen Luftfahrtministerium in Auftrag gegeben worden war, versuchte Leutnant Antonio Locatelli am 21. August 1924, nach Zwischenlandungen in England und Schottland, den Nordatlantik zu überqueren. Vor Grönland, nur wenige Kilometer vom Kap Farewell entfernt, war er wegen starken Nebels gezwungen, wieder zu wassern. Ein amerikanischer Kreuzer spürte das Flugboot, das SOS gefunkt hatte, nach drei Tagen und vier Nächten auf und nahm die vierköpfige Besatzung an Bord. Der – unbeschädigte – „Wal" mußte seinem Schicksal überlassen werden, da keine Möglichkeit bestand, ihn zu schleppen oder an Bord zu nehmen.

Roald Amundsen, der weltberühmte Polarforscher, war es schließlich, der mit seiner Nordpolexpedition im Jahr 1925 die Qualitäten des Walflugbootes – das im Februar überdies 20 Weltrekorde aufgestellt hatte – vor aller Welt demonstrierte. Die beiden „Wale", Militärversion, wie üblich mit Rolls-Royce-Motoren, erhielten die norwegischen Zulassungsnummern N 24 und N 25. Beide hatten am Bootskörper Gleitkufen für die Landung und den Abflug auf Eis. Das Verhältnis von maximaler Zuladung zu Leergewicht war bei diesem Flugboot ungewöhnlich hoch und erreichte nahezu 100 Prozent, während es bei vergleichbaren Seeflugzeugen zwischen 65 und 75 Prozent lag.

Amundsen hatte vor seiner Flugexpedition gewissenhaft alle Flugzeugtypen studiert, denn er war sich bewußt, daß ein Flug in das kaum bekannte Polargebiet ein außergewöhnlich zuverlässiges Flugzeug voraussetzte. Später schrieb er: *„Es blieb nur ein Typ übrig, der allen Anforderungen genügte, und das war der Dornier-Wal. Ich habe keinen einzigen Fehler entdecken können, sondern nur Vorzüge."* Auf dem Schiff wurden die beiden Wale nach Kingsbay auf Spitzbergen gebracht, wo sie im Freien, bei Temperaturen um −20 bis −25 Grad montiert wurden. Die Piloten nahmen sogar von einem Probeflug Abstand, um die Expedition nicht schon vor Beginn durch denkbare Beschädigungen des Flugboots zu gefährden.

Am 21. Mai starteten die beiden Flugboote in der Kingsbay, vollgestopft mit 3.000 Liter Benzin und 140 Liter Öl, mit 350 kg Polarausrüstung, Zelt, Schlitten, Skiern, Waffen, Mu-

Die beiden Amundsen-Wale N 24 und N 25 beim Entladen aus dem Expeditionsschiff „Hobby" (oben).

Blick auf den Führer- und Beobachterstand des Amundsen-Wal (links).

Ramon Franco erreicht mit dem Wal „Maria Antoinette" nach seinem Flug von Melilla zu den Kanarischen Inseln den Hafen von La Luz auf Teneriffa (unten).

Die Besatzung der beiden Amundsen-Wale nach ihrer glücklichen Rückkehr, v.l.n.r.: Omdal, Riiser-Larsen, Amundsen, Dietrichson, Feucht und Ellsworth (oben).

Amundsens aufsehenerregender Polflug wurde auch von der Belegschaft des Werkes in Marina di Pisa gebührend gefeiert (unten).

nition, Echolot, Fotoapparaten und mit Lebensmitteln. Doch Amundsen erreichte den Pol nicht. Nach über neunstündigem Flug, nach der Landung auf 87 Grad 43' nördlicher Breite und 10 Grad 37' westlicher Länge wurden die beiden „Wale" von Packeis eingeschlossen, und die Expedition mußte sich entschließen, N 24 aufzugeben. Die beiden je dreiköpfigen Besatzungen bauten in diesem Labyrinth von Eisbergen und Eiswällen vier verschiedene Startbahnen für N 25, die zum Teil durch Eispressungen zerstört oder bei näherer Überlegung als zum Start ungeeignet befunden wurden; vom alten zum neuen Startplatz mußten jeweils notdürftige Zufahrtswege gebaut werden, und das alles mit Hilfe von an Skistöcke gebundenen Jagdmessern, einem Eisanker, einem Pfadfinderbeil und einer Holzschaufel. Mit diesem Werkzeug wurden viele hundert Kubikmeter Eis und Schnee abgetragen. Dabei mußten die Besatzungen stets darauf bedacht sein, daß das Flugboot auf möglichst sicherem Platz stand, um vor den oft einsetzenden Eisbewegungen geschützt zu sein.

Die Männer schufteten Tag und Nacht bis zur Erschöpfung an der Vollendung der vierten Startbahn, denn von dem einzigen möglichen Start hing ihr Leben ab. Obermeister Karl Feucht, der Amundsen als Bordwart begleitet hatte:

„Am 16. Juni erfolgte der Start auf einer Bahn, in welcher alle Erfahrungen und Bemühungen der letzten 24 Tage vereinigt waren. Der Start gelang, es war höchste Zeit; nicht mehr lange, und die mit größter Mühe und Sorgfalt hergestellte Bahn wäre auseinander gegangen, an zwei Stellen zeigten sich bereits Risse; ein Spalt war schon 40 – 60 cm breit, so daß man 1 ½ bis 2 m tiefer das dunkle Wasser sehen konnte."[27]

Claude Dornier hatte Gelegenheit, das Flugboot nach seiner triumphalen Rückkehr zu besichtigen. Nach den vorhandenen Deformationen an den unteren Teilen der Seitenwände des Bootes zu urteilen, mußte die Eispressung stellenweise enorm hoch gewesen sein. Dennoch war das Boot vollständig dicht geblieben.

Der erste Verkehrs-„Wal" ging nach Südamerika

In Marina di Pisa hatte sich der handwerksmäßige Flugbootbau in kleinen Serien eingespielt. Die Ablieferungsflüge für die Spanier führten schließlich direkt nach Melilla in Spanisch-Marokko, Ramon Francos Stützpunkt. Auch in andere Länder, wie Chile und Argentinien, waren inzwischen Militär-„Wale", wohlverpackt in Kisten, verschifft worden. Nach den überzeugenden Beweisen ihrer Leistungsfähigkeit waren sogleich die Vorbereitungen für den Bau einer Zivil-

Dornier-Wal „Pacifico" im Flug über Rio de Janeiro (links).

„Pacifico" im Dock des SCADTA-Flughafens „El Veranillo" in Barranquilla (unten).

Die Besatzung der beiden Flugboote „Atlantico" und „Pacifico" in Barranquilla vor ihrem Flug durch Zentralamerika (ganz unten).

version, für ein Verkehrsflugboot, getroffen worden. Die Raumaufteilung sah jetzt so aus: Kollisionsraum für seemännische Ausrüstung, Kabine für neun Fluggäste, zweisitziges Cockpit mit Doppelsteuerung, Tankraum, Post- und Gepäckraum.

Mit der Zivilversion des „Wal" rückte nun die rasche Entwicklung des Seeflugzeuges als brauchbares und sicheres Verkehrsmittel in den Bereich des Kalkulierbaren. Jetzt setzte sich auch in seriösen Wirtschaftskreisen die Überzeugung von der Machbarkeit des regelmäßigen Flugverkehrs über den Atlantik durch. So hatte sich am 5. Mai 1924 in Berlin das „Condor Syndikat" als reines Versuchskonsortium konstituiert, ein Zusammenschluß des Deutschen Aero Lloyd, der risikofreundlichen deutsch-kolumbianischen Fluggesellschaft SCADTA (Sociedad Colombo Alemana de Transportes Aereos) und der Hamburger Im- und Exportfirma Schlubach, Thiemer & Co. Das Arbeitsprogramm dieses Konsortiums wurde in einem Konsortialvertrag verankert. Es sah die Beschaffung von zwei Dornier-Flugbooten mit dem Ziel der Erprobung in den amerikanischen Tropen vor. In Verbindung mit Propagandaflügen sollten dabei alle für die Führung, den Betrieb und die Wartung von Seegroßflugzeugen erforderlichen Hilfseinrichtungen, Apparate und Instrumente getestet und das für solche Flugzeuge nötige Personal seemännisch, fliegerisch und technisch ausgebildet werden. Die im Rahmen des Versuchskonsortiums gewonnenen Erfahrungen sollten später, möglichst mit Gewinn weitergegeben werden. Der Deutsche Aero Lloyd beteiligte sich an diesem Vorhaben mit 30.000 Dollar, Schlubach, Thiemer und Co. mit 15.000; die beiden SCADTA-Gruppen, vertreten von Peter von Bauer und Fritz W. Hammer, mit 15.000 bzw. 20.000. Weitere ungenannte Gruppen zahlten 70.000 Dollar ein.

Die beiden SCADTA-Manager, vor allem Fritz W. Hammer,[28] dieser unruhige, ja besessene Luftfahrt-Pionier, der schon früh die Idee des Transatlantikfluges propagiert hatte, suchten durch die Beteiligung an dem Konsortium in Deutschland

Rückhalt für ihre ehrgeizigen Pläne, auf einer „Interamericana"-Strecke Kolumbien und Südamerika mit seinen Nachbarn um die Karibik und, weiter noch, mit den USA zu verbinden. Der „Wal" schien ihnen für die vorgesehenen Erprobungs- und Demonstrationsflüge hervorragend geeignet.

Der erste überhaupt gebaute „Wal" in Kabinenausführung, der siebzehnte, der in Marina di Pisa zu Wasser gebracht wurde, Werknummer 34, war Mitte Oktober 1924 fertiggestellt und für die SCADTA bestimmt. Am 27. Oktober wurde das Flugboot nach Vigna di Valle geflogen, wo es zur Feier des zweiten Jahrestages von Mussolinis „Marsch auf Rom" an einer Flugvorführung teilnahm. Am Steuer saß Guido Guidi, einer der italienischen CMASA-Ingenieure und zugleich auch Pilot, der dann in verdienstvoller Arbeit alle

Der Wal „Atlantico" auf dem Flug über Kolumbien (oben.)

Vor der Expedition: Taufe des Wal "Pacifico" im Hafen von Barranquilla (rechts).

Zwischenstopp der beiden SCADTA-Wale auf dem Managua-See in Nicaragua (unten).

„Wale" mit ihrer Geschichte aufgelistet hat, die in Marina di Pisa gebaut worden sind.

Als schon die Vorbereitungen zum Rückflug getroffen wurden, stürzte ein Macchi-Schwimmerflugzeug bei einem simulierten Sturzflug auf den „Wal" und ging dabei voll in Trümmer. Der Bordwart wurde in der Motorgondel am Kopf verletzt. Es dauerte nach diesem schweren Unfall Wochen, um den beschädigten „Wal" vor Ort, das heißt weitgehend improvisierend, mit angereisten Mechanikern und herbeigeschafftem Werkzeug und Material wieder flugfähig zu machen. Dann wurde er nach Marina di Pisa geflogen, nochmals auseinandergenommen und mit dreimonatiger Verspätung nach Kolumbien transportiert, zusammen mit einem zweiten „Wal", Werknumer 35 (laufende Nummer 18). Am 2. August, nach Rund- und Probeflügen in einer für den Luftverkehr vielerorts noch völlig unerschlossenen Gegend, wurden die beiden „Wale" mit italienischer Zulassung (I-DOAR und I-DOOR) feierlich auf die Namen „Atlantico" und „Pacifico" getauft und unter den Nummern A-19 und A-20 registriert.

Am 10. August 1925 starteten die beiden Flugboote gemeinsam in Barranquilla auf dem Rio Magdalena zu ihrer auf sechs Monate veranschlagten Expedition. Unter Fritz W. Hammer und Friedrich Freiherr von Buddenbrock flogen sie Costa Rica, Nicaragua, Honduras, San Salvador, Guatemala, Britisch-Honduras und Mexiko an. Buddenbrock *(„Ich hatte unbegrenztes Vertrauen zu diesem Typ")* führte Tagbuch über Probleme und Hindernisse. Sie flogen im offenen Cockpit in tropischen Regengüssen, immer in Bodennähe, nie über die Wolken steigend, immer ohne Funkverbindung, weil die elektrische Zentrale mit dem Generator dem Klima nicht gewachsen war. *„Verschiedentlich kamen Starts vor, bei denen infolge der harten Stöße ein Sitz zusammenbrach oder wir uns Beulen holten, während das Boot selbst kaum Spuren dieser hohen Beanspruchung zeigte."* Für diese Risse im Bootsboden nach Grundberührung führten sie eine Auswahl an Leckdichtungsmaterial mit, Holzpfropfen, Gummischeiben, Blechzwingen. Zwei Wochen lang machten sich die Besatzungen nach der Landung in Havanna mit selbstgebogenen Segelnadeln an die Neubespannung der Flächen.

Während die Flugboote dann Erkundungsflüge nach Key West und Miami, Florida, ausführten, verhandelte die Expeditionsleitung in den USA mit Interessenten an der Interamericana-Strecke und wegen der Genehmigung von Verkehrsrechten. Die Mission mußte im Frühjahr 1926, vornehmlich aus politischen Gründen, als gescheitert angesehen werden, wenn auch der publizistische Effekt erheblich war. Die Amerikaner waren jedenfalls aufmerksam geworden –, und innerhalb weniger Jahre entwickelte sich die von vier Fliegeroffizieren gegründete Pan American Airways zum beherrschenden Luftverkehrsunternehmen im mittelamerikanischen Raum. Die beiden „Wal"-Flugboote aber wurden per Schiff mit der „Rio-Bravo" unter dem Kommando von Kapt. Friedrich Christiansen, dem ehemaligen Seeflieger, zur Überholung zurück nach Deutschland gebracht.

Vielversprechend verlief die Entwicklung im Mittelmeer. So betrieb die italienische Luftverkehrsgesellschaft SANA (So-

Wale fliegen in alle Welt als Pioniere des Luftverkehrs

Mit Flugbooten des Typs Dornier Wal wurden in den zwanziger Jahren viele Strecken für den Luftverkehr erschlossen. Sie waren unabhängig von Flugplätzen, konnten auf Flüssen, Seen und auf Ozeanen operieren. Das von Claude Dornier entwickelte, klassische Flugboot-Konzept, das im Wal seinen ersten Höhepunkt fand, hat sich dabei ausgezeichnet bewährt. So konnte sich schon die erste Verkehrsausführung des Wals in vielen Ländern als zuverlässiges Transportmittel durchsetzen. Später folgten Varianten mit verschiedensten Motorentypen, mit immer höheren Nutzlasten und verbesserten Leistungen.

Im Bild ganz oben die Passagierkabine des Verkehrs-Wal in Flugrichtung gesehen. An der vorderen Zwischenwand ist die Einstiegstür zu erkennen. Die bequemen Sitzgruppen, die Fensterrollos und die Deckenbeleuchtung boten ungewöhnlichen Komfort. Darunter ein Verkehrs-Wal beim Start auf bewegter See.

D 702
MDCCCLVI

cieta Anonima Navigazione Aerea) auf der Strecke Genua – Rom – Palermo seit Anfang 1926 einen regelmäßigen Liniendienst mit zunächst sechs „Wal"-Flugbooten. Und die AEI (S.A. Aeroespresso Italiana) in Rom mit Basis Brindisi wirkte mit ihren „Walen" weit in den mediterranen Raum hinaus, nach Griechenland und bis in die Türkei.

Delphine auf Ostsee und Bodensee

Auf der Ostsee sammelte der Deutsche Aero Lloyd erste Erfahrungen im Umgang mit Flugbooten und ging versuchsweise die ersten reinen Seestrecken an, zunächst noch, als Vorstufe für den Verkehr mit „Wal"-Flugbooten, mit kleinerem Fluggerät. So planten Aero Lloyd und Dornier im Spätsommer 1924 gemeinsam den Betrieb auf der „See-Nachtflug-Versuchsstrecke Stettin Kopenhagen" mit einem „Delphin II". Gegenüber dem „Delphin I" war das Cockpit nach unten in den Bootskörper verlegt und das Vorschiff verlängert worden, was die Start- und Landeeigenschaften günstig beeinflußte. Als Triebwerk war ein Rolls-Royce-Falcon III mit 260 PS eingebaut.

Mit Nachtflugstrecken mußten damals erst Erfahrungen gesammelt werden. Auf der Strecke Berlin – Stettin hatte der Aero Lloyd in Abständen von 30 km Zwischenlandeplätze eingerichtet mit elektrischen Landelichtern und Scheinwerfern. So konnte sich der Pilot auch bei schlechter Sicht und niedrig hängenden Wolken von einem Zwischenlandeplatz zum anderen vortasten. In Stettin wartete der „Delphin". Als Pilot für das Flugboot war Flugkapitän Dipl.-Ing. Horst Merz verpflichtet worden, der nicht nur eine fliegerische, sondern auch eine seemännische Ausbildung mitbrachte. Die Start- und Landeeinrichtungen waren denkbar primitiv, ein fest verankertes Boot mit einer grünen Laterne, dahinter eine zweite Leine mit roter Laterne. Horst Merz:

„Da das zweite Boot im Winde frei herumschwojen konnte, also immer genau in Lee des ersten Bootes lag, hatte ich auf diese Weise nachts von Rot auf Grün die genaue Landerichtung gegen den Wind und bei Rot den Punkt, wo ich aufsetzen konnte. Die gleiche Einrichtung hatten wir auch auf dem Dammschen See bei Stettin geschaffen. Und da wir weder an Land noch an Bord Landescheinwerfer hatten, konnte ich die Höhe zum Abfangen der Maschine bei der Landung nur nach der Lampenhöhe über Wasser abschätzen. Eine Streckensicherung auf See gab es nicht, ebensowenig eine Streckenbeleuchtung. Ich hatte also zur Orientierung nur die Leuchttürme der Schiffahrt und zwischen diesen meinen Kompaß zur Verfügung. Funkentelegraphie hatten wir nicht, auch kein Nachtflug- und Blindfluggerät. Ich war allein auf meine eigenen Nachtaugen angewiesen und dankbar für jedes Licht und bei gutem Wetter für jeden Stern, nach denen ich mich richten konnte. Aus diesem Grund hatten wir auch kein Licht in der Führerkabine und keine Beleuchtung des Instrumentenbrettes. Wollte ich ein Instrument, den Kompaß oder gar den außerhalb der Führerkabine an der vorderen Backbordstrebe befindlichen Geschwindigkeitsmesser ablesen, mußte ich meinen treuen Bordwart Harder anstoßen, der dann für ein paar Augenblicke mit einer abgeblendeten Taschenlampe das Gewünschte anleuchtete."[29]

Im Sommer 1925 eröffnete der Bodensee Aerolloyd seine Rundflugdienste: Hier ein Delphin II über der Hafeneinfahrt von Lindau.

Pilot Aland am Steuer des Delphin II: Gegenüber dem Delphin I war der Führerraum nach unten in das Boot verlegt worden; gut erkennbar die Außenhautprofile am Tragflügel (oben).

Der Führerraum im Delphin III mit Doppelsteuerung (rechts).

Auf bequemen Sesseln fanden im Delphin III zehn Passagiere Platz (ganz rechts).

Am Konstanzer Anlegeplatz wartet der Delphin II auf die Passagiere (nächste Seite oben).

Taufe des Delphin II auf den Namen „Lindau" (nächste Seite unten).

D-277
BODENSEE AEROLLOYD
DORNIER
KONSTANZ

BODENSEE AEROLLOYD
DELPHIN
Lindau

D-702

Ein Delphin II des Bodensee Aerolloyd startet vor der Uferstraße von Friedrichshafen zu einem Rundflug.

Der Verkehrs-Wal: Die Installation der Motoren über dem Flügel und die großen Abdeckhauben erlaubten eine einfache Wartung (ganz links).

Mit ausgefahrener Notantenne: ein Wal im italienischen Luftverkehr (links).

Die Konkurrenz der Luftfahrt zum Schiffsverkehr deutet sich an – ein Verkehrs-Wal vor einem großen Übersee-Dampfer (unten).

Ein Wal mit dem Namen „Thunfisch" – beim Anlegemanöver vor der Brücke des Seeflughafens Kopenhagen-Kastrup. Der Deutsche Aero Lloyd beflog seine Ostsee-Strecken mit Dornier-Flugbooten.

Zur Ausrüstung des „Delphin" gehörten ein Schlauchboot, Signalpistole und Notproviant. Flugzeugführer und Bordwart hatten aufblasbare Schwimmwesten mit Preßluftflaschen angelegt, aber nicht aufgeblasen, um im Notfall beim Aussteigen nicht behindert zu sein. Als unangenehm erwies sich die Spiegelung von Lichtern und Sternen im Fensterglas des Cockpits, die die Orientierung störte. Auch technisch gab es eine Reihe von Problemen, vor allem mit dem Motor. Nach Abschluß der Versuche wurde der „Delphin" (D-277) mit der Bahn wieder nach Friedrichshafen geschafft.

Dornier-„Delphine" gehörten übrigens in den nächsten Jahren zu dem vertrauten Bild, das der Bodensee den Touristen bot. Am 22. Juli 1925 nahm der Bodensee Aerolloyd, an dem sich die Dornier Metallbauten beteiligt hatten, seinen Rundflugbetrieb mit zwei „Delphinen" auf, darunter auch die D-277. Diese Flüge mit Flugkapitän Truckenbrodt waren so beliebt, daß später noch ein größerer „Delphin III" für zehn Personen entwickelt und in drei Exemplaren (mit dem BMW-VI-Motor) gebaut wurde.[30)]

Im Jahr 1925 eröffnete der Deutsche Aero Lloyd mit „Wal"-Flugbooten seine damals längste Seestrecke von Danzig nach Stockholm. Noch immer durfte der „Wal", der sich ja nicht innerhalb der dem deutschen Flugzeugbau in den „Begriffsbestimmungen" gesetzten Grenzen hielt, nicht im Streckendienst des deutschen Luftverkehrs eingesetzt werden. Am 17. Mai 1925 überführte Rudolf Cramer von Clausbruch den ersten Passagier-„Wal" von Marina di Pisa nach Danzig, drei weitere „Wale" folgten noch im selben Jahr. Fast 100mal flog er in diesem Sommer die 600 km über die Ostsee mit geradezu verblüffender Regelmäßigkeit, was zum Ruf des „Wal" als betriebssicherem Verkehrsflugzeug erheblich beitrug. Claude Dornier über die Empfindungen des Fluggastes beim Start: *„Beim Wal hören wir als Passagiere die Wellen gegen die Bordwände donnern, leichte Brecher kommen dann und wann über Deck und klatschen gegen die Bullaugen. Die Besatzung ist schon nach kurzer Zeit durchnäßt. Das Schaukeln des Bootes hat schon einige der Fluggäste erbleichen lassen."*

Damals nannte man diese Ostseelinien auch „Überseeflugstrecken", obgleich es kaum Augenblicke gab, in denen nicht gleichzeitig mehrere Küsten überblickt werden konnten. Den Besatzungen standen weder Blindfluginstrumente noch Funk zur Verfügung. Mindestens die Hälfte aller Flüge mußten in Landnähe durchgeführt werden, um nicht die Orientierung zu verlieren. Die Eigentümlichkeiten der Küsten und Felsen waren jedem Flugzeugführer so bekannt, daß ein schemenhaftes Auftauchen im Nebel schon genügte, um den genauen Standort des Flugbootes zu erkennen. Ohne Erdsicht drohte Gefahr, besonders an den felsigen Klippen der schwedischen und norwegischen Küste mit ihren zahlreichen vorgelagerten Inseln und Holmen. Allerdings konnte der Luftverkehr gerade bei den Flügen über See sein großes Plus, die Geschwindigkeit, voll ausspielen. Während beim Luftverkehr über Land die Reisezeit damals nur um ein Drittel reduziert werden konnte, ging sie bei Seestrecken auf ein Sechstel zurück.

Hohe Bausicherheit

Jetzt lief der Flugbootbau in Marina di Pisa so gut, daß die CMASA 1925 und 1926 Dividenden von jeweils zehn Prozent ausschütten konnte, erste Anzeichen des wirtschaftlichen Aufschwungs im Flugzeugbau. Colsman konnte mit dem Werk in Italien zufrieden sein; er war es auch: *„Solange dies Werk"*, so schrieb er, *„vorwiegend im Besitze des Konzerns war, ist es eine der wenigen Flugzeugfabriken gewesen, die sich aus eigener Kraft, ohne Stützung auf öffentliche Mittel, entwickeln und mit gutem Gewinn arbeiten konnten."*[31)]

Als Claude Dornier 1925 in einem Vortrag über die Gründe des internationalen Erfolges der „Wal"-Flugboote sprach, kam er auf folgende Faktoren:
1. Geringe Flächenbelastung, gleichbedeutend mit geringer Landegeschwindigkeit und damit geringen Beanspruchungen des Bootes, sowie mit kurzem Start, also hoher Seefähigkeit und guter Steigfähigkeit.
2. Großes breites Boot, gleichbedeutend mit geringer Einheitsbelastung des Bodens, geringer Tauchung, gutem Start und reichlichem Platz im Boote.
3. Seitenverhältnis 1:5,2, gleichbedeutend mit günstigen Gewichtsverhältnissen und der Möglichkeit, ein gutes, für hohe Geschwindigkeit geeignetes Profil zu verwenden, dazu geringe Spannweite und hohe Bausicherheit.
4. Tandemanordnung der Motoren, gleichbedeutend mit denkbar einfachster Anordnung und Kontrolle des Antriebes.[32)]

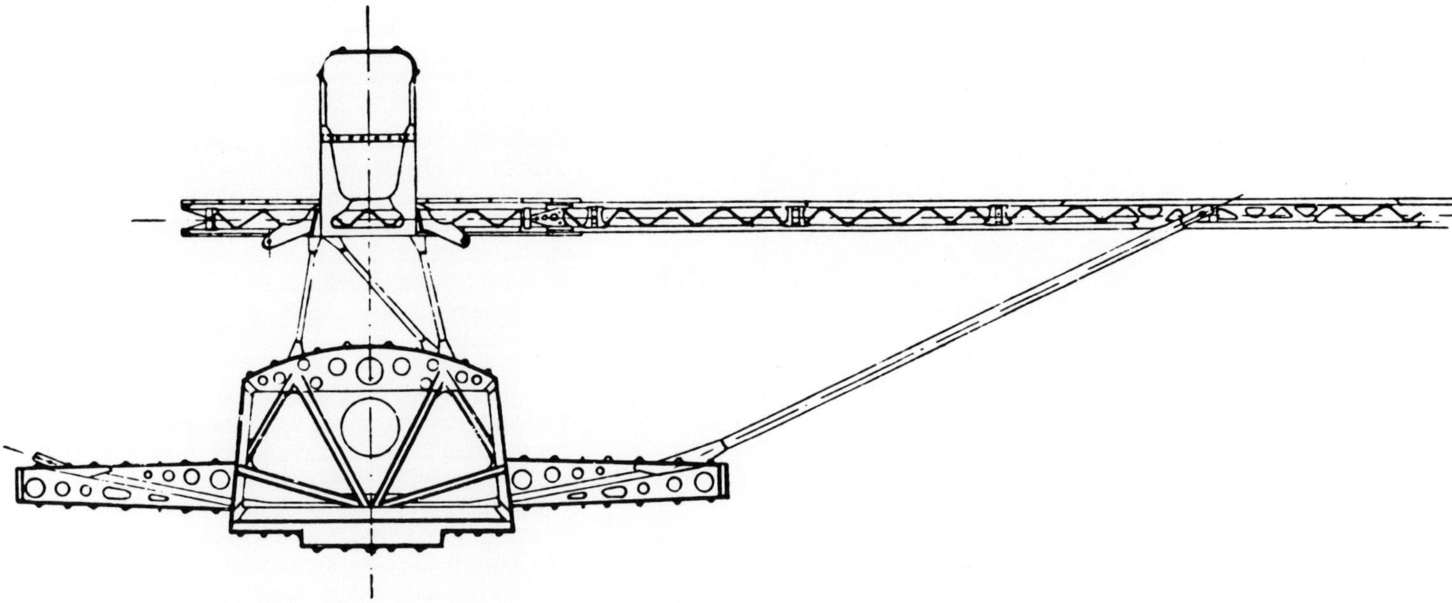

Die klare und robuste Konstruktion des Dornier-Wal wird aus dieser Zeichnung deutlich (oben).

Nachdem sie ihre 20 Weltrekorde mit dem Dornier-Wal geflogen hatten, stellten sich die beiden Piloten Richard Wagner und Guido Guidi dem Photographen: daneben ein Berg von Sandsäcken zur Simulation der Rekordnutzlast von 2000 kg (links).

Als großer Vorzug der Metallbauweise hatte sich darüber hinaus erwiesen, daß Metallflugzeuge, wenn als Baumaterial nur Duralumin und Stahl verwendet wurde und die Wandstärken nicht zu gering waren, bei sachgemäßer Pflege auch unter ungünstigen klimatischen Verhältnissen jahrelang voll gebrauchsfähig blieben – wichtig für den Einsatz in den Besitzungen der Kolonialländer. Gewissenhafte Wartung allerdings war unerläßlich, zumal die Frage der Farben und Lacke zu dieser Zeit noch längst nicht gelöst war. Deshalb wurden in Marina Materialversuche gemacht. Metallschwimmer wurden verschiedenartig konserviert, der Witterung oder dem Meerwasser ausgesetzt und ständig beobachtet, um die Wirkungen der aufgebrachten Schutzanstriche festzustellen. Interessiert an den Resultaten waren besonders die Konstruktionsbüros und die Prüfstelle in Friedrichshafen, weil sie bei Neukonstruktionen festlegen mußten, welche Schutzmaßnahmen anzuwenden waren.[33)]

Die patentierten Stabilisierungsstummel, typisch für die Dornier-Bauweise, setzten sich im internationalen Flugbootbau in den nächsten Jahren immer mehr durch. Dieses Patent und seine vielen anderen, Frucht über zehnjähriger geistiger Arbeit, hatte Claude Dornier, unterstützt von dem erfahrenen Berliner Patentrechtler Professor Hermann Isay, in einen Vertrag mit dem Zeppelin-Konzern ummünzen können. Dieser Vertrag, der nach langen, zum Teil dramatischen Verhandlungen zustande gekommen war, besagte, daß der Erfinder einen angemessenen Prozentsatz am Ertrag aller bestehenden und zukünftigen Patente zugesprochen bekam.

Claude Dornier: *„Der Abschluß dieses Vertrages war ein Meilenstein in meinem geschäftlichen Leben. Ich verdanke ihm zum großen Teil meinen späteren Aufstieg vom Angestellten zum selbständigen Ingenieur".*

Die Weltrekorde des Dornier Wal

Flugzeug:	Do Wal (I-DAOR)
Motoren:	2 Rolls-Royce „Eagle IX", 360 PS
Datum:	4., 9. und 10. Februar 1925 (Pisa, Italien)
Pilot:	Guido Guidi

Mit 250 kg Nutzlast	
1. Geschwindigkeit auf 100 km	168,523 km/h
2. Geschwindigkeit auf 200 km	168,523 km/h
3. Geschwindigkeit auf 300 km	168,523 km/h
4. Geschwindigkeit auf 500 km	168,523 km/h
Mit 500 kg Nutzlast	
5. Geschwindigkeit auf 100 km	168,523 km/h
6. Geschwindigkeit auf 200 km	168,523 km/h
7. Geschwindigkeit auf 500 km	168,523 km/h
Mit 1.000 kg Nutzlast	
8. Höhe	3682 m
9. Entfernung	507,380 km
10. Geschwindigkeit auf 100 km	168,523 km/h
11. Geschwindigkeit auf 200 km	168,523 km/h
12. Geschwindigkeit auf 500 km	168,523 km/h
Mit 1.500 kg Nutzlast	
13. Dauer	3 h 33' 35"
14. Entfernung	507,380 km
15. Höhe	3682,000 m
16. Geschwindigkeit auf 100 km	168,523 km/h
17. Geschwindigkeit auf 200 km	168,523 km/h
18. Geschwindigkeit auf 500 km	168,523 km/h
Mit 2.000 kg Nutzlast	
19. Entfernung	253,690 km
20. Höhe	3006 m
21. Geschwindigkeit auf 100 km	134,514 km/h
22. Geschwindigkeit auf 200 km	134,514 km/h

Zusammenstellung der Stückzahlen der gebauten Dornier-„Wale"

Es wurden Wale der verschiedenen Versionen gebaut in:

Marina di Pisa, Italien	103 Stück
Finale Ligure, Italien	14 Stück
CASA, Spanien	26 Stück
Aviolanda, Holland	46 Stück
Kawasaki, Japan	3 Stück
Dornier, Manzell	72 Stück
insgesamt	264 Stück

Dornier auf internationalen Märkten

In diesen frühen zwanziger Jahren hatten „Wal"-Flugboote und die Landflugzeuge der „Komet"-Baureihe den Namen Claude Dornier international bekannt gemacht. Die Technische Hochschule Stuttgart verlieh dem Flugzeugkonstrukteur *„in Anerkennung seiner Verdienste um den Fortschritt auf diesem Gebiet der Flugtechnik"* den Dr. Ing. ehrenhalber. Am 20. Juni 1922 schon war die Firmenbezeichnung Zeppelin Werk Lindau GmbH durch Dornier Metallbauten GmbH (DMB) ersetzt worden, wie es heißt, einem Vorschlag Hugo Eckeners folgend. Der juristische Sitz des Unternehmens war von Lindau nach Friedrichshafen verlegt worden. Das Stammkapital der Gesellschaft betrug 50.000 Mark, Dornier wurde als Geschäftsführer bestätigt.

Umzug nach Manzell

Das Unternehmen, das lange vom Deutschen Reich und seinen Entwicklungsaufgaben und vom Luftschiffbau Zeppelin abhängig war, fand innerhalb des Konzerns zu größerer Unabhängigkeit. Da die Entwicklungswerft in Seemoos für die anlaufende Flugzeugproduktion zu klein war, und da auch die Abmessungen der Flugzeuge immer größer wurden, bezogen die Dornier Metallbauten die stillgelegten Werksanlagen des ehemaligen Flugzeugbaus Friedrichshafen, der nach dem Krieg in Maschinen- und Schiffbau GmbH Manzell (MSM) umbenannt worden war, landwirtschaftliche Geräte und Boote gebaut hatte, geschäftlich aber ohne Erfolg geblieben ist. Den Baugrund in Manzell hatte einst der König von Württemberg für Zeppelins erste Versuche zur Verfügung gestellt – historischer Boden also. Die MSM, zu dieser Zeit nur noch eine reine Immobilien-Verwaltungsgesellschaft, hatte Grund und Boden und die Gebäude an die Firma Dornier vermietet. Sie wurde später eine hundertprozentige Tochter des Dornier-Konzerns.

Ende 1923 siedelte das Unternehmen von Seemoos nach Manzell über und begann mit der nötigen Instandsetzung und Umgruppierung innerhalb der Hallen. Gleichzeitig entschloß sich das Unternehmen, angesichts der ständigen Probleme mit angelieferten Propellern – Termine wurden nicht eingehalten, die Frachtkosten waren zu hoch, die kleinen Fabriken hatten keine eigenen Versuchsstände – neben dem Schwimmerbau auch selbst die Propellerfabrikation aufzunehmen und eine eigene Holzbearbeitungswerkstätte einzurichten. Dadurch war die Fabrik in der Lage, alle Luftschrauben selbst auszuprobieren. Fortan wurden auch an andere Abnehmer Propeller geliefert.

Claude Dornier in seinem Büro in Manzell: Dorthin war das junge Unternehmen im Jahr 1923 umgezogen.

Auf etwa 40.000 Mark bezifferte der Jahresbericht die für die Umorganisation aufgewendeten Mittel, die gleiche Summe nochmals für 1925 – ein erheblicher Betrag für ein Unternehmen, dessen Gesamtkosten sich im ersten Halbjahr 1924 auf 300.834 Mark belaufen hatten. In einem internen Bericht hieß es, daß die Vergrößerung des Betriebes nicht ohne die Aufnahme von Krediten möglich gewesen sei. *„Wir erhielten vom Reichsverkehrs-Ministerium ein Darlehen von insgesamt 500.000 Mark, zum Zinssatz von 5 % p.a., wovon voraussichtlich 200.000 Mark als Beihilfe verrechnet werden. Die restlichen 300.000 Mark sind im Dezember 1925 fällig. Wir versuchen, für diesen Betrag einen Auftrag auf Flugzeuge vom Reich zu erhalten."* Mit allem Ernst und Nachdruck wurde der Kostenfaktor in diesem Bericht hevorgehoben. Der Preis für einen „Komet II", mit etwa 36.000 Mark angesetzt, sei zu hoch, um mit Firmen des Holzflugzeugbaus zu konkurrieren.

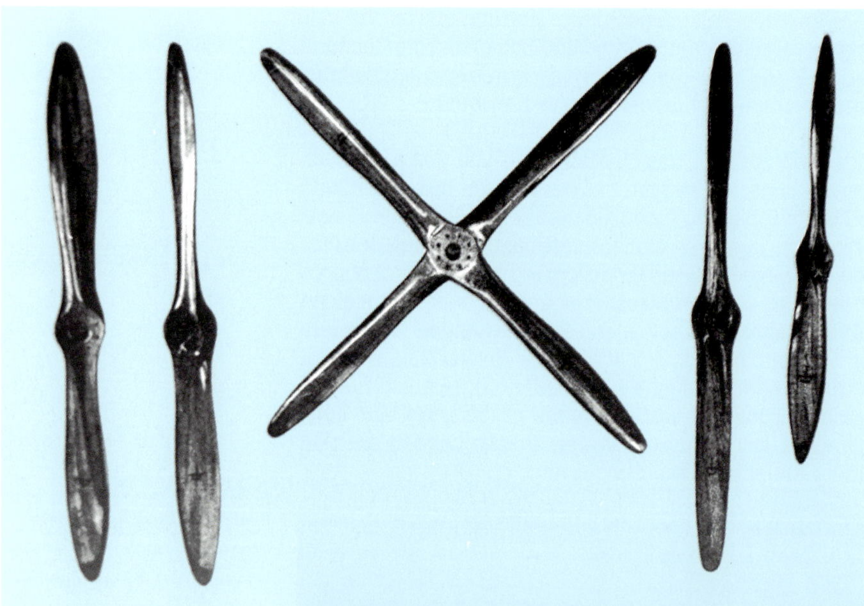

Das Jahr 1924, für Friedrichshafen und den Luftschiffbau das triumphale Jahr der Atlantiküberquerung mit LZ 126, eine Weltsensation, sollte auch für DMB ein „Jahr des Aufbaus" werden, so der Geschäftsbericht. Das entsprach der wirtschaftlichen Gesamtsituation in Deutschland. Im Herbst 1923 hatte die Inflation ihren Höhepunkt erreicht. Vor der Stabilisierung der deutschen Währung im November 1923, vor der Schaffung der Rentenmark, hatte ein Dollar den Wert von 4,2 Billionen Papiermark. Damals druckten die Dornier Metallbauten ihr eigenes Notgeld, hauptsächlich um damit Löhne und Gehälter zu bezahlen. Die Noten waren auf eine Bank ausgestellt.

Von Beginn des Jahres 1924, so der Geschäftsbericht, stieg der Lohn bis zum Jahresende um etwa 85 Prozent. *„Die Verdienste guter Facharbeiter mit Akkord-Gelegenheit betrugen am Ende des Jahres in der Spitze bis zu 95 Pfennig pro Stunde und steigerten sich im neuen Jahr (1925) bereits bis auf 1,15 Mark pro Stunde. Gute Facharbeiter erreichten im Durchschnitt 85 Pfennig pro Stunde. Alle Lohnangelegenheiten konnten im Jahr 1924 ohne Streitigkeiten mit der Belegschaft erledigt werden."*

Vom „Komet II" zum „Komet III"

Zehn „Komet II" waren in den ersten sieben Monaten des Jahres 1924 gebaut worden. Serienfertigung – nur sie allein konnte, so die kaufmännische Verwaltung, dem Unternehmen eine Zukunft sichern. Erste Versuche einer rationelleren Fertigungsweise gab es ja schon. So wiesen „Komet" und „Delphin" einige gleiche Bauteile auf, zum Beispiel das Tragwerk und das Leitwerk.

Der „Komet II", der beim Deutschen Aero Lloyd die Strecke nach London beflog und der die Strecke Berlin – Prag – Wien zum ersten Mal in vier Stunden bewältigt hatte, erwies sich als weiter ausbaufähiges Verkehrsflugzeug. Mit dem „Komet III" zeichnete sich für das Manzeller Werk 1924 erstmals ein spürbarer Aufschwung ab. Das zeigte sich auch in der

Propeller für die eigenen Flugzeuge, aber auch für andere Kunden, wurden nun bei Dornier gebaut (oben).

Das Werk Manzell wuchs in den folgenden Jahren zu einem beachtlichen Flugzeugbau-Unternehmen heran (rechts).

Zahl der Beschäftigten: Sie betrug am 31. Dezember 1924 288 und erhöhte sich bis Anfang 1925 auf 411.

Der „Komet III", ein wesentlich verbesserter „Komet II", fast schon eine Neukonstruktion, war in den Abmessungen größer und bot Platz für sechs (statt vier) Passagiere. Im Gegensatz zum Schulterdecker „Komet II" war der „Komet III" als abgestrebter Hochdecker mit über dem Rumpf erhöht angeordneter Tragfläche ausgebildet; sie saß auf vier Stützen. Der „Komet III" hatte Doppelsteuerung. Die Sitze von Flugzeugführer und Bordwart waren dicht an die Außenwand gerückt, um freie Sicht in Flugrichtung und senkrecht nach unten zu ermöglichen. Alle Instrumente und Geräte waren in der Rumpfmitte in einem übersichtlichen Instrumentenbrett zusammengefaßt.

Flügeltiefe und Spannweite waren vergrößert. Gegenüber „Komet II" wurde der Ausgestaltung der Flügelenden besondere Aufmerksamkeit gewidmet, die ein allmählich sich verjüngendes Profil und elliptischen Umriß zeigten. Der Flügel

Mehr Passagiersitze und mehr Leistung bot der Komet III, der ab 1925 in Produktion genommen wurde (oben).

In der Kabine des Komet III fanden auf Korbstühlen sechs Passagiere Platz (links).

In einer Ausführung als Sanitätsflugzeug konnte der Komet III mit einer großen seitlichen Tür zum Beladen mit den Krankentragen ausgerüstet werden (rechts).

„Komet" über den Alpen

Mit den Piloten Franz Hailer und Willy Polte flog dieser Komet III am 14. April 1925 als erstes Verkehrsflugzeug über die Alpen. Nach der Ankunft der Maschine in Mailand wurde die ganze Besatzung gebührend gefeiert. Im Bild v.l.n.r.: Flugkapitän Polte, Major Hailer (Leiter des süddeutschen Aero Lloyd in München), Dr. Schanke vom Reichsverband der Deutschen Industrie, Bordmonteur Harder und Legationsrat von Schmieder. Der Rückflug führte dann über Zürich zurück nach Deutschland.

selbst hatte ein mitteldickes Profil, das durch seinen geringen Luftwiderstand den Aufwand der beiden Flügelstreben rechtfertigte. Aufgrund dieser neuen aerodynamischen Erkenntnisse erreichte das Flugzeug mit einem Rolls-Royce-Eagle-Triebwerk (360 PS) eine höhere Reisegeschwindigkeit. Der Schwerpunkt des Flugzeugs lag tief, die Passagiere konnten ohne Leiter in die Kabine einsteigen.

Der „Komet III" (Erstflug 7. Dezember 1924) war ein leistungsfähiges, ein robustes Flugzeug. Der Deutsche Aero Lloyd beflog mit ihm die Strecken zwischen Berlin und London, Berlin und Königsberg, Berlin und Kopenhagen, Berlin und Zürich sowie Kopenhagen und Zürich. Auf dem gefahrvollen Weg zum planmäßigen Linienverkehr über die Alpen mit ihren Sturmböen und Föhnwinden, mit Nebel, tiefliegenden Wolken und unvorhersehbaren Wetterumschwüngen – noch flogen die Piloten ohne Funkverbindung und ohne Blindfluginstrumente – setzte ein „Komet III" des Aero Lloyd am 15. April 1925 ein erstes wichtiges Zeichen. Anläßlich der Mailänder Frühlingsmesse flog er unter ungünstigen Witterungsverhältnissen in dreieinhalb Stunden von München nach Mailand und in zwei Stunden wieder zurück nach Zürich. Piloten dieses historischen Fluges waren Major Franz Hailer und Flugkapitän Willy Polte. Über Mailand hatte das Flugzeug Tausende von Flugblättern mit dem Gruß der Messestadt Leipzig abgeworfen; ein italienisches Geschwader bildete die Ehreneskorte.

Der „Komet III" mit seiner geräumigen Passagierkabine ließ sich auch zum Sanitätsflugzeug umbauen – ein Versuch. Im Fluggastraum waren eine stehende und eine hängende Trage für Schwerkranke, eine Sitzbank für Leichtkranke und ein Wärtersitz eingebaut. Mit Seilen, in Gummizügen gefedert, und mit Gummipuffern wurden die Tragen und Sitze gegen Erschütterungen gesichert. Seitlich war eine große, mit einer nachschwenkenden Klappe verschlossene Öffnung angebracht, durch die die Krankentragen hereingereicht werden konnten. Vom „Komet III" wurde zusätzlich eine Sonderversion mit Schwimmern gebaut.

Lizenzen für Japan

Der deutsche Binnenmarkt war freilich zu klein für die deutschen Flugzeughersteller. Luftstreitkräfte gab es nicht, der Luftverkehr war in diesen wirtschaftlichen Krisenzeiten ohnehin nur mit Subventionen, vornehmlich durch das Deutsche Reich und durch Kommunen aufrechtzuerhalten; die Reichsregierung engagierte sich auch in der Luftfahrtindustrie. Wer auf diesem schwierigen Markt überleben wollte, mußte exportieren, mußte auf die internationalen Märkte gehen und vor allem in Ländern ohne eigene Luftfahrtindustrie nach Marktlücken suchen, sei es für Zivil-, oder sei es für Militärflugzeuge.

Eine große und berechtigte Hoffnung für die Dornier Metallbauten barg das sich anbahnende Geschäft mit Japan. Am 6. Febraur 1924 war, nach über einjährigen Verhandlungen, der Lizenzvertrag mit der japanischen Werft Kawasaki Dockyard Co., Ltd. in Kobe unterzeichnet worden, der über die Hamburger Firma C. Illies & Co angebahnt worden war. Japan baute in den zwanziger Jahren seine Luftstreitkräfte im Heer wie in der Marine mit erheblichen Mitteln aus, und heimische Schiffswerften wie Kawasaki und Mitsubishi gingen zum Bau von Flugzeugen über. Sie kauften europäische

Beim Aero Lloyd flog der Komet III auf der Strecke London – Berlin mit Zwischenstopps in Amsterdam und Hannover (oben).

Der Wal gehörte zu den verschiedenen Flugzeugtypen, für die das japanische Unternehmen Kawasaki eine Lizenz erwarb; hier ein Verkehrs-Wal im Einsatz über japanischen Gewässern (links).

Auch als Militärflugzeug wurde der Dornier-Wal in Japan eingesetzt (unten).

Das moderne Ganzmetall-Jagdflugzeug Falke entstand im Jahr 1922 als wesentlich verbesserte Weiterentwicklung der DI (ganz rechts).

Erfahrungen, indem sie Lizenzen bewährter Typen erwarben. Auch die Kriegserfahrungen wurden gleich aus Europa importiert: Eine französische Gruppe schulte japanische Bomberpiloten, britische Marineflieger bildeten Flugzeugführer der Marine aus.

Die Dornier Metallbauten verpflichteten sich, für eine Reihe von Typen das Baurecht an Kawasaki abzutreten und, außer *„2 kompletten Sätzen von Werkstattzeichnungen (Blaupausen), Berechnungsunterlagen, Spezifikationen von allem Material in chemischer und physikalischer Hinsicht und den Instruktionen bezüglich der Wartung und Bedienung jeder einzelnen Maschine"*, auch je ein Musterflugzeug von insgesamt acht Dornier-Flugzeugtypen zu liefern. Dornier garantierte, daß es *„mit Hilfe des Ingenieur-Personals, der Zeichnungen und der gewonnenen Erfahrung möglich ist, die Flugzeugtypen erfolgreich zu fabrizieren. Es ist dabei natürlich angenommen, daß Kawasaki dem Ingenieurpersonal erstklassige Werkstätten, tüchtige Ingenieure und Arbeiter und das richtige Rohmaterial wie z.B. Duraluminium zur Verfügung stellt"*.

So entstanden in Ausführung des Vertrages in Marina di Pisa für Japan, neben einer Militärausführung des „Wal", auch je eine Land- und Wasserversion des Jagdflugzeugs „Falke". In diesem Flugzeug hatte Claude Dornier die in den letzten beiden Kriegsjahren gemachten Erfahrungen, besonders die im Jagdflugzeugbau, aktualisiert. Wie üblich in Seemoos konstruiert, war der erste „Falke"-Prototyp in Rorschach gebaut worden und hatte am 1. November 1922 auf dem Flugplatz Dübendorf bei Zürich seinen Erstflug gemacht.

Mit dem „Falken", einem der ersten Ganzmetall-Jagdeinsitzer der Welt, dem ersten Jagdflugzeug eines deutschen Konstrukteurs nach dem verlorenen Krieg, sollte ein wendiges Kampfflugzeug mit guten Flugleistungen wie hoher Geschwindigkeit und Steigfähigkeit gebaut werden. Aerodynamische Untersuchungen ergaben gegenüber dem Weltkriegs-Doppeldecker DI, daß die besseren Flugleistungen mit einem Eindecker mit freitragenden Flügeln erreicht werden konnten. Die Hochdeckerbauweise und die Anordnung des Tragwerks ungefähr in Augenhöhe des Piloten sollten dem Flugzeugführer gute Sichtverhältnisse bieten. Alle hochbeanspruchten Teile waren aus Stahl, alle übrigen Teile aus Duraluminium. Die Bausicherheit des Jagdeinsitzers betrug im normalen Belastungsfall mehr als das Zehnfache des größten Fluggewichts. Bei Belastungsversuchen wurde eine Sicherheit von 11,5 nachgewiesen, die durch geringfügige Verstärkungen sogar auf 12,5 erhöht werden konnte. Das Fahrwerk wich wesentlich von den damals bekannten Konstruktionen ab. Es bestand aus zwei kräftigen Beinen mit tropfenförmigem Querschnitt. Diese waren mit je einem Stahlbolzen drehbar am Rumpf befestigt und an den in den Rumpf hineinragenden Enden durch Gummizüge abgefedert. Die gute Federung garantierte eine durchaus weiche Landung des Flugzeugs.

In den Jagdeinsitzer wurden drei verschiedene Triebwerke eingebaut: Der Hispano-Suiza-Motor mit 300 PS, der Wright-H-3-Motormit 320 PS und das BMW-IVa-Triebwerk mit 250/350 PS. Ein in den USA zusammengebauter „Falke" hatte unter der Bezeichnung Wright WP-1 im April 1923 an einem Navy-Wettbewerb in Mc Cook Field, Dayton/Ohio teilgenommen.[34] Einer der amerikanischen Testpiloten sprach von einem *„sehr schönen, stabilen, kräftigen Flugzeug, leicht zu handhaben und gut zu fliegen"*. Trotz solcher positiven Beurteilungen konnte sich die US-Navy nicht, wie gehofft, zu einem größeren Auftrag entschließen.

Do C, Do D, Do E

Während die beiden „Falke"-Versionen und der Militär-„Wal" für die japanischen Vertragspartner am Arno entstanden, wurde am Bodensee 1924 an den Typen Do C, Do D und Do E gearbeitet. Do C und Do D gingen aus dem „Komet III" hervor. Do C war ein Mehrzweckflugzeug, gedacht für Aufklärung und Bombenwurf, für den Transport militärischer Lasten, von Soldaten wie von Verwundeten. In den Abmessungen und im konstruktiven Aufbau waren sich Zivil- und Militärversion gleich. Abnahmeflüge und Übergabe der Werknummer 56 an die japanischen Lizenznehmer erfolgten am 3. Oktober 1924 in Friedrichshafen.

Ganzmetall-Schalenbau: Der Falke revolutioniert den Flugzeugbau

Innerhalb weniger Jahre, von 1914 bis 1922, hatte Claude Dornier die Ganzmetall-Bauweise zu erstaunlicher Reife geführt. Vor allem das Prinzip, die widerstandsarme Glattblechbeplankung in den tragenden Verband mit einzubeziehen, gehörte zu den wichtigsten Innovationen der Pionierzeit.

Bei der Konstruktion des Do H Falke, eines der ersten Ganzmetall-Jagdflugzeuge der Welt, hatte sich Claude Dornier sehr ehrgeizige Ziele gesetzt: Die Maschine sollte besonders schnell und steigfähig, aber auch außerordentlich wendig sein. Im Gegensatz zum Doppeldecker D I aus dem Ersten Weltkrieg wählte Dornier nun die Eindekker-Bauart. Die Anordnung des Flügels etwa in Augenhöhe des Piloten (Bild oben links) bot gute Sichtverhältnisse nach oben und unten.

Das Fahrwerk (oben rechts) wich wesentlich von den damals bekannten Konstruktionen ab. Es bestand aus zwei kräftigen Stielen mit tropfenförmigem Querschnitt. Sie waren mit Stahlbolzen im Rumpf befestigt und innerhalb des Rumpfes mit Gummizügen abgefedert.

Sehr fortschrittlich war die Ganzmetall-Bauweise des Falke. Für hochbelastete Teile wurde Stahl verwendet, ansonsten Duraluminium, und nur die hinteren Flügelfelder waren mit Stoff bespannt. Sowohl die Flügel als auch den Rumpf (Bild links) konstruierte Dornier in der damals revolutionären Glattblech-Schalenbauweise.

Da der Versailler Vertrag den Bau von Militärflugzeugen verbot, mußte der Dornier Falke in Rorschach, am schweizerischen Ufer des Bodensees gebaut werden. Er startete am 1. November 1922 zu seinem Erstflug.

Dieser Falke, ausgerüstet mit einem 320 PS Wright Hispano Suiza-Triebwerk, nahm 1923 an einem Wettbewerb der US-Navy teil und wurde hervorragend beurteilt (rechts).

Die DoD, eine Spezialkonstruktion für den japanischen Lizenznehmer, war vorwiegend für den Einsatz als Torpedoträger vorgesehen. Deshalb mußte für die Schwimmerabstützung anstelle der bis dahin üblichen Strebengerüste eine neue Konstruktion ausgearbeitet werden. Die DoD war ein abgestrebter Hochdecker mit halbtragender Blechhaut in Dornierscher Metallbauweise. Um Korrosion zu vermeiden, wurde legierter Stahl verwendet, die Duraluminiumteile erhielten einen Schutzanstrich. Die Metalle wurden vorwiegend als Bleche eingesetzt. U-förmig gezogene Profile dienten wesentlich zur Verstärkung und erhöhten die Knickfestigkeit. Die Bauteile untereinander waren durch beiderseits zugängliche Nieten verbunden, wodurch Ersatz und Instandsetzung erleichtert wurden. Für die Tragflügel wurden aerodynamisch günstige, mäßig dicke Profile verwendet. Die Luftkräfte wurden durch die Blechhaut aufgenommen und mittels kräftiger Kastenrippen auf zwei Holme übertragen.

Die Japan-Version der DoD hatte ein Rolls-Royce-Eagle-Triebwerk (später gebaute DoD-Flugzeuge waren mit BMW-VI-Motoren ohne Getriebe, mit einer Leistung von 500-600 PS ausgerüstet). Das Triebwerk war durch wegklappbare seitliche und obere Motorverkleidung leicht wartbar. Als Motorkühler konnten Stirn-, Bauch- und auch Ohrenkühler verwendet werden. Der Treibstoff war in zwei Tanks mit je 285 Liter Inhalt in den Flügeln unmittelbar neben dem Flügelmittelteil gelagert und wurde dem Motor direkt zugeleitet. Der Bau der für Japan bestimmten DoD konnte noch im selben Jahr abgeschlossen werden. Die offizielle Übergabe an die japanische Abnahmekommission fand nach einigen Testflügen am 29. Oktober 1924 in Manzell statt.

Neben einer Landversion wurde auch diese Schwimmerausführung des Dornier Falke nach Japan geliefert (oben).

Frontansicht eines nach Japan gelieferten Komet III; gut zu erkennen das Flügelmittelstück, das Triebwerk, die Kühlanlage und das Fahrwerk (links).

Diese Do C Komet III war vom japanischen Lizenznehmer Kawasaki als militärisches Mehrzweckflugzeug in Auftrag gegeben worden (rechts).

Die Do D sollte in Japan als Spezialflugzeug für Torpedoeinsätze geflogen werden (unten).

Das Aufklärungs-Flugboot Do E: Eine Mustermaschine für den Lizenzbau ging 1924 zu Kawasaki nach Japan, eine zweite wurde nach Chile geliefert.

In der großen Montagehalle in Manzell entstand die Do E im Rahmen des japanischen Lizenzvertrages.

Koproduktion über 20000 Kilometer

Im November 1924 war die Hauptarbeit für den Vertrag mit Kawasaki getan: Die „Libelle", die Do C, Do D und Do E hatten ihre Abnahmeflüge absolviert, Material für die Aufnahme der Produktion war auf den Seeweg gebracht. Marina di Pisa hatte den „Wal" und die beiden „Falken" nach Japan verschifft.[35)]

Mit der Do E, einem Aufklärungsflugboot in der Größenordnung zwischen „Libelle" und „Wal", bewegten sich die Konstrukteure in Manzell auf vertrautem Gebiet. Der einmotorige Hochdecker, ein Ganzmetall-Flugboot, besaß Bootsstummel. Das Tragwerk bestand aus zwei Hälften, an einem über dem Bootskörper stehenden Strebenbock lösbar angeschlossen und durch je zwei Streben zu den Stummeln abgestützt. Auf dem Strebenbock war die Triebwerksgondel aufgebaut. Die Do E flog entweder mit einem Rolls-Royce-Eagle IX (360 PS) oder mit einem luftgekühlten Gnome-Rhone Jupiter (420 PS). Das schwach gekielte Boot, das eine Querstufe mit einem dahinterliegenden festen Spornkasten hatte, war zu drei Räumen abgeschottet, im zweiten Raum befand sich der offene Führerstand mit zwei Sitzen nebeneinander, im hinteren Bootsteil der Beobachtersitz mit Waffenstand oder Lichtbildeinrichtung. Die erste Do E wurde bereits am 8. Oktober 1924 von den Japanern abgenommen, ein zweites Flugboot dieses Typs ging nach Chile.

Es blieb noch die Do N. Nachträglich war in den Vertrag eingefügt worden, daß bei diesem Typ, der Landausführung des „Wal", nicht das fertige Flugzeug, sondern nur die Konstruktionsunterlagen, dazu Einzelteile wie Flügelholme, Rippen für die Tragflügel und Leitwerk, Laufräder, Propeller, Schwanzsporn, Kühler und eine Reihe von Instrumenten zu liefern waren. Kawasaki stellte die Triebwerke und baute das Flugzeug selbst.

Der Lizenzvertrag enthielt zudem einen Passus, wonach die Dornier Metallbauten bei dieser internationalen Koproduktion Instruktoren unter Leitung von Claude Dornier zu stellen

hätten. Er nahm seine beiden Söhne Anfang 1924 mit auf die Reise nach Japan, ebenso seine Schwester Maria, die während des mehrmonatigen Aufenthalts das Haus führte. Während Claude Dornier in Japan vor japanischen Marineoffizieren und anderen an der Luftfahrt Interessierten Vorträge über den Metallflugzeugbau und seine Erfahrungen im Bau von Seeflugzeugen hielt, unterwies die kleine Gruppe von deutschen Ingenieuren und Meistern die an die Gemischtbauweise der Franzosen und Engländer gewöhnten Mechaniker bei Kawasaki im Leichtmetallbau.

Die deutschen Fachleute kamen in ein Land, das sich bald anschicken sollte, die politischen Verhältnisse Asiens nach seinen Vorstellungen und Zielsetzungen neu zu ordnen und das sein Heer nach deutschem Vorbild organisierte. Der junge Kaiser Hirohito, seit Jahren schon Prinzregent, hatte 1921 selbst Europa besucht.

Die auf dem Seeweg über Indien eingetroffenen Musterflugzeuge wurden den Behörden vorgeführt, Claude Dornier war vertragsgemäß dabei. Überzeugend wurde die Leistungsfähigkeit des „Wal" bei einem Rundflug mit zahlreichen Passagieren demonstriert. Die Vorführungen des „Falken", sowohl zu Land wie zur See, erweckten allgemeine Aufmerk-

Für die Do N, eine Landversion des Wal, lieferte Dornier die kompletten Konstruktionspläne nach Japan (oben).

Gemeinsam mit den am Bau der Do N beteiligten Kawasaki-Mitarbeitern stellt sich die von Dornier nach Japan entsandte Gruppe dem Photographen (links).

Ein von Kawasaki gebauter Merkur stand im Einsatz bei der großen Zeitung „Asahi Shimbun" (oben).

Montage der Do N in den Werkshallen von Kawasaki (rechts).

samkeit. Der Import deutscher Flugzeuge nach Japan zog auch die Einführung deutscher Werkzeuge und Werkzeugmaschinen nach sich. Dornier-Flugzeuge waren fast durchweg mit BMW-Motoren ausgrüstet, so daß die Japaner auch bald die Lizenz zum Bau dieser Motoren erwarben und sie im Serienbau produzierten. Überhaupt zeigten sich die Japaner als gelehrige Schüler. Nach deutschem und französischem Muster bauten sie eigene Flugzeugfabriken und Windkanäle, darunter einen in Kobe bei der Kawanishi-Flugzeugfabrik nach den Entwürfen der TH Aachen. Sie bildeten auch eigene Konstrukteure aus, um den Flugzeugbau vom Ausland unabhängig zu machen – nicht ohne Erfolg.

Im Jahr 1925 wurde mit dem Bau der Do N begonnen, die von den Japanern als „schwerer Bomber" geführt wurde. Bei dem wie üblich in Ganzmetallbauweise ausgeführten Hochdecker fanden drei Motortypen Verwendung: Rolls-Royce-Condor mit je 650 PS, BMW VI mit je 500 PS und Napier Lion mit je 475 PS. Die in Tandem-Anordnung eingesetzten Motoren waren in einer gut zugänglichen Motorgondel gelagert, da die Verkleidungen mit wenigen Handgriffen wegklappbar waren.

Das Tragwerk bestand aus zwei Hälften, die am Flügelmittelteil abnehmbar angeschlossen waren, jede Flügelhälfte ihrerseits aus einem abnehmbaren Nasenteil, einem Mittelteil und dem Tragwerkende. Das Tragwerk war am Motorgondelblock angelenkt und durch je zwei seitliche Streben gegen den Rumpf abgestrebt. Für die Konstruktion des Leitwerks wurde das bewährte Dornier-System benutzt: Zur Reduzierung der Höhenruderkräfte dienten zwei kleine, über der Höhenflosse gelagerte und mit dem Höhenruder verbundene Ausgleichsflächen. Die Metallkonstruktion des Leitwerks war mit Stoff bespannt. Die Betätigung der Steuerruder erfolgte über Seilzüge. Das unkomplizierte Fahrwerk war mit einer im Rumpfinneren liegenden Abfederung ausgerüstet. Als Federung dienten Gummiseile, die zu einem Paket vereinigt waren und für beide Fahrwerkseiten getrennt wirkten.

Am 19. Februar 1926 startete die Do N, diese Koproduktion von Deutschen und Japanern über eine Entfernung von 20.000 km, zum Erstflug. Wenig später ging ein englisch abgefaßtes Telegramm nach Friedrichshafen: *„Versuchsflüge, während dreier aufeinanderfolgender Tage abgeschlossen,*

zur vollsten Zufriedenheit der Abnehmer. Flugleistungen und technische Eigenschaften der Maschine erwiesen sich als ausgezeichnet und übertrafen sogar unsere Erwartungen. Nicht eine einzige Änderung oder Reparatur war während der Versuche notwendig. Die Abnehmer und wir selbst alle beglückwünschen Sie zu dem unvergleichlichen Erfolg Ihres Originalentwurfes."

Technologie-Transfer in der Pionierzeit: Dornier kooperiert mit der japanischen Flugzeug-Industrie

Im Rahmen des Lizenzvertrages mit der japanischen Firma Kawasaki Dockyards lieferte Dornier Mitte der zwanziger Jahre Konstruktionszeichnungen und Musterflugzeuge. Sie dienten als Ausgangsbasis für den Aufbau der japanischen Flugzeugindustrie. Im Bild ganz oben die Rumpfspanten der Do N auf der Helling, darunter die Tragflügel mit abgenommener Flügelnase. In nur drei Tagen absolvierte die Mustermaschine der Do N in Japan ihre Abnahmeflüge.

Die von Claude Dornier entwickelte Glattblech-Ganzmetallbauweise gehörte zu seinen großen Pionierleistungen, die in aller Welt höchste Beachtung fanden. Mit Ausnahme von Junkers bauten damals fast alle anderen Hersteller ihre Flugzeuge noch in Holz oder Gemischtbauweise.

Anders als beim „Falken" und auch bei der Do D, die zwar bei einem von der japanischen Marine ausgeschriebenen Wettbewerb als einziges unter allen gemeldeten Flugzeugen die gestellten schweren Bedingungen erfüllen konnte, aber dennoch nicht zur Serienproduktion kam, baute die japanische Luftwaffe nach eigenen Angaben 28 Flugzeuge vom Typ Do N.

Wenn sich auch das Projekt, die Do N in einer zivilen Version auf den Markt zu bringen, zerschlug, so blieb für Dornier doch die Genugtuung, daß die junge Zivilluftfahrt in Japan, die in dieser Zeit ihre ersten zögernden Schritte unternahm, dabei auch mit Dornier-Fluggerät arbeitete. So flog die Tozai Teiki Kokukwai (TTK), eine der ersten drei Gesellschaften, auf ihren Strecken sowohl mit dem „Merkur" als auch mit dem „Wal".

Richard Vogt, der zu den Dornier-Ingenieuren in Japan gehörte und noch jahrelang dort blieb, um für Kawasaki Flugzeuge zu konstruieren, berichtet in seinen Erinnerungen, daß er Claude Dornier in Friedrichshafen auf Verlangen der Firma Kawasaki Pläne für ein Aufklärungsflugzeug zur Begutachtung vorgelegt habe. Claude Dornier reagiert mit persönlichen „Ratschlägen":

„Als erstes möchte ich Ihnen empfehlen, nie mehr zu riskieren als notwendig ist, um einen kleinen Schritt vorwärts zu machen. Wenn Sie es nämlich übertreiben und das Glück dann nicht auf Ihrer Seite ist, könnte Ihre ganze Karriere plötzlich zu Ende sein. In diesem Lichte betrachtet finde ich Ihre Konstruktion des Aufklärungsflugzeuges viel zu riskant und empfehle Ihnen deshalb, erhebliche Änderungen vorzunehmen. Zweitens, wenn Sie ein hervorragender Konstrukteur werden wollen, ist es wichtig, daß Sie eine Konstruktion erfinden oder entwickeln, die eine ausgesprochen persönliche Note aufweist und leicht als die Ihrige erkannt werden kann. Diese sollte sich hinreichend von den Bauweisen anderer, schon berühmter Konstrukteure unterscheiden. Wenn Sie in diesem Bemühen erfolgreich sind, dann müssen Sie diese Ihre eigene Konstruktions-Methode solange wie möglich beibehalten, selbst dann noch, wenn ein Abweichen davon von Vorteil sein könnte."[36)]

Verkehrsfliegerei 1926 – 1927: der „Merkur"

Das Jahr 1926 begann für die Dornier Metallbauten mit zwei folgenreichen Ereignissen. Ramon Franco, dem begeisterten „Wal"-Piloten, gelang nach reiflicher Planung die Überquerung des Südatlantik. In Deutschland vereinigte sich der Deutsche Aero Lloyd unter dem Druck der Reichsregierung mit dem hart konkurrierenden Junkers Luftverkehr zur „Deutsche Luft Hansa Aktiengesellschaft."[37)]

Dornier-Schwerpunkte bei der „Luft Hansa"

Ramon Francos erfolgreicher Südatlantikflug mußte stimulierend auf den Flugbootbau wirken. Zu einer Zeit, da die Frage Schwimmerflugzeug oder Flugboot noch längst nicht entschieden schien, hatte Dorniers konsequente Flugbootentwicklung, hatte Francos überlegter Einsatz des Wal allen Plänen eines Transatlantikluftverkehrs neue, kräftige Impulse gegeben.

Der couragierte spanische Major hatte für die Bezwingung des Atlantik die Genehmigung seiner vorgesetzten Stellen eingeholt. Am 5. Oktober 1925 hatte die Abnahme des Militär-„Wal" M-MWAL W 12 stattgefunden, den Franco später „Plus Ultra" taufte. Das Flugboot, mit 450-PS-Napier-Lion-Motoren ausgerüstet, hatte einige konstruktive Änderungen erfahren; so war die Anzahl der Flügelrippen vergrößert und die Motorgondel zum erstenmal in drei abbaubare Elemente unterteilt worden. Das Gesamtgewicht des – überladenen – „Wal" betrug beim Start zum Atlantikflug 6.420 kg.

In Palos de Moguer war Franco am 22. Januar 1926 gestartet, in dem Hafen an der Rio Tinto-Mündung, von dem Kolumbus 1492 zu seiner großen Entdeckungsreise aufgebrochen war. Über die Kanarischen und die Kapverdischen Inseln gelang

Der spanische Pilot Ramon Franco mit seinem Wal nach der Ankunft in Rio de Janeiro.

Sección en Rotograbado

LA PRENSA

Buenos Aires, Febrero 14 de 1926

TERMINO DEL VIAJE AÉREO PALOS DE MOGUER-BUENOS AIRES REALIZADO POR EL "PLUS ULTRA"

EL AVIÓN "PLUS ULTRA" EN EL MOMENTO DE DESCENDER EN EL PUERTO DE BUENOS AIRES

FOT. LA PRENSA

ihm am 30. Januar der Sprung nach Brasilien auf die vorgelagerte Insel Fernando Noronha, die in Zukunft zu einem wichtigen Stützpunkt werden sollte. Über Pernambuco, Rio de Janeiro, Montevideo setzte er den Flug bis nach Buenos Aires fort, wo er am 10. Februar wasserte. Dieser historische Ost-West-Flug über den Südatlantik, diese erste Verbindung zwischen Spanien und Spanisch-Südamerika, gehört zu den großen Pionierleistungen der Luftfahrt. Franco hatte mit seinem Copiloten und seinem Mechaniker die Gesamtflugstrecke von 10.270 km in einer reinen Flugzeit von 59 Stunden und 39 Minuten bei einer Durchschnittsgeschwindigkeit von 172 km zurückgelegt. Berühmt geworden ist sein Telegramm an die Direktion in Marina di Pisa: *„WAL PLUSULTRA ES EL MEJOR HIDRAVION DEL MUNDO"* – der Wal „Plus Ultra" ist das beste Flugboot der Welt.[38)]

Während Franco mit seiner Besatzung am Ende seines epochemachenden Fluges in Argentinien begeistert gefeiert wurde, ging die neuerstandene Lufthansa in den Wochen nach der Gründung am 6. Januar 1926 an die Neuorganisation des Flugbetriebs und der technischen Dienste der beiden vereinigten Gesellschaften. Die Flotte mit ihren 162 Flugzeugen (darunter noch Veteranen von AEG, LVG und Rumpler) wirkte bunt zusammengewürfelt. Immerhin zeigten sich, neben den Junkers F 13 und G 24, neben den Fokker Grulich F II und F III, Dornier-Schwerpunkte im Flugzeugpark: Dreizehn „Komet II" und „Komet III" waren vom Deutschen Aero Lloyd übernommen, dazu vier Dornier-„Wale" aus dem Ostseedienst. Ein „Komet III" der Lufthansa war es auch, der am 6. April, dem Tag der offiziellen Eröffnung des Flugbetriebs, zu einem der ersten planmäßigen Flüge von Berlin-Tempelhof nach Zürich-Dübendorf startete. Im Ausweis für den Flugzeugführer stand damals noch die Bitte, dem Piloten *„bei Notlandungen oder Unfällen weitgehendste Unterstützung zuteil werden zu lassen"*.

Die Ostseestrecke wurde nun von Stettin über Kalmar nach Stockholm geführt, die Flugzeit mit dem „Wal" betrug fünf Stunden. Außerdem gab es in der Sommersaison einen direk-

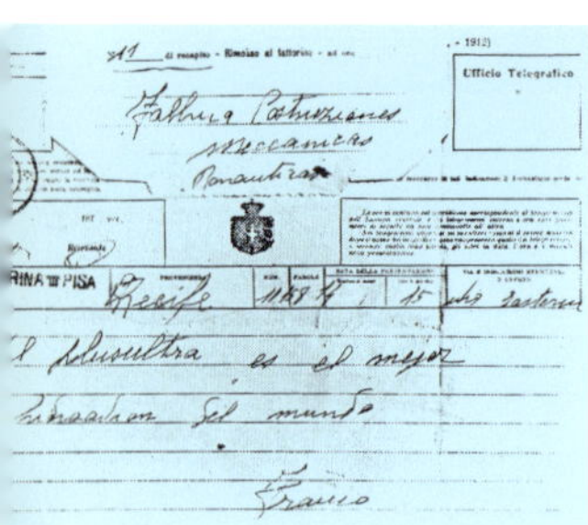

Claude Dornier mit Ramon Franco, Frau Franco und Maurice Dornier (ganz oben). Die Presse berichtete über Francos Atlantikflug (Mitte), und der Pilot kabelte: „Der Wal Plusultra ist das beste Flugboot der Welt" (oben).

Merkur I im Dienst bei Lufthansa und Deruluft (S. 94 unten) und zu Besuch in Salzburg (links oben).

Bei der Gründung der Lufthansa im Jahr 1926 gehörte der Merkur I zu den wichtigsten Flugzeugtypen der neuen Gesellschaft, hier beim Start in Berlin (oben).

Mit dem Wal flog die Lufthansa die beliebten Inseldienste nach Helgoland (ganz links und unten).

Ein Merkur I nach dem Demonstrationsflug von Berlin über Königsberg, Moskau, Charkow und Tiflis nach Baku. Dabei wurde erstmals der Kaukasus zwischen Elbrus und Kasbek in 5.400 Metern Höhe überquert. Im Bild links v.l.n.r.: Dornier-Pilot Egon Fath, zwei Passagiere, Dornier-Pilot Georg Zinsmaier, Maurice Dornier, Passagier, Direktor Milatz vom Dornier Büro in Berlin, ein weiterer Passagier.

Mit seinem BMW-VI-Motor war der Dornier Merkur I eines der zuverlässigsten und leistungsfähigsten Flugzeuge der jungen Lufthansa (ganz oben).

Marcel Dorniers Entwurf für eine Dornier-Anzeige mit dem stilisierten Merkur (oben).

ten Fluganschluß an die Zugverbindung Berlin – Bremerhaven nach Helgoland – eine beliebte Verbindung, die die Lufthansa mit dem „Wal" beflog. Die Flugboote mußten an einer Boje ankern, die Fluggäste wurden von der Schifferzunft gegen Bezahlung an Land gebracht.

Die Werft Staaken, bis dahin vom Aero Lloyd benutzt, und nun Wartungs- und Überholungszentrum der Lufthansa, ging übrigens auf die noch im letzten Kriegsjahr durch den Zusammenschluß der Flugzeugwerft GmbH Staaken und der Luftschiffbau Zeppelin Staaken GmbH entstandenen Zeppelin Werke GmbH, Berlin-Staaken, zurück. Die Wasserflugzeuge, die in der Ost- und Nordsee eingesetzt wurden, mithin auch die Dornier-„Wale", hatten dagegen in der Werft in Kiel-Holtenau ihre Wartungs- und Überholungsstation.

Das Pariser Luftfahrtabkommen

Die beiden Ereignisse, die Gründung der Lufthansa und Francos Flug, räumlich durch die halbe Welt getrennt, hatten dennoch Bezug zueinander und fügten sich zu einem Konzept. Einerseits war der Beweis erbracht, daß auch große Wasserstrecken wie der Südatlantik mit dem Flugboot überquert werden konnten. Zum anderen vermochte die erstarkte Lufthansa, hinter sich nun das Deutsche Reich sowie die großen Kommunen und verflochten mit allen Kreisen von Industrie, Handel und Verkehr, mit um so stärkerer Kraft auch an vermeintliche Fernziele zu gehen, wie sie die beiden Vorläufergesellschaften nicht ohne Ehrgeiz schon ins Auge gefaßt hatten. Die Lufthansa hatte vom Aero Lloyd dessen Anteile am Condor Syndikat, dem Versuchskonsortium übernommen.

Ihre Aufgabe sah die Lufthansa darin, *„1. Deutschland mit den wichtigsten europäischen Wirtschaftszentren zu verbinden, und zwar auf der Basis internationaler Zusammenarbeit mit den ausländischen Luftverkehrsgesellschaften, 2. den bedeutenden Städten Deutschlands Anschluß an das europäische Luftverkehrsnetz zu schaffen, 3. Deutschland mit denjenigen außereuropäischen Ländern zu verbinden, zu denen es besondere Handelsbeziehungen unterhält. Es sind dies in der Hauptsache Nord-, Südamerika und der Ferne Osten."*[39] Bei der Lufthansa-Gründung hieß es deshalb, *„die Verlegung des Schwerpunktes auf die inter- und transkontinentalen Strecken"* sei vorauszusehen. Nord- und Südamerika, die Wasserstrecken, das waren weitgesteckte Ziele – Aufgaben für Claude Dornier und sein Unternehmen.

Überhaupt stand das Jahr 1926, das Jahr der Lufthansa-Gründung, für die Flugzeugindustrie unter einem günstigen Stern. Der parteilose Reichskanzler Hans Luther hatte im Oktober 1925 zusammen mit seinem Außenminister Gustav

Stresemann den Grundstein für die politische Verständigung zwischen Frankreich und Deutschland gelegt; der versöhnliche „Geist von Locarno" war ein Fortschritt auf dem schwierigen Weg zu einer europäischen Friedenssicherung. Als Folge dieser politischen Klimaverbesserung wurde das Deutsche Reich 1926 in den Völkerbund aufgenommen.

Die Entspannung zahlte sich aus. So wurden die einengenden „Begriffsbestimmungen", die sich für die deutsche Luftfahrtindustrie in ihrem Konkurrenzkampf auf den internationalen Märkten als ebenso hemmend wie schädigend ausgewirkt hatten, durch das am 5. Mai paraphierte Pariser Luftfahrtabkommen zumindest für den Bau von Verkehrsflugzeugen aufgehoben. Das Reich schloß mit anderen Ländern bilaterale Abkommen, die Lufthansa konnte ihr internationales Streckennetz ausbauen. Solche positiven Akzente mußten den Flugzeugmarkt beleben.

Konrad Adenauer, damals Oberbürgermeister von Köln, ließ sich eine Sitzprobe im Cockpit des Dornier Komet III nicht nehmen (oben), als mit dieser Maschine die Liniendienste von Berlin nach Köln aufgenommen wurden (links).

Die Dornier Metallbauten GmbH erhöhte im Geschäftsjahr 1926 ihr Gesellschaftskapital um 500.000 auf eine Million Reichsmark: 516.000 Reichsmark lagen bei der Luftschiffbau Zeppelin und der Zeppelin-Stiftung, 484.000 Reichsmark bei der Aero-Union. Die Auslastung der Fabrikationsanlagen besserte sich, die Umsätze im Jahr 1927 stiegen gegenüber 1926 kräftig. Dennoch kam, so der Geschäftsbericht, *„die Ausschüttung einer Dividende nicht infrage, da das Ergebnis durch notwendige Rückstellungen beeinflußt wurde, und der erzielte Gewinn zur teilweisen Verminderung der Verluste aus den Vorjahren verwendet werden mußte".*

Mit BMW VI-Motor

Claude Dornier hatte die Weiterentwicklung des „Komet III" frühzeitig ins Auge gefaßt. Sie war in dem Augenblick fällig, als ein leistungsstärkerer Motor auf den Markt kam. 1924 hatte bei den Bayerischen Motoren Werken die Konstruktion des flüssigkeitsgekühlten BMW-VI-Motors begonnen, der, zuverlässig und unempfindlich, in den nächsten Jahren zu einem der erfolgreichsten BMW-Flugmotoren wurde. Im Februar 1926 bestand dieser Motor – 600 PS Startleistung – die Musterprüfung.

Die Umrüstung vom Do B Ral (R steht für Rolls Royce), vom „Komet III" also, zum Do B Bal (B steht für BMW), zum „Merkur I", erbrachte eine Erhöhung des Fluggewichts von 3.220 auf schließlich 3.900 kg, und erhebliche Steigerungen der Flugleistungen; so erhöhte sich die Steigfähigkeit, der Merkur konnte größere Höhen erreichen. Der Fortschritt war groß. Willy Polte, Flugzeugführer: *„Zusammenfassend kann man sagen, daß die Leistung des Merkur mit dem BMW VI soviel besser ist, daß sie in keinem Verhältnis mehr zur gleichen Maschine mit dem Rolls Royce steht."*

Seit 1926 wurden „Komet III" auf „Merkur I" umgerüstet, die Zellen wurden verstärkt, Bauch- statt Bugkühler eingebaut. Es gab Anfangsschwierigkeiten mit dem BMW VI ohne Untersetzung – Notlandungen und Unfälle wegen Kühlwasserverlustes oder Kipphebelbruchs, freilich ohne ernsthaft verletzte Passagiere oder Besatzungsmitglieder. Erneut und gerade in diesen kritischen Situationen erwies sich die Robustheit dieses Flugzeugs. Die für Rumpf und Flügel verwandte Bauweise war äußerst widerstandsfähig – für den Merkur-Flügel ein Gerippe aus zwei Holmen und Kastenrippen, welches die eingesteiften, getrennt herstellbaren Hautfelder aufnahm. Auch die Verbindung war sehr leicht auszuführen, da für das Anbringen der Hautbleche im Innern des Flügels keine Nieten zu schlagen waren. Das Zusammensetzen war denkbar einfach und rasch zu bewerkstelligen; die Herstellungskosten waren niedrig. Diese Art Schalenkonstruktion konnte die geforderten Längskräfte und in besonders hervorragender Weise auch die quergerichteten Schubkräfte übernehmen. Der „Merkur"-Flügel zeigte eine enorme Verdrehsteifigkeit.

Die Lufthansa flog mit dem „Merkur" auf einer Reihe von innerdeutschen Strecken und bediente auch ausländische Ziele wie Wien, Prag, Budapest, Amsterdam sowie das Teilstück Genf-Marseille-Barcelona auf der damals längsten Strecke in Europa, der Ost-West-Strecke 12, Berlin – Madrid. Die acht Passagiere saßen in einer geräumigen Kabine hinter dem offenen Cockpit. Die zweiköpfige Besatzung hatte durch eine Verbindungstür Zugang zur Kabine. Im Rumpfende war die Toilette mit Waschgelegenheit, dazu ein besonderer Gepäckraum, der es, wie die Werbung verhieß, erlaubte, *„daß das Reisegepäck wie im Bahnverkehr im Fluge mitgeführt"* werden konnte. 1929 bekam der „Merkur" bei der Lufthansa Radbremsen. Zu dieser Zeit erreichte die „Merkur"-Flotte mit dem Kranich am Leitwerk mit 26 Flugzeugen ihre größte Stärke. Im Dauerbetrieb erwies sich der „Merkur" als das wirtschaftlichste Verkehrsflugzeug dieser Zeit. Nach internen Aufzeichnungen erzielte er unter allen Flugzeugmustern die größte Regelmäßigkeit im Flugzeug-Einsatz und verursachte dabei vergleichsweise die geringsten Kosten für Betrieb, Wartung und Instandhaltung. Die einfache Verbindung der Bauteile untereinander durch beiderseits zugängliche Nieten trug dazu wesentlich bei. Zudem waren sämtliche Bauteile bei der Wartung leicht zugänglich. Bis Ende 1932 hatten „Merkur"-Flugzeuge bei der Lufthansa und ihrer Vorläuferin über zehn Millionen Flugkilometer im regelmäßigen Verkehr zurückgelegt. Die letzten Flugzeuge dieses Typs wurden erst 1934 aus dem Verkehr gezogen.

Aufsehen erregte 1926 der Demonstrationsflug eines „Merkur" auf der 7.000 km langen Strecke Friedrichshafen – Berlin – Königsberg – Moskau – Charkow – Tiflis – Baku und zurück nach Charkow. Bei dem Flug wurde der Kaukasus zwischen Elbrus und Kasbek in 5.400 m Höhe zum erstenmal von einem Flugzeug überquert, und das mit sechs Fluggästen und vollem Gepäck, einer Zuladung von 1.600 kg. Im Dienste russischer Fluggesellschaften bewährten sich die Dornier-Flugzeuge, „Komet III" wie „Merkur", auch bei der Luftbildvermessung weiter Teile des Landes.

1926 wurde der Konzessionsvertrag der Deruluft von der sowjetischen Regierung verlängert. Die Gesellschaft hatte sich mit ihrem fast perfekten Betrieb international einen Namen gemacht. Sie kaufte neue „Merkur"-Flugzeuge und eröffnete am 15. Juli 1927 den regelmäßigen Flugdienst zwischen Berlin und Moskau über Königsberg, eine Strecke, die in nur 15 Stunden zurückgelegt wurde. Dabei wurde auch nachts geflogen. In den „Betriebsmitteilungen" der Lufthansa hieß es 1927: *„Die neuen Deruluft-Flugzeuge entsprechen allen Anforderungen der Technik. Sie sind mit den modernsten Navigationsinstrumenten und der erforderlichen Beleuchtungsapparatur für den Nachtflug sowie mit F.-T. ausgestattet und besitzen eine bequeme Passagierkabine, in der Liegeplätze vorgesehen sind."*

Bei dem weiter verbesserten „Merkur II" wurde schließlich das Abfluggewicht von 3.900 kg auf 4.100 kg erhöht, was abermals einige Verstärkungen an der Zelle erforderte. So wurden die Tragwerk-Abstützstreben durch Zwischenstreben gegen Ausknicken gesichert und der Tragflügel im Mittelteil gegen den Rumpf mit zwei Streben nach vorne abgefangen. Der BMW-VI-Motor ohne Untersetzung wurde bei dieser Version gegen den BMW VI mit Untersetzung ausgetauscht. Rein optisch war die untersetzte, vierflügelige Luftschraube ein Kennzeichen dieses Typs.

Ein Merkur II im Dienst der deutsch-russischen Fluggesellschaft Deruluft (links).

Die großen, wegklappbaren Verkleidungen des Merkur I erlaubten einfache Wartungsarbeiten (ganz links).

Sieben Weltrekorde wurden 1926 mit dem Merkur I geflogen: im Bild links die beiden Piloten Walter Mittelholzer (rechts) und Georg Zinsmaier.

Die Weltrekorde des Dornier „Merkur"

Flugzeug:	Do Merkur
Motor:	1 BMW VI, 450/600 PS
Datum:	24. und 29.Juni 1926 (Dübendorf)
Piloten:	Mittelholzer - Zinsmaier

Mit 500 kg Nutzlast	
1. Dauer	14 h 43'
2. Entfernung	2300 km
3. Geschwindigkeit auf 2000 km	163,132 km/h

Mit 1000 kg Nutzlast	
4. Dauer	10 h 5' 0'' 4/5
5. Entfernung	1400 km
6. Geschwindigkeit auf 500 km	161,986 km/h
7. Geschwindigkeit auf 1000 km	161,986 km/h

Einmotorig – oder mehrmotorig

Noch setzte Dornier, anders als Junkers, beim Bau von Luftverkehrsflugzeugen auf das wirtschaftliche einmotorige Flugzeug. Die Do GI, der „Greif", ein zweimotoriger Eindecker für acht bis zehn Passagiere, war ja 1920 bei Dornier nicht über das Projektstadium hinausgediehen. Neuartig an diesem interessanten Ganzmetallflugzeug war die Anordnung der beiden Motoren unter dem Flügel an seitlichen Auslegern.

Als freilich auch Albatros, das traditionsreiche Unternehmen in Berlin-Johannisthal, 1926 mit einem zweimotorigen Flugzeug, der L 73, auf den Markt kam, mußte sich DMB zumindest intern mit dem Konkurrenzvergleich befassen – ungeachtet der lauter werdenden öffentlichen Diskussionen um Sicherheitsfragen überhaupt. Eine Studie aus der Zeit, im Original mehr als fünf Seiten lang, gewährt Einblick in die Probleme der Piloten und die Praxis des Flugbetriebs jener Tage – auch in die Argumentationen eines Flugzeugherstellers in den zwanziger Jahren.

Der Vergleich der Leistungen zeige, hieß es in dem internen Papier, daß der „Merkur" der Albatros L 73 an Flugleistungen „enorm" überlegen sei. Die von der Firma Albatros selbst genannten Zahlen ergäben für die L 73 eine derart geringe Leistungsreserve und so ungenügende Steigzeiten, daß ein Flug mit der angegebenen Nutzlast von 800 kg praktisch überhaupt nicht in Betracht käme. Im Flugbetrieb würde daher die Zuladung erheblich verringert. Zwar würden anstelle der BMW-IV-Motoren auch Junkers-L 5-Motoren mit höherer Nennleistung eingebaut. Die Spitzenleistungen beider Motoren seien tatsächlich aber fast gleich, so daß eine wesentliche Verbesserung der Flugleistungen und namentlich der Startleistung nicht erzielt würde.

Für DMB reduzierte sich der Vergleich auf die Verwendung im Nachtflugdienst: Die Lufthansa propagierte die L 73 als „fliegenden Schlafwagen". Aber auch der „Merkur" könne auf Wunsch mit vier bequemen Schlafplätzen eingerichtet werden. Ebensowenig zähle das Argument, daß das zweimotorige Flugzeug größere Betriebssicherheit aufweise. Von einer Erhöhung der Betriebssicherheit könne man nur dann sprechen, wenn das Flugzeug bei Ausfall eines Motors voll flug- und manövrierfähig bleibe. Bei der L 73 sei die Leistungsreserve so gering, daß ein Weiterfliegen mit einem Motor ohne Höhenverlust nicht einmal mit leerem Flugzeug möglich sei. Was die Manövrierfähigkeit mit einem Motor beträfe, so sei es zwar durch die Trimmung möglich, ohne Druck auf dem Steuerknüppel geradeaus zu fliegen; eine gleichmäßige Wendigkeit nach beiden Seiten ließe sich jedoch bei seitlicher Anordnung der Motoren nie erzielen. Die zwei Motoren der L 73 würden lediglich die Zeit vom Eintritt der „Motorpanne" bis zum Aufsetzen auf den Boden etwas verlängern – bedeutungslos für die Praxis, so DMB. Und weiter hieß es in dem internen Papier:

„Bei Ausführung einer nächtlichen Notlandung bietet der Dornier-Merkur weit größere Sicherheit als die L 73. Infolge seiner außerordentlichen Wendigkeit und seiner Schwebefähigkeit ist es dem Führer weit eher möglich, im letzten Augenblick sichtbar werdenden Hindernissen auszuweichen als bei der nach Abstellen beider Motoren schlecht gleitenden und schnell Fahrt verlierenden Albatrosmaschine. (Das Seitenverhältnis des Flügels bei Merkur ist 6,2, bei Alb. L 73 umgerechnet auf den aerodynamisch gleichwertigen

Der Merkur II bewies, daß auch mit einmotorigen Flugzeugen ein hoher Grad an Sicherheit im regelmäßigen Luftverkehr zu erreichen war.

Nur ein Projekt: der zweimotorige Greif

Ein interessantes Konzept untersuchte Claude Dornier schon 1920 bei der zweimotorigen Do G1 Greif: Die beiden Triebwerke sollten seitlich neben dem Rumpf installiert werden. Ähnlich wurde dann 1966 die Do 28D gebaut.

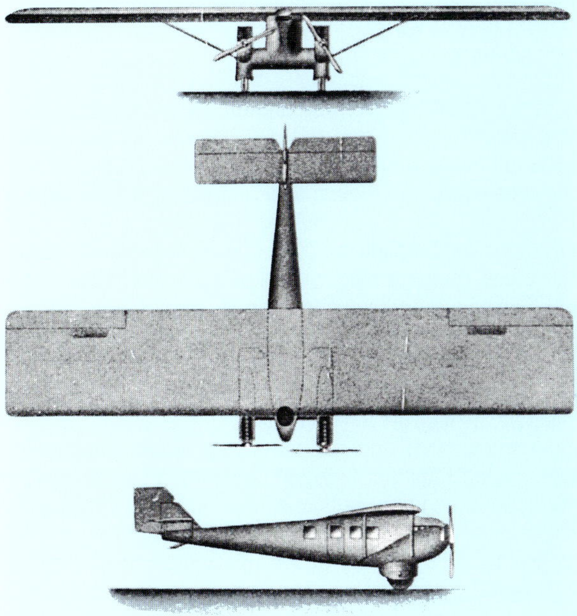

Eindecker 4,8.) Die Landegeschwindigkeit des Merkur ist eher eine Kleinigkeit geringer als bei der L 73. Eine ganz besondere Sicherheit bietet aber das anerkannt vorzügliche Fahrgestell des Merkur, das bis jetzt allen vorgekommenen Notlandungen unversehrt standgehalten hat. Das Alb. Fahrgestell, dessen höher belastete Räder sich tiefer in weichen Boden eindrücken, dürfte kaum eine gleiche Widerstandsfähigkeit aufweisen. Führt aber eine Nachtlandung zum Bruch, so sind die Insassen in dem kräftigen Ganzmetallrumpf des Merkur entschieden besser geschützt als in der Alb. L 73."

Bedenken, so DMB schließlich in eigener Sache, die wegen der möglichen Beeinträchtigung der Sicht durch den Schein des Auspuffs des vor dem Führer liegenden Motors auftauchten, seien belanglos. Derselbe Nachteil müßte ja auch bei allen bisher im Nachtflugbetrieb der Lufthansa verwendeten Landflugzeugen auftreten. Es sei aber bisher nie berichtet worden, daß sich dieser Umstand im Betriebe störend bemerkbar gemacht hätte. Tatsächlich sei die Auspuffflamme und der Lichtschein des Auspufftopfs bei stark gedrosseltem Lauf des Motors auch bei Nacht kaum sichtbar. Da beim Nachtverkehrsflug die Orientierung nach beleuchteten Ortschaften und Eisenbahnlinien, Leuchtfeuern und Signalen erfolge, sei sie wesentlich leichter als bei Kriegsflügen über völlig abgeblendetem Gebiet. Fazit bei DMB: *„Es läßt sich kein sachlicher Grund anführen, der für die Verwendung der Albatros L 73 anstelle des in Leistungen und Betriebssicherheit vielfach überlegenen Merkur spricht."*

Erst als größere Flugzeuge mit leistungsfähigen Triebwerken gefordert wurden, setzte sich die zwei-, drei- oder viermotorige Bauweise endgültig durch.

Vergleich der Typen Dornier-Merkur und Albatros L 73

Flugleistungen	Nach Angabe der Fa. Albatros (N.P.L. No. 30/1426)			
	Dornier-Merkur 1 x BMW-VI-Motor		Albatros L 73 2 x BMW-IV-Motor	
Leergewicht		2200 kg		2914 kg
Betriebslast 2 Führer	160		160	
Betriebsstoff f. 800 km	440		570	
Kühlwasser	60		56	
Ausrüstung	80	740 kg	110	896 kg
Nutzlast		640 kg		800 kg
Fluggewicht		3600 kg		4010 kg
Leistungsbelastung		7,8/6 kg/PS		10/7,7 kg/PS
Flächenleistung		7,5/9,7		5/6,5
Höchstgeschwindigkeit		180/195 km/st.		145 km/st.
Landegeschwindigkeit		92 km/st.		95 km/st.
Gipfelhöhe		5300 m		3000 m
Steigzeit auf 1 km		6 min.		14 min.
Steigzeit auf 2 km		13 min.		32 min.

Walter Mittelholzer wählte den Merkur I für seine berühmte Afrika-Expedition, hier das Flugzeug „Switzerland" am Kran vor der Halle in Manzell.

Mit dem „Merkur" durch Afrika

Seit Juni 1926 wurde in Manzell die Schwimmerversion des „Merkur I" montiert, wie die Landausführung mit dem BMW-VI-Motor ausgerüstet. Zu dieser Zeit hatte der „Merkur I" mit sieben Weltrekorden schon nachdrücklich auf seine Leistungsfähigkeit aufmerksam gemacht. Walter Mittelholzer und Georg Zinsmaier saßen am Steuer der Rekordmaschine, die vom Flugplatz Dübendorf starten mußte, weil Deutschland noch nicht wieder der Fédération Aéronautique Internationale angehörte. Mittelholzer: *„Nach dem zehnstündigen Dauerflug waren wir nicht besonders überanstrengt, weil die Maschine trotz dem böigen Brisenwetter außerordentlich stabil in der Luft lag."*

Walter Mittelholzer gehörte zu den ersten Luftfahrtpionieren in der Schweiz. Durch seine fliegerischen und fotografischen Unternehmen, durch Bücher und Vorträge hatte er der von ihm geleiteten Fluggesellschaft Ad Astra Aero eine erhebliche Publicity zu sichern gewußt, bevor sie sich (1931) mit der Balair zur Swissair vereinte. Mittelholzer, ein ebenso leidenschaftlicher Flieger wie Fotograf, hatte für seine vornehmlich geographischen Zwecke dienende Afrika-Expedition ursprünglich den Dornier-„Wal" vorgesehen, ein Plan, der an den Kosten scheiterte.

So hatte sich Mittelholzer für den „Merkur" auf Schwimmern entschieden. Er wollte mit dem Flug den Beweis erbringen, daß Luftverkehr in Afrika möglich sei, und zwar ohne die Flugplätze und ohne die Bodenorganisation, auf die sich die Kolonialmächte verlassen konnten. Zwar konnte das Flugzeug nach dem Austausch des leichten Fahrgestells gegen Ganzmetall-Schwimmer nicht mehr Rekordleistungen erbringen. Dennoch bot die Hochdecker-Bauart, wichtig, gute Sichtmöglichkeiten für das Fotografieren und Filmen. Im geräumigen Rumpf waren hinter dem zweisitzigen Cockpit der Aufenthalts- und Schlafraum für die vierköpfige Besatzung und eine kleine Dunkelkammer untergebracht. Unter dem Rumpfbug mit Triebwerk befand sich als Gewichtsausgleich ein Gepäckraum zur Unterbringung von Werkzeug und Ersatzteilen. Neben dem Bauchkühler konnte während der Expedition bei extrem hohen Temperaturen ein vorsorglich konstruierter Zusatzkühler montiert werden. Als Schutz gegen die Sonne wurde das ganze Flugzeug mit weißem Emaillack überzogen. Die Benzintanks faßten 1.200 Liter. Die Nutzlast setzte sich, neben den Expeditionsteilnehmern und dem (auf 23 Etappenorte verteilten) Treibstoff, aus Ersatzteilen, einem Schlauchboot, Waffen, Munition und der Lichtbildausrüstung, darunter zwei Kinokameras, zusammen. Die Berechnungen der Konstruktionsingenieure ergaben, daß bei einer Besatzung von vier Mann und dem nötigen Expeditionsmaterial Etappen von 1.000 km ohne Zwischenlandung ohne weiteres zu bewältigen seien.

Nach gründlicher Erprobung der auf den Namen „Switzerland" getauften CH-171 auf dem Zürichsee starteten Mittelholzer und seine Begleiter am 17. Dezember 1926 in Zürich. Eine erste harte Probe bestand das Flugzeug nach der Alpenüberquerung, als es bei denkbar ungünstigem Wetter auf dem Wege nach Athen und von dort nach Kairo das offene Mittelmeer überflog. Die weiteren Flüge durch die unzugänglichen innerafrikanischen Gebiete stellten bei den enormen Strapazen des Klimas, bei tropischer Feuchtigkeit und afrikanischem Flugsand eine Leistung dar, die dem Unternehmen weltweites Interesse sicherte. Der „Merkur" legte die (einschließlich der Expeditionsrundflüge) etwa 20.000 km lange Strecke von Zürich über Kairo, Karthoum, Tanganjika, Durban nach Kapstadt in 97 ½ Flugstunden zurück. Die erfolgreiche Expedition, bei der Mittelholzer noch wenig bekannte zentralafrikanische Vulkangebiete überflog, dauerte insgesamt 76 Tage. Der Pilot selbst nannte diesen seinen Afrikaflug das großartigste und packendste Erlebnis seiner ganzen Fliegertätigkeit.[40)]

Im Jahr 1927 machte Mittelholzer wieder von sich – und dem „Merkur" – reden. So flog er im Mai 1927 mit Merkur in 25 Stunden von Zürich nach Sevilla und zurück, eine Strecke von 4.000 km, und am 8. Juli 1927 überflog er mit zehn Passagieren von Zürich aus in einstündigem Flug das Matterhorn in 4.800 m Höhe.

Die Afrika-Expedition mit dem Merkur I, v.l.n.r.: René Gouzy, Arnold Heim, Walter Mittelholzer und Hilfspilot Hartmann.

Überall wo Walter Mittelholzer auf seiner Afrika-Expedition an Flüssen oder Seen anlegte, wurden er und seine „Switzerland" von den Einheimischen gebührend bewundert.

Abgeleitet aus dem Komet, wurde die Schwimmermaschine Do D mit ihrem BMW-VI-Motor zu einem beachtlichen Exporterfolg; mit 24 Maschinen war Jugoslawien der größte Kunde.

Weltrekorde mit Do D

Wie der „Merkur" war auch die Do D aus der „Komet"-Baureihe hervorgegangen. Die Japaner, Kawasaki, hatten sich nicht zum Serienbau dieses Schwimmerflugzeuges entschließen können. Nun, mit dem leistungsfähigen BMW-VI-Motor ohne Getriebe, feierte es ein Come-back. Der Einbau dieses Motors, der fast doppel so stark war wie der Rolls-Royce-Eagle, machte zahlreiche Verstärkungen nötig. In den Jahren 1926/27 wurden unterschiedliche Versionen dieses Flugzeuges getestet.

So wurde der Führerstand, ursprünglich vorn unter dem Tragwerk, versuchsweise hinter die Flügel verlegt, was die Sichtverhältnisse allerdings sehr beeinträchtigte. Die einteilige (geschlossene) Schwimmerabstützung wurde versuchsweise in eine zweiteilige (offene) aufgelöst; die Folge: ein größerer Geschwindigkeitsverlust. Auch das Seitenleitwerk wurde in Form und Größe geändert, ebenso die Kühleranordnungen. Das Abfluggewicht lag bei 3,6 bis 4,1 Tonnen.

1927 erhielten die DMB von Jugoslawien den Auftrag über zehn Do D-Flugzeuge. Die Jugoslawen wurden zum Hauptabnehmer dieses Baumusters, nachdem sie zur Lieferung im Jahre 1929 abermals 14 Do D zuzüglich der entsprechenden Ersatzteile bestellt hatten. Mit insgesamt 29 in Manzell gebauten Do D-Flugzeugen – drei wurden, vom Reichsministerium gekauft, im Küstenflug der Lufthansa erprobt und bei der DVS eingesetzt – kam dieser Typ schon einer Serienproduktion nahe.

Die Weltrekorde der Dornier Do D

Flugzeug: Do D
Motoren: 1 BMW VI, 450/600 PS
Datum: 4., 8. und 10. August 1927 (Altenrhein)
Piloten: Wagner-Zinsmaier

Ohne Zwischenlandung	
1. Geschwindigkeit auf 2000 km	172,000 km/h
2. Entfernung	2100 km
Mit 500 kg Nutzlast	
3. Geschwindigkeit auf 2000 km	172,000 km/h
4. Entfernung	2100 km
Mit 1000 kg Nutzlast	
5. Höhe	5851 m
6. Geschwindigkeit auf 1000 km	175,600 km/h
7. Entfernung	1600 km
Mit 2000 kg Nutzlast	
8. Geschwindigkeit auf 100 km	190,435 km/h

Diese Mustermaschine der Do D mit Rolls-Royce-Eagle-Motor wurde 1924 an Japan geliefert (oben).

Diese drei Piloten flogen im August 1927 die Weltrekorde mit der Do D, v.l.n.r.: Georg Zinsmaier, Richard Wagner und Egon Fath (rechts).

Lizenzen, Verträge – und eine große Vision

Seit Anfang 1925, als Claude Dornier aus Japan zurückgekehrt war, sah er sich, bei steigendem Umsatz und ständig zunehmender Beschäftigtenzahl der Dornier Metallbauten, in immer stärkerem Maß dem Druck unternehmerischer Entscheidungen ausgesetzt. Zusätzlich kostete die räumliche Trennung zwischen den Firmenschwerpunkten Manzell und Marina di Pisa Zeit. Er, der passionierte Konstrukteur, der bis ins hohe Alter immer ein Reißbrett neben seinem Schreibtisch stehen hatte, mußte nun, angesichts der Erfolge seiner Konstruktionen, immer deutlicher in sich den Zwiespalt zwischen Ingenieur und Manager empfinden – ein unbehaglicher Zustand: *„... wußte ich doch zu gut, daß meine ganze Veranlagung danach drängte, mich konstruktiv-schöpferisch zu betätigen."*

Patente – ein beträchtlicher Fundus

Nichts mache ihm größere Freude, so bekannte er, als sich am Zeichenbrett auf ein kniffliges Detail zu stürzen. Gewiß, da sah er sich als Ausnahme, weil er unter jungen Akademikern eher den Drang in die Versuchsabteilungen oder in die Verwaltungen zu spüren meinte, vielleicht, so räsonierte er, auch die Folge einer Ausbildung, die zu wenig Wert aufs Konstruieren lege. Claude Dornier, der in jungen Jahren lange genug selbst am Reißbrett gezeichnet hatte, *„um die Autorität zu besitzen, im Büro als Konstrukteur anerkannt zu werden"*, nahm eindeutig Partei für die Konstrukteure.

„Der Konstrukteur, der bildende und gestaltende Mann, wird oft zu gering bewertet. Der vollendete Hochschulingenieur sollte jedenfalls konstruieren können. Es genügt nicht, ein Problem allein rechnerisch zu lösen. Die Fähigkeit des Gestaltens gibt erst die letzte Befriedigung in unserem Berufe. Mir hat das Leben überreichlich Gelegenheit geboten, mich gedanklich mit Projekten zu befassen. Verbunden damit hat mich aber das Gestalten, das Schaffen der konkreten Erfüllung des Gedankens, immer wieder gefangengenommen."[41)]

Doch jetzt forderte das Millionenunternehmen, das er verantwortlich leitete, seinen Tribut. Das Verhältnis innerhalb des Konzerns, in dem der leidenschaftliche Luftschiff-Verfechter Hugo Eckener nach seiner triumphalen Amerikafahrt 1924 immer mehr den bedächtigen Colsman überspielte, wurde gespannter. Die Zeiten hatten sich geändert, auch Claude

Mehrmals versuchte der englische Pilot Courtney in den Jahren 1927 und 1928 vergeblich, mit seinem von Napier-Motoren angetriebenen Wal den Nordatlantik zu überqueren.

Im Frühjahr 1927 gelang dem portugiesischen Major Sarmento de Beires mit dem Wal „Argos" ein 2.595 Kilometer-Flug über den Südatlantik; im Bild die Besatzung mit dem brasilianischen Verkehrsminister.

Dornier mußte das erfahren. *„Solange der alte Graf lebte, brauchte ich keine Sorgen um den Bestand meiner Abteilung zu haben."* Doch jetzt machten sich die divergierende Interessenlage, hier Luftschiff, dort Flugboot, zunehmend bemerkbar.

Claude Dornier, der Manager. Der Fundus seiner grundlegenden Patente, *„ein wichtiges Potential für mich"* nach dem lukrativen Vertrag mit dem Konzern (50 Prozent Dr. Dornier), mußte in Lizenzabkommen wie zum Beispiel mit Japan eingebracht werden, wodurch in engster Zusammenarbeit mit dem Mutterwerk am Bodensee die erprobten Konstruktionen ausgewertet werden konnten. Die Verhandlungen mit der spanischen CASA (Construcciones Aeronauticas Societa Anonima) in Madrid und Cadiz zogen sich hin; die Spanier, „Wal"-Kunden von Anfang an, hatten ihr Interesse am Eigenbau des Flugboots bekundet. Jahrelang, so Claude Dornier, *„war meine Standardroute Marina di Pisa – Genua, von wo aus mich ein kleiner Steamer, der ‚Canalejas', nach Barcelona brachte. Die Route erforderte eine Reisezeit von dreieinhalb Tagen. Ich freute mich immer auf die Seereise an Bord des kleinen Dampfers..."* Erst im März 1926 kam der Lizenzvertrag mit den Spaniern zustande, 1928 begannen sie den „Wal" zu bauen.

Immerhin hatte Claude Dornier eines aus diesen Verhandlungen gelernt: Niemals dürfe man unbillige Vertragswünsche durchsetzen wollen. Ein guter Vertrag dürfe keine Forderung enthalten, die für einen der Vertragschließenden unzumutbar sei. Er müsse vielmehr so abgefaßt sein, daß er *„nach seinem Abschluß in den beiderseitigen Archiven schlummert, ohne daß man ihn jemals ans Licht zieht".* Claude Dorniers Meinung zufolge war das Ansehen, dessen sich das Unternehmen in steigendem Maße erfreute, zum großen Teil auf solche Grundsätze seiner Geschäftspolitik begründet – Grundsätze eines „königlichen Kaufmanns", wenn man so will.

Holländische Lizenzbauten

Ebenso wichtig wie das gute Verhältnis zu den spanischen Abnehmern war für die Dornier Metallbauten der Draht nach den Niederlanden. Sie gehörten, Kolonialreich wie Spanien, seit 1926 zu den Auftraggebern in Marina di Pisa. Mit den ersten sechs gelieferten „Walen" hatte die Marine in Niederländisch-Indien unter subtropischen Bedingungen so gute Erfahrungen gemacht, daß der Rotterdamer Werfteigner Adolf Burgerhout die Lizenz für den Bau von „Walen" erwarb und die Aviolanda, Maatschappij voor Vliegtuigbouw, Papendrecht, gründete. Anfang 1927 erhielt sie einen ersten Auftrag zum Bau von 18 Dornier-„Walen".

In Papendrecht an der Merwede, einem Ausflußarm des Rheins und der Maas, dem alten Städtchen Dordrecht gegenüber, wurde am 1. März 1927 eine seit Jahren stillgelegte Schiffswerft bezogen, deren Anlage für Bau und Montage der Flugboote ausreichenden Hallenraum bot. In Marina di Pisa wurden die Bauunterlagen zusammengestellt, dazu Lehrmaterial und Einzelteillieferungen. Fachleute von der Werft am Arno und aus Manzell schulten die holländischen Schiffbauer und halfen über die Anfangsschwierigkeiten hinweg; so waren die meisten Bauunterlagen italienisch beschriftet. In dieser ersten Zeit war es wichtig, von allen schwierig herzustellenden Bauteilen Musterstücke aus dem italienischen Werk vor Ort zu haben. So gelang es schon im Juni, selbst die schwierigen Spanten und Flügelmittelstücke in brauchbarer Ausführung in Papendrecht herzustellen.[42)]

Die von der niederländischen Marine gestellten Bedingungen waren hart, sowohl hinsichtlich der Lieferfristen als auch der Leistungsforderungen. Die Eröffnung des neuen Betriebes stand somit unter Termindruck. Schon Ende Juli 1927 konnte das erste fertige Boot abgeliefert werden, es erfüllte auch die verlangten Leistungen. Die neue Triebwerksanlage mit 500-PS-Lorraine-Dietrich-Motoren bewährte sich. Auch die bei der Insel Texel vorgenommene Seeprüfung, bei der fünf Landungen und Starts mit 2.000 kg Zuladung verlangt wurden, war ein voller Erfolg.

Noch vor Ablauf des ersten Baujahres wurde das zehnte Flugboot abgeliefert, womit die von der Regierung geforderte Produktion mit einer inzwischen auf 300 Mann angewachsenen Belegschaft nahezu erreicht war. Im Laufe des zweiten Jahres gelang es, die Beplankung der Boote mit Hilfe genauer Bohrschablonen gleichzeitig für drei Boote in „Paketen" zu bohren. Dadurch konnte mit den gleichfalls entsprechend vorgebohrten Spanten die Behäutung auf dem Unterbau sofort endgültig aufgebracht werden.

Für die indonesische Inselwelt erwiesen sich die Dornier-„Wale" als hervorragend geeignet. Zwei Jahre später, 1929, startete ein ganzes „Wal"-Geschwader zum Formationsflug nach Niederländisch-Indien – ein glänzender Beweis ihrer Zuverlässigkeit über eine Flugstrecke von mehr als 15.000 km. Aufsehen erregte Jahre später auch die Rettung von 90 Menschen eines zwischen den Inseln gekenterten Dampfers durch neun „Wal"-Flugboote, die von einer Flugstation nach dem SOS-Ruf eingesetzt worden waren – ein früher Hinweis auf die Eignung von Dornier-Flugbooten für den Seenotrettungsdienst.

Neben den Niederlanden entstand ein anderer wichtiger Absatzmarkt für Dornier in Jugoslawien. Neben den bereits erwähnten insgesamt 24 DoD kauften die Jugoslawen auch einen „Wal" für ihre Seefliegerei. Zwei Dornier-Mitarbeiter unterwiesen seit 1927 das Personal in der Wartung und Instandhaltung der Flugzeuge. Von jugoslawischer Seite wurde zusätzlich zu der in Kumbor in der Bucht von Kattaro eingerichteten Werkstatt eine zweite in Divolje bei Split betrieben.

Lizenzbau des Dornier Wal bei der Firma Aviolanda in Holland (oben).

Ein Holland-Wal wird zu Wasser gelassen (links).

Die Wale bewährten sich in den tropischen Kolonien Hollands ausgezeichnet; hier eine Maschine bei der Überführung nach Niederländisch-Indien (unten).

Ein Verkehrs-Wal des Condor-Syndikats wassert neben dem Dampfer „Cap Arcona" vor der Insel Fernando Noronha, um die Postladung zu übergeben (oben).

Der Verkehrs-Wal bewährte sich im Liniendienst des Condor-Syndikats in Südamerika; hier die Besatzung und Passagiere der „Guanabara" (rechts).

Marina di Pisa auf vollen Touren

In den Jahren 1926 und 1927 hatte die „Wal"-Produktion in Marina di Pisa ihren Höhepunkt erreicht. Das deutsche Personal, inzwischen weitgehend von Italienern ersetzt, kehrte nach und nach an den Bodensee zurück. 1926 war die Werft so gut ausgelastet, daß sogar noch ein anderes Unternehmen, Piaggio in Finale Ligure, den Bau von „Wal"-Flugbooten aufnahm. Auch dort gab es eine große Halle am Wasser, auch dort wurde unter deutscher Leitung gearbeitet. Der erste „Wal" wurde am 7. Oktober 1927 abgeliefert, der letzte am 11. November 1930; insgesamt wurden 14 Stück gebaut, darunter sechs für die SANA und zwei für die AEI.

Marina di Pisa war zum Zollflughafen für Seeflugzeuge avanciert, wie der „Große Luftverkehrs-Atlas von Europa" meldete, geräumige Hallen mit 40 m breiten und 10 m hohen Toren boten auch größeren Flugzeugen Unterstellmöglichkeiten. Ein Auftrag auf 20 „Wale" für Sowjetrußland beschäftigte das Werk am Arno bis zum Jahr 1928. Acht von ihnen wurden im September im Fluge ohne jeden Zwischenfall nach Sewastopol überführt. Da Mischung des Benzins mit Toluol vorgeschrieben und die BMW-Motoren darauf einreguliert waren, wurde bis zur Zwischenlandung in Bujuk Dere am Bosporus ein entsprechender Vorrat Toluol im Flugboot mitgeführt und dort die Mischung für den Weiterflug vorgenommen.

Die internationale Erfolgsserie der Dornier-„Wale" hielt an. Drei „Wale" des Atlantida-Geschwaders unter Führung des spanischen Majors Llorente flogen im Dezember 1926 nach Santa Isabel auf der Insel Fernando Póo im Golf von Guinea, im Februar 1927 wieder zurück, insgesamt etwa 14.200 Kilometer. Am 17. März 1927 startete der portugiesische Major Sarmento de Beires mit seinem mit Lorraine-Dietrich-Motoren ausgerüsteten „Wal Argos" bei Bolama in Portugiesisch-Guinea zur Ozean-Überquerung nach Fernando de Noronha. Die 2595 km lange Strecke legte er in 18 Stunden und 12 Minuten Flugzeit zurück. Diese Atlantiküberquerung war auch deshalb bemerkenswert, weil hier ein Flugzeug zum ersten Mal die ganze Nacht über den Ozean flog und das Ziel, die kleine brasilianische Insel, allein mit astronomischer Navigation ansteuerte. Und selbst noch im Scheitern – durchwegs aufgrund von Motorschäden oder wegen Treibstoffmangels – wußten die „Wale" zu imponieren, wenn sie, wie mit dem zähen Briten Courtney 1928, wie mit dem unverwüstlichen Spanier Franco 1929, im Atlantik niedergehen mußten und die Besatzungen dennoch wohlbehalten geborgen werden konnten.

Auch Freiherr von Buddenbrock, der später den Transozean-Dienst (TO-Dienst) der Lufthansa organisierte, rühmte die *„Güte der Konstruktion"*, die die Gesellschaft vor einer Reihe von Totalverlusten bewahrt habe. *„Unsere Besatzungen vertrauten bei einer Außenlandung mit der größten Ruhe auf ihre Bergung, sofern nur die Funkverbindung in Ordnung war. Die Schwimmfähigkeit der Boote, selbst bei einer Beschädigung im hohen Seegang, war außerordentlich."* Franco trieb mit seinem „Wal Numancia" vom 22. bis 29. Juni 1929 in der schweren See, bis er vom englischen Flugzeugmutterschiff

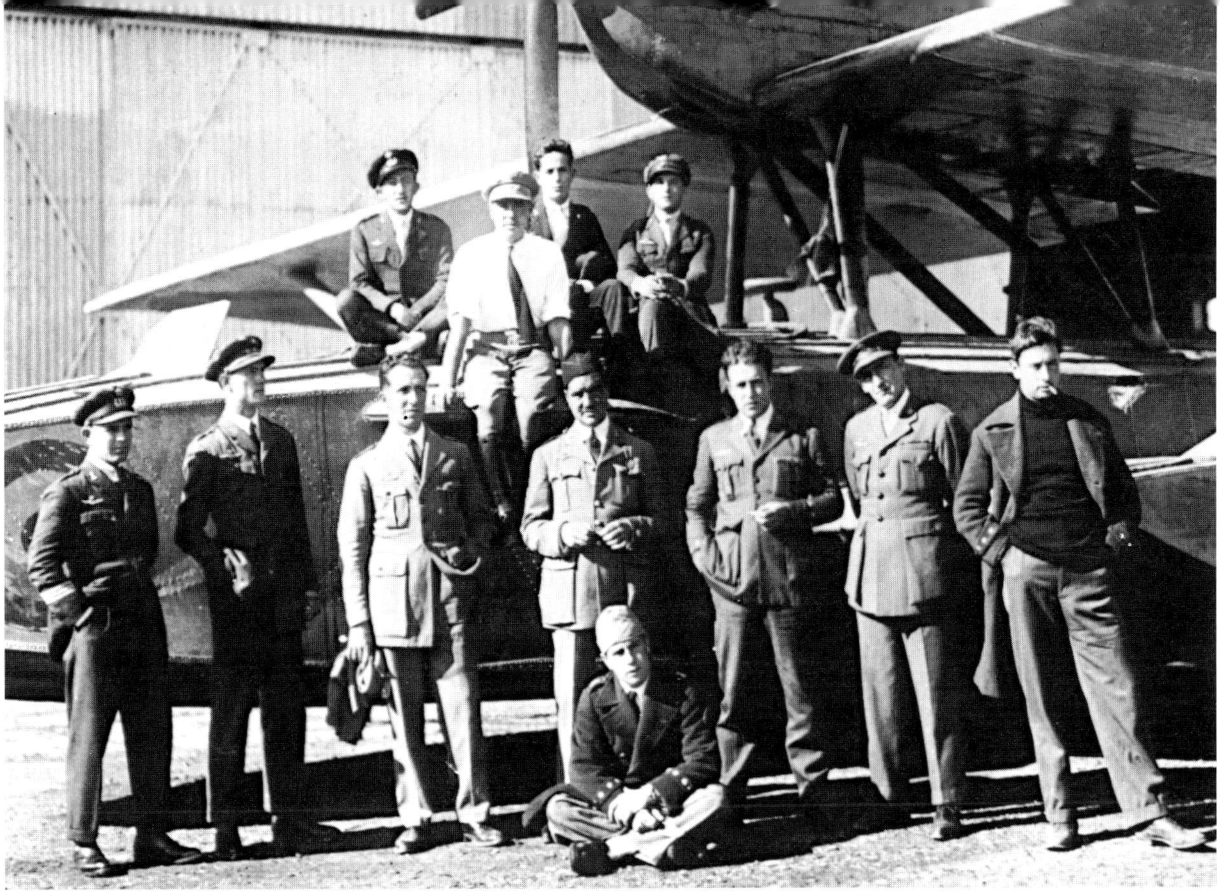

Die Besatzungen der drei Wale des Atlantida-Geschwaders, das unter Führung von Major Llorente nach Santa Isabel auf der Insel Fernando Póo flog (links).

In einer Bucht der brasilianischen Insel Fernando Noronha wasserten ab Frühjahr 1930 regelmäßig die Wale, um dort Post an einen deutschen Passagierdampfer zu übergeben (unten).

„Eagle" entdeckt und mit seiner Besatzung an Bord genommen wurde.

In Südamerika, wo der Name Dornier seit Francos Pionierflug 1926 einen guten Klang hatte, eröffnete der „Wal" der zivilen Luftfahrt erste Chancen der Entfaltung, machte er Luftverkehrspolitik. Mitte Oktober 1926 entsandte die Lufthansa, die nun die Beteiligung des Aero Lloyd im Condor Syndikat hielt, zwei Verkehrs-„Wale" nach Südamerika: die schon einmal dort gewesene „Atlantico" (jetzt mit deutscher Zulassung D-1012) und „Hai". Sie hatten den Auftrag zu einem Studienflug entlang der Ostküste Südamerikas, um so den Brückenkopf für einen wirtschaftlichen Luftpostdienst über den Südatlantik zu schaffen. Die Südamerikareise des Reichskanzlers a.D. Hans Luther, eines eifrigen Förderers der Luftfahrt, bot den willkommenen Anlaß zu einer gut organisierten Demonstration in Ländern, deren lange Küsten gerade für Seeflugzeuge mit ihren Landemöglichkeiten in Küstengewässern, auf Seen und Flüssen angesichts der vielen Motorprobleme ideal erscheinen mußten. Zwar beeinträchtigte die schwere Beschädigung des „Hai" durch eine Sturmböe im Hafen von Buenos Aires das Unternehmen – „Atlantico" mußte allein starten. Doch dann bestach die Präzision dieses Fluges, der als ‚Luther-Flug" in die Luftfahrtgeschichte einging.

Am 17. November 1926 verließ „Atlantico" unter Führung von Hermann Teegen und Fritz W. Hammer, der inzwischen bei der SCADTA ausgeschieden war und bei der Lufthansa den geplanten Transozean-Dienst vorbereitete, Buenos Aires mit Kurs nach Norden. Der Flug, an dessen Kosten sich die Lufthansa und das Deutsche Reich beteiligten und der über Montevideo, Pelotas, Rio Grande, Porto Alegre, Florianopolis, Sao Francisco und Santos nach Rio de Janeiro führte, glich einem einzigen Triumph. Die deutschen Auswanderer in Brasilien bereiteten dem Politiker und der Besatzung einen begeisterten Empfang. Sofort nach der Ankunft in Rio verhandelte Dr. Luther mit dem brasilianischen Verkehrsminister über die Erteilung einer Lizenz für den Linienverkehr.

In den ersten Monaten des Jahres 1927 verkehrte der „Wal Atlantico" (immer noch mit deutscher Zulassung D-1012) unter Flugkapitän von Clausbruch auf der Lagoa dos Palos-Strecke im Süden Brasiliens; diese Charterflüge mit Post und Passagieren wurden in den Tageszeitungen bekanntgemacht. Am 7. Mai 1927 wurde schließlich in Porto Alegre die brasilianische Fluggesellschaft „Viacao Aerea Rio Grandense S.A." (VARIG) gegründet. Clausbruch wurde technischer Direktor, auch Hammer und Freiherr von Buddenbrock saßen im Direktorium. Das Condor-Syndikat in Berlin hatte

LUFT HANSA
POTTWAL

Die Lufthansa setzte den viermotorigen Superwal auf ihren Ostsee-Strecken nach Stockholm und Oslo ein.

Zweimotorige Superwale, angetrieben von 650 PS starken Rolls-Royce-Condor-Motoren, flogen bei Lufthansa.

sich an der Gründung beteiligt und erhielt für den „Atlantico" ein stattliches Aktienpaket. Im Herbst 1927 wurde an die junge Gesellschaft zusätzlich ein „Merkur" in der Schwimmerversion geliefert, der dann die Lagoa-Strecke beflog.

Das Condor-Syndikat mit seinen Dornier-Flugzeugen erfreute sich nach dieser Aufbauleistung in Brasilien eines beachtlichen „good will". So wurde die Konzession für die Südstrecke verlängert und, sehr wichtig für die Zukunft, auf den Norden, nach Natal, ausgedehnt; diese Ausweitung schloß auch den Anflug der Insel Fernando de Noronha vor der brasilianischen Küste mit ein. In Berlin hatte das (alte) Condor-Syndikat am 1. Juli 1927 seine Tätigkeit eingestellt und ging in die Liquidation, während ein neues, das „Syndicato Condor Limitada" am 1. Dezember 1927 in Rio als brasilianische Fluggesellschaft gegründet wurde.[43)] Alleinige Besitzerin des Namens, der Organisation und der damit verbundenen Dauerkonzession war die Lufthansa. Fritz W. Hammer wurde Generaldirektor.

Erste Konturen eines denkbaren Südatlantik-Luftverkehrs zeichneten sich somit Ende der zwanziger Jahre ab. Auf der europäischen Seite ging die Lufthansa deshalb 1928 an die Erkundung der Streckenbedingungen entlang der Atlantikküste. Mit dem ersten Verkehrs-„Wal", der mit BMW-VI-Motoren ausgerüstet war, der „Lübeck", unternahm die Lufthansa einen Expeditionsflug über eine Strecke von mehr als 8000 km.[44)] Am 28. Juni 1928 verließ das Flugboot unter Flugkapitän Josef Kaspar die Werft in Marina di Pisa und erreichte über Barcelona, Cartagena und Cadiz Las Palmas. Nach mehreren Erkundungsflügen über dem Küstengebiet der kanarischen Inseln flog der „Wal" über Casablanca, Cadiz, Lissabon und Southampton zurück nach Travemünde. Auf diesem Flug wurden wichtige Erfahrungen hinsichtlich der Navigation gesammelt. Besonders interessant waren auch die meteorologischen Erfahrungen.

Der „Superwal" aus Manzell

In Manzell arbeiteten die Konstrukteure seit 1925, die Erfolge des „Wal" nutzend, am „Superwal" (zunächst unter der Typenbezeichnung Do R). Vor allem ging es darum, die Passagierkapazität auszubauen. Der „Wal" wurde größer: So wurde das Startgewicht von 8,5 t auf 10,5 t erhöht und die Tragfläche von 96 auf 143 m^2 vergrößert. Dieser zweimotorige „Superwal", der am 30. September 1926 zu seinem Erstflug startete, war zuerst mit zwei Rolls-Royce-Condor-Triebwerken zu je 650 PS in Tandem-Anordnung ausgerüstet, später auch mit stärkeren Packard-Motoren zu je 800 PS. Die wassergekühlten Triebwerke waren in einer gemeinsamen Gondel in der bewährten Tandem-Anordnung eingebaut. Die acht Kraftstoffbehälter mit einem Gesamtfassungsvermögen von 3540 Litern lagen im Tankraum im Bootsmittelteil. Die Zuleitung zu den Triebwerken führte durch den Verbindungsschacht zwischen Bootsrumpf und Tragwerk, durch den die Motoren auch während des Flugs für den Bordmechaniker zugänglich waren.

Der „Superwal", ein abgestrebter Hochdecker, war in Ganzmetallbauweise konstruiert, für die hochbeanspruchten Teile wurde Stahl verwendet, sonst Duraluminium. Beide Ruder waren durch die von Dornier entwickelten Hilfsruder kraftausgeglichen. Der Einstellwinkel der Höhenflosse war im Stand verstellbar. Über Seilzüge wurden die Höhen- und Seitenruder betätigt. Das vollkommen geschlossene und erhöht gelegene Cockpit hatte eine Doppelsteuerung.

Der Tiefgang des schwach gekielten Bootes mit Flossenstummeln betrug 0,55 m bei mittlerem Fluggewicht. Querstufe und Spornkasten mit Wasserruder am Mittelteil des Bootsrumpfes wirkten sich sehr günstig beim Einsetzen ins Wasser aus. Durch sieben Schottspanten war das Boot in acht wasserdichte Räume unterteilt. Daraus ergab sich folgende Einteilung: Bugraum für die seemännische Ausrüstung; vorderer Kabinenraum; vordere Toilette (Steuerbord); Cockpit (Backbord); Funk- und Navigationsraum (Steuerbord); Tankraum für die Kraftstoffbehälter; hinterer Toiletten- und Gepäckraum; hinterer Kabinenraum. Die Räume waren durch wasserdicht schließende Türen verbunden. Die Passagierkabinen waren für elf Fluggäste vorn und acht hinten recht komfortabel eingerichtet.

Drei zweimotorige „Superwale" wurden gebaut, zwei davon bei der Lufthansa erprobt. Von Anfang an war bei der Grundkonzeption die Möglichkeit berücksichtigt worden, das Flugboot ohne wesentliche Änderungen im Gesamtaufbau mit vier Motoren auszurüsten. Mit dem Bau dieser Version wurde 1927 in Manzell begonnen. Mit der größeren Leistung

Beplankungsarbeiten am Bootskörper eines Superwal (links).

In der vorderen Passagierkabine des viermotorigen Superwal fanden elf Passagiere Platz (oben), in der hinteren Kabine standen weitere acht Plätze zur Verfügung.

Passagiere beim Einstieg in den viermotorigen Superwal „Eckener": Diese Flugboote standen auf den Ostseestrecken der Lufthansa im Einsatz.

Eine historische Begegnung: das Luftschiff LZ 127 über einem viermotorigen Superwal (rechts).

von vier Triebwerken mit bis 550 PS je Triebwerk wurde ein entsprechendes Plus an Geschwindigkeit, Zuladung und Gipfelhöhe erreicht. Der viermotorige „Superwal" wurde mit vier verschiedenen luft- bzw. wassergekühlten Triebwerktypen geflogen: Gnome-Rhone Jupiter VI mit je 480 PS luftgekühlt, Siemens-Jupiter mit je 525 PS luftgekühlt, Napier-Lion mit je 460 PS wassergekühlt und Pratt & Whitney Hornet mit je 550 PS luftgekühlt. Die Triebwerke wurden in Tandem-Anordnung in zwei Motorgondeln eingebaut und auf dem Tragwerkmittelteil abnehmbar gelagert. Ein Aufstiegschacht führte vom Boot zum Flügel, zwischen den Motorgondeln war eine Beobachtungskuppel für den Bordmonteur. Die Motorgondeln zeigten äußerlich große Ähnlichkeit mit denen des „Wal", unterschieden sich aber dadurch von ihnen, daß sie selbständige Gebilde waren, die lediglich mit einigen Bolzen am Flügel befestigt wurden, während die Gondel des Wal fest eingebaut war.

Die Konstruktions- und Produktionsarbeiten für die „Superwal"-Flugboote fielen hauptsächlich in die Jahre 1926 bis 1930. Insgesamt wurden 152.785 Konstruktionsstunden aufgewendet, eine beachtlich niedrige Zahl.

Gegenüber dem zweimotorigen konnte beim viermotorigen „Superwal" die Flügelfläche von 143 m^2 auf 137 m^2 verringert werden, das Fluggewicht stieg von 8000 kg auf 9850 kg an. Bedingt durch die Triebwerkumstellung hatten sich auch Erweiterungen in der Ausgestaltung und Ausrüstung des Cockpits ergeben. Daneben wurde die Kabinenausstattung zusätzlich verfeinert, die rechteckigen Fenster der Passagierkabinen durch eine runde Ausführung ersetzt.

Der viermotorige „Superwal", ein Weltrekordflugzeug wie der „Wal", wie der Merkur, wie die Do D, entwickelte sich zu einem erfolgreichen Baumuster. Sechs der „Superwale" wurden an die SANA überführt. Flugkapitän Horst Merz flog am 4. April 1928 mit einem viermotorigen „Superwal" über die Alpen, wobei er auf dem Comer See zwischenlandete. Merz hatte die „Superwale" auch in Warnemünde erprobt.

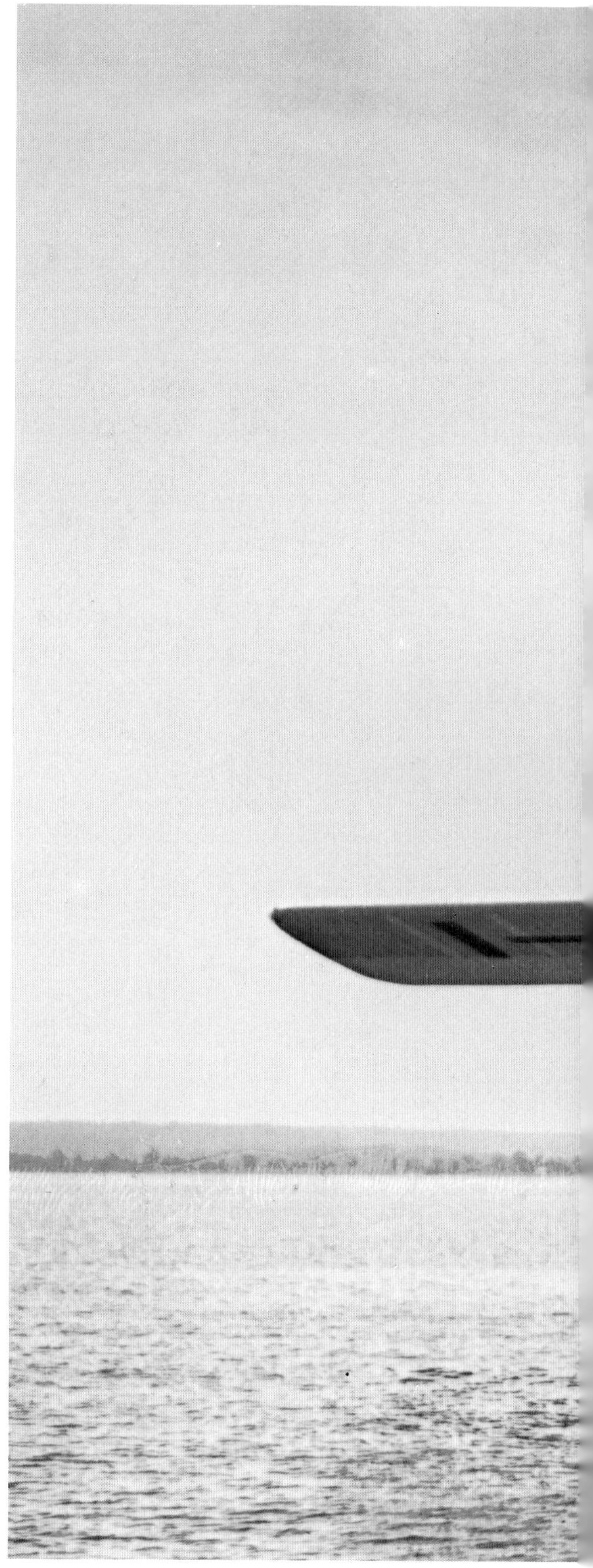

D-LZ127
D.
EOS

Als einer der Hauptkäufer des viermotorigen „Superwal" trat das Reichsverkehrsministerium auf, das mindestens sieben der Lufthansa zur Streckenerprobung überließ. Offiziell führte die Lufthansa drei „Superwale" in ihren Inventarlisten: „Graf Zeppelin" (viermotorig, mit Gnome-Rhone-Motoren, Kennzeichen D-1447, Werknummer 146); „Eckener", vormals „Blauwal" (viermotorig, mit Gnome-Rhone-Motoren, Zulassung D-1500, Werknr. 172); „Narwal" (zweimotorig mit Rolls-Royce-Condor-Motoren, D-1255, Werknr. 147). Der „Superwal" wurde bei der Lufthansa auf den Ostseestrecken geflogen. Diese Verbindungen hatten große Bedeutung, besonders für den Verkehr mit Stockholm und Oslo. Den Norwegern, die damals noch keinen brauchbaren Landflugplatz hatten, brachte der „Superwal" als einziges hier einsetzbares Flugzeug eine Luftverbindung. Das Reichsverkehrsministerium überließ die „Superwale" auch der Deutschen Verkehrsfliegerschule (DVS) und der „Severa Küstenflug GmbH", einer Tarnorganisation. Auch in die USA wurden zwei viermotorige „Superwale" mit Pratt & Whitney-Hornet-Motoren geliefert, die spanische Marine kaufte einen viermotorigen „Superwal" und rüstete ihn für militärische Zwecke um.

Insgesamt wurden 16 „Superwale" gebaut. Eine solche Serie nimmt sich bescheiden aus, muß freilich aus der Zeit und im Hinblick auf die Konkurrenz gesehen werden. Erst da zeigt sich der Erfolg dieses Flugboottyps. Denn Adolf Rohrbach in Berlin, der für die Lufthansa ebenfalls seetüchtige Flugboote entwickelte, kam mit dem dreimotorigen „Romar" nicht über vier Stück (eins davon für Reparationszwecke) hinaus. Diese Flugboote, die sogar atlantikreif hatten sein sollen, sind aber, nach den Kilometer-Aufstellungen zu urteilen, offenbar nicht im Liniendienst der Lufthansa geflogen, obwohl sie von 1929 bis 1933 geführt wurden.

Blick in das Cockpit des viermotorigen Superwal (oben).

Ein viermotoriger Superwal im Einsatz bei der italienischen Fluggesellschaft SANA (rechts).

Die Do X, ihr Bau und ihre Erprobung

Claude Dorniers Schaffen in den zwanziger Jahren beeindruckt durch seine Konsequenz. Zurückgreifend auf die Erfahrung im Krieg hatte er, der aus seiner *„Liebe zum Flugboot"* nie ein Hehl gemacht hatte, im Laufe der Jahre eine, wie er in einem Vortrag sagte, *„Familie von vier in jeder Hinsicht erprobten Flugbooten ganz verschiedener Größenverhältnisse"* geschaffen, die sich in konstruktiver Hinsicht wenig unterschieden. Claude Dornier:[45)]

„Sämtliche Boote sind ganz aus Metall erbaut, mit Ausnahme der Bespannung eines Teiles der Tragflächen sowie eines Teiles der Bedeckung des Leitwerkes und der Querruder. Allen Booten gemeinsam ist die Anordnung der von mir seit über zehn Jahren in Anwendung gebrachten Stummel. Sämtliche Boote sind halbfreitragend ausgebildete Hochdecker. Die Motoren liegen durchweg oberhalb der Tragfläche und sind, soweit es sich um mehrmotorige Boote handelt, in Tandem angeordnet. Die Bootskörper sind aus Duraluminium angefertigt. Bei den Holmen und sonstigen hochbeanspruchten Teilen ist mit Vorliebe hochwertiger Stahl verwendet."

Das Großflugboot lag in der Luft

Dornier sprach damals von der Libelle und der Do E, vom „Wal" und „Superwal". Mit zunehmender Größe der Flugboote ergab sich ein langsames Anwachsen der Aktionsradien. Die Zuladung (= Gesamtgewicht minus Leergewicht minus Besatzung) wuchs mit zunehmender Flächengröße sehr schnell. Unverkennbar war bei zunehmender Größe der Flugboote ein starkes Abnehmen der prozentualen Anteile von Besatzung, Ausrüstung und Instrumentierung am Gesamtgewicht bzw. der Zuladung. Claude Dornier: *„Mit wachsenden Abmessungen ist daher immer mehr Möglichkeit geboten, den Komfort zu steigern und die Instrumentierung und damit die Sicherheit der Reise zu erhöhen."* Wachsende Abmessungen: In der Erkenntnis bestimmter Abhängigkeiten und Funktionen deutete sich schon der Schritt zu jenem großen „Flugschiff" an, das ihn seit langem immer wieder beschäftigt hatte, *„einem Luftfahrzeug, welches auf dem Wasser heimisch ist und zur Beförderung großer Nutzlasten über See dient"*. Die erste Projektbezeichnung P 1106 trug das Datum vom 27. Dezember 1924. Es war an ein eigenstabiles Boot gedacht, das infolge seiner großen Bootsbreite keiner weiteren Stabilisierung bedurfte.

Dornier war nicht der einzige, dem zu dieser Zeit ein Großflugboot für den Atlantikverkehr vorschwebte. So entwarf der

Projekt P 1106: Vorläufer der Do X

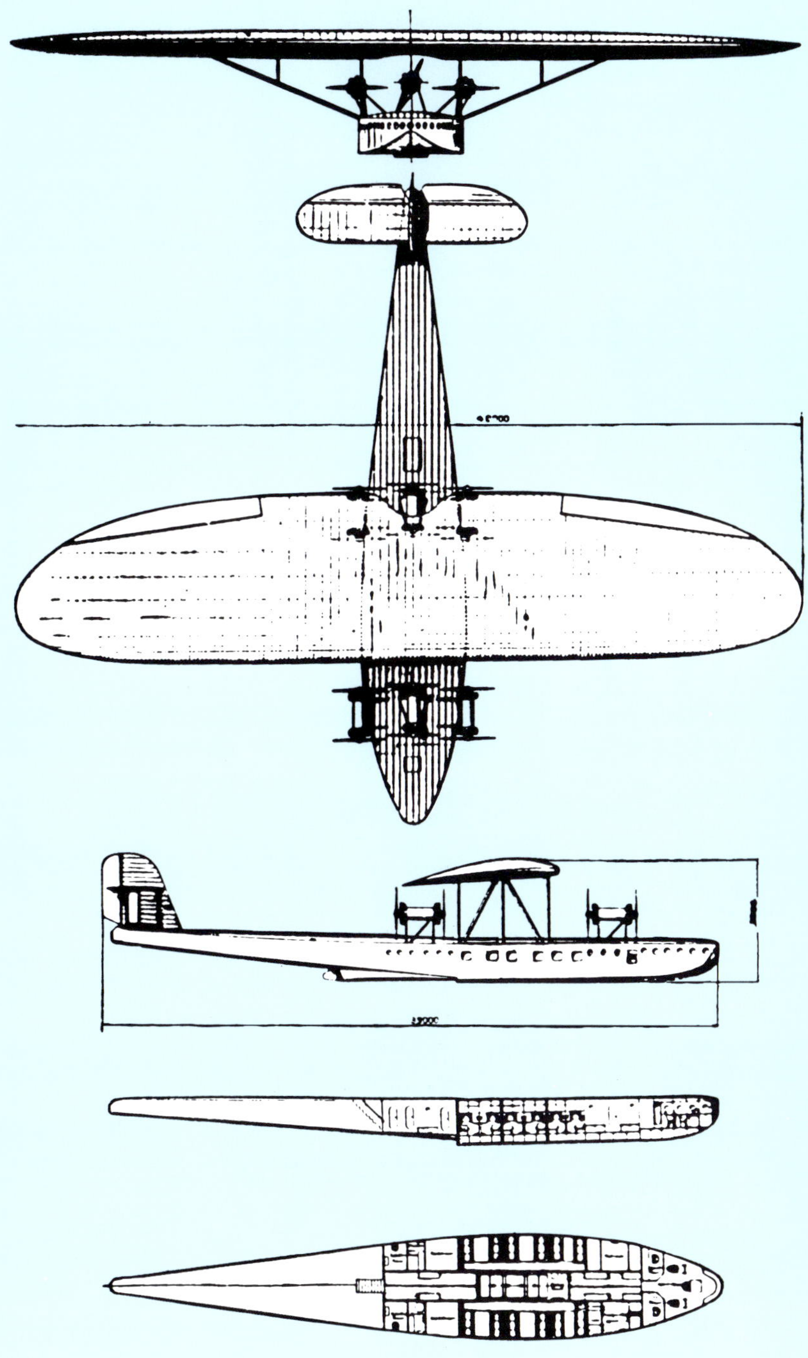

Das Projekt P 51 223 von 1926 (rechts) war eine Zwischenstufe zur endgültigen Auslegung des Flugschiffs Do X (unten).

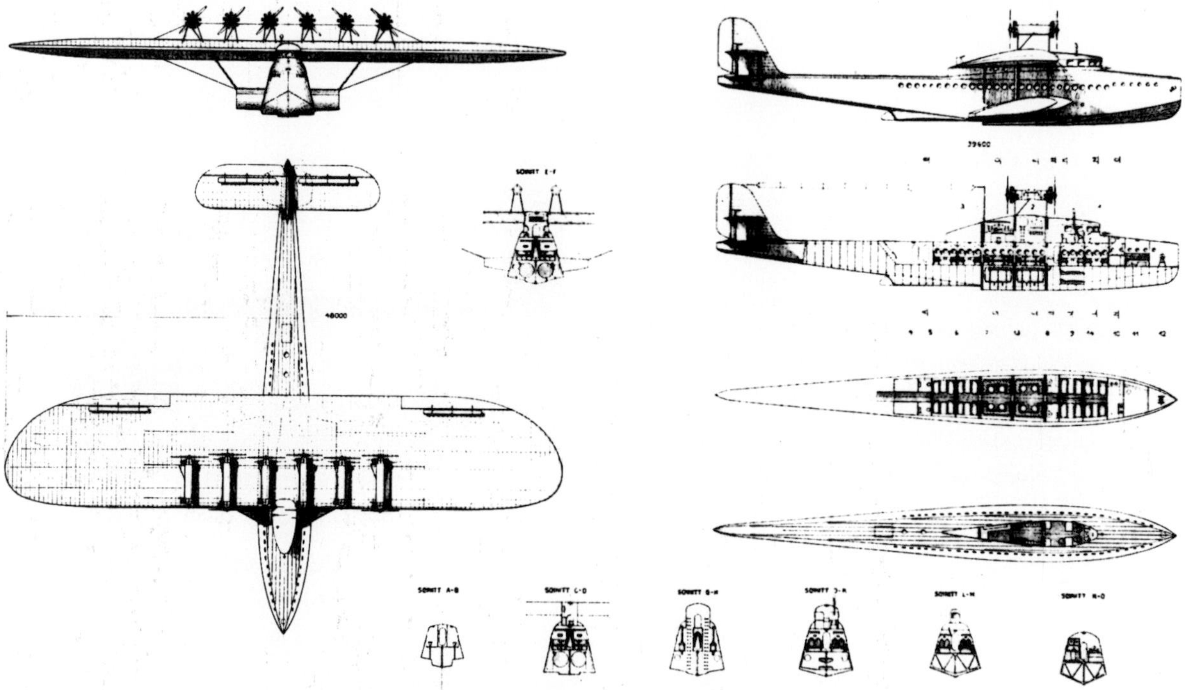

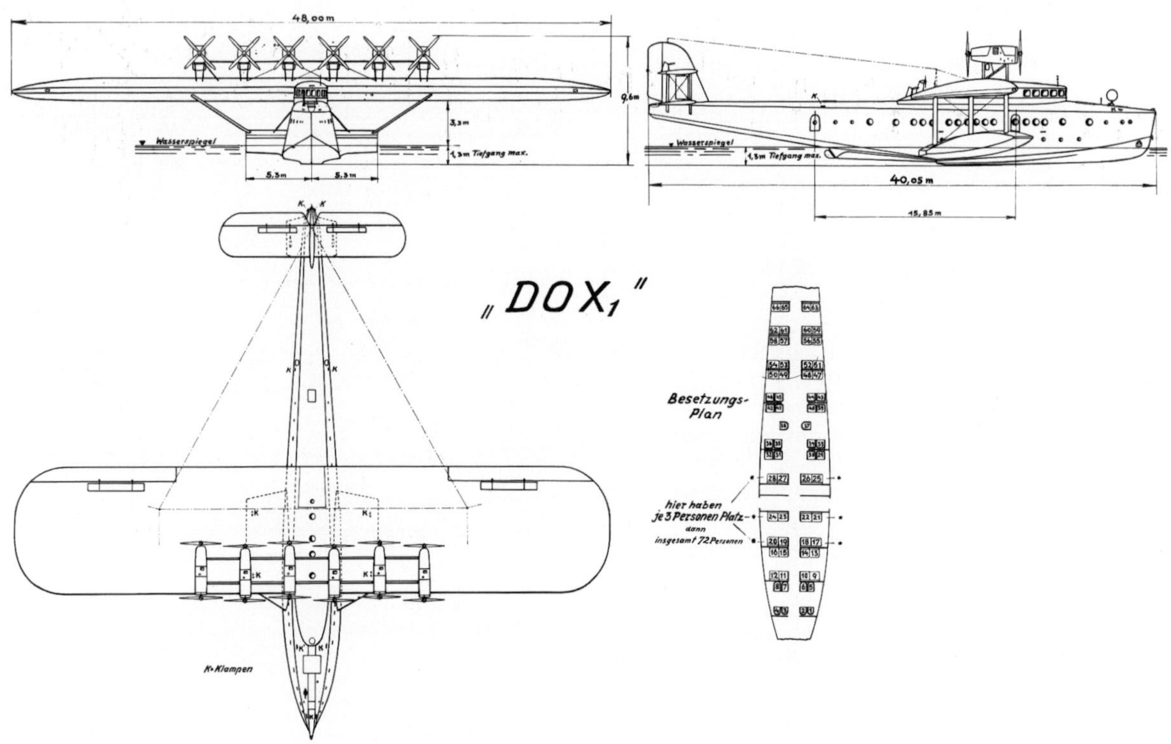

Flugzeugfabrikant Edmund Rumpler ein Riesenflugboot mit zehn Motoren zu je 1000 PS und sechs Schwimmern, die auch als Treibstoffbehälter dienen sollten; der Tragflügel – Spannweite 94 m – sollte die 130 Passagiere aufnehmen. So trat auch Hugo Junkers, der sich das Nurflügelflugzeug hatte patentieren lassen, mit dem Projekt eines Riesenflugbootes für 100 Passagiere, der „J-1000", an die Öffentlichkeit. Auch K. Grulich, seinerzeit technischer Leiter der Lufthansa, plante ein gigantisches zehnmotoriges Flugboot mit einem Tragflügel von 115 m Spannweite für die 70 Fluggäste. Capronis Riesenflugboot, ein dreifacher Dreidecker, war allerdings alles andere als ein flugfähiges Gebilde.

Solche Pläne, solche Ideen lagen in den zwanziger Jahren gleichsam in der Luft. Aber es war schließlich Claude Dornier, der ihnen zu Substanz verhalf. Sein Ruf als Flugbootbauer mit über zehnjähriger Erfahrung, sein konsequentes Eintreten für den Flugboot-Gedanken ließen ihn den an einem solchen Flugzeug interessierten Kreisen der Luftfahrt, der Marine und in den Reichsministerien als den kompetenten Partner erscheinen. Dornier selbst war von der Bedeutung eines solchen Flugschiffs zutiefst überzeugt, da er erkannte, *„daß die Erfahrung im Bau kleinerer Flugzeuge, auch im Metallbau, Allgemeingut werden bzw. geworden sind, so daß Vorsprünge, die lange Zeit zugunsten der deutschen Flugzeugindustrie bestanden haben"*, von Jahr zu Jahr mehr schwanden. So empfand er es, insbesondere auch unter dem Eindruck der Entwicklung in der amerikanischen Flugzeugindustrie, als Notwendigkeit, *„jenes Gebiet des Flugzeugbaues besonders zu pflegen, auf welchem wir von jeher führend waren, nämlich dem Bau ganz großer Flugzeug-Einheiten".*[46] Die alte R-Flugzeug-Tradition lebte in solchen Sätzen fort, auch der Gedanke an ein achtmotoriges Verkehrsflugboot, wie es bereits im Januar 1919 zu Papier gebracht worden war.

Schon im Herbst 1925 wurde im Werk Manzell ein Büro eingerichtet, das sich ausschließlich mit den Entwurfsarbeiten für das Flugschiff beschäftigte. Da für dieses Projekt noch kein geeigneter Name gefunden war, erhielt es die Bezeichnung Do X, wobei das X zunächst als Chiffre für eine „Unbekannte" stand. Später ist es bei dieser Bezeichnung geblieben. Sie sollte um die Welt gehen – für Claude Dornier aber brachte sie ebenso aufregende wie beglückende Jahre der Arbeit.

Die neue Werft in Altenrhein

Die Entstehungsgeschichte der Do X liegt weitgehend in der Grauzone von Mutmaßungen. Claude Dornier erinnerte sich später an ein Gespräch mit einem *„Unbekannten"* in Berlin, *„ein schlanker, großer Herr, dem man den Marinemann auf den ersten Blick ansah"*, den er im Büro des Reichsverbandes der Deutschen Luftfahrtindustrie kennengelernt hatte und dessen wahren Namen er nie erfuhr. Der hatte ihm die für die Flugbootentwicklung nötigen Gelder versprochen – die dann ja auch tatsächlich zur Verfügung standen.

Die Gerüchte darüber, daß die Marine der wahre Auftragge-

Speziell für den Bau der Do X errichtet, war das neue Werk Altenrhein am schweizerischen Bodenseeufer eines der modernsten seiner Zeit (unten).

Viele Fachkräfte mußten für das Werk Altenrhein neu ausgebildet werden; das erste in diesen neuen Anlagen gebaute Flugzeug war ein Delphin III.

178

ber für die Do X gewesen sei, wollten nicht verstummen.[47)]
Fest steht, daß das Deutsche Reich, vertreten durch das Reichsverkehrsministerium (über das damals zur Tarnung alle Flugzeugaufträge, auch die verbotenen militärischen, und die Subventionierung der Luftfahrtindustrie liefen) sowohl die Auftragsverhandlungen bei dem 1928 endgültig fixierten Vertrag führte als auch die finanziellen Folgen dieses Millionenunternehmens trug und später, zusammen mit dem Reichsfinanzministerium, für die nicht unkomplizierte Abwicklung sorgte. Das Deutsche Reich war der Hauptaktionär der nun gegründeten Aktiengesellschaft für Dornier-Flugzeuge (Do-Flug).

In Altenrhein in der Schweiz entstand das dritte Fertigungszentrum des Unternehmens (neben Manzell und Marina di Pisa) – am Bodensee nahe einem Fischerdörfchen gelegen, wo sich auf ideale Weise die Kombination von Land- und Wasserflugplatz (mit großzügig ausgeführter Aufschleppanlage auf der Seeseite) verwirklichen ließ. Ende 1925 war das günstig erworbene Gelände im Delta des alten Rheinlaufes ausgesucht, im Frühjahr 1926 wurde in Altenrhein mit den Fundamenten des Werkes begonnen. Für die umfangreichen Bauten am Seeufer mußten Hunderte von 18 m langen Eisenbetonpfählen eingerammt werden. An die große Montagehalle von 40 x 60 Meter Grundfläche schlossen sich die etwas niedrigere dreischiffige Bauhalle mit 60 x 75 Meter Fläche und die zwei vierschiffigen Werkstatthallen mit je 60 x 60 Meter Grundfläche an. Auch ein großer Reißboden, auf welchem später die Spanten des Flugschiffes in natürlicher Größe aufgezeichnet wurden, fehlte nicht. 1927, bei der Fertigstellung, galt der Betrieb mit seinen Hallen und Verwaltungsgebäuden als einer der modernsten der europäischen Luftfahrtindustrie.

Ein Facharbeiterstamm mußte für das neue Werk erst geschaffen werden. Die Arbeiter, die zumeist aus der Maschinenindustrie stammten, wurden in Lehrgängen an die Leichtmetallbauweise herangeführt. Gleich zu Beginn wurde auch eine eigene Lehrwerkstätte begründet, die ständig 25 bis 30 Lehrlinge ausbildete. Viele Angehörige der Schweizerischen Fliegertruppe erwarben hier in Altenrhein ihre Fachkenntnisse. Zusätzlich war dem Werk in Altenrhein vorübergehend eine eigene Fachschule für Flugtechniker angegliedert. Mit Flugbooten vom „Typ Delphin III", die nun ebenfalls mit BMW-VI-Motoren ausgerüstet waren, begann die Bautätigkeit in Altenrhein.

Konstruktion und Attrappe

Beim ersten Entwurf von 1924 standen die sechs Tandem-Triebwerke in zwei Dreierreihen jeweils auf dem Bug und unter dem hinteren Teil des Tragwerks. Von dem 6 m breiten, eigenstabilen Bootskörper wurde eine Holzattrappe in natürlicher Größe erstellt. Außerdem wurden Standversuche mit zwei hintereinander angeordneten Triebwerksaggregaten gemacht, deren Abstand verändert werden konnte, um festzustellen, wie sich die Wirkungsgrade der Luftschrauben veränderten.

Nie ließ Claude Dornier übrigens Zweifel an der Richtigkeit

Um die Einzelheiten der Konstruktion und der Inneneinrichtungen der Do X noch vor dem Bau möglichst genau festlegen zu können, wurde in der Löwentaler Luftschiffhalle eine Holzattrappe in den Originalabmessungen des Flugschiffes gebaut.

seines *„Bootes mit zentralem Bootskörper"* aufkommen, einen Gedanken, den er gegen die Anhänger der Zweischwimmer-Flugzeuge und des *„Doppelbootes"*, vor allem also Savoia-Marchetti, verteidigte. Die Verfechter dieser Idee begründeten ihre Vorliebe, so sagte Dornier, mit der großen Querstabilität auf dem Wasser. Die Erfahrung habe aber gelehrt, daß man Flugkörper mit einem zentralen Bootskörper bauen könne, *„welche in allen im normalen Betrieb von Seeflugzeugen auftretenden Fällen ausreichende Stabilitätseigenschaften haben"*. Die Stabilität über einen gewissen Wert hinaus zu steigern, sei nicht nötig, im Gegenteil, sie sei unerwünscht. Dorniers Hauptargument: *„Zwei Schwimmer und ein Rumpf oder zwei Boote werden immer schwerer sein als ein Boot und haben stets mehr Widerstand."* Außerdem sei ihre Herstellung teurer.

Die nötige Stabilität ohne Zuhilfenahme von zusätzlichen Verdrängungskörpern zu erreichen, erwies sich aber angesichts der infrage kommenden Abmessungen als nicht möglich, jedenfalls nur mit bedeutenden Nachteilen. Es entstand ein neuer Entwurf, bei dem Claude Dornier von dem breiten Boot wieder abging und ein schmaleres mit den bewährten Stabilisierungsstummeln wählte. Die Triebwerke waren auf dem Tragdeck vorn und am Tragwerkende geplant. Auch dieses Projekt wurde nochmals geändert und schiffsähnlicher gestaltet. Heraus kam der Entwurf P 51223 vom 21. Juni 1926. Nach kleineren Korrekturen, wie einer Änderung am Bootsbug sowie Änderung der Randbogenform des Tragwerks, war mit dem Projekt P 51335 die endgültige Form für das Flugschiff gefunden. Im Verlaufe der weiteren Arbeiten ergaben sich mit Ausnahme einer Veränderung der Ausbildung der Stummel nur noch geringfügige Abweichungen von diesem Projekt. Am 22. Dezember 1926 wurde in einer kleinen Feierstunde die Konstruktionsfreigabe ausgesprochen.

Wegen der bis dahin unbekannten Dimensionen des neuen Flugschiffs entstanden in der Detailkonstruktion erhebliche Schwierigkeiten, weswegen ein Holzmodell in Originalgröße hergestellt wurde – damals noch die absolute Ausnahme. An diesem Modell wurden die Konstruktionseinzelheiten, die Größenverhältnisse und die Möglichkeiten einer zweckmäßigen Innenraumgestaltung studiert. In Göttingen und im Windkanal des Luftschiffbau Zeppelin wurden derweil die aero- und hydrodynamischen Untersuchungen angestellt. Im Juli 1927 versammelten sich hohe Offiziere der deutschen Marine vor der Attrappe des Flugschiffs. Claude Dornier: *„Sowohl der Entwurf wie die Ausführungsarbeiten sind lange Zeit geheimgehalten worden."*

Obwohl bei den Entwurfsarbeiten zu dem Flugschiff, anders als bei den Rs-Flugbooten der Kriegszeit, der leitende Gedanke von Anfang an der war, daß *„zur Erreichung des gestellten Zieles nur technisch Erprobtes herangezogen"* werden dürfe, was jedes Experimentieren von vornherein ausschloß, mußten zahllose Detailuntersuchungen angestellt werden. So wurde, beispielsweise, eingehend die Möglichkeit der Verwendung von *„am Flügelende angeordneten Druckschrauben bei im Flügel liegenden Motoren"* untersucht. Dorniers Ingenieure kamen aber zu dem Ergebnis, daß die *„bei dieser Anordnung erforderlich werdenden langen Wellen in Verbindung mit der schwierigen Lagerung derselben bzw. des Propellers am Flügelende Mehrgewichte bringen, welche den vom aerodynamischen Gesichtspunkt aus erzielbaren Gewinn bei weitem ausgleichen"*.

Eine der schwierigsten Entscheidungen für Claude Dornier und sein Team war in der Tat die Wahl und die Anordnung der Motoren. *„Die Frage, wassergekühlt oder luftgekühlt, freier Einbau der Motoren oder Unterbringung der Motoren im Flügel oder Boot, beschäftigte uns über zwei Jahre."*[48] Den Ausschlag für die Wahl des luftgekühlten Motors für das erste Flugschiff gab die Gewichtseinsparung von über 3000 kg gegenüber den wassergekühlten Motoren. Die Tandemanordnung der Motoren galt bei Dornier seit Jahren als die *„einfachste, leichteste und sicherste Art des Einbaus der Motoren"*. Die Erfahrung hatte gezeigt, daß ein Tandem-Aggregat von zwei Motoren mit je neun Zylindern kaum komplizierter war als ein einzelner Motor von 18 Zylindern. *„Es ist aber wesentlich betriebssicherer. Erstens ist der kleinere Motor absolut genommen sicherer als der große Motor, dann aber ist bei auftretenden Störungen an Motor, Getriebe oder Propellern beim ‚Doppelmotor' nur mit dem Ausfall der halben Leistung zu rechnen. Der Widerstand einer mit Doppelmotoren ausgerüsteten Gondel einschließlich ihrer Abstützung ist nicht größer als derjenige einer Gondel für einen großen Motor."*

Einen großen Raum im Rahmen der Untersuchungen nahmen Fragen statischer Natur ein. Von einer vollkommen freitragenden Ausführung des Flügels wurde Abstand genommen, um eine möglichst leichte Fläche zu erhalten. Maßgebend für die Wahl des halbfreitragenden Flügels waren auch Gründe fabrikationstechnischer Natur. Viele Monate Zeit, so Claude Dornier, kostete die Ausbildung der Flügelholme. Es war unerläßlich, einen Probeholm auszuführen und diesen, belastet, nach allen Richtungen zu untersuchen. An den Knotenpunkten wurden dazu Behälter angebracht, in die als Belastung entsprechende Mengen Wasser gefüllt werden konnten – eine Methode, die sich sehr bewährt hat. Besonders eingehend wurde das Verhalten des Holmes innerhalb des elastischen Bereichs untersucht.

Aufsehen erregte später die oberhalb des Hauptflügels angeordnete kleine Tragfläche. Es hatte sich bei den Versuchen gezeigt, daß bei kleinen Anstellwinkeln die Hilfsfläche eine kleine Widerstandsverringerung mit sich brachte. Zu dieser geringfügigen Verkleinerung des Widerstandes gesellte sich bei größeren Anstellwinkeln eine nicht unerhebliche Auftriebserhöhung.

Der rechnerischen Erfassung der Einzelgewichte wurde von Konstruktionsbeginn an besonderes Augenmerk geschenkt. Denn aufgrund dieser Einzelgewichte mußte, neben der Gewichtskontrolle, laufend der Schwerpunkt des gesamten Flugzeuges unter Kontrolle gehalten werden; für eine spätere Schwerpunktsermittlung am fertigen Flugboot fehlten die erforderlichen Einrichtungen. Andererseits war es wichtig, den Schwerpunkt des leeren Flugzeugs für die richtige Lastenverteilung noch vor Beginn der Flugerprobung genau zu kennen.

Für die Triebwerksanlage der Do X wählte Claude Dornier die in früheren Flugbooten bereits bewährte Tandem-Anordnung: hier eine Motorgondel mit zwei Siemens Jupiter-Motoren, versuchsweise auf einem Flügelsegment montiert. Die Propeller mit ihren ungewöhnlich kurzen Blättern waren nur für die Probeläufe vorgesehen (rechts).

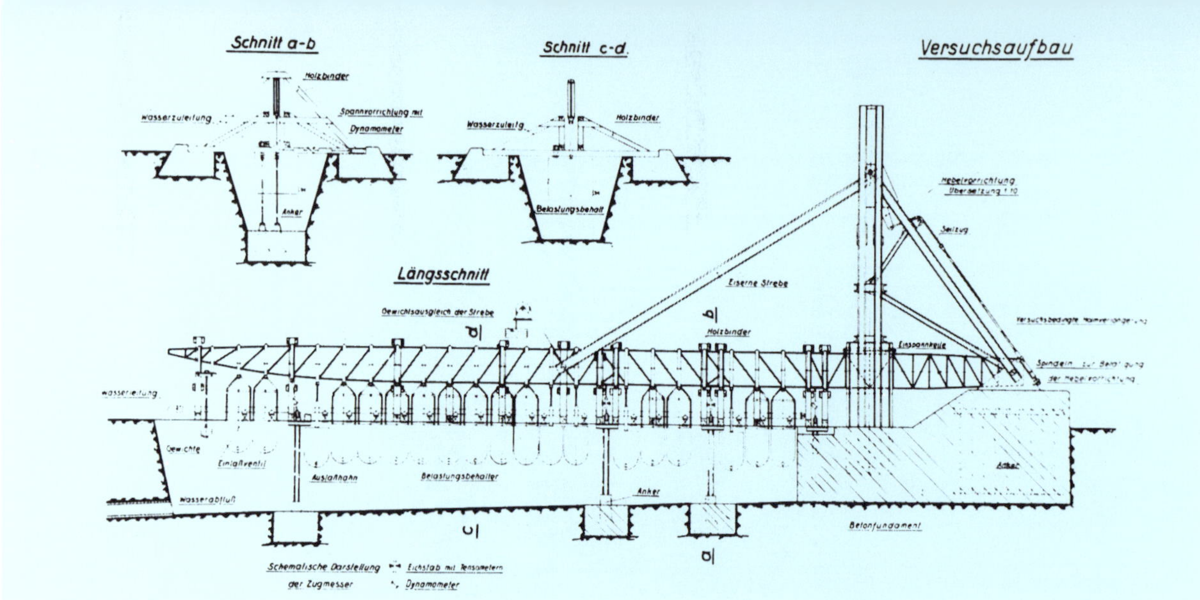

Die Festigkeit der Flügelholme wurde in einem speziellen Versuchsaufbau geprüft (oben und Mitte).

Montage der Heckspanten für den Rumpf (unten).

Die Do X bei der Endmontage in den Hallen von Altenrhein (ganz rechts).

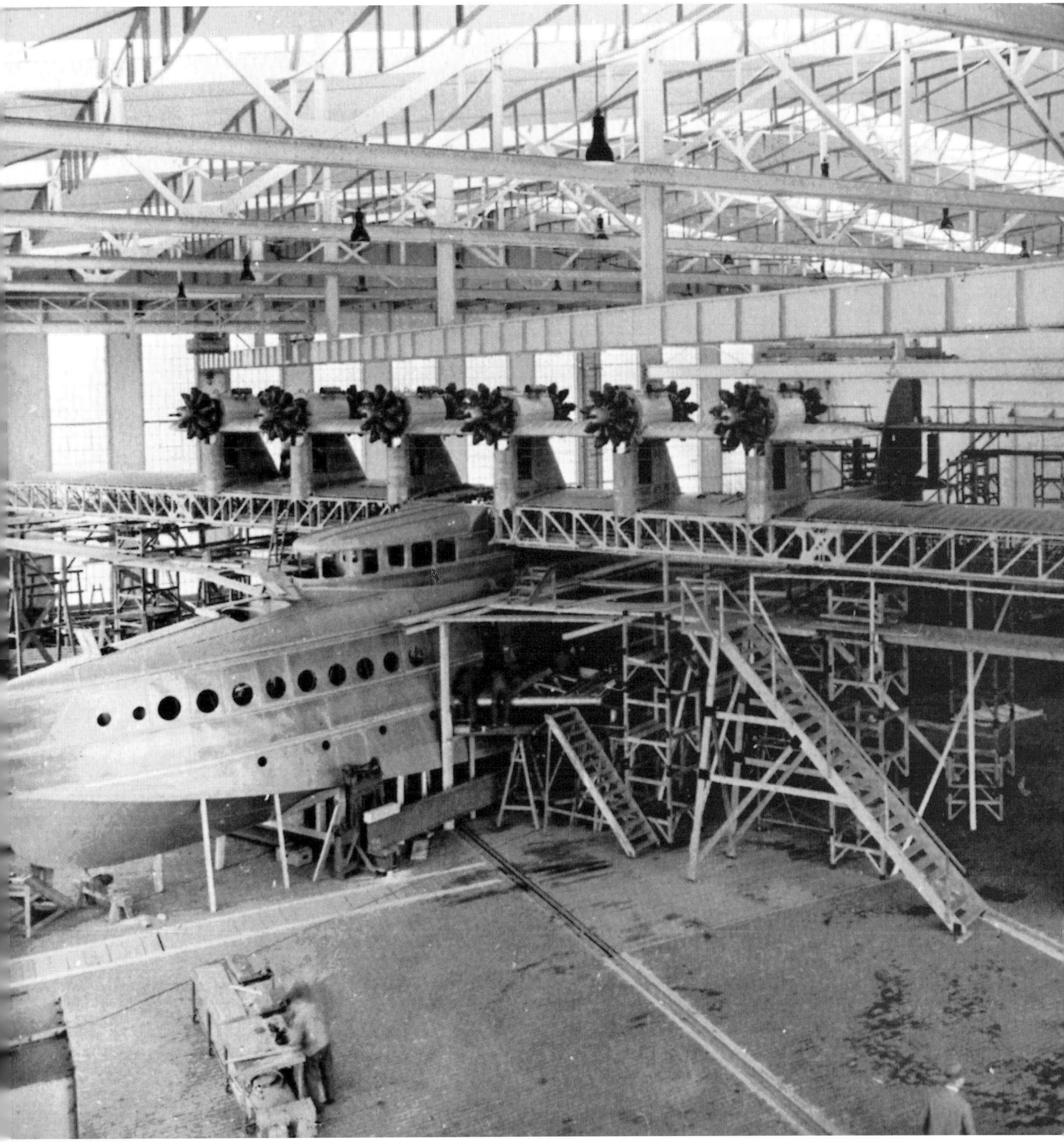

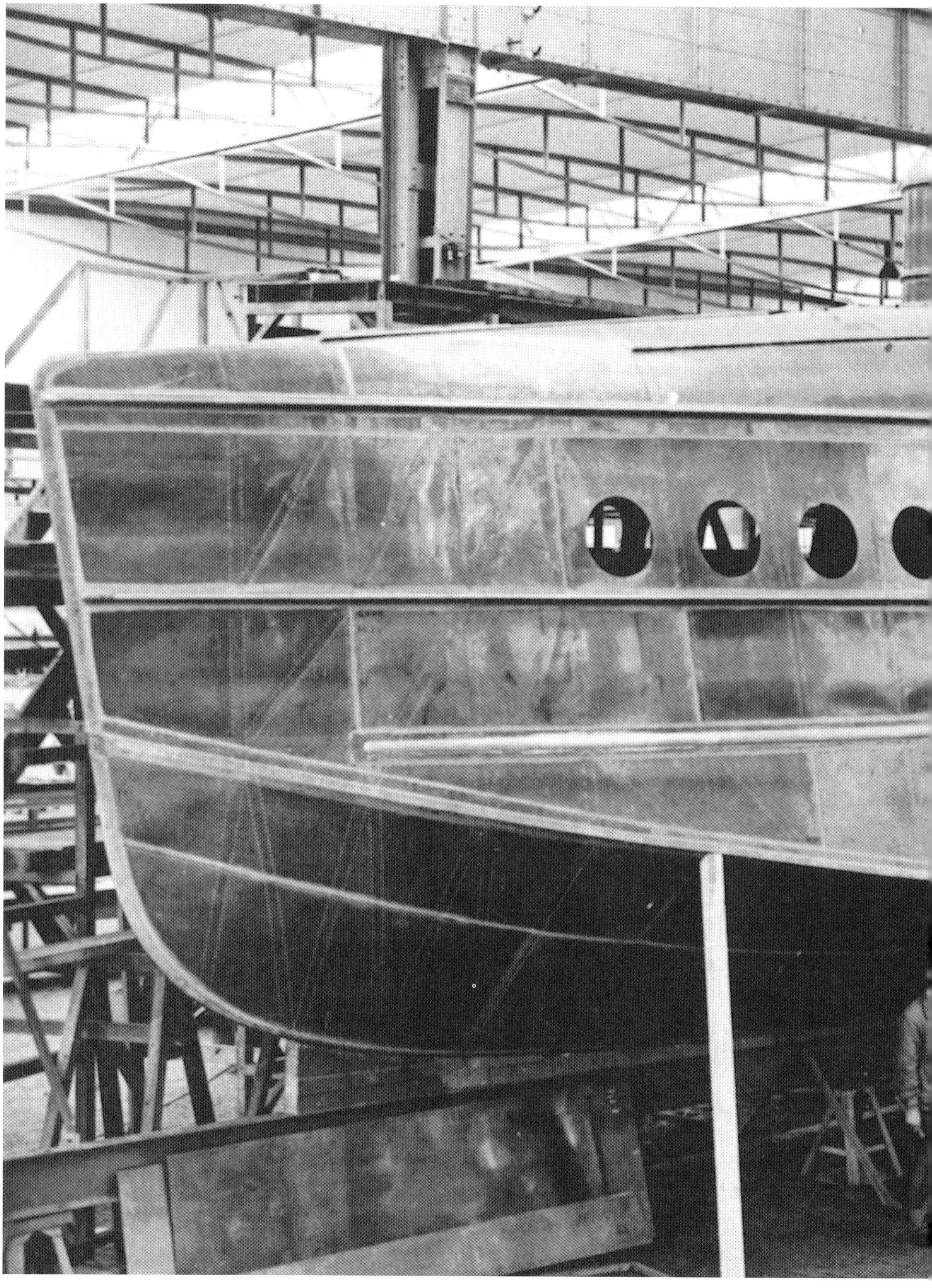

Für Claude Dornier waren die Entwicklung und der Bau der Do X, des damals größten Flugzeuges der Welt, eine große technische und unternehmerische Herausforderung (oben).

Die riesigen Dimensionen des fertiggestellten Rumpfes, noch ohne die Flossenstummel, werden im Vergleich zu den Arbeitern am Boden und in der Tür besonders deutlich (rechts).

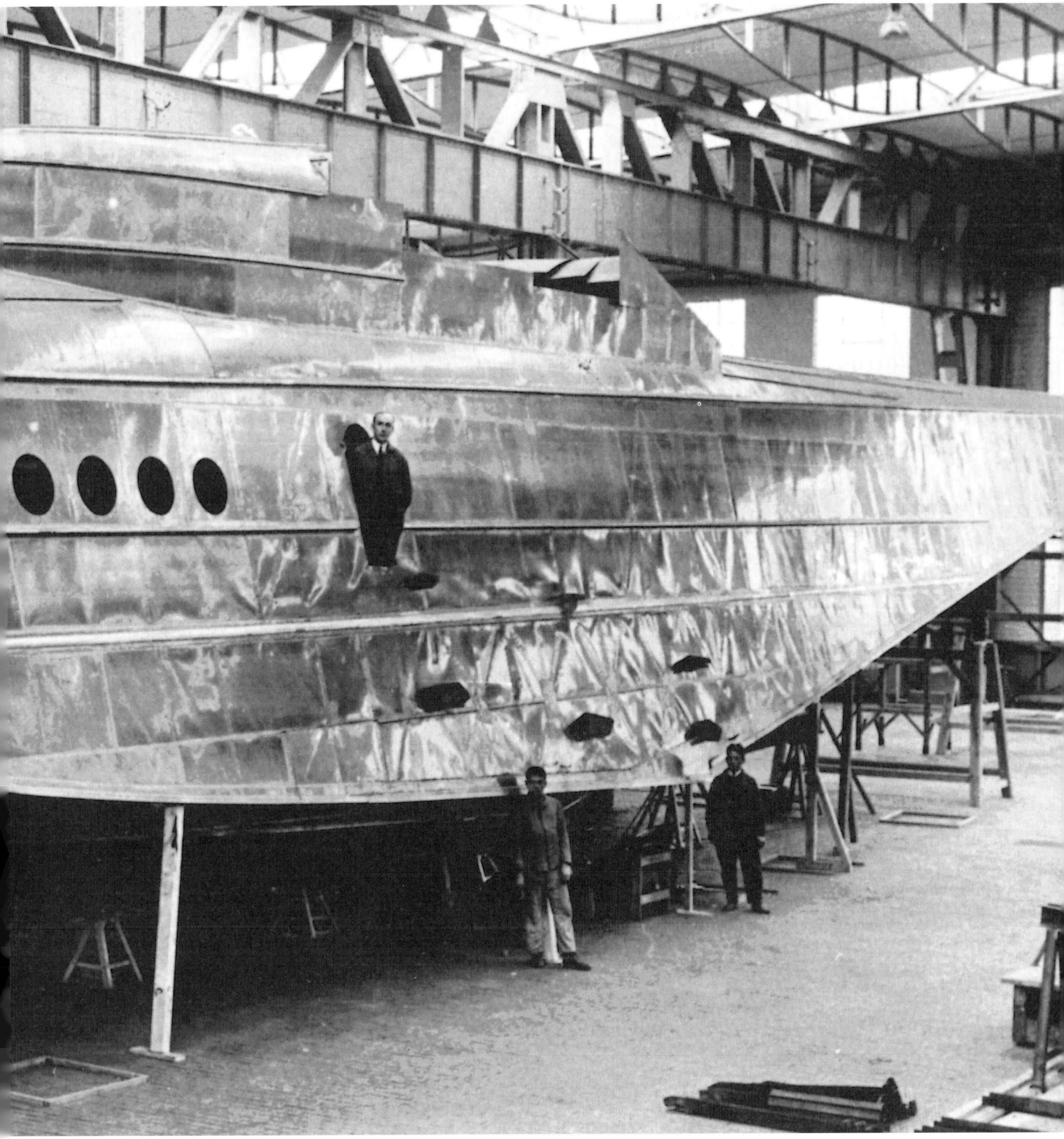

Neue Dimensionen im Flugzeugbau

Wie immer bei zukunftsweisenden Neuheiten begegneten der Plan der Do X und manche bei diesem Projekt zum erstenmal verwirklichten Ideen zunächst abfälliger Kritik. Experten des Flugzeugbaues sagten voraus, daß die Do X höchstens ihr Eigengewicht starten könne, so daß für eine Zuladung nichts mehr übrig bliebe. Motorexperten prophezeiten, daß die zwölf Motoren niemals gleichzeitig anspringen würden. Bei vielen Fachleuten herrschte die Ansicht vor, daß der Vergrößerung von Flugzeugen enge Grenzen gezogen seien. Ganz allgemein war die Ansicht vorherrschend, daß die Beanspruchungen des Bootskörpers beim Start im Seegang mit zunehmender Vergrößerung sehr schnell anwachsen würden. *„Große Bedenken"*, so Claude Dornier, *„herrschten damals auch in bezug auf die Möglichkeit der Handhabung sehr großer Flugzeuge. Man war der Ansicht, daß die Steuerbarkeit in der Luft nur mit Hilfe von Steuermaschinen erreichbar wäre. Die von einem einzelnen Menschen normalerweise aufbringbare Kraft würde bei weitem nicht zur Handhabung des Steuerapparates ausreichen."* Mancher Zeitgenosse fühlte sich an die „Great Eastern" erinnert.

Allen Kritikern das Gegenteil in der Praxis zu beweisen, war die technische Herausforderung, der sich Claude Dornier bei der Entwicklung der Do X zu stellen hatte. So hatte er bei der Do X den Piloten zum erstenmal in der Geschichte der Fliegerei die Überwachung der Antriebsanlage abgenommen. Ein Drehzähler zeigte die Drehzahl der Motoren, sechs auf jeder Seite, zusammenfassend an. Alle anderen Triebwerksinstrumente befanden sich übersichtlich im Maschinistenstand. Jeder Motor konnte vom Maschinisten ohne Zutun des Flugzeugführers angelassen, einreguliert, auf Drehzahl bei Vollgas geprüft und dann auf die Gashebel beim Piloten gekuppelt werden. Mit diesen beiden Gashebeln, je einer für sechs Motoren, konnte die Do X wie ein zweimotoriges Flugzeug geflogen und manövriert werden.

Die Betätigung der Steuer erfolgte in üblicher Anordnung

Wie bei einem Schiff war der Rumpf der Do X in drei Decks unterteilt: oben das Kommandodeck, im mittleren Deck die Passagierräume mit Küche, Waschräumen und Toiletten und im unteren Deck die Tank- und Frachträume (oben).

Die Do X mit ihren zwölf Siemens Jupiter-Motoren auf dem Aufschleppwagen (links).

Im Funkraum stand ein Telefunken-Peilgerät zur Verfügung; das Handrad (Mitte links) führte zur drehbaren Peilantenne auf dem Bug (rechts).

Der Navigationsraum lag direkt hinter dem Cockpit (ganz rechts).

An diesem Segment des Tragflügels ist der Kriechgang zu erkennen, durch den alle Motoren während des Fluges erreichbar waren (ganz rechts Mitte).

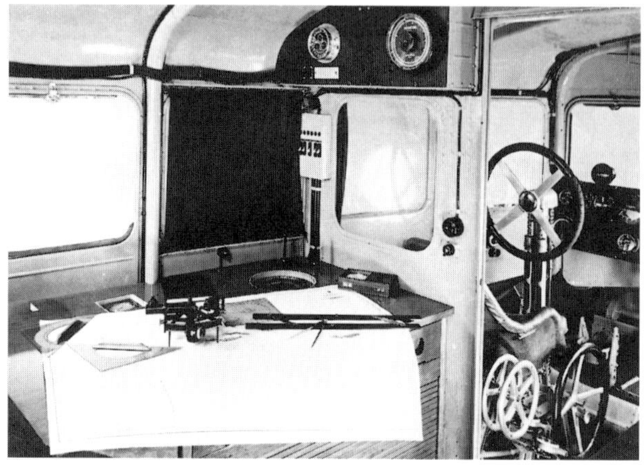

Von der Maschinenzentrale aus konnten alle zwölf Motoren der Do X geregelt werden (rechts).

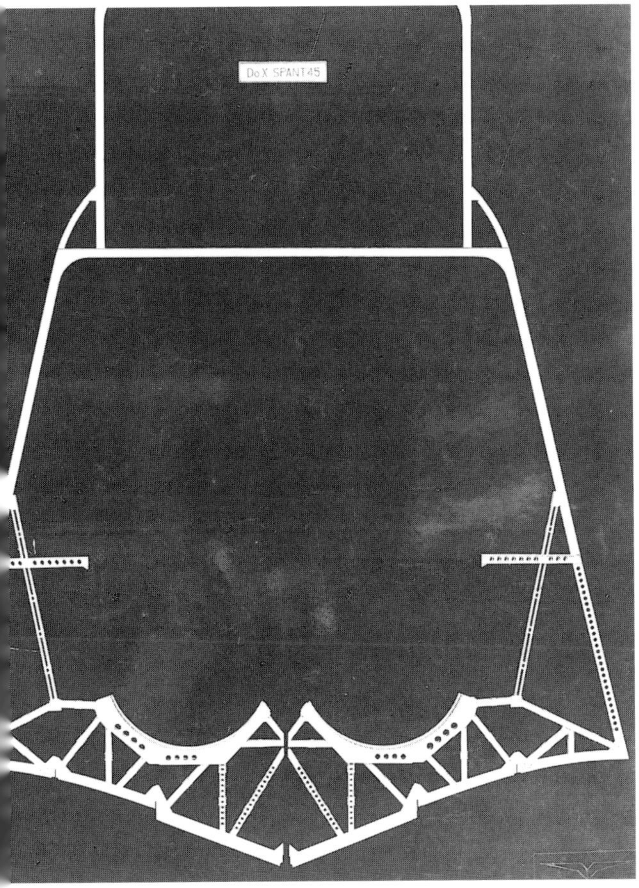

An diesem Rumpfspant wird die Querschnittsform des Bootes sehr gut deutlich (oben links).

Im C-Deck unter dem Boden der Passagierräume waren die großen Kraftstofftanks gelagert (oben rechts).

Die großzügig ausgestatteten Räume in der Kabine, die etwa 70 Passagiere faßte, sollten mit dem Luxus von Passagierdampfern konkurrieren (links).

durch Pedale für die Seitensteuerung und Steuersäule mit Handrad für Höhen- und Quersteuerung. Die Entlastungsflächen waren derart bemessen, daß selbst dieses Flugzeug noch von einem Führer ohne besondere Anstrengung mit eigener Kraft gesteuert werden konnte. Zur Längstrimmung konnte vom Führer durch ein seitlich des Führersitzes befindliches Handrad die Voranstellung der Höhenruder-Entlastungsflächen geändert werden. Um die bei Ausfall von seitlichen Motoren auftretenden Giermomente auszugleichen, konnte die Voranstellung der seitlichen Seitenruder in gleicher Weise verändert werden. Ein weiteres, seitlich des Führersitzes befindliches größeres Handrad diente zur Betätigung des Wasserruders. Die Übertragung der Steuerkräfte erfolgte grundsätzlich durch stählerne Stoßstangen und Winkelhebel, die sämtlich in Kugellagern gelagert waren.

Das Cockpit der Do X: Trotz seiner riesigen Dimensionen konnte dieses Flugschiff von Hand gesteuert werden.

Ein charakteristisches Merkmal des Do X-Entwurfes war die erstmals bei einem Flugzeug vorgenommene Aufteilung in drei unabhängige Decks, die eher an ein Schiff als an ein Flugzeug erinnerte. Das oberste Deck, das „Kommandodeck", enthielt den Führerraum, einen Kommandanten- und Navigationsraum, eine Maschinenzentrale, von der aus Flugingenieure die zwölf Triebwerke überwachten und notfalls, durch Kriechgänge in den Flächen, auch inspizieren konnten, einen schalldichten Funkraum und einen Hilfsmaschinenraum, in dem ein 12-PS-Zweitaktmotor für Strom und Frischluft sorgte. Alles war auf die Arbeitsteilung innerhalb der Besatzung angelegt, was sich bei langen Flugzeugen als besonders wichtig erwies.

Im mittleren Deck, dem Hauptdeck, erstreckte sich eine begehbare Fläche von über 24 m Länge und einer mittleren Breite von 3 m, die, je nach Passagierzahl, unterschiedlich eingerichtet werden konnte. Gedacht war an die Aufnahme von etwa 70 Fluggästen, denen Sitzgruppen und eine kleine Bar an der Rumpfspitze, ein Rauchsalon und ein Gesellschaftsraum zur Verfügung standen; man wollte schon mit dem Luxus von Passagierdampfern konkurrieren. Natürlich waren auch Nebenräume wie eine elektrische Küche, Waschräume und Toiletten vorhanden. Im unteren Deck, dem C-Deck, konnten Fracht und Treibstoff, insgesamt 23.000 Liter, untergebracht werden.

Die Do X war als halbfreitragender Eindecker gebaut. Der unmittelbar auf dem Schiffsrumpf liegende Flügel – Spannweite 48 m – Flügeltiefe 9,5 m – war an jeder Seite durch drei schräge Stiele gegen die Bootsstummel abgestützt. Die Triebwerksanlage in den sechs Tandemgondeln über dem Flügel war untereinander durch einen schmalen Hilfsflügel verbunden. Die Bauausführung des Flugschiffs erfolgte wiederum in der von Claude Dornier entwickelten Bauweise mit Spezialprofilen aus Duralumin in Verbindung mit glatten Blechen unter Verwendung von hochwertigem Stahl für besonders hoch beanspruchte Bauteile. Die Größenabmessungen des Flugschiffes brachten es freilich mit sich, daß anstelle der bis dahin üblichen gezogenen Profile für die größere Kräfte übertragenden Bauteile weitestgehend gepreßte Spezialprofile aus Duralumin verwendet wurden.

Das Boot zeigte im Vorschiff hinter einem scharfen Bug mit

ausfallendem Steven scharfe Spantformen, die allmählich in einen flacheren Boden übergingen. Um den Start zu erleichtern, hatte der Bootsboden eine Querstufe und außerdem die bei früheren Dornier-Booten im Seegang besonders bewährte Längsstufung, durch die erreicht wurde, daß das Boot bei hoher Geschwindigkeit nicht auf der ganzen Rumpfbreite, sondern nur auf dem tieferen, mittleren Stufenteil lief; dadurch milderten sich die im Seegang auftretenden Stöße. Hinter der Stufe war die Unterseite des Rumpfes stark hochgezogen, so daß das Heck genügend hoch über dem Wasserspiegel lag, um das Leitwerk vor Wasserschlägen zu bewahren. Für die Landung und wegen der verbesserten Manövrierfähigkeit auf dem Wasser befand sich hinter der Querstufe noch ein Spornkasten, an dessen Ende das Wasserruder angebracht war.

Der rechteckige Flügel war als dreiholmiges, dreifach durch Streben abgestütztes Tragwerk ausgebildet – ein System, das bei der Do X zum erstenmal angewendet wurde. Es ergab infolge der eigenartigen Verbundwirkung ganz besondere Steifigkeit und Torsionsfestigkeit. Die durch die Verschneidungen der im Abstand von 2,8 bis 3,6 m angeordneten Querträger mit den drei Holmen entstehenden Felder waren durch biegungssteife, mit Stoff bespannte Platten, sogenannte „Flügelhautfelder", abgedeckt. Der hinter dem Hinterholm liegende Teil des Flügels war als selbständige Scheibe hergestellt, die Flügelnase vollständig in Metall ausgeführt und zur Aussteifung des Vorderholmes gegen Ausknicken herangezogen. Die Flügelhautfelder waren teilweise mit Blech, teilweise mit Stoff abgedeckt, einfach und billig herzustellen und leicht zu montieren.

Das Höhenleitwerk – Abstand von der Wasserlinie: 6 m – bestand aus einer kleinen, unmittelbar auf dem Heck liegenden festen Flosse und der darüberliegenden Haupthöhenflosse, an der das Höhenruder angelenkt war. Das Seitenleitwerk wies eine aus dem Bootsende herauswachsende Kielflosse und drei Seitenruder auf. Das mittlere Hauptseitenruder saß an der Kielflosse, während die beiden seitlichen Ruder als Pendelruder zwischen den beiden Höhenflossen angeordnet waren.

Die Do X wird in Altenrhein zum ersten Mal zu Wasser gelassen; deutlich erkennbar der kleine Hilfsflügel zwischen den Motoren (links).

Das Leitwerk lag rund sechs Meter über der Wasserfläche (unten).

Die Do X im Schlepp hinter einem Motorboot (rechts).

Dornier-Chefpilot Richard Wagner führte die Erprobung des Flugschiffes durch (unten).

Der erste Start der Do X am 12. Juli 1929 war für Claude Dornier der größte Augenblick seines Lebens (oben).

Die Erprobung

Die Fertigmontage, der Zusammenbau des Bootsrumpfes mit Flügel, Leitwerk und Triebwerken, einschließlich des Verlegens der Leitungen, erforderte 60 Tage. Anfang Juli 1929 war der Augenblick gekommen, das Gesamtgewicht mit der Summe der Einzelgewichte zu vergleichen. Die Differenz bei den Werten lag tatsächlich im Rahmen des Vorausgesagten. Gegenüber dem ursprünglich projektierten Leergewicht hatten sich allerdings einige unvermeidliche Mehrgewichte bei den Triebwerken, den Luftschrauben und vor allem bei der Zelle ergeben, wodurch das Leergewicht von 25 Tonnen auf 28 Tonnen stieg. Nach den vertraglich eingegangenen Bedingungen war eine Zuladung von 20 Tonnen garantiert worden. Jetzt mußte das Abfluggewicht von 45 t auf 48 t heraufgesetzt werden, was durch geringfügige Verstärkungen der Zelle möglich war.

Am Morgen des 12. Juli 1929 hatten sich bei herrlichem Wetter Journalisten und Kameraleute, Ingenieure, Kaufleute und Werftarbeiter versammelt, als sich die Tore öffneten und die Do X 1 auf dem Aufschleppwagen ins Wasser rollte. Richard Wagner, der Pilot, der die Do X einflog, und Heinrich Schulte-Frohlinde, zuständig für Messungen, Beobachtungen und technische Fragen, waren mit den anderen Besatzungsmitgliedern schon an Bord.

Der Ablaufplan legte im einzelnen fest:
Motorprobe an Land- nach Klarmeldung gibt Dr. Dornier die Erlaubnis zum *„Zuwasserbringen der Do X – die eingeteilte Besatzung begibt sich auf ihre Plätze – in das Dienstboot sind nur die bezeichneten Personen zu übernehmen, damit volle Manövrierfähigkeit des Bootes sichergestellt ist! – das Gästeboot hält sich seitlich oder hinter dem Flugboot, Annäherung maximal 200 m! Vereinbarte Signale (vom Stummel oder vom Fenster der Führerkabine der Do X aus): gleichmäßiges Senken der Unterarme = langsamer; Heben der Arme = stop; kreisende Bewegung = vorwärts. Vorgesehene Manöver: Feststellen der Steuerbarkeit auf dem Wasser, Motorprobe, Rollversuche auf der Stufe, Startversuche, längerer Flug.*

Sieben Monate lang wurde die Do X über dem Bodensee erprobt (oben und ganz links).

Do X: Sensation für die Presse

Rundfunk und Presse waren dabei, als die Do X auf dem Bodensee ihre ersten Flüge durchführte. Nicht wenige Experten hatten bezweifelt, daß dieses Riesen-Flugboot außer seinem Eigengewicht noch eine Nutzlast würde befördern können. Für Claude Dornier war es ein Triumph, als seine Do X die Anerkennung der zunächst skeptischen Fachwelt und die Bewunderung der Öffentlichkeit fand.

Nach Beendigung eines Manövers setzt das Flugboot die gelbe Flagge, die Oberleitung antwortet vom Dienstboot aus mit Flaggensignal und gibt damit Weisung zum Beginn des nächsten Manövers. Die Erprobungen finden nördlich des Dampferkurses Rorschach-Lindau statt."

Um 7.44 Uhr wurde der erste Motor angeworfen, um 8 Uhr liefen acht der zwölf Motoren. *„Um 8.08 Uhr"*, so der Bericht über den Erstflug, *„schwamm DoX vom Wagen frei und wurde von der ‚Altenrhein' in Schlepp genommen. Um 8.14 Uhr wurde die Schleppleine des Motorboots losgeworfen."* Die DoX, die nun in den See hinausrollte, hatte etwa 3.000 l Treibstoff in den Tanks sowie Schmierstoff in den Gondelbehältern, dazu 2.000 kg Ballast zum Trimmen an Bord.

Begleitet von den Motorbooten mit Claude Dornier und seiner Familie, Vertretern der Reichsregierung und den Kameraleuten rollte die DoX auf dem Wasser. Um 8.59 Uhr liefen sämtliche Triebwerke. Um 9.15 Uhr wurde mit der Drehkreisbestimmung begonnen, ein ganzer Kreis dauerte zwei Minuten und zehn Sekunden. Das Wasserruder erwies sich bei diesen Versuchen als äußerst wirksam, zumindest bei Windstille.

Diese Versuche waren um 9.30 Uhr beendet. Wagner gab, weil einer der noch nicht einregulierten Motoren stehengeblieben war, Vollgas, gleichzeitig wollte er auf der Stufe die Steuerung prüfen. Eher als angenommen, beide Geschwindigkeitsmesser zeigten nicht an, erreichte das Flugboot die nötige Geschwindigkeit zum Abheben und machte um 9.35 Uhr den ersten Sprung. Dabei erreichte es eine Höhe von 3 m. Claude Dornier: *„Es war einer der größten Momente meines Lebens."* Noch ein zweites, ein drittes Mal machte die DoX mit ihrem Fluggewicht von etwa 35 t kurze Sprünge und erhob sich vom Wasser, bevor sie zur Boje zurückgeschleppt wurde.

Vom Erprobungsbeginn der DoX bis zum Einfliegen mußten nur wenige hundert Arbeitsstunden für Änderungen an der Zelle aufgewendet werden. Die Flugerprobung, die mit drei Flügen am 15. Juli begann, bewies die Richtigkeit der rechnerischen Annahme eines Startgewichts von 48 t. Die Lernphase im Umgang mit diesem überdimensionalen Flugschiff

Besichtigung der DoX durch die Presse am 9. Juli 1929 noch vor dem Erstflug (rechts).

König Gustav V. von Schweden mit Claude Dornier bei der Besichtigung der Werksanlagen in Altenrhein (unten).

D-1929

DO-X
LUFT HANSA

Tausende von Schaulustigen drängten sich in den Hallen von Altenrhein, als die Do X im August 1929 zur Besichtigung freigegeben wurde (rechts); mit Plakaten wurde für dieses große Ereignis geworben (unten).

Nur für kurze Zeit flog die Do X mit dem Schriftzug „LUFTHANSA" am Bug (vorige Seiten).

begann. Bei den folgenden Flügen wurden mit Tensometern die Spannungen in den wichtigen Bauteilen des Flügels gemessen und die im Boot und im Flügel herrschenden Druckverhältnisse untersucht. Mit Pitotrohren wurde die Strömung um die Gondeln und den Oberflügel gemessen, ebenso die um den Hauptflügel. Die Durchbiegungen der Holme wurden optisch gemessen. Dazu kam, neben eingehenden Untersuchungen der Stabilitätseigenschaften, eine Reihe von Trimmversuchen.

Die Erfahrungen bei diesen zumeist kurzen Flügen teilte Claude Dornier in seinem Vortrag mit, den er noch im Jahre 1929 hielt. Da heißt es:

„Der Start ist überraschend gut, die Wasserarbeit während desselben einwandfrei. Das Boot kommt auch mit hohen Zuladungen in wenigen Sekunden auf Stufe. Die Stabilität auf dem Wasser entspricht den Erwartungen. Das Manövrieren ist sehr einfach. Schon in den ersten Tagen rollte das Boot unter eigener Kraft an die Boje. Die Sichtverhältnisse sind vorzüglich. Die Landung macht keine Schwierigkeiten. Die Flugeigenschaften sind normal. Das Flugschiff kann auch von Durchschnittsführern geflogen werden. Die Ruder sind leichtgängig und wirksam. Einbau von Hilfsmaschinen für die Betätigung der Ruder unnötig. Das Höhenruder ist zunächst überausgeglichen. Die Verwindung ist normalerweise leichtgängig, erfordert aber bei großen Ruderausschlägen viel Kraft. Ausgleich und Durchmesser der Handräder wurden deshalb vergrößert."

Zu einem (eher kuriosen) *„Rekordflug mit Personenbesetzung"*, wie es im Flugbericht Nr. 42 hieß, startete die Do X am 21. Oktober 1929 mittags. Im Mitteldeck saßen in einfachen Korbsesseln 159 Passagiere, Pressevertreter und Werksangehörige bis zum Lehrling; dazu kam noch eine Besatzung von zehn Mann, so daß das Abfluggewicht 44.768 kg betrug. Die Sicht war wunderbar, in 40 Minuten flog das Flugschiff das Bodenseeufer ab. *„Das Flugschiff war tadellos getrimmt, daher auch ein ausgezeichneter Start in 53 Sekunden."*[49] Es hat lange gedauert, bis dieser Rekord im Passagierflug gebrochen wurde.

Wenig später, am 6. November 1929, flog in Dessau die Junkers G 38 zum ersten Mal, damals das größte Landflugzeug der Welt.

Insgesamt flog die Do X 1 in der Zeit vom 12. Juli 1929 bis zum 14. Februar 1930 einundsiebzigmal. Die Gesamtflugzeit betrug 37 Stunden, 37 Minuten. Die Erprobungen hatten allerdings ergeben, daß die Dauerleistung der eingebauten luftgekühlten Motoren nicht ausreichend war. Die vertraglich garantierten Leistungen in bezug auf Zuladung, Geschwindigkeit und Startvermögen wurden zwar einwandfrei erreicht, so daß die Abnahme des Flugschiffes am 20. Februar 1930 erfolgte. Die Piloten waren aber gezwungen, zum Teil mit Drehzahlen zu fliegen, welche, wie sich bald herausstellte, für den verwendeten Motorentyp erheblich zu hoch lagen. Als sehr schwierig erwies es sich auch, die Zylinder der Motoren genügend und gleichmäßig zu kühlen. Bei den Versuchsflügen wurden eingehende Messungen der Zylindertemperaturen vorgenommen und die verschiedenartig-

Wegen mangelnder Leistung mußten die Siemens-Motoren gegen wassergekühlte Curtiss Conquerer mit je 640 PS ausgewechselt werden (oben).

Bei einem aufsehenerregenden Rekordflug über dem Bodensee waren 169 Personen an Bord (links).

sten Belüftungsanordnungen untersucht. Man versuchte durch ringförmige Luftzuführungen, durch Anordnungen von Kanälen und Schächten verschiedenartigster Ausführungen und zuletzt durch Wegnahme des Oberflügels eine gleichmäßige Verteilung der Temperaturen zu erreichen. Das gelang bis zu einem gewissen Grad, änderte aber nichts an der Feststellung, *„daß der Motor in seiner Dauerleistung wesentlich hinter den Voraussetzungen, welche der Konstruktion zugrunde gelegt waren, zurückblieb."*

Claude Dornier über diese *„bitteren Erfahrungen"*:
„Eine klare Definition der Dauerleistung eines Flugmotors existierte damals nicht. Man war auf eine gefühlsmäßige Einschätzung dessen angewiesen, was man dem Motor auf Grund seiner Typenprüfung im praktischen Betriebe dauernd zumuten konnte. Die mangelnde Kenntnis der praktischen Dauerleistung machte sich im Verlaufe der Erprobung in voller Schärfe bemerkbar." [50)]

Die Kabine der Do S – ein amerikanischer Millionär wollte sie als „Luftjacht" kaufen (oben).

Die Do S nach der Ankunft auf der Seine in der Nähe von Paris (rechts).

Es gelang nicht, in England stärkere Motoren zu beschaffen. Dafür zeigte sich Curtiss-Wright in den USA geneigt, leichte 12-Zylinder-Conqueror-Motore von 640 PS zu günstigsten Bedingungen abzugeben. Der Entschluß drängte sich auf, die Do X auf wassergekühlte Triebwerke umzustellen. In der Zeit von Februar bis August 1930 fand der Umbau statt. Aus der Do X 1 wurde die Do X 1a.

Do S – ein weiterentwickelter „Superwal"

240 000 Arbeitstunden hatten in die Do X investiert werden müssen. Daneben war in aller Stille im Werk Manzell das 15-t-Flugboot Do S als ziviles Sonderflugzeug entwickelt und gebaut worden, eine Weiterentwicklung des Superwal – der Versuch auch, die Erfahrungen, die mit dem Flugschiff Do X schon gemacht worden waren, auf kleinere Flugboote zurückzuübertragen, um auch diese wieder auf den neuesten Stand der Technik zu bringen.

ER

DORNIER
D-19

Ein kleiner Oberflügel mit Blechbeplankung verband bei diesem 1930 gebauten Flugboot zwei Motorgondeln mit den in Tandemanordnung eingebauten vier Hispano-Suiza 12 Lbr-Motoren. Der Oberflügel wurde zum Hauptflügel mit Stahldrähten verspannt und dieser gegen die Stummel abgestrebt. Ähnlich wie bei der Do X war die Do S in ein Oberdeck für die vierköpfige Besatzung (zwei Piloten, ein Bordmechaniker und ein Funker) und ein Hauptdeck für die Passagiere unterteilt, womit eine bessere Ausnutzung des Bootskörpers als beim Superwal erreicht wurde.

Im Hauptdeck befanden sich: Zwei Fluggasträume, der Einstiegraum mit Garderobe und Aufstieg zum Besatzungsdeck, Waschraum mit Toilette, die Bordapotheke und Bordbibliothek, Küche, Gepäckraum, Ankerraum mit Seeausrüstung im Bug und der Heckraum. Die durch wasserdicht verschließbare Türen miteinander verbundenen beiden Passagierräume waren für 22 bis 30 Fluggäste sehr komfortabel eingerichtet. Der Einstieg in das Boot erfolgte durch Türen in der Bootsseitenwand.

Schon im Dezember 1930 konnte die Do S mit der Zulassung D-1967 beim Pariser Aero-Salon ausgestellt werden, wo sie Aufsehen erregte. Die Do S wurde auf dem Luftwege, dem Rhein folgend, über Amsterdam und die Maas entlang nach Paris überführt, wo sie am 16.November in dem Bassin von Suresnes auf der Seine wasserte. Dort wurde sie für den Transport zu dem Ausstellungsgelände demontiert. Anschließend an die Ausstellung erfolgten Vorführungsflüge vor Interessenten.

Ein amerikanischer Millionär, Gar Wood, zeigte großes Interesse an einer Do S, die als Airyacht ausgestattet werden sollte. Es wurden verschiedene Vorschläge über das Design der Innenräume gemacht. Anstelle der wassergekühlten Hispano-Suiza-Motoren sollten für dieses Flugboot luft-

Die Erfahrungen mit dem Superwal und der Do X standen Pate bei der Entwicklung der Do S (ganz links).

Auf dem Aerosalon Paris 1930 fand die Do S viel Interesse (unten).

gekühlte Sternmotoren Pratt & Whitney „Hornet" eingebaut werden – ein problematisches Unterfangen. Denn gerade diese Triebwerke hatten sich (angeblich) bei den beiden nach Amerika, an die Stout Detroit Cleveland Navigation Company, gelieferten Superwalen nicht bewährt, weshalb diese auch nicht auf den Großen Seen zum Einsatz gekommen waren.

Es gab auch Streit um die Do S und Do X – Patentstreit. Adolf Rohrbach, dessen Unternehmen sich die Eindecker-Schulterdeckerbauart mit über dem Tragdeck liegenden Motoren hatte patentieren lassen, sah in der Konstruktion der beiden Dornier-Flugboote eine Patentverletzung, eine holländische Patentverwertungsgesellschaft klagte. Die maßgeblichen Gutachter waren sich allerdings darin einig, daß Rohrbachs Patent nur die eindeutig festgelegte Kombination von an sich bekannten Einzelheiten, nämlich die Begriffe: Eindecker, mehrmotorig und freie Aufstellung der Motorgondeln über dem Tragflügel, abdecke. Anhand von Versuchen konnte DMB nachweisen, daß die Bootsstummel bei Do X und Do S dem Gesamtauftrieb dienten und beide Flugboote als Eineinhalbdecker einzustufen seien. Das Ravensburger Landgericht lehnte denn auch am 29. Januar 1931 eine Einstweilige Verfügung gegen DMB ab.[51)]

Die Do X: das vorläufige Resümee

Im November 1929 hatte Claude Dornier auf der Jahresversammlung der Wissenschaftlichen Gesellschaft für Luftfahrt den ersten resümierenden Vortrag über die Do X gehalten. Mit ihrem Bau sei der Nachweis erbracht, so der Schöpfer, *„daß die Vergrößerung der Abmessungen das Baugewicht nicht in dem ungünstigen Sinne beeinflußt, wie dies früher von vielen Autoren angenommen wurde."* Mit dem Wachsen der Kräfte vereinfachten sich die statischen Aufgaben und besonders die Dimensionierung der Bauglieder. *„Alles wird handlicher, leichter zugänglich und billiger. Der Anteil von Ausrüstung, Instrumentierung, Reserveteilen, Besatzung, Bedienung und Sicherheitseinrichtungen am Gesamtgewicht der Zelle nimmt mit wachsenden Dimensionen rasch ab."* Nur, und da machte sich Unmut über die leidige Motorfrage Luft, nur *„die Entwicklung der Motoren scheint nicht Schritt zu halten mit den Fortschritten im Bau der Zelle"*.

Für die Presse des In- und Auslandes war die Do X ein *„Wunderwerk deutscher Technik, ein unerhörtes Novum in der Geschichte der Fliegerei"*. Friedrichshafen, der Bodensee, wie schon 20 Jahre zuvor, als sich im Herbst 1909, nach Zeppelins erster Erfolgsserie, sogar eine hundertköpfige Delegation des Deutschen Reichstags auf den Weg an den Bodensee gemacht hatte: Die Ideen zum Transatlantikverkehr, wie er sich für die dreißiger Jahre abzuzeichnen begann, gingen von Friedrichshafen aus, nur von hier – vom Luftschiffbau Zeppelin und den Dornier Metallbauten. Hier, und noch dazu unter dem Dach eines einzigen Konzerns, wurden zu einem Zeitpunkt, als noch die tollkühnen Flüge von Franco, Lindbergh und Köhl die Bewunderung der ganzen Welt erregten, diskutable und schon ausgereifte Lösungen für die Handelsluftfahrt angeboten: In der Do X und mit LZ 127, dem „Graf Zeppelin".

Das Luftschiff, das dank der Zeppelin-Eckener-Spende des deutschen Volkes hatte gebaut werden können, umkreiste in diesem Jahre 1929 unter Hugo Eckeners Leitung die Erde. Am 4. September stand der Zeppelin wieder auf dem Bodensee, die „Deutsche Weltfahrt", war zu Ende, ein paar Wochen vor dem aufsehenerregenden Flug der Do X mit 169 Personen an Bord. Wolfgang von Gronau, der im folgenden Jahr zum ersten Mal, und zwar mit dem überholten Amundsen-Wal, nach New York flog, beschrieb damals die durch Internationalität geprägte Stimmung im Friedrichshafener Kurgarten-Hotel: *„In diesem Haus herrschte eine einzigartige Luftfahrer-Atmosphäre. Flieger und Luftschiffer, Ingenieure und Journalisten, Kaufinteressenten und Sachverständige aller Länder trafen sich hier."*

Optimismus war spürbar in Friedrichshafen, man sah sich in der Rolle der Schrittmacher. Der Umbau der Do X auf leistungsfähigere Motoren öffnete nun, nach dem Luftschiff, auch für das Flugschiff die Möglichkeit, andere Kontinente anzufliegen. *„Die Hochstimmung der Dornier-Leute"*, so ein Mitarbeiter jener Tage, *„gipfelte in dem Bewußtsein, daß ein die ganze Welt bewegender Fortschritt in vollendeter Form gemacht sei; zu dem Glauben an eine großartige, aus dieser Leistung hervorgehende Entwicklung gesellte sich der Stolz auf ihren Chef, dem Idee, Planung, Entwurf und Verwirklichung zu danken waren."* Hoffnungsfroh hieß es im DMB-Jahresbericht: *„Mit Bestellungen kann auf Grund des überall bestehenden Interesses für die Type Do X bestimmt gerechnet werden, wenn die Fernflüge befriedigend verlaufen."*

Doch der „Schwarze Freitag" der Wallstreet und seine Folgen für die Weltwirtschaft überschattete von nun an die folgenden zwei Jahre der Do X-Erprobung. Im Rückblick bekannte Claude Dornier, daß die technischen Probleme noch relativ klein gewesen seien *„im Vergleich mit den finanziellen"*. Die Schwierigkeiten sollten in der Tat erst beginnen.

Experimentierphase im Landflugzeugbau

Das weltweite Echo auf die Do X, der erhebliche Gewinn an Renommee für das Unternehmen, konnten freilich nicht darüber hinwegtäuschen, daß sich die Werften einem Auftragsengpaß näherten. Im Laufe des Jahres 1928 war die DMB-Belegschaft von 968 auf 596 Arbeiter und Angestellte geschrumpft; Betriebsabteilungen wurden soweit wie möglich wieder zusammengelegt und die zum Luftschiffbau verlegten Abteilungen wieder nach Manzell zurückgeholt. Auch die CMASA in Marina di Pisa mußte infolge der schwierigen Geschäftslage Arbeiter und Angestellte entlassen.

Vom Einmotorigen zum Viermotorigen: Do K

Anfang 1929 lag folgender fester Auftragsbestand vor: zwei Superwale für die SANA, vier für das Reichsverkehrsministerium; dazu kamen 14 Do D für Jugoslawien – insgesamt ein Auftragsbestand von 5,9 Millionen Reichsmark. Der Schwerpunkt lag ersichtlich, von Altenrhein und der Do X abgesehen, bei der Do-D-Schwimmerflugzeugproduktion.

In den Konstruktionsbüros wurde bis ins Jahr 1929 hauptsächlich an der Do X und am „Superwal" gearbeitet, das dokumentierte den Rang Dorniers im Flugbootbau. Auch die Do K wurde in Angriff genommen, die als Ersatz für den ebenso wirtschaftlichen wie erfolgreichen „Merkur" gedacht war. Die Debatte um die Flugsicherheit hatte nach dem spektakulären Unfall eines „Merkur" bei Schleiz – Ursache: Materialermüdung – eher noch zugenommen. Die Tendenz im deutschen Flugzeugbau zielte eindeutig auf den mehrmotorigen Eindecker, auf das „Großflugzeug", wie man es damals nannte. Die Lufthansa, interessiert an der Entwicklung hochwertiger, mehrmotoriger Flugzeuge, hatte damals für deren Bau Richtlinien aufgestellt. Eine Kardinalforderung lautete, daß das Flugzeug bei Ausfall eines Motors mit den weiteren Motoren ohne Höhenverlust weiterfliegen können müßte. Großflugzeuge entsprachen überdies der eigentlichen Aufgabe des Luftverkehrs, längere Strecken ohne Zwischenlandung zurückzulegen.[52)]

Das Bestreben der DMB, im Landflugzeugbau präsent zu bleiben, zeigte sich übrigens auch im Ausbau des „Hilfslandeplatzes Friedrichshafens", von Löwental also, dem (von der Herzogl. Rentkammer und dem Landesfinanzamt gepachteten) Werkflugplatz. Am 6. Juni 1928 wurde die „Flughafen Friedrichshafen GmbH" gegründet. Das Gesellschaftskapital von 150.000 RM teilten sich die Dornier-Metallbauten GmbH mit 100.000 RM und die Stadt Friedrichshafen mit 50.000 RM. Diese Gesellschaft „Flughafen Friedrichshafen GmbH" erstellte 1928 auf dem Löwentaler Gelände eine neue Flugzeughalle (Länge 100 m, Breite 46 m, Höhe 15 m) mit den entsprechenden Anbauten für Büros und

Die Do K sollte der Nachfolger für den erfolgreichen Dornier Merkur werden.

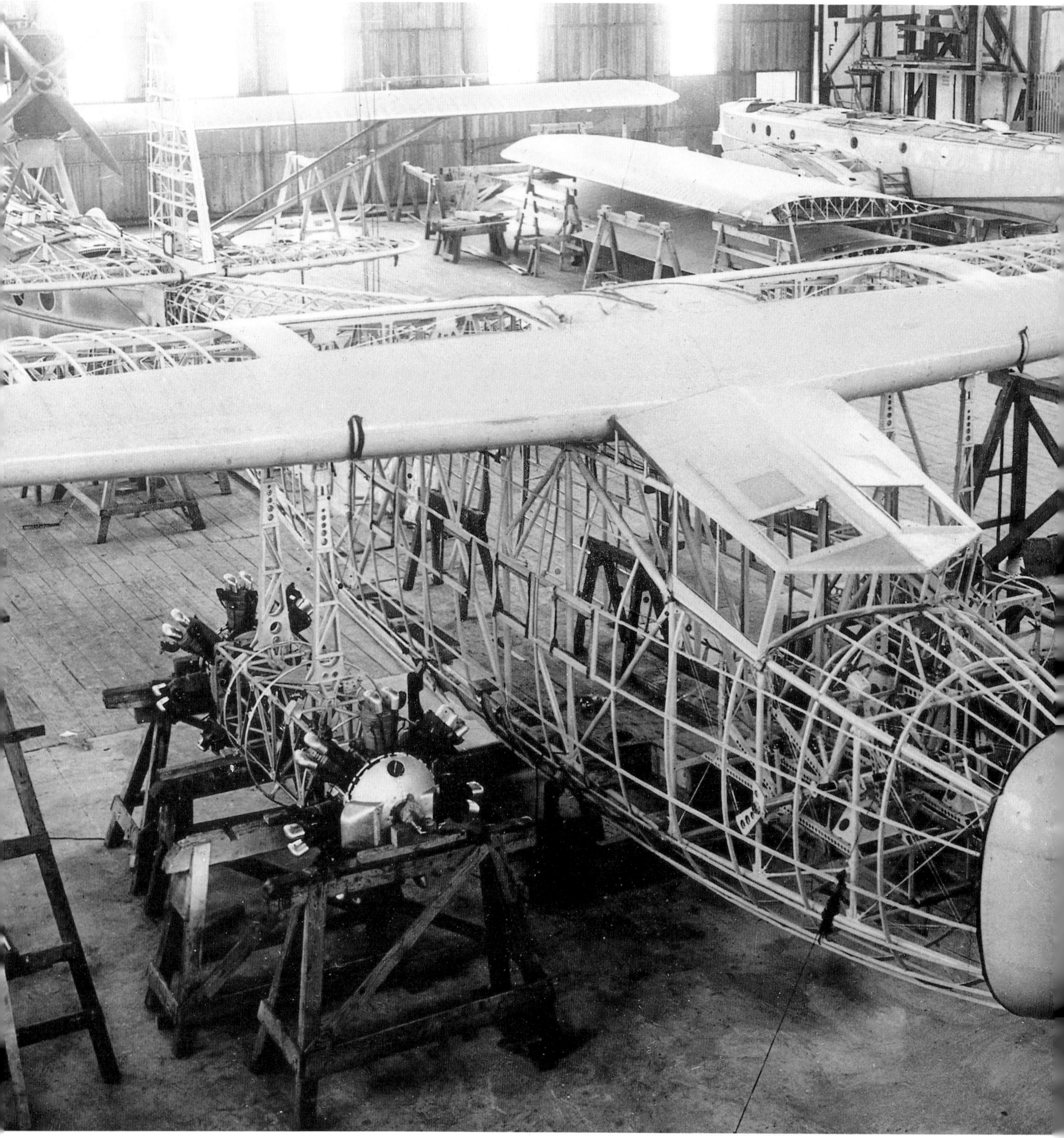

Die Forderungen der Lufthansa nach mehr Sicherheit führten zum Bau der viermotorigen Do K 2 (oben).

Die ebenfalls viermotorige Do K 3, hier bei der Montage, sollte zu einem geräumigen und komfortablen Verkehrsflugzeug werden (links).

Werkstätten. Beim Bau dieser Halle wurde Material der alten Luftschiffhalle verwendet. Ein großer Teil des Flugplatzes wurde neu drainiert und planiert, das restliche Gelände sollte Zug um Zug hergerichtet werden.

Die Do K 1 wurde Ende der zwanziger Jahre im Dornier-Werk Manzell konstruiert und gebaut. Sie verdankte ihr Entstehen – im Gegensatz zu den sich mehrenden Entwicklungsaufträgen aus dem Reichsverkehrsministerium, hinter denen sich zumeist militärische Projekte verbargen – der Eigeninitiative Claude Dorniers. DMB trug auch die Entwicklungskosten der Do K, die bei zunehmender Bedeutung des Luftverkehrs mehr Passagierraum bieten sollte als bisher der Merkur.

Dornier ging bei diesem Flugzeug versuchsweise einen neuen, für ihn typischen Weg: Er ging von der Leichtmetallbauweise ab und konstruierte einen Flugzeugtyp mit einem Rumpf aus Stahlrohren und Duralprofilen, der einen rechteckigen Querschnitt zeigte. Das Rumpfgerippe war mit Stoff bespannt, ebenso die Leichtmetallstruktur der Tragflächen. Das Triebwerk Siemens-Jupiter VI mit einer vierblättrigen Dornier-Holzluftschraube war in der Rumpfspitze des abgestrebten Schulterdeckers eingebaut. Es folgten das geschlossene Cockpit mit Doppelsteuerung, die achtsitzige Passagierkabine, Toilette und Gepäckraum. Das dreiholmige, stoffbespannte Tragwerk von gleichbleibender Flügeltiefe mit halbkreisförmigen Enden war dreiteilig, bestand aus dem auf dem Kabinendach aufgesetzten Mittelstück und zwei Außenflügeln. Das Leitwerk war leicht lösbar auf das Rumpfheck aufgesetzt; Flossen und Ruder erhielten Stoffbespannung. Bei dem Dreibeinfahrwerk führte die Hauptstrebe, als Federbein ausgebildet, von der Radachse zum Flügelvorderholm-Rumpfanschluß.

Schon vor der endgültigen Fertigstellung der Do K 1, die alle Abnahmeprüfungen einwandfrei bestand, aber in dieser Version nur in einem Exemplar gebaut wurde, hatte sich die Überzeugung durchgesetzt, daß der Markt nach einer mehrmotorigen Version verlangte. So wurde mit geringem Kosten- und Zeitaufwand die Do-K-Typenserie weiterentwickelt; es folgten die jeweils viermotorigen Baumuster Do K 2 und Do K 3, die den Lufthansa-Forderungen nach gesteigerter Flugsicherheit entsprechen sollten.

Ein halbes Jahr nach der Do K 1 machte die Do K 2 im Dezember 1929 in Löwental ihren Erstflug; sie entsprach bis auf die Gnome-Rhone-Titan-Motoren mit je 240 PS ihrer Vorgängerin. Auch sie wurde nur in einem Exemplar gebaut.

In die Do K 3 brachten die Konstrukteure dann alle Erfahrungen mit den beiden vorhergehenden Erprobungsträgern ein. Anstelle des für die bisherigen Dornier-Flugzeuge kennzeichnenden Rechteckflügels trat nun die ziemlich ungewohnte Flügelform mit parabelförmiger Vorderkante und gerader Hinterkante. Der Rumpf war wiederum eine Stahlrohr-Fachwerkkonstruktion mit stoffbespannten Feldern. Während er bei der Do K 1 und Do K 2 im Schnitt noch rechteckig war, hatte er bei der Do K 3 mit einem ovalen Querschnitt eine aerodynamisch günstigere Form erhalten. Außerdem wurden bei der Do K 3, anders als bei der Do K 2, die beiden Tandemgondeln weiter nach hinten unter den Flügel verlegt. Bei dieser Version kamen vier luftgekühlte Walter-Castor-Motoren von je 305 PS Startleistung zum Einbau. Die Gondeln waren beiderseits des Rumpfes an einer

Claude Dornier präsentierte die Do K 3 vor der Öffentlichkeit als „Luftomnibus" (oben).

Beim Züricher Flugmeeting belegte die Do K 3 hinter der siegreichen Ju 52 den zweiten Platz; zu Bestellungen kam es nicht (rechts).

Vier luftgekühlte Motoren in Tandemanordnung seitlich des Rumpfes – das war das unverwechselbare Merkmal der Do K 3 (rechts oben).

N-Verstrebung unter dem Flügel aufgehängt und zum Rumpf abgestrebt. Diese Streben mußten auch die Fahrwerkskräfte aufnehmen.

Claude Dornier präsentierte die Do K 3 selbst der Lufthansa als *„viermotorigen Luftomnibus"* zur Erpobung – ein Passagierflugzeug für zehn Fluggäste und mit einem Frachtraum von etwa 4,30 m^3. Die Tandem-Anordnung der Motoren unter den Flügeln sei, so hieß es, der Drei-Motoren-Anordnung mit einem Motor in der Rumpfspitze durch die bessere Sicht des Piloten nach vorn überlegen. Im Hause Dornier erhoffte man sich von diesem Flugzeug viel – sah in ihm auch die Möglichkeiten der Weiterentwicklung durch aerodynamische Verbesserungen. In einem Beitrag für den „Flugsport" äußerte sich Claude Dornier über die *„Entwicklung des Verkehrsflugzeuges"*:

„Wenn der Grundsatz, mehrere Motoren zu benutzen, wirklich erhöhte Sicherheit gewährleisten soll, so müssen – sobald ein Motor aussetzt – die anderen in der Lage sein, die

Fortsetzung des Fluges zu ermöglichen, ohne daß sie übermäßig beansprucht werden. Dies ist beim neuen Do K der Fall, der kürzlich auf dem Tempelhofer Feld Probeflüge ausführte und das Neueste auf dem Gebiete der mehrmotorigen Flugzeuge darstellt. Hier sind vier Motoren in der Weise angebracht, daß – wenn einer davon ausfällt – der Flug fortgesetzt werden kann, ohne die anderen drei übermäßig zu beanspruchen. Während der Probeflüge wurde mit voller Belastung mit drei Motoren eine Höhe von 3500 m erreicht, während Do K mit nur zwei Motoren bis auf 1000 m kam.

Beinahe so wichtig wie das Problem der Sicherheit ist die Frage des Preises. Bisher schien es praktisch unmöglich, eine billige mehrmotorige Maschine herzustellen. Ich hoffe, ich habe einem lange gefühlten Bedürfnis genügt, als ich ein neues viermotoriges Flugzeug entwarf, das kaum teurer zu stehen kommt als eine große Maschine mit einem Motor. Auf jeden Fall ist dieses Flugzeug bedeutend billiger als alle anderen drei- bis viermotorigen Maschinen, die bisher auf dem Markte waren. Dieser billige Preis wurde durch Vereinfachung der Konstruktion, durch Verwendung von weniger kostspieligem Material und durch rationellere Herstellungsweise erzielt.

Abgesehen von allen vorhin erwähnten Anforderungen hatte das Flugzeug auch dem Wunsche nach erhöhter Geschwindigkeit zu genügen. Die von amerikanischen Passagierflugzeugen erzielten, geradezu sensationellen Zeiten haben auch bei uns die Forderung nach größerer Schnelligkeit lauter werden lassen. Ich bin der Ansicht, daß wir in Europa, wo der Reisende Bequemlichkeit und Sicherheit fordert, amerikanische Geschwindigkeiten nicht erreichen werden. Wir müssen deshalb in dieser Hinsicht vorläufig in vernünftigen Grenzen bleiben. Doch mit meiner Do K erreichte ich immerhin eine Durchschnittsgeschwindigkeit von 227 km, viel mehr also, als die heute üblichen Passagierflugzeuge leisten. Dieser Erfolg ist nur der erste Schritt auf dem Wege zur Erreichung der von uns erstrebten Geschwindigkeit..."[53]

Am 26. Juli 1932 nahm die Do K 3 am „Alpenrundflug für Verkehrsflugzeuge" beim Dritten Internationalen Flugmeeting in Zürich teil, im Cockpit Walter Mittelholzer und Maurice Dornier, einer der beiden Brüder. Die über 700 km lange Strecke führte von Dübendorf nach Genf, von dort über den Gotthard nach Mailand und wieder nach Zürich. Das Rennen war ausgeschrieben worden, um den praktischsten, sparsamsten mehrmotorigen Typ für Luftverkehrsunternehmungen herauszufinden. Das offizielle Ergebnis richtete sich nicht nur nach der reinen Flugzeit, sondern ebenfalls nach den Wertpunkten für Flugsicherheit, Nutzlast und Wirtschaftlichkeit. Die Do K 3 konnte dabei den zweiten Platz belegen – vor der weit abgeschlagenen Fokker zwar, aber eben hinter der siegreichen Ju 52. Damit war das Schicksal dieser Versuchsserie besiegelt. Denn die Ju 52 sollte schließlich das Rückgrat der Lufthansa-Flotte bilden.

Do P und Do 10

Ein Unternehmen wie Dornier Metallbauten – Fabrikationsumsatz im Jahr 1929: 5552000 RM – konnte zu dieser Zeit ohne staatliche Unterstützung nicht überleben. *„Aber im Vergleich mit anderen Firmen, die sich frühzeitig an die Staatskrippe gehängt hatten, waren wir ein bescheidenes, im Verborgenen blühendes Unternehmen geblieben"*, wie Claude Dornier mit feinem Understatement schrieb. Die Luftfahrtpolitik der Reichsregierung, die besonders in wirtschaft-

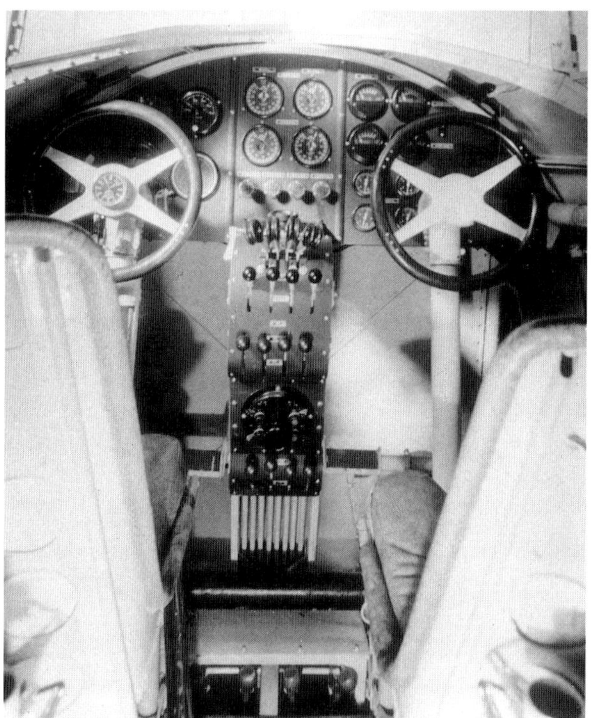

Führerraum der Do K 3 mit Doppelsteuer (rechts).

In der geräumigen Kabine fanden zehn Passagiere Platz (ganz rechts).

Der viermotorige Transporter Do P, im Auftrag des Reichsverkehrsministeriums gebaut, blieb ein Einzelstück.

lichen Krisenzeiten, wie den jetzt heraufziehenden auch Industriepolitik war, wurde federführend im Reichsverkehrsministerium gemacht, aber weitgehend im Reichswehrministerium geplant – und vom Reichsfinanzministerium subventioniert.

Diese Ministerien gingen, beispielsweise bei einer interministeriellen Besprechung am 1. Juni 1931 in Berlin, von einer *„Unterhaltungspolitik hinsichtlich der Erhaltung einer bestimmten Zahl von Firmen"* aus, diskutierten allerdings angesichts der überaus angespannten Finanzsituation des Deutschen Reichs auch die Kräfte des freien Marktes und die Möglichkeiten einer Rationalisierung. Zum Kreis der bis dahin in die *„Unterhaltungspolitik des Reichs"* einbezogenen Firmen gehörten, neben den Junkers-Flugzeugwerken, neben Heinkel, Focke-Wulf und kleineren Unternehmen, auch die Dornier-Metallbauten. Altenrhein nahm eine Sonderstellung ein: *„Dieses Werk"*, so das Protokoll, sei *„aus Mitteln des Reichs erbaut und stellt zweifellos das modernste Werk seiner Art in Europa dar."*[54)]

Anfang der dreißiger Jahre, als die Wirtschaftskrise immer bedrohlicher wurde, mußten die wenigen subventionierten Firmen, ob sie wollten oder nicht, auf die Wünsche der Ministerien, auf die Vorstellungen des im Reichswehrministerium entwickelten „Rüstungsplans" eingehen. Schon bei der Do K 3 war, wie damals weithin üblich, zusätzlich auch eine Militärversion gedacht: *„Ein Modell dieses Musters"*, so ein Betriebsangehöriger, *„ließ erkennen, wie leicht die für Passagiere entworfene Inneneinrichtung gegen Schächte, die zum Bombenabwurf bestimmt waren, ausgewechselt werden konnten."*

Seit Ende 1927 beschäftigte ein eindeutiges Militärprojekt die DMB, das eine zeitlang unter der Chiffre „Minabo" lief: ein Nachtbomber für mittlere Entfernungen. In der Korrespondenz mit dem Reichsverkehrsministerium tauchen zu dieser Zeit die Namen auf, die in der Weimarer Republik für die geheime Luftrüstung der Reichswehr standen: Stelle Lucht, Stelle Nikolaus, K. Student, Ing. Jeschonnek, Major Wimmer.

Das Minabo-Projekt wurde bei Dornier als Do P geführt. Die zugesicherte *„konstruktive Freiheit"* war mit bestimmten Forderungen verbunden: Horizontalgeschwindigkeit am Boden 210 km/h; Landegeschwindigkeit 90 km/h; Gipfelhöhe 4000 m; Bombenlast mindestens 1600 kg; Besatzung mindestens vier Mann. Jedes *„Motor-Mittelaggregat"* wurde strikt abgelehnt. Am 20. März 1929 erhielt DMB vom Reichsverkehrsministerium, Abteilung für Luftfahrtwesen, den Auftrag für die viermotorige Do P zum Preis von 1 240 089 RM. *„Da mir aus Mitteln des laufenden Haushaltsjahres für diesen*

Der konstruktive Aufbau der Do P lehnte sich an die Erfahrungen mit dem viermotorigen Superwal an (oben).

Ungewöhnlich war bei der Do 10 die reduzierte Dicke des Flügelmittelstücks: Der Pilot hatte damit bessere Sicht (rechts).

Mit einem nach oben angestellten Triebwerk sollte die Do 10 bessere Startleistungen erzielen; dieser Versuch war allerdings nicht erfolgreich (links).

Der dreimotorige Bomber Do Y wurde im Rahmen der Reparationsaufträge gebaut (unten).

Auftrag nur der Betrag von 1 Million zur Verfügung steht, erfolgt die Erteilung des Auftrages bezüglich des eine Million RM überschreitenden Betrages unter dem ausdrücklichen Vorbehalte der Bewilligung weiterer ausreichender Mittel durch die gesetzgebenden Körperschaften im kommenden Haushaltsjahre."

Die Do P war ein abgestrebter Schulterdecker, angetrieben von vier Siemens-Jupiter-Motoren mit Untersetzung und vierflügeligen Dornier-Holzluftschrauben. Das dreiholmige Tragwerk mit einer gleichbleibenden Tiefe von 5,3 m bestand aus einem Mittelstück mit den abnehmbar aufgesetzten Triebwerksgondeln und zwei Außenflügeln mit leichter V-Stellung. Es war stoffbespannt, im Bereich der Triebwerksgondeln metallbeplankt. Jede Flügelhälfte wurde mit je zwei Hauptstreben gegen den Rumpf abgestützt. Der Ganzmetallrumpf mit sickenverstärkter Beplankung hatte rechteckigen Querschnitt, eine maximale Breite von 1,6 m und eine größte Höhe von 2,3 m. Im Bug waren ein oberer und ein unterer Waffenstand vorgesehen; dahinter lagen, unmittelbar vor der vorderen Luftsschraubenebene, das zweisitzige, offene Cockpit mit Doppelsteuerung. Es folgte der Bombenraum, wiederum ein oberer und unterer Waffenstand, und am Heck sollte ein weiterer Drehkranz für ein MG eingebaut werden.

Bei der Fertigstellung des Flugzeugs, im Aufbau quasi die Landversion des viermotorigen Superwal, ergaben sich trotz eingehender Versuche im Windkanal Verzögerungen wegen Problemen mit dem Leitwerk. Dem Erstflug am 31. März 1930 folgte bis zur Abnahme eine langwierige Versuchsphase. Der Auftraggeber bestand unter anderem auf der Erprobung des MG-Standes am Schwanzende, was aber für den Hersteller Lastigkeitsprobleme aufwarf.

Im März 1931 wurde die Do P, nachdem sie vorher in Altenrhein aus der Zivilversion in einen Bomber umgebaut worden war, wieder in der Zivilversion vom Reichsverkehrsministerium übernommen und als Transporter eingesetzt, bevor sie im Sommer 1933 im „Flugzentrum Lipezk", in Rußland, auf ihren militärischen Wert getestet wurde.

Auch die Do 10 (oder Do C 1), ein einmotoriger, zweisitziger abgestrebter Hochdecker, war eine Auftragsarbeit für das Reichsverkehrsministerium und wurde, obwohl als Jagdzweisitzer gedacht, aus Tarnungsgründen als Postflugzeug

Bei der Erprobung der Do Y zeigten sich Probleme mit den Flugeigenschaften.

deklariert. Mit den Projekt- und Konstruktionsarbeiten wurde Anfang 1930 in Manzell begonnen, wo auch der Bau und, in Löwental, das Einfliegen der beiden fertiggestellten Flugzeuge erfolgte. Als Triebwerk war ursprünglich ein Hispano-Suiza-Motor vorgesehen; während der Entwicklung wurde jedoch auf den BMW-VI-Motor mit Untersetzung umgestellt. Die Flügelkonstruktion war ungewöhnlich, indem ihre größte Dicke in der Ebene des Stielanschlusses lag, von da nach außen und gegen die Flugzeugmitte aber stark abnahm, um dem hinter dem Tragwerk sitzenden Piloten gute Sicht zu geben. Dadurch, daß die Tragwerk-Vorderkante stark nach hinten gezogen war, ergab sich eine leichte Pfeilstellung. Vor allem wegen der zu geringen Steigleistung, die sich auch durch verschiedene Umbauten nicht verbessern ließ, war an eine Serienproduktion dieses Typs nicht zu denken.

Dornier in der Weltwirtschaftskrise

Noch 1929 hatte DMB dank der Auftragslage und einer vom Reichsverkehrsministerium bewilligten einmaligen Beihilfe den Betrieb ohne Inanspruchnahme von Fremdmitteln durchhalten können. Doch die sich lange hinauszögernde Abnahme der Do P hatte das Unternehmen in eine wirtschaftlich schwierige Lage gebracht, auch der Umbau der Do X spielte natürlich eine Rolle. Vollends existenzbedrohend für die DMB wurde aber die Entwicklung bei dem Baumuster Do Y, einem Bomber, der für die jugoslawische Luftwaffe gebaut wurde. Denn dieses Flugzeug war, wie gleichzeitig sechs (statt vorher zwölf) Wal-Flugboote, als Reparationsauftrag gebucht – und die Reichsregierung lehnte seit Mitte 1931, als sich die Rechtslage änderte, solche Zahlungen ab.

Dabei wurde schon seit 1930 an diesem freitragenden Hochdecker gebaut, der durch die eigenwillige Triebwerksanordnung – zwei Triebwerke waren in den Flügelvorderkanten eingebaut, das dritte auf einem Strebenbock über dem Rumpf – sein charakteristisches Aussehen bekam. Am 17. Oktober 1931 konnte die erste Do Y (Werknummer 232) in Löwental zum Erstflug starten, wenig später folgte die zweite. Bei der Erprobung gab es Schwierigkeiten mit der Kühlung der Motoren, aber auch mit den Flugeigenschaften. Deshalb wurden die ursprünglich eingebauten Bristol-Jupiter-VI-Motoren mit je 450 PS gegen die leistungsstärkeren Gnome-Rhone-Jupiter 9 Kers mit je 625 PS ausgetauscht. Auch die Enden der halbelliptischen Flügel mit gerader Hinterkante mußten aus Flattergründen beschnitten werden.

Die beiden fertiggestellten Do Y schlugen bei DMB mit 550000 RM zu Buch, dazu kam ein bereits fertiggestellter Wal, so daß sich die Forderungen aus den jugoslawischen Aufträgen auf 900000 RM summierten. Das Geld sollte ursprünglich über das Reparationskonto laufen. Doch der amerikanische Präsident Hoover, auf Ausgleich bedacht, war der Reichsregierung mit dem sogenannten Hoover-Moratorium entgegengetreten, das die Stundung aller Kriegsschulden und Reparationen auf ein Jahr vorsah. Alle Reparationssachlieferungen waren seit dem 1. Juli 1931 eingestellt worden, und das Reichsfinanzministerium stellte sich auf den Standpunkt, daß es unmöglich sei, zugunsten eines Unternehmens irgendwelche Maßnahmen finanzieller Art für ausfallende Zahlungen zu treffen.

Das Deutsche Reich mußte sparen, wo es nur konnte. Seit dem Winter 1928/29 hatten sich die Zeichen einer nahenden Krise gemehrt, die kurzen Jahre wirtschaftlicher Prosperität waren schon Vergangenheit. Die finanzielle Lage des Reichs spitzte sich zu, das Defizit betrug 1,7 Milliarden RM, der Reichsfinanzminister trat zurück und ebenso der Reichsbankpräsident Hjalmar Schacht. 1930 war die Zahl der Arbeitslosen schon auf 4,4 Millionen gestiegen, Ende 1931 gab es 5,66 Millionen Arbeitslose.

Die Maßnahmen zu Einsparungen im Staatshaushalt hatten auch die Lufthansa als Auftraggeber getroffen und wirkten von hier aus auf die Flugzeugproduzenten weiter. Die Reichsbeihilfen der Fluggesellschaft waren um nahezu 50% gekürzt worden. Überdies war ja ihr Flugzeugpark veraltet, die Zahl der Neubestellungen verschwindend gering. Eine Lebensdauer der Flugzeuge von sechs Jahren, solange wurden sie mindestens im Liniendienst eingesetzt, war ein Hemmschuh für jede technische Weiterentwicklung.[55] In der weltweiten Krise sank das Verkehrsaufkommen der Lufthansa von 110.000 Passagieren im Jahre 1928 auf 77.000 im Jahr 1930; schlechte Zeiten für Flugzeughersteller.

Die Lage der Dornier Metallbauten wurde zusehends schwieriger. In Berlin beschäftigten sich die Ministerien mit den Möglichkeiten der *„Sanierung einer für die Deutsche Luftfahrt wertvollen Firma"*. Auch die Württembergische Staatsregierung, in Sorge um die Arbeitsplätze am Bodensee, ließ in Berlin Vortrag halten. Sie stehe auf dem Standpunkt, daß *„eine Firma von Weltruf, wie Dornier, keinesfalls durch diese nur vorübergehenden Schwierigkeiten womöglich zum Erliegen kommen dürfe"*.[56] Von *„Schicksalsschlägen"* sprach Ministerialdirigent Brandenburg, durch die die Firma Dornier in eine ungewöhnlich schwierige Lage geraten sei. Das Reichsverkehrsministerium versprach Hilfe.

Zu dieser Zeit befaßten sich die Ministerien auch mit den Mehrkosten für die Do X, die vor allem durch die Umrüstung auf die neuen Motoren und den damit verbundenen Zeitverlust entstanden waren. Gegenüber der Vorkalkulation in Höhe von 2 370 900 RM hatten sich als begründet anerkannte Mehrausgaben in Höhe von 1 178 283 RM ergeben, die das Reich als Auftraggeber zumindest zum größten Teil zu übernehmen hatte. Nur: Bargeld war vom Reich in seiner verzweifelten Lage auch nicht zu erwarten, lediglich Anrechnung von Darlehen.

Der Flugzeugbau hatte überall auf der Welt schwer zu kämpfen und mußte mit allen Mitteln, auch denen des Protektionismus, über Wasser gehalten werden. Aus diesem Grund zerschlug sich in dieser Zeit auch ein scheinbar aussichtsreicher Vertrag mit den USA. Claude Dornier hatte bei seinem Amerikaaufenthalt ein vorläufiges Lizenzabkommen mit der General Motors Corporation getroffen und die Dornier Company of America gegründet, die den Bau von Dornier-Flugzeugen in den USA in großem Umfang, bis zur Do X, aufnehmen sollte. Ende 1930 aber teilten General Motors mit, daß die Gesellschaft sich mit Rücksicht auf die allgemeine Lage im Lande, hauptsächlich auch im Flugzeugbau, nicht entschließen könne, die Fabrikation aufzunehmen, und daß sie das bestehende Abkommen von 1929 zu lösen gedenke. Auch Gar Wood, der amerikanische Millionär, der sich an der Do S interessiert gezeigt hatte, zog sich jetzt, offensichtlich unter dem Eindruck der schlechten Wirtschaftslage, aus dem Geschäft zurück. (Die Do S, Zulassung D-1967, wurde dann im Auftrag des Reichsverkehrsministeriums an die Verkehrsfliegerschule List auf Sylt geliefert.)

Unter der Krise hatten auch die Dornier-Lizenznehmer zu leiden. Das Verhältnis mit Japan hatte sich im Laufe der Jahre abgekühlt, die Japaner hatten keine weiteren Lizenzen erworben. In den Niederlanden fehlten bei der Aviolanda die Anschlußaufträge, übrig blieb schließlich eine Belegschaft von etwa 50 Mann, die mit der Herstellung von Ersatzteilen und kleinen Sportmaschinen beschäftigt werden konnte. Die CMASA in Marina di Pisa, dieser Musterbetrieb, dem sowohl Mussolini als auch der König einen Besuch abgestattet hatten, ging mit dem Besitz der Mehrheitsanteile an Fiat über. Unter Mussolinis faschistischem Regime verstärkten sich die Autarkiebestrebungen des Landes. Die eigene Luftfahrtindustrie wurde ausgebaut, Savoia-Marchetti exportierte nun selbst nach Belgien, Ungarn und Argentinien.

Die allgemeine Finanznot des Reichs hatte den Luftschiffbau Zeppelin und die Dornier Metallbauten bei den Verteilungskämpfen um die immer knapper werdenden Subventionen zu harten Konkurrenten werden lassen. Zu engagiert verfochten sowohl Claude Dornier wie Hugo Eckener ihren Standpunkt von der künftigen Form des Weltluftverkehrs, hie Großflugboot, hie Zeppelin, zu stark und ausgeprägt waren ihre Charaktere, als daß sich beide mit ihren Firmen auf die Dauer im Rahmen eines gemeinsamen Konzerns halten und vertragen konnten. In dieser Lage sah Claude Dornier die fairste Lösung in der totalen Trennung, wie sie Hugo Eckener schon angeboten hatte.

Mit der Abfindung aus dem (1931 endgültig geplatzten) Amerika-Vertrag und mit Eigenmitteln vor allem aus den Lizenzgebühren, kaufte Claude Dornier im Jahre 1932 die Geschäftsanteile der Dornier-Metallbauten GmbH zu einem günstigen Kurs auf. *„Ich war alleiniger Gesellschafter geworden. Eine Flut von Reibungen und Unannehmlichkeiten war beseitigt. Auf mir allein lag jetzt die Verantwortung für das Werk."* Mit diesem Satz schloß Claude Dornier später seine Erinnerungen.

Do X auf Reisen

Im August 1930 – Wolfgang von Gronau flog ohne offizielle Erlaubnis mit dem Amundsen-Wal über Grönland nach New York – war der Umbau der Do X auf die wassergekühlten Curtiss-Conqueror-Triebwerke beendet. Anstelle der verkleideten Motorgondel-Abstützungen war man auf offene Träger übergegangen, der Oberflügel fiel weg, es blieben Versteifungsstreben zwischen den Motorgondeln. Bei der gleichen Anzahl von Triebwerken standen nun insgesamt 7680 PS, also eine zusätzliche Leistung von 1380 PS, zur Verfügung. Durch den Umbau hatte sich das amtliche Rüstgewicht der Do X 1 mit Ausstattung auf 32.675 kg erhöht, so daß beim Abfluggewicht von 48 t noch eine maximale Zuladung im Normaleinsatz von 15,325 t übrig blieb.

Am 4. August 1930 flog die Do X (intern nun Do X 1a genannt) zum ersten Mal mit den neuen Motoren. Die Werkserprobung wickelte sich ohne größere Schwierigkeiten ab und war am 31. Oktober beendet. 4.630 km war die Do X in 27 Stunden und 18 Minuten geflogen. Der Einbau der amerikanischen Motoren brachte, wie erwartet, die notwendige Zuverlässigkeit. Der Kraftstoffverbrauch war jetzt so, daß ununterbrochene Flüge bis zu 15 Stunden realisierbar schienen. Damit war der Weg frei für die über zweijährige praktische Erprobung der Do X. Jetzt konnten alle Vorbereitungen für einen größeren Flug, den Europaflug, getroffen werden.

Am 5. November 1930 startete die Do X (D-1929) mit einer zwölfköpfigen Stammbesatzung unter dem Kommando von Kapitän Friedrich Christiansen, dem hochdekorierten Marineflieger, zu ihrem ersten großen Repräsentationsflug von Altenrhein aus. An den großen Steuerrädern saßen Horst Merz und Clarence Schildhauer. Auf diesem Etappenflug

Der Prince of Wales besichtigte die Do X in Calshot: Er flog die Maschine eigenhändig am Doppelsteuer. Im eingeklinkten Bild ist eines der kleinen englischen Flugboote erkennbar, die die Do X bei der Ankunft in Calshot eskortierten.

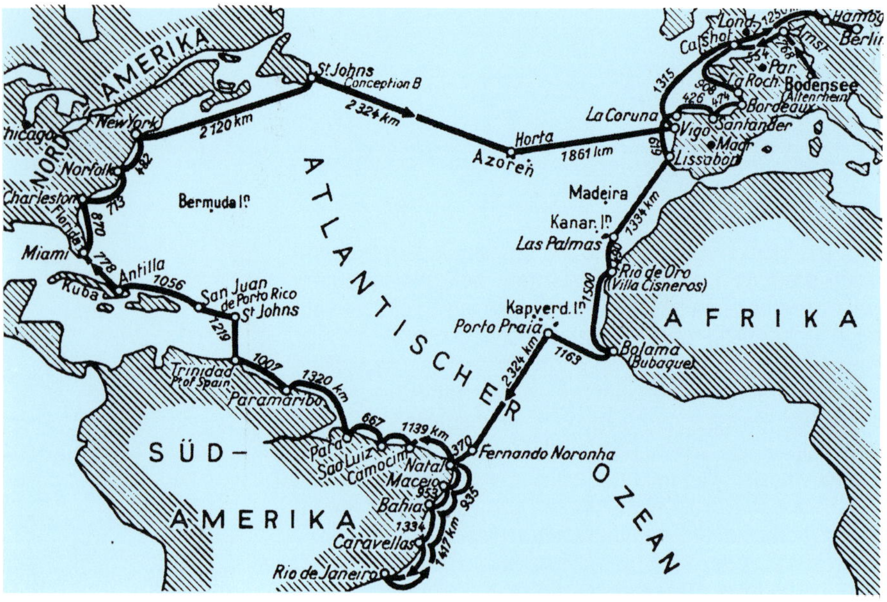

Das war die Reiseroute der Do X bei ihrer großen Expedition von Europa über Afrika, Süd- und Nordamerika zurück nach Deutschland (oben).

Rundfunk und Presse nahmen regen Anteil an dieser aufsehenerregenden Tour des Flugschiffs Do X (rechts).

Die Do X von Booten umringt im Hafen von Schellingwoude bei Amsterdam (ganz rechts).

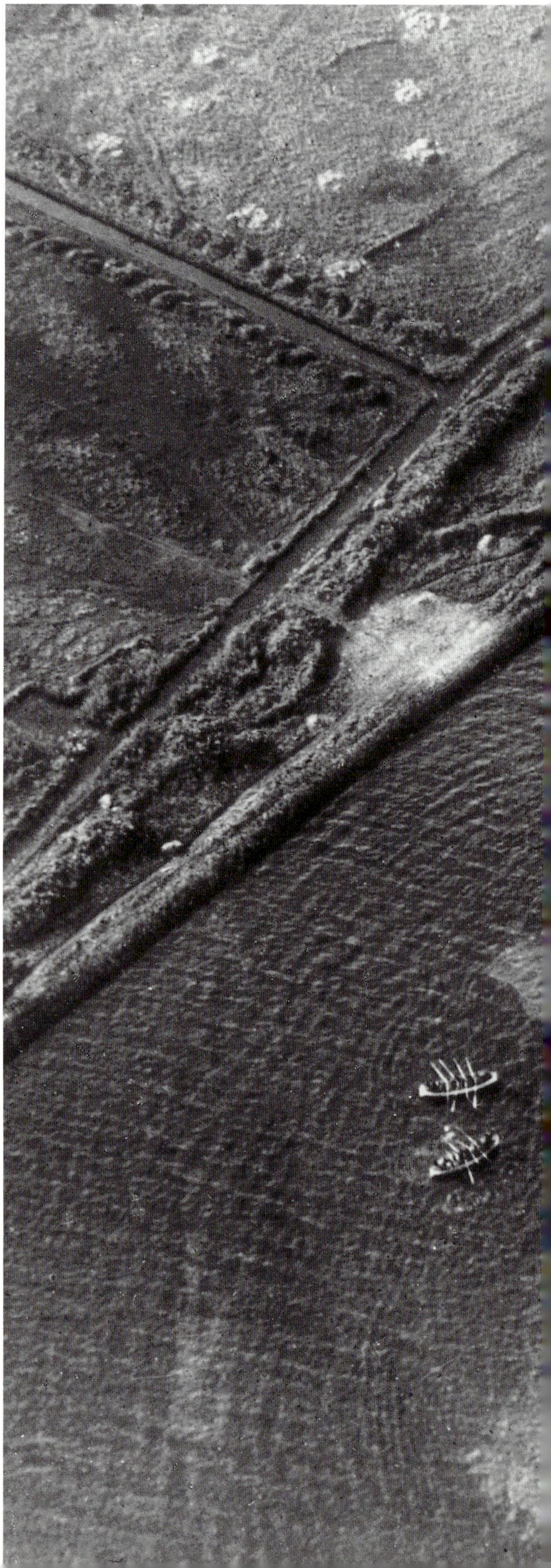

(3.749 km) fand das Flugschiff in Holland, England, Frankreich, Spanien und Portugal große Beachtung. Claude Dornier, der von Amsterdam bis La Coruna mitflog: *„In England hatten wir die Ehre, den Prinzen von Wales mit großem Gefolge an Bord nehmen zu dürfen. In den geräumigen Kabinen des Flugschiffes wurde vor dem Start ein Aperitif gereicht. Der Prinz flog am Doppelsteuer des Bootes wohl eine halbe Stunde lang. Er bewunderte die Flugeigenschaften und machte mir das Kompliment, daß die Do X genauso leicht zu fliegen wäre wie seine persönliche Luftjacht."* [57] Am 27. November traf die Do X in Lissabon ein. 8.000 Besucher hatten das Flugschiff besichtigt, 205 Fluggäste an Rundflügen teilgenommen.

In Lissabon waren zwei bis drei Tage Aufenthalt für Besichtigungen und Rundflüge vorgesehen. Von dort aus sollte die Do X zur Werft der CASA, der spanischen Lizenznehmerin,

Von einem mit Benzinfässern beladenen Leichter wurde die Do X in den Häfen betankt, hier beim Zwischenstopp in Amsterdam (oben).

überflogen werden, um für die inzwischen vorbereitete zweite Flugstrecke, den Überführungsflug Cadiz – Azoren – Bermudas und New York, klargemacht zu werden. Für die portugiesischen Azoren hatte die Do X eine Sondergenehmigung, da sich Frankreich für die Inselgruppe vertraglich exklusive Landerechte gesichert hatte.

Der Start nach Cadiz war auf den 30.November früh angesetzt. Doch am Tag zuvor, nachmittags 14.30 Uhr, brach auf dem an der Boje liegenden Flugschiff ein Feuer aus, das die Bespannung der Backbordtragfläche zerstörte.

Das Feuer war durch eine auf dem Flügel zum Trocknen ausgelegte Persenning entstanden, die der Wind über den Auspuff des Bordhilfsmotors geweht hatte. Dieser DKW-Motor von 12 PS wurde täglich in Betrieb genommen, um die Batterie aufzuladen. Obwohl es der Besatzung und Angehörigen der portugiesischen Marinefliegertruppe gelang, den Brand zu löschen, dauerte die anschließende Wiederinstandsetzung, die im Freien, vor Anker, ausgeführt wurde, acht Wochen. Die durch die Flügelkonstruktion der Do X an sich sehr einfache Reparatur erforderte so viel Zeit, weil die von der Heimatwerft beschafften Ersatzmaterialien fast sechs Wochen Transport bis Lissabon benötigten.

Die meteorologischen Bedingungen für den geplanten Nordatlantikflug waren jedoch in der Winterzeit so ungünstig, daß die deutsche Seewarte Hamburg, welche die Wetterberatung für die Do X-Flüge übernommen hatte, von der Verwirklichung des alten Flugplans abriet. Man entschied sich daher für die Südroute über Las Palmas, die Kapverdischen Inseln und Brasilien. Das Ziel blieb New York.

Auf diesem Amerikaflug vertrat übrigens Maurice Dornier die DMB an Bord. Für seine beiden Brüder, Marcel und Maurice, hatte Claude, der *„immer Hilfsbereite"* (so Marcel), Aufgaben innerhalb des Unternehmens gefunden. So war Maurice bis zu seinem frühen Tod 1932 für die Auslandsbeziehungen und die Pressearbeit zuständig, während Marcel, der Künstler, das Dornier-Firmenzeichen und eine Reihe von graphisch attraktiven Anzeigen und Plakaten geschaffen und auch die komfortable Innenausstattung der ersten Passagierflugzeuge, des Delphin und des Komet, entworfen hatte. Frühe Bilddokumente zeigen Peddigrohr, Wandbespannungen und Teppiche, später dann „Dural"-geformte Sitze und ein geschmackvoll-zweckmäßiges „Styling". Es gab noch keinerlei Vorbild für solche Inneneinrichtungen, erinnerte sich Marcel Dornier später, jede Kleinigkeit, die Art der Befestigung, das Gewicht, die Wahl des Materials, machte zu schaffen. *„Diese Schwierigkeiten komplizierten sich, da der Geschmack des Bruders, wie auch der meine, häufig von den rein praktischen Erwägungen der Techniker abwich."*[58] Für die Do X hatte Marcel Dornier ein spezielles Porzellan-Service geschaffen.

In Lissabon brach an der Do X ein Brand aus (unten), der die linke Tragfläche schwer beschädigte (oben). Nach sechs Wochen war die Maschine wieder flugklar.

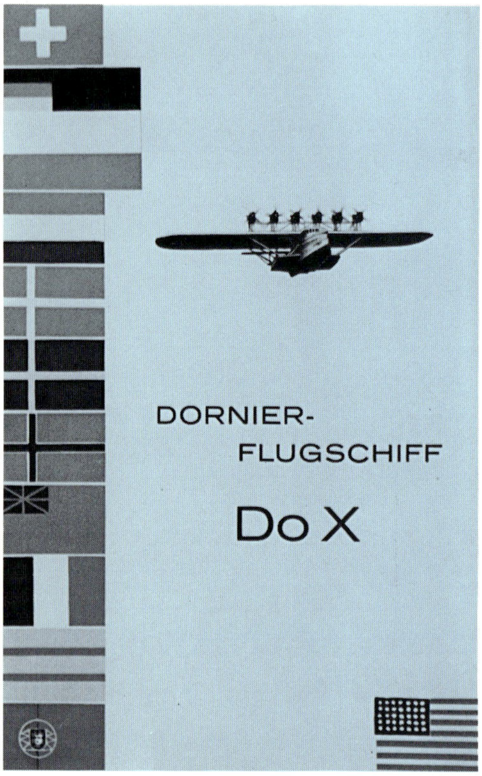

SPEISE-KARTE

Kalte Platte ....

GETRÄNKE-KARTE

WEISSWEINE

1927er Erdener Treppchen ....

1928er Piesporter Goldtröpfchen ....

1928er Bernkasteler Badstube ....
Porta Nigra-Kellerei, Max Mann, Trier

1927er Reiler Mäuseley ....

1928er Valkenberg Liebfrauen-Stiftwein ....

1928er Liebfrauenstift-Klostergarten ....

1925er Oppenheimer Goldberg ....
Kellerei P. J. Valkenberg, Worms

ROTWEIN

Oberingelheimer Burgunder ....
P. J. Valkenberg, Worms

SCHAUMWEINE

Hochgewächs ....
Sektkellerei Nachf. v. G. C. Keßler & Co., Eßlingen

Private Cuvée brut ....

Carte Blanche, trocken ....
Sektkellerei E. Mercier & Co., Trier

Die Speisekarte an Bord der Do X (ganz oben links und Mitte), das von Marcel Dornier entworfene Porzellan (ganz oben rechts und oben) und die kleine Bordküche (rechts).

Via Rio nach New York

Start: 31. Januar 1931, 08.05 Uhr von Lissabon nach Las Palmas; Ankunft: 15.15 Uhr, Flugzeit: 7 Stunden, 10 Minuten; Strecke: 1333 km, Geschwindigkeit: 190 km/h. Für den Weiterflug wurde als günstigster Startplatz die Gandobucht gewählt. Beim Start zur nächsten Etappe am 3. Februar prallte das Flugschiff kurz vor dem Abheben mit einer Geschwindigkeit von 130 km/h gegen die draußen vor der Bucht anrollende Atlantikdünung – Startabbruch sowie neuerliche langwierige Reparaturen waren die Folge. Claude Dornier über die *„Notwendigkeit von Verstärkungen oder Modifikationen des Bootskörpers"*, die einzige Änderung übrigens:

„Durch die plötzlich auftretende Bremsung wurde eine Drehbewegung eingeleitet, wobei unsymmetrische Massenkräfte ausgelöst wurden, welche den Flügel sozusagen quer zur Flugrichtung von dem Boote abzuscheren versuchten. Es traten hierdurch in den obersten Teilen der drei Stielspanten, auf welchen der Flügel gelagert ist, Beschädigungen auf. Nach den bis zu dieser Stunde vorliegenden Erfahrungen konnte man mit dem Auftreten derartiger Kräfte nicht rechnen. Es handelt sich hier um eine neue Erkenntnis, die ganz allgemein Interesse beanspruchen darf. Aus diesem Grunde sei auf das typische der aufgetretenen Beschädigungen hingewiesen, die ganz gleichmäßig die obersten Teile sämtlicher Stielspanten umfaßten. Das Boot selbst sowie der Stummel waren nach dem Unfall vollständig dicht geblieben. Der Steuerbordstummel zeigte einige lokale Stauchungen und Knickungen, wie sie bei Start oder Landung schwer belasteter Flugzeuge im Seegang normalerweise auftreten. Die genaue Untersuchung der Beschädigungen der einzelnen Stäbe in den Stielspanten ermöglichte es unter Zuhilfenahme einiger Knick- und Zerreißversuche, rückwärts interessante Schlüsse auf die Größe der aufgetretenen Kräfte zu ziehen. Man kam zu dem Ergebnis, daß dieselben, nach den zur Zeit für die Berechnung von Seeflugzeugen in Anwendung zu bringenden Lastannahmen der DVL, erst bei einem Seegang über 5 auftreten würden."[59)]

Die Lufthansa wurde um Überstellung eines erfahrenen Seefliegers gebeten. Die Wahl fiel auf Cramer von Clausbruch, der in Brasilien für die Syndicato Condor Ltda. arbeitete. Clausbruch hatte schon frühzeitig erkannt, daß sich beim Tieffliegen, wenige Meter über dem Wasser, unter den Tragflächen ein Luftpolster bildet und sich dadurch eine höhere Geschwindigkeit erreichen ließ. In der Ausübung dieser Praxis hatte er es im Laufe der Jahre zu wahrer Meisterschaft gebracht.

Am 1. Mai 1931, 11.25 Uhr startete die Do X von der Gandobucht bei Las Palmas nach Villa Cisneros/Afrika und landete dort um 14.47 Uhr. Nach eintägigem Aufenthalt flog sie am 3. Mai 1931 von 09.03 bis 17.44 Uhr nach dem 1500 km ent-

Nach einem Startabbruch mußte in Las Palmas der Bootsboden repariert werden.

fernten Bolama (Portugiesisch-Westafrika). Der Aufenthalt in Bolama zwecks Motorenrevision, Brennstoffübernahme und Erkundung eines geeigneten Startplatzes dauerte drei Tage, worauf das Flugboot nach Bubaque, einer Insel des Bissago-Archipels, überführt wurde. Die Startversuche in Bubaque wurden außerordentlich erschwert, da die tropische Regenzeit im Anzug war und die dadurch bedingte schwüle, feuchte Temperatur mit sehr schwachen Winden ein Abheben der schwer beladenen Maschine unmöglich machte. Außerdem kamen wegen der damals dort herrschenden Kolonialunruhen und der damit verbundenen Zensur die Wetterberichte, an die sich Kapitän Christiansen genau hielt, unregelmäßig durch. Die Verbindung mit der Heimat konnte auch durch F.T. nur unvollkommen aufrechterhalten werden. Direkte Funkverbindung mit auswärtigen Stationen

Die Do X in der Gando-Bucht vor Las Palmas (oben) und zur Reinigung des Bootsbodens am Strand von Bubaque (rechts).

unter Umgehung von Bolama aufzunehmen, erschien in Anbetracht der politischen Lage in Portugiesisch-Guinea nicht angebracht.

Gegen Ende Mai, als die Wetterlage immer ungünstiger wurde, entschloß sich die Schiffsleitung, mit erleichterter Maschine nach den Kapverdischen Inseln zu fliegen, da dort zwar ungefähr gleich hohe Temperaturen, jedoch bedeutend geringere Luftfeuchtigkeit und viel stärkere Winde herrschen. Am 30. Mai wurde der Flug Bubaque-Porto Praia-Sao Thiago in sieben Stunden ohne Zwischenfall durchgeführt. In Porto Praia, auf der Insel Sao Thiago, fand die Do-X-Expedition seitens der Behörden und der Funkstation der Aeropostale äußerst verständnisvolle Aufnahme und Unterstützung.

Am 4. Juni startete Do X vor der französischen Funkstation Sao-Martinho nach der Insel Fernando de Noronha, wo das Flugschiff nach zehnstündigem Flug am 5. morgens, 02.10 Uhr, wohlbehalten landete. Nach Ergänzung des Betriebsstoffvorrates wurde der Flug am selben Tag von Fernando de Noronha nach Natal, Brasilien, fortgesetzt. Am 18. Juni wurde südwärts gestartet und Rio de Janeiro programmgemäß am 20. erreicht. Claude Dornier schrieb an Cramer von Clausbruch: *„Herzlichsten Dank für die glänzende Leistung, die Sie mit unserem Do X vollbracht haben. Es hat mich ganz besonders gefreut, daß gerade Sie es waren, der das erste Flugschiff über den Atlantik führte."*

Der Empfang in der brasilianischen Hauptstadt war überaus herzlich. Mit der Ankunft in Rio war die vierte Etappe des Flugprogrammes, abgesehen von den nicht vorauszusehenden Zwischenfällen, zu einem guten Abschluß gekommen. Besichtigungen, Gästeflüge mit Regierung, Presse und wichtigen Persönlichkeiten, Vorführung in Marinekreisen, Kontrolle des Schiffes und der Maschinenanlage, füllten die für Brasiliens Hauptstadt vorgesehene Zeit aus.

Als Anfang Juli nach Hause gemeldet werden konnte, daß alles zum Weiterflug nach Nordamerika bereit sei, steckten die Dornier Metallbauten in ernsten Schwierigkeiten. Erst Anfang August war der Weiterflug gesichert. Die fünfte Flugperiode, der Flug Rio-New York über Westindien, Haiti, Cuba, war in allen Einzelheiten vorbereitet und die Zusammenarbeit mit den diese Strecken befliegenden Luftverkehrsgesellschaften, dem Syndicato Condor einerseits und den Pan American Airways andererseits, geregelt worden. Diese beiden Gesellschaften stellten ihre Bodenorganisation sowie Funk- und Wetterdienst zur Verfügung und übernahmen den Post- und Passagedienst, wofür ihnen aus den daraus erzielten Einnahmen jeweils die Hälfte überschrieben wurde.

Vom Dampfer „Lutetia" aus wurde die Do X auf ihrem Flug von Porto Praia nach Fernando Noronha mitten im Südatlantik photographiert: Um Treibstoff zu sparen, flog sie im Luftkissen der Tragflächen nur wenige Meter über dem Meer (oben).

DO-X

Nach der erfolgreichen Überquerung des Südatlantiks wurde die Do X in Natal an Land gezogen.

Die Do X in Rio de Janeiro (ganz oben und rechts).

Nach der Ankunft in Rio stellte sich die Besatzung zum Gruppenbild (oben); dritter von rechts Cramer von Clausbruch, daneben Horst Merz, die beiden Piloten, und der Kommandant Friedrich Christiansen.

Für den Flug Rio de Janeiro – New York gab es einen Wechsel in der Führung des Flugschiffes. Kommandant Christiansen wurde zur Berichterstattung nach Deutschland zurückgerufen und gab sein Amt als Kapitän an Fritz W. Hammer ab – ein Zugeständnis an die wirtschaftlichen Beziehungen zum Condor Syndicat, dem Dornier-Kunden. Als erster Flugzeugführer wurde Cramer von Clausbruch und als zweiter Leutnant Clarence Schildhauer eingesetzt. Der bisherige erste Flugzeugführer Horst Merz flog diese Strecke von Rio de Janeiro nach New York als Vertreter des Reichsverkehrsministeriums mit.

D-1929

D-1929

DORNIER

Auf dem letzten Stück der Nordamerikastrecke, auf dem Flug von Norfolk nach New York, hatte die Do X 51 Passagiere an Bord, viele Marineflieger dabei und Manager der Luftfahrtgesellschaften. Von Clausbruch nahm immer wieder Hände und Füße von der Steuerung, um den Kennern die Flugeigenschaften des Flugschiffes zu demonstrieren. An den Stränden standen Tausende und Abertausende, *„es ist wie ein Triumphzug den Badestrand entlang"*. Die Landung in New York am 26. August 1931 wurde zum Höhepunkt des Fluges, *„Dächer und Straßen sind schwarz von Menschen, die Sirenen der Dampfer dringen bis zu uns herauf trotz unserer zwölf Motoren."* Tausende standen am Hafen, der Bürgermeister von New York begrüßte die Besatzung vor der City Hall, Präsident Hoover empfing sie im Weißen Haus. *„Der deutsche Konsul Schwarz ist erschienen, zahlreiche Presseleute und der Rundfunk, Film, Photographen."* Tausende von Schaulustigen strömten in den nächsten Tagen zum Glenn-Curtiss-Airport, wo die Do X festgemacht hatte.

Vor der imposanten Skyline von New York wasserte die Do X am 26. August 1931 (vorige Seiten).

Mit Ehrengästen wurden Rundflüge durchgeführt, vorbei an der Freiheitsstatue (oben).

Gepäckaufkleber und Eintrittskarten wurden zu begehrten Souvenirs (rechts).

Empfang der Do X-Besatzung bei Präsident Hoover im Weißen Haus (unten). Dritter von links Maurice Dornier, daneben Bordmonteur Eitel, Pilot Merz, Maschinist Brewton, der deutsche Gesandte Schwarz, Schildhauer, Präsident Hoover, Niemann, Hammer, Berner, Kiel, Pilot von Clausbruch, Brombeis.

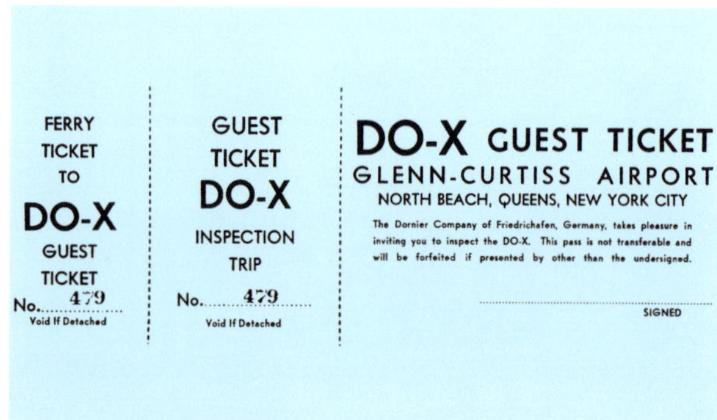

Menschenmassen drängten sich in der Curtiss-Werft von New York, um die Do X zu besichtigen (links).

Von Holy-Rood in Neufundland aus trat die Do X den Rückflug über den Nordatlantik nach Deutschland an (unten).

Zurück nach Deutschland

In Deutschland machte die Wirtschaftskrise auch der Luftfahrtindustrie schwer zu schaffen. Die Unternehmen wie z.B. Junkers, Albatros, Bayerische Flugzeugwerke, Arado, Rohrbach mußten ums Überleben kämpfen, einige schafften es nicht. Die Do X überwinterte derweil auf dem Glenn-Curtiss-Flughafen bei New York. Da die garantierte Betriebsdauer der Motoren von 300 Stunden abgelaufen war, wurden sie ausgebaut und von den Curtiss-Wright-Werken grundüberholt. Auch das Flugschiff wurde einer eingehenden Durchsicht unterzogen. Das Deutsche Reich versuchte in seiner Finanznot über die amerikanische Botschaft in Berlin direkte Verhandlungen mit den USA wegen des Verkaufs der Do X anzuknüpfen. Fritz W. Hammer führte zusätzlich Gespräche mit den Pan American Airways über Chartermöglichkeiten des Flugboots, die aber – ebenso wie die Regierungsverhandlungen – scheiterten, weil die von den Amerikanern angebotene Gesprächsgrundlage von einem Dollar pro Flugkilometer untragbar schien.

Am 19. Mai 1932 startete die Do X, nach vorheriger Erprobung, zum Rückflug nach Deutschland – nun wieder unter Führung von Kommandant Christiansen und Flugkapitän Merz. Zwei Tage später rollte das Flugschiff in den frühen Morgenstunden vollgetankt aus der Conception Bay in Neufundland und hob sich nach einer Minute 50 Sekunden aus

Luftpoststempel vom Amerika Flug der DoX (oben).

dem Meer. Nach einem Flug von 14 1/2 Stunden landete es im Atlantik vor den Azoren.

Am 24. Mai erreichte die DoX Berlin. Der einzige Fluggast an Bord, Frau A. Strassmann, notierte: *„Vor uns glänzt der Müggelsee. Riesig ist die winkende Menge... weit über Erwarten groß die Zahl der Boote aller Art, die sich zu unserer Begrüßung eingefunden hatte. – Türen auf, und wir hören den Reichsverkehrsminister uns sagen, wie das Lied von deutschem Fleiß und deutschem Können, das unsere Propeller rund um den Atlantik trugen, nun auch in der Heimat Widerhall gefunden – daß die Heimat stolz ist auf DoX, das erste deutsche Flugschiff."*[60]

Der erfolgreiche Abschluß des Fluges über drei Kontinente hatte das Interesse der Öffentlichkeit wieder wachgerufen, ein Rundflug mit Besichtigung bot sich an. Die „Deutsche Flugschiff GmbH" wurde gegründet, die den Publikumsandrang organisierte. Zunächst wurde die DoX auf dem Müggelsee am Ufer eines Ausflugslokals festgemacht, für den Gang durch das Flugschiff und den Blick in den Führerstand durch die großen Scheiben wurde ein Eintritt von 10 Pfennigen erhoben. Anschließend besuchte die DoX Stettin, Königsberg, Danzig, Travemünde, Kiel, Bremen, Wilhelmshaven, Duisburg und flog über Düsseldorf, Köln, Mainz und Mannheim den Rhein hinauf. Die Einnahmen reichten aus, um die Besatzung zu entlohnen und die Überholungsarbeiten in Altenrhein durchführen zu lassen.

Bei der Ankunft auf dem Müggelsee in Berlin wurde die DoX mit ihrer Besatzung stürmisch begrüßt (unten).

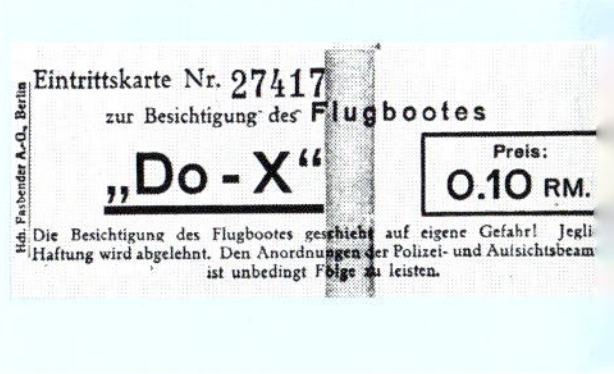
Hdr. Fasbender A.-G., Berlin
Eintrittskarte Nr. 27417
zur Besichtigung des Flugbootes
„Do - X“
Preis:
0.10 RM.
Die Besichtigung des Flugbootes geschieht auf eigene Gefahr! Jegli
Haftung wird abgelehnt. Den Anordnungen der Polizei- und Aufsichtsbeam
ist unbedingt Folge zu leisten.

Hunderte von Booten drängten sich am Alstersteg, als die Do X in Hamburg anlegte (links).

Eintrittskarte zur Besichtigung der Do X (oben).

Wartungsarbeiten im Trockendock von Travemünde (ganz oben).

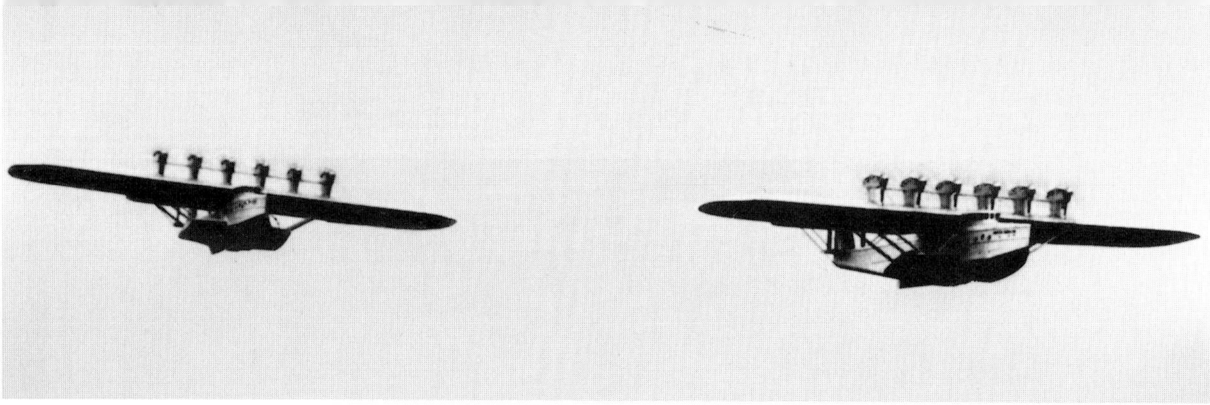

Do X 2 „Umberto Maddalena" und Do X 3 „Alessandro Guidoni" im Formationsflug (rechts).

Die italienischen Flugboote

Die Werft in Altenrhein baute noch zwei weitere Exemplare der Do X, die Do X 2 und Do X 3, im Auftrag der italienischen Regierung. Italien war ja seit Jahren ein wichtiger Kunde von „Wal"- und „Superwal"-Flugbooten. Nationalistische Kreise in Italien hatten dennoch gegen die Bestellung der beiden Flugschiffe im Ausland – ein Millionenauftrag – protestiert.

Als in den Berliner Ministerien 1930 an die Stillegung von Altenrhein gedacht wurde, *„im Interesse der Schonung der Reichsfinanzen"*, wie es hieß, spielte das politisch-diplomatische Argument eine Rolle. *„Die für Italien bestimmten weiteren zwei Do-X-Flugboote sind noch im Bau. Ein Konkurs würde die Lieferung in Frage stellen und in Italien, dem die Interessennahme des Reichs am Do-Flug nicht unbekannt ist, unerwünschte Rückschlüsse auf das Verhalten des Reichs auslösen."* Auch wirtschaftliche Gründe wurden an-

Die für Italien gebauten Do X waren mit 610 PS starken Fiat-Motoren ausgerüstet (unten).

geführt. *„Der italienische Auftrag ist unter der Mithaftung der DMB abgeschlossen. Italien würde sich wahrscheinlich bei Nichterfüllung des Auftrags durch Do-Flug an den anderen Vertragspartner halten und diesen auf Erfüllung in Anspruch nehmen. Das Reich würde dann zur Beseitigung der hierdurch bei DMB auftretenden finanziellen Schwierigkeiten im Interesse der Erhaltung dieser Firma gezwungen werden, einzuspringen."*[61)]

Die Italiener – trotz einem vereinbarten Festpreis – zu den entstandenen Mehrkosten mit heranzuziehen, wurde schließlich auch verworfen. Das gäbe Italien den – angesichts der Proteste vermutlich begrüßten – Vorwand, den Vertrag zu annullieren. So wurden die beiden in der Zelle der Do X 1 gleichenden Flugboote in Altenrhein fertiggebaut und, nach einem sorgfältig ausgearbeiteten Versuchs- und Meßprogramm, an Italien überstellt: am 30. August 1931 die Do X 2, „Umberto Maddalena", am 13. Mai 1932 die Do X 3, „Allessandro Guidoni". Lediglich die Triebwerksanlage wurde gegenüber der Do-X 1-Version geändert, es wurden nun wassergekühlte Fiat-A 22-R-Motoren eingebaut. Die Motorgondeln samt ihren Stützböcken war stromlinienförmig verkleidet.

Bei der mit Tropenkühlern ausgerüsteten Do X 1 hatte die größte Geschwindigkeit im Horizontalflug bei einem Fluggewicht von 48,5 t etwa 196 km/h betragen. Die Do X 2 entwickelte unter gleichen Bedingungen mit den in den Gondelschächten liegenden Kühlern eine Höchstgeschwindigkeit von 206 km/h. Durch diese etwas kleineren und aerodynamisch günstiger angeordneten Schachtkühler lag die Reisegeschwindigkeit der Do X 2 mit 180 km/h bei vollem Fluggewicht um etwa 10 km/h höher als die der Do X 1. Beim Abnahmeflug wurde auch der Betriebsstoffverbrauch während eines dreistündigen Fluges gemessen. Die italienische Kommission stellte einen Brennstoff- plus Schmierstoffverbrauch von 6,95 kg/h bei einem mittleren Fluggewicht von 44 t und einer ermittelten Fluggeschwindigkeit von 179,6 km fest.

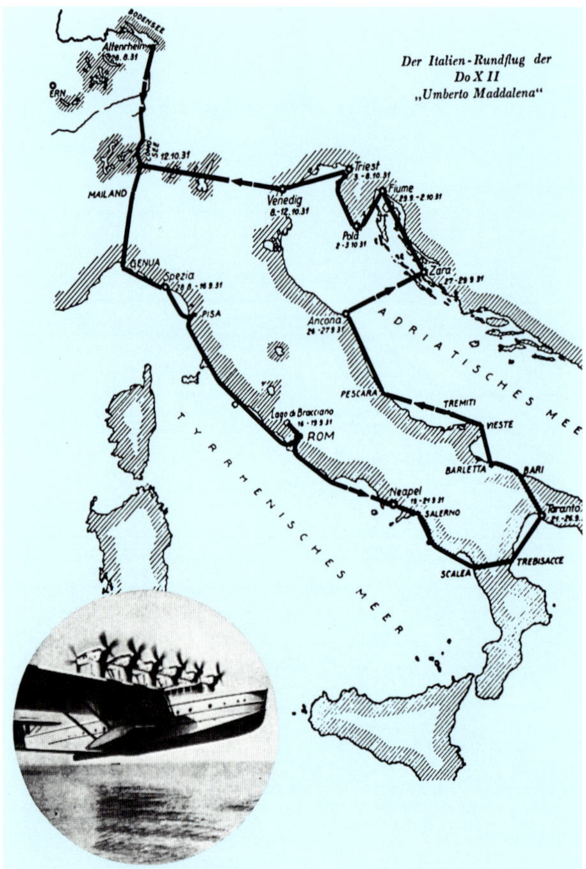

Bei einem Rundflug durch Italien wurde die Do X 2 in vielen Häfen demonstriert.

Dornier-Chefpilot Richard Wagner, der die Do X 1 und die Do X 2 eingeflogen hatte, steuerte am 28. August 1931 die „Umberto Maddalena" über die Alpen zum Seeflughafen Cadimare bei La Spezia. Mit einem Abfluggewicht von 42,4 t war sie vor der Werft der Do-Flug gestartet. Einer der Dornier-Techniker, P. H. von Mitterwallner, gab einen anschaulichen Bericht von diesem Alpenflug eines Riesenflugbootes:

„Um 9.36 Uhr begannen wir mit Vollgas zu steigen und verließen um 10.08 Uhr in 2600 Meter Höhe über der Rheinmündung den Bodensee. Wir folgten dem Rhein stromaufwärts, ließen bald Chur hinter uns, wo der erste Postbeutel abgeworfen wurde und befanden uns um 10.45 Uhr in 3000 Meter Höhe über Andeer. Je schmäler das Tal wurde, und je näher die hohen Gebirgsstöcke aneinanderrückten, umso böiger wurde es, umso mehr wir bisher an Hand der hohen Fluggeschwindigkeiten starke nördliche Winde feststellten, während nun von der Po-Ebene über den Splügen ein frischer Südwind blies. Obgleich gerade die Do X schon mehrfach ihre Vorzüge bei stürmischem und böigem Wetter zeigte – man erinnere sich z.B. nur an den ‚Sturmflug' der Do X in der Biscaya, von welchem die mitfliegenden internationalen Flugsachverständigen und Fluggäste mit größter Bewunderung sprachen –, gaben die starken Böen Wagner ordentlich zu schaffen, da sich die Do X 2 nahe der praktischen Gipfelhöhe befand und die Sonnenböen noch hinzukamen. Die abwärts oder aufwärts gerichteten Komponenten dieser Vertikalböen zeigten die Barographen mit 50-80 Meter an. Diese trugen natürlich nicht dazu bei, die von uns aus Sicherheitsgründen gewünschte Flughöhe von 3200 Meter zu erreichen, die wir mit gleichem Fluggewicht, allerdings bei ruhigem Wetter, in viel kürzerer Steigzeit bei einem der Probeflüge stark überboten. Da wir reichlich Reservebetriebsmittel an Bord hatten, beschlossen wir, auf einer großen Runde über Andeer – Chur – Sargans – Andeer weitere Höhe zu sammeln, um zu sehen, ob in größerer Höhe die Luftströme geringer würden. Die regelmäßige Meldung aus der Zentrale: ‚Alles klar' trug zu der fröhlichen Stimmung an Bord bei und ließ sicher so manchen unserer Passagiere über dem Genuß des schönen Panoramas, welches sich vor und unter uns wie am laufenden Band abrollte, vergessen, daß vom Bodensee bis zum Mittelmeer nur der Como-See als Stützpunkt für eine eventuelle Notlandung dienen konnte. Als wir um 11.15 Uhr wieder über Andeer standen, mußten wir feststellen, daß die Böen in unserer Höhe nicht geringer waren und wir nur 200 Meter in einer halben Stunde gewonnen hatten, da uns diese am weiteren Steigen hinderten. Um 11.20 Uhr überflogen wir in 3200 Meter Flughöhe den 2118 Meter hohen Splügenpaß. Ich weiß nicht,

Zwischenstopp der Do X 2 auf dem Comer See (links).

Die beiden italienischen Do X wurden für Transport- und Schulungsflüge eingesetzt (unten).

ob unsere italienischen Begleiter mehr stolz darauf waren, daß wir das erste Mal in der Fluggeschichte mit einem Flugschiff die Alpen überwunden haben, oder ob sie sich mehr darüber freuten, mit Überschreitung des Splügenpasses ihre heißgeliebte Heimat in majestätischer Höhe und mit rund 7000 PS im Leibe zu betreten. Jedenfalls freuten wir uns mit ihnen und schüttelten uns die Hände." [62]

In zwei Stunden und 22 Minuten hatte die Do X 2 die Schweizer Alpen und den Appenin überquert. Zwei Tage später nahm sie an einer großen Luftparade vor König Umberto teil, ein Italien-Rundflug mit Schauflügen über Rom schloß sich an. Großes Aufsehen erregte in italienischen Fachkreisen die Tatsache, daß die Do X in den relativ kleinen Häfen von Neapel, Tarent, Fiume, Pola, Venedig und Genua teilweise mit erheblichem Seitenwind ebensogut starten und landen konnte wie im offenen Meer vor den Häfen von Ancona und Triest bei Seegang und Dünung.

Flugzeit und Fluggeschwindigkeit deckten sich bei der Überführung der Do X 3 exakt mit denen der Do X 2. Aus dem Flugbericht: *„Der Splügen wurde (wie mit Do X 2) in 3200 Höhe überflogen, jedoch stellte diese Höhe für die Do X 3 nicht die praktische Gipfelhöhe dar, was sich beim Fliegen durch die Alpen sehr angenehm bemerkbar machte wegen des zur Verfügung stehenden Leistungsüberschusses.*

Nach den Rundflügen setzten die Italiener die beiden Flugschiffe für Transport- und Schulungsflüge ein. Ein regelmäßiger Flugdienst kam aus wirtschaftlichen Gründen nicht zustande. Das endgültige Schicksal der beiden Do X in Italien bleibt, so kurios es klingt, ungeklärt. Selbst die Akten des Luftfahrtministeriums in Rom geben keinen Aufschluß darüber, wie sie eingesetzt und wann sie verschrottet – oder, wie Gerüchte besagen, irgendwo versenkt wurden.

Do X und die Folgen

Zu einer Zeit, als die Einzelaktionen kühner Piloten wie Lindbergh, Franco und Köhl eher die zu überwindenden Schwierigkeiten demonstrierten – zu einer Zeit, als noch nicht einmal Post, geschweige denn Passagiere mit den verfügbaren Flugzeugen unter Ausnutzung aller Zwischenlandemöglichkeiten über den Südatlantik befördert werden konnte, hatte

Die Do X 2 bei ihrem Italienrundflug vor Anker in Venedig (rechts).

Die großen Flüge der Do X hatten erahnen lassen, daß ein Transatlantik-Luftverkehr möglich war; auf einer Schallplatte berichtete Flugkapitän Christiansen über diese Expedition (oben).

Claude Dornier hatte mit der Do X, hier vor der imposanten Kulisse des Kölner Doms, gezeigt, wie eine Vision zur Wirklichkeit werden kann.

Seit 1935 war die Do X der vielbewunderte Mittelpunkt im Luftfahrtmuseum Berlin (unten).

Im Bombenhagel der letzten Kriegsmonate wurde die Do X im Luftfahrtmuseum zerstört (rechts).

Claude Dornier die Welt neue Dimensionen eines Luftverkehrs der Zukunft erahnen lassen. Mit einem Schlage wurde durch die Do X die Zuladung auf das Dreifache gesteigert, und ihr Erbauer ließ keinen Zweifel daran, daß man in einem weiteren Jahrzehnt bei einer Zuladung von 100 oder mehr Tonnen angelangt sein könnte. Wenn die dreißiger Jahre die große Zeit der Flugboote werden sollte, wenn Dornier-Flugboote schließich den Nord- und Südatlantik, die China Clipper von Pan Amerika Airways den Pazifik überqueren sollten, so war das auch eine Folge dieses unerhört kühnen und ermutigenden Anstoßes. Dornier hatte gezeigt, wie eine Vision zur Wirklichkeit werden konnte. Der Do-X-Flug war eine gelungene Public-Relations-Aktion für den Transatlantikverkehr.

Professor Claudius Dornier jr., der älteste Sohn, ging 50 Jahre nach dem Erstflug in einer Rede auf die Bedeutung der Do X für das Unternehmen ein:

„Sie hat unserem Haus Weltberühmtheit verschafft. Noch heute sind die Do X und ihr Erbauer international und nicht nur in Fachkreisen ein Begriff. Sie hat darüber hinaus unserem Unternehmen ein besonderes Ansehen gegeben, das es zu bewahren gilt. Richtig verstanden basiert dieses Ansehen auf Innovationsbereitschaft und technischem wie unternehmerischem Ideenreichtum. Die Do X steht für den Mut, voranzugehen, das Unerhörte zu verwirklichen, den Fortschritt zu gestalten."

Das weitere Schicksal dieser deutschen Do X zumindest ist überschaubar. Nach dem Deutschlandflug 1932, der sie in 32 Städte führte, wurde sie in den Wintermonaten in Altenrhein überholt. Im Frühjahr 1933 startete sie, nachdem sie an die Lufthansa übergeben worden war, zu einem neuen Europaflug, der in mehrern Etappen zunächst bis Budapest führen sollte. Bei der Landung in Passau wurde das Leitwerk beschädigt; nach der Reparatur vor Ort flog die Do X nach Altenrhein zurück und startete im Oktober 1934 zu einem neuen Flug an die Nord- und Ostsee. 1935 wurde die Do X zum Luftfahrtmuseum Berlin überführt. Bei der Eröffnung der „Deutschen Luftfahrtsammlung" in den Ausstellungshallen am Lehrter Bahnhof am 20. Juni 1936 war sie der Star unter den Originalflugzeugen. Bei einem Bombenangriff im Krieg wurde sie zerstört.

Der Grundstock der neuen Luftwaffe

Am 30. Januar 1933 hatte Reichspräsident Hindenburg Adolf Hitler, den „Führer" der Nationalsozialistischen Deutschen Arbeiterpartei (NSDAP), zum Reichskanzler berufen. Eine der frühen Amtshandlungen Hitlers nach dem Regierungswechsel war die Berufung des Weltkrieg-I-Jagdfliegers Hermann Göring zum Reichskommissar für die Luftfahrt; sein Stellvertreter wurde Erhard Milch, Vorstandsmitglied der Lufthansa.

Mit der Schaffung dieses Postens und der Besetzung durch Göring, den preußischen Ministerpräsidenten, war ein erstes Zeichen für die zukünftige Bedeutung der Luftfahrt in den Plänen der neuen Reichsregierung gesetzt. Die seit Jahren durch das Reichswehrministerium betriebene geheime Aufrüstung, auch auf dem Gebiet der militärischen Luftfahrt, wurde noch nicht aufgedeckt. Dies geschah erst im Jahr 1935.

Die Regierung setzte Zeichen

Die für alle Subventionen und Industriestützungsaktionen zuständigen Berliner Ministerien durften bei der Durchführung ihres geheimen Rüstungsplans die Deutsche Verkehrsfliegerschule (DVS), die Deutsche Lufthansa (DLH) und die Deutsche Versuchsanstalt für Luftfahrt (DVL) als *„dem Reich nahestehend"* betrachten und mithin für ihre Zwecke nutzen. So erklären sich die Auslieferungsvermerke bei Flugzeugherstellern wie Dornier, in denen in den zwanziger und dreißiger Jahren immer wieder das Reichsverkehrsministerium (RVM) genannt wird, das seinerseits die Flugzeuge zu Versuchs- und Erprobungszwecken an die Lufthansa, die Verkehrsfliegerschule oder auch an die „Severa" weiter vermittelte.

Sie blieben aber im Reichsbesitz. Motive wie die noch geheim gehaltene Modernisierung, die Erhaltung der Konkurrenzfähigkeit der deutschen Flugzeugproduzenten oder die Entwicklung einer effizienten Handelsluftfahrt verschränkten sich dabei zuweilen – wenn die heutige Informationslage zugrunde liegt – in unüberschaubarer Weise.

Montage des Kampfflugzeugs Do 11 im neuen Dornier-Werk Wismar an der Ostsee.

Do F – Schwierigkeiten mit dem Fahrwerk

Solche Camouflage führte und führt immer wieder zu Ungereimtheiten und falschen Zuschreibungen. Prominentestes Beispiel: die Do X, die der Firma Dornier vom Reich (als dem Eigentümer) für die Fernflüge überlassen worden war; kurze Zeit wurde sie auf Anordnung des Reichskommissariats für die Luftfahrt an die Lufthansa übergeben, von dieser sozusagen bereedert. In dieser Zeit, im Jahr 1933, während des kurzen, in Passau abgebrochenen Deutschlandfluges (ein Unfall, über den denn auch das „Bruchgericht" der Lufthansa ein Urteil fällte), entstanden die bekannten, vielgedruckten Fotografien mit dem „LUFT HANSA"-Schriftzug am Bug. Eigentümerin der Do X aber war die Lufthansa zu keinem Zeitpunkt.

Zunächst wurde die Do F auf den sogenannten „Reichsbahnstrecken" für die Post- und Frachtbeförderung eingesetzt (oben).

Das Einziehfahrwerk der Do F und Do 11 gab immer wieder Anlaß zu Beanstandungen (unten).

Zu den Flugzeugen, von denen Bilder mit einem „Lufthansa"-Schriftzug überliefert sind, obwohl sie bei der Gesellschaft nie in den Inventarlisten auftauchen, zählt auch die Do F.

Sie wurde laut Auftrag des Reichsverkehrsministeriums vom 13. Juli 1931 bei DMB als „Lastenmaschine" entwickelt; aus dieser Zivilversion entstand später der Bomber Do 11. Der Prototyp Do F (= Do 11 A) mit der Werknummer 230 wurde in Manzell konstruiert und gebaut. Zum erstenmal wurden bei Dornier hier Erfahrungen mit einem Einziehfahrwerk gesammelt.

Die Do F war ein zweimotoriger, abgestrebter Schulterdecker in Ganzmetallbauweise. Die Tragflächen und das Leitwerk waren bis auf die Blechbeplankung an der Flügelvorderkante und im Motorenbereich mit Stoff bespannt. Alle Treibstoffbehälter lagen innerhalb der Tragflächen, so daß der große Frachtraum im Rumpf (mit Ladeluke in der Rumpfoberseite) uneingeschränkt für die Unterbringung der Zuladung benutzt werden konnte.

Am 7. Mai 1932 startete die Do F mit der Zulassung D-2270 unter Egon Fath in Löwental zum Erstflug, anschließend wurde sie bis zum Juni auf Leistungen und Flugeigenschaften geprüft. Unter der Werknummer 241 wurde eine weitere Do F (Do 11 C) aufgelegt. Sie unterschied sich vom Prototyp vor allem durch die leistungsstärkeren luftgekühlten Siemens-Sh 22-B-Triebwerke mit je 650 PS Startleistung. Diese Do F oder Do 11 C ist als Mustermaschine für die spätere Militärversion anzusehen.

Die zehn Flugzeuge vom Typ Do F (DO 11 D), die zur Erprobung an die Lufthansa gingen, wurden von ihr hauptsächlich auf den sogenannten „Reichsbahnstrecken" für Post und Fracht eingesetzt, die, am 1. November 1933 eröffnet, die Reichshauptstadt mit Großstädten wie Königsberg, Breslau, Hamburg und München verbanden. Sie waren im Reichs-Luftkursbuch als RB 1 bis RB 4 offiziell ausgewiesen; die Lufthansa war bei dieser Zusammenarbeit von Reichsbahn und Reichspost das betriebsführende Unternehmen. Allerdings, dem inzwischen geschaffenen Reichsluftfahrtministerium unter Hermann Göring und Staatssekretär Milch lag am Ausbau der Nachtflugverbindungen vor allem wegen der damit verbundenen Streckenschulung der Piloten, und in dieses Konzept fügten sich die Reichsbahnstrecken nahtlos ein. Selbst 1936, als die Luftwaffe schon wieder offiziell bestand,

Die Flügelspitzen der Do 11 mußten gekürzt werden, um die Schwingungsprobleme dieses Flugzeugtyps zu lösen (links).

Die neue Luftwaffe setzte die Do 11 als Bomber ein, einige wurden auch nach Bulgarien geliefert (unten).

mit dem „Flugkommando Berlin" als Fliegerausbildungsstab, wurden die noch bestehenden RB-Strecken nicht enttarnt, wie ein Befehl vom 3. März 1936 zeigt: *„Die bisherigen fünf RB-Strecken werden von Jahr zu Jahr vermindert, soweit es die politische Lage zuläßt. Der Dienst auf den RB-Strecken ist in bürgerlicher Kleidung mit zivilen Luftfahrerscheinen und mit DLH-Ausweisen auszuführen."* [63] Zu dieser Zeit sollten schon Do 17 auf diesen Strecken fliegen, die aber nie zu dieser Rolle kamen.

Im Jahr 1934 flogen die Do F der Lufthansa, wie die Liste der „direkten Betriebskosten" ausweist, insgesamt 1.584 Stunden, mußten allerdings wiederholt für „Große Kontrollen" stillgelegt werden. Beanstandungen grundsätzlicher Art traten am Fahrwerk und an der Steuerung auf, auch mit dem schwenkbaren Sporn gab es Schwierigkeiten. Den Flugzeugen waren bereits, so Augenzeugen, die für eine spätere Umrüstung auf militärischen Einsatz notwendigen Bauteile und Ausrüstungsgegenstände, in Kisten verpackt, beigegeben.

Probleme mit der Do 11

Anfang Januar 1934 war der für die Do 11 D vorgesehene luftgekühlte 9-Zylinder-Sternmotor Siemens Sh 22-B mit Getriebe für die Serienproduktion freigegeben, am 1. März waren die ersten drei Do 11, Besatzung vier Mann, bei der Truppe. Der Serienbau begann, sämtliche Bauteile der Do F wurden beibehalten. Der Rumpf gliederte sich nun, statt der Fracht-, Paket- und Posträume, in den Bugraum mit Schußwaffen und Beobachterstand, den Führerstand, den Raum für die Abwurfwaffen (Bombenmagazine) und die hinteren Maschinengewehrstände sowie den Funkgeräteraum mit Peilanlage. Die Betriebsstoffbehälter in den Flächen waren gegen Beschuß geschützt. Die militärische Ausrüstung bestand aus: drei Maschinengewehrständen mit beweglichen MG 15 in der Bugkanzel sowie im Rumpfrücken und Boden; vier Bombenmagazinen Vermag 5 C 50 im Rumpf für 20 Bomben zu je 50 kg oder wahlweise vier Bombenträgern MRC 250/VII unter dem Rumpf für vier Bomben, dazu ein Rahmenvisiergerät F1 219.

Die Flugeigenschaften der Do 11 konnten für den militärischen Einsatz nicht voll befriedigen, doch galten zu dieser Zeit die von Major v. Richthofen formulierten „Entwicklungsgrundsätze", in denen es hieß: *„Ein bedingt brauchbares beschaffungsreifes Gerät ist besser als kein Gerät."*[64] Der in seiner Grundrißform stark zugespitzte Tragflügel der Do 11 neigte zu Schwingungen des Tragflügelendes. Nach Unfällen wurden Geschwindigkeits- und Kurvenbegrenzungen vorgeschrieben und schließlich die Tragflügelenden gekürzt, wodurch sich die Flügelfläche um 2,7 m^2 reduzierte – eine Zeitlang die Hauptarbeit des statischen Büros. Gleichzeitig wurde auch eine Veränderung des Leitwerks vorgenommen und rückwirkend bei allen schon abgelieferten Flugzeugen durchgeführt. Die laufende Serie erhielt mit diesen Änderungen die Bezeichnung Do 11 D. Die abnehmbare Bugkante wurde verglast, das Cockpit erhielt Einzelsteuerung.

Auch das einziehbare Fahrwerk der Do 11, mit je zwei Streben gegen den Rumpf und mit elastischen Dämpfungsgliedern gegen den Tragflügel abgestützt, machte wie jede Neuheit Schwierigkeiten. Die Räder mit Abdeckblechen

konnten derart in den Tragflügel eingezogen werden, daß die Flügelöffnung bei eingezogenem Fahrwerk völlig abgedeckt war. Das Einziehen erfolgte elektromechanisch vom Führerstand aus. Bei Versagen der elektromechanischen Betätigung konnte das Fahrwerk auch von Hand mittels einer Handkurbel ausgefahren werden. Das elektrische Einziehen funktionierte in der Praxis oft nicht, so daß es häufig manuell geschah. Später wurde das Fahrwerk sogar in ausgefahrener Stellung fest verriegelt und die Fahrwerköffnungen im Tragwerk abgedeckt.

Insgesamt wurden bei Dornier 122 Do F- bzw. Do 11-Flugzeuge gebaut. Außerdem wurden von der Bayerische Flugzeugwerke AG, Augsburg, laut Lizenzvertrag 30 Do 11 hergestellt. Wegen der zentralen Lenkung der Produktion durch das Reichsluftfahrtministerium war es damals gang und gäbe, daß jedes Werk zu jeder Zeit Aufträge auf Fremdflugzeuge übernehmen und durchführen mußte. Insgesamt sind also 152 Do 11 gebaut worden. Einige Do 11 wurden 1938 nach Bulgarien geliefert.

Die Fertigungsstätten am Bodensee waren mit dem Bau der Do 11 und der „Wale" an der Grenze ihrer Kapazität angelangt. Ein lange gehegter Plan des Unternehmens, an der See ein Zweitwerk – vor allem für Flugboote – zu eröffnen, nahm in dieser Zeit der ersten Großserienproduktionen von Militärflugzeugen Gestalt an. Claude Dornier, nun Alleininhaber, entschied sich für die kleine Seestadt Wismar in Mecklenburg, 60 km östlich von Lübeck an einer Ostseebucht gelegen. Am 20. November 1933 wurde mit der Übernahme der in Zwangsverwaltung befindlichen Podeus-Fabrik begonnen, am 1. November 1933 war bereits die Gründung der

Als vereinfachte Version der Do 11 wurde die Do 13 mit festem Fahrwerk gebaut; als Triebwerke dienten jetzt BMW-VI-Motoren.

Aus psychologischen Gründen wurde die Weiterentwicklung der Do 13 mit Do 23 bezeichnet, hier ein Kampfflugzeug der Version Do 23 G (rechts).

Serienproduktion der Do 23 G im Werk Wismar; dieser Typ wurde auch in Manzell und unter Lizenz von anderen deutschen Flugzeugherstellern gebaut (unten).

Dornier-Werke Wismar G.m.b.H. erfolgt. Die erste in Wismar montierte Do 11, für die noch wesentliche Teile aus Friedrichshafen angeliefert worden waren, wurde von Egon Fath mit einem einzigen Flug eingeflogen und nach einem einzigen Abnahmeflug von der Bauaufsicht übernommen – ein Rekord, der nie gebrochen wurde.

Die Flugzeugwerft in Wismar entwickelte sich schnell[65] – eine erstaunliche Leistung angesichts des Verfalls der vorgefundenen Baulichkeiten und der Einarbeitungsschwierigkeiten bei den aus dem Waggonbau kommenden Grobschlossern, die erst mit der Technik von Feinblecharbeiten vertraut gemacht werden mußten. Die Wismarer Leitung war mit der Planung und dem Bau einer Montage- und einer Flughalle voll in Anspruch genommen, dazu kam ein neuer Flugplatz. 1934 wurde die Flughalle bezogen, 1935 war die „Seehalle" fertig. Nach Auslauf der Do 11-Serie – 39 Flugzeuge von diesem Typ wurden in Wismar gebaut – folgte die Do 23. Es erwies sich als notwendig, nun alle Teile in Wismar selbst zu produzieren, da Friedrichshafen überlastet war; nur so war noch eine pünktliche Lieferung möglich.

Rationellere Fertigungsmethoden: Do 23

Schon 1932 waren die Dornier Metallbauten in der Erkenntnis, daß die Do 11, wie die Probleme zeigten, technisch ein zu weiter Vorgriff gewesen war, zur Konstruktion einer einfacheren Ausführung, der Do 13, übergegangen. Die Zelle und der große spitz auslaufende Tragflügel sowie die Ausrüstung wurden von der Do 11 übernommen. Dagegen ersetzte ein starres Fahrwerk das einziehbare. Landeklappen und Querruder der Do 13 waren als tiefgesetzte Hilfsflügel an der Hinterkante des Tragwerks angeordnet.

Die Do 13 war das erste Dornier-Flugzeug mit Landeklappen, wie sie seit Anfang der dreißiger Jahre im Flugzeubau angewendet wurden. Mit dem Dornier-Patent DRP 326 957, das 1918 angemeldet und 1922 erteilt wurde, hatte sich Claude Dornier eine Anordnung von Steuerklappen an den Trag-

Auch die Do 23 G, hier im Formationsflug, gehörte zur Erstausrüstung der neuen Luftwaffe (links).

Ladeplan für die Do 23 G (links unten).

Do 23 G nach dem Start mit einer neuartigen Flugzeugschleuder, entwickelt von Professor Dr. Georg Madelung und Dr. Gustav Wieland (unten).

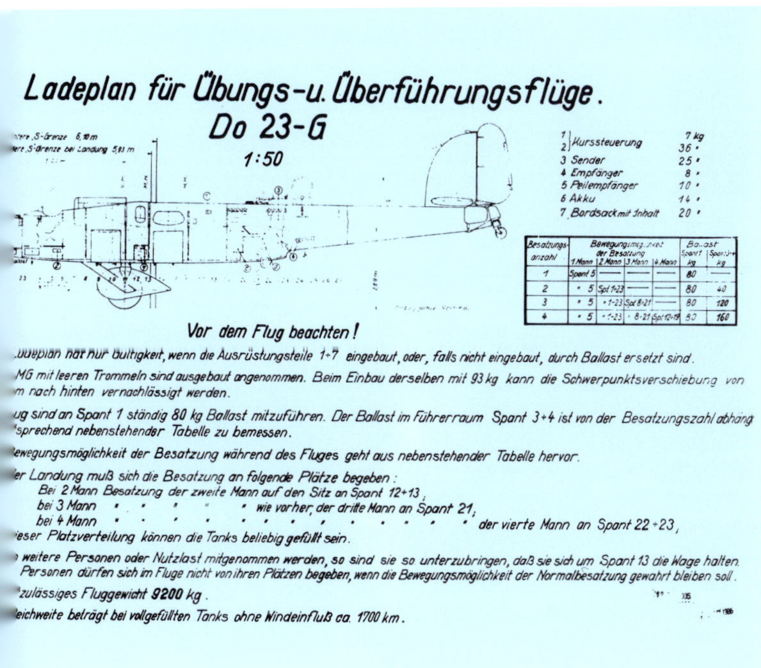

Ladeplan für Übungs-u. Überführungsflüge.

Do 23-G

1:50

...ntere S-Grenze 6,10 m
...ere S-Grenze bei Landung 5,93 m

1, 2 Kurssteuerung 7 kg, 36 "
3 Sender 25 "
4 Empfänger 8 "
5 Peilempfänger 10 "
6 Akku 14 "
7 Bordsack mit Inhalt 20 "

Besatzungsanzahl	Bewegungsmöglichkeit der Besatzung 1 Mann	2 Mann	3 Mann	4 Mann	Ballast Spant 1 kg	Spant 3+4 kg
1	Spant 5	—	—	—	80	—
2	" 5	Spt 1-23	—	—	80	40
3	" 5	" 1-23	Spt 8-21	—	80	120
4	" 5	" 1-23	" 8-21	Spt 12-19	80	160

Vor dem Flug beachten!

...adeplan hat nur Gültigkeit, wenn die Ausrüstungsteile 1÷7 eingebaut, oder, falls nicht eingebaut, durch Ballast ersetzt sind.

...MG mit leeren Trommeln sind ausgebaut angenommen. Beim Einbau derselben mit 93 kg kann die Schwerpunktsverschiebung von ...m nach hinten vernachlässigt werden.

...ug sind an Spant 1 ständig 80 kg Ballast mitzuführen. Der Ballast im Führerraum Spant 3+4 ist von der Besatzungszahl abhäng... ...sprechend nebenstehender Tabelle zu bemessen.

...ewegungsmöglichkeit der Besatzung während des Fluges geht aus nebenstehender Tabelle hervor.

...er Landung muß sich die Besatzung an folgende Plätze begeben:
Bei 2 Mann Besatzung der zweite Mann auf den Sitz an Spant 12÷13,
bei 3 Mann " " " " " wie vorher; der dritte Mann an Spant 21;
bei 4 Mann " " " " " " " " " " " " " der vierte Mann an Spant 22÷23,
...ieser Platzverteilung können die Tanks beliebig gefüllt sein.

... weitere Personen oder Nutzlast mitgenommen werden, so sind sie so unterzubringen, daß sie sich um Spant 13 die Wage halten. Personen dürfen sich im Fluge nicht von ihren Plätzen begeben, wenn die Bewegungsmöglichkeit der Normalbesatzung gewahrt bleiben soll.

...zulässiges Fluggewicht 9200 kg.

...eichweite beträgt bei vollgefüllten Tanks ohne Windeinfluß ca. 1700 km.

flügeln schützen lassen. Aufgrund umfangreicher Modellversuche wurde bei der Do 13 die tiefgesetzte Klappe, später auch Doppelflügel genannt, gewählt. Landeklappe und Querruder waren zur Verbesserung der Querruderwirkung untereinander verbunden. Die ganze Klappenfläche diente beim gleichsinnigen Ausschlag nach unten als Landehilfe. Zusammen mit der Klappenbetätigung wurde auch die Höhenflosse verstellt. Schon mit verhältnismäßig geringen Klappenwinkeln wurde eine gute Wirkung erzielt, die Landegeschwindigkeit verringerte sich um etwa 12%. Bei etwa 15 Grad Klappenanstellung ergab sich auch eine Verbesserung der Start- und Steigzeiten.

Die Do 13 A, ein zweimotoriger, halb freitragender Schulterdecker mit luftgekühlten Siemens-Jupiter-Motoren, startete am 13. Februar 1933 in Löwental zum Erstflug. Noch vor der Überstellung der Do 13 A nach Rechlin wurde sie auf BMW-VI-Triebwerke umgerüstet: Do 13 C. Bei den nachfolgenden Baumustern Do 13 E und Do 13 F wurden ebenfalls die flüssigkeitsgekühlten BMW-Motoren eingesetzt. Diese vier Do 13 waren für das Reichsluftfahrtministerium bestimmt.

Die spitz auslaufenden Tragflächen der Do 13 zeigten sich als schwingungsanfällig, der Rumpf als zu labil für eine einwandfreie Flugstabilität. Durch Kürzung der Flügelenden ergab sich schließlich eine von 29 m auf 25,60 m reduzierte Spannweite, nachdem die Konstrukteure in enger Zusammenarbeit mit der DVL die Lösung des Flügelflatterproblems angegangen waren. Die Struktur der Zelle, besonders des Rumpfes, wurde durch Auskreuzungen und Verspannungen verbessert.

Das Erprobungsprogramm des so umkonstruierten Baumusters begann unter der neuen, aus psychologischen Gründen gewählten Typenbezeichnung Do 23 mit dem Erstflug am 1. September 1934. Nach weiteren Erprobungen, u.a. mit Curtiss-Conqueror-Motoren (Do 23 E) oder mit Blechflügeln (Do 23 F) oder in Spezialausführung für Geschwindigkeitsflug mit drei Mann Besatzung und einem Fluggewicht von 8200 kg und auch nach verschiedenen Schleuderstartversuchen, ging die Do 23 mit den Werknummern 351-386 in die Serienproduktion. Ab Werknummer 387 begann der Serienbau der Do 23 G. Neben kleineren Unterschieden in der Ausrüstung war die Erhöhung des Fluggewichts von 8750 kg bei Do 23 auf 9200 kg bei Do 23 G die wesentlichste Änderung. Bei der Serie Do 23 G wurden die Holme entsprechend dem erhöhten Abfluggewicht gegenüber der Serie Do 23 F verstärkt ausgeführt.

Wegen der größer werdenden Serien wurden, wie vorher im Maschinenbau, nun auch im Flugzeugbau rationellere Fertigungsmethoden angestrebt mit dem Ziel, die Fertigstellung der Einzelteile vor dem Zusammenbau möglichst weit zu treiben. So sollten beispielsweise die Spantenlängsträger und Behäutungsbleche für die Rumpfschale vollständig fertig für den Zusammenbau bereitgelegt werden, die Teile sollten mithin endgültig nach Form und Größe, mit sämtlichen Befestigungslöchern, Durchbrüchen und Aussparungen versehen sowie entgratet und konserviert sein. Auch sollten die Teile, um sie austauschen zu können, einander gleichen.

Bei dem Rumpf der Do 23 machten die DMB damit den ersten größeren Versuch. Die Behäutungsbleche wurden nicht mehr in der bis dahin üblichen Weise angepaßt, sondern unabhängig vom Zusammenbau des Rumpfes in Vorrichtungen zugeschnitten, gebohrt, entgratet und gestrichen. Da die Rumpfseiten, die Decke und der Boden annähernd eben waren, konnten die Vorrichtungen durch Aufreißen gewonnen werden. Die Beplankungsbleche wurden paketiert zu je 10 – 12 Stück gebohrt. Die Spanten wurden mit Fixierlöchern versehen, mit deren Hilfe die Behäutungsbleche geheftet werden konnten. Die Beplankung an den Rumpfkanten allerdings wurde nach wie vor angepaßt, da deren austauschbare Fertigung große Schwierigkeiten machte.

Die Do 23 wurde in den Dornier-Werken Manzell und Wismar produziert. Außerdem wurden mit dem Henschel-Flugzeugwerk AG, Berlin-Johannisthal, und der Firma Blohm & Voss, Flugzeugbau in Hamburg, Lizenzverträge über den Bau von je 24 Maschinen des Baumusters Do 23 abgeschlossen. Insgesamt wurden in den Jahren 1933 bis 1936 272 Do 23-Flugzeuge gebaut. Sie stellten zusammen mit der Ju 52 die erste Standardausrüstung bei den Kampfverbänden der deutschen Luftwaffe dar, die schon bei den ersten Luftübungen 1935 und bei den Machtdemonstrationen der „Risiko-Luftwaffe" in den nächsten Jahren, bei dem „Geschwaderflug auf Dresden", bei der großen „Luftwaffenübung Mitteldeutschland" und bei der Luftparade anläßlich des „Reichsparteitags der Ehre" teilnahmen.

Ab 1938 wurde die Do 23 durch die Ju 86 und He 111 abgelöst. Danach flog sie als Trainer-Flugzeug bei den Fliegerschulen und als Springerflugzeug für die Fallschirmjägerausbildung. Nach entsprechendem Umbau wurden Do 23 auch zur Räumung von Magnetminenfeldern eingesetzt, andere zum Sprühen und Streuen von Schädlingsbekämpfungsmitteln.

Der „Wal" auf dem Atlantik – und der Weltflug

Seit 1930, seitdem Fiat in Marina di Pisa die Mehrheit aufgekauft hatte und dort kleinere Flugzeuge baute, wurden die „Wale" in Manzell gefertigt. Die Lizenzfertigung lief außerdem noch bei der Aviolanda (fünf „Wale" im Jahr 1930) und bei der Casa in Spanien (zehn „Wale").

„Wal"-Produktion in Manzell

1930 war ein bitteres Jahr für die Dornier Metallbauten gewesen. Der Umsatz war erschreckend zurückgegangen, 1929 bereits hatte DMB zu Kurzarbeit übergehen müssen, Entlassungen waren nicht zu vermeiden. Der Auftragsbestand Ende 1929 war auf einen „Superwal" für das Reichsverkehrsministerium und auf die Do P geschrumpft, *„ein Programm, das für unser Unternehmen vollständig unzureichend ist"*, wie es im Jahresbericht hieß. Auftrieb gaben allein die Neubestellungen auf „Wal"-Flugboote: Ende 1930 lag der Auftragsbestand bei 12 „Walen" für Jugoslawien, zwei „Walen" mit BMW-VI-Motoren für die Lufthansa (für die Strecke von Cadiz zu den Kanarischen Inseln) und einem „Wal" für das Reichsverkehrsministerium. Dazu waren in den ersten Monaten 1931 nochmals zwei „Wale" für das Reichsverkehrsministerium gekommen. Obschon es mit den „Walen" für Jugoslawien, die über das Reparationskonto liefen, Schwie-

Zweitausführung des Verkehrs-Wal mit offenen Führersitzen.

rigkeiten geben sollte – für DMB waren diese Bestellungen erst einmal wichtig fürs Überleben.

In den Konstruktionsbüros in Manzell wurde im Jahr 1930 an der Umkonstruktion der Do J, des „Wal", gearbeitet. Dabei wurden die verschiedenen Änderungswünsche der Kunden, soweit es ging, berücksichtigt. Die Leistungen des neuen Flugboots, der Do J II, entsprachen den Erwartungen. Das Reichsverkehrsministerium hatte sich an dieser Umkonstruktion mit einem Entwicklungszuschuß von 200 000 RM beteiligt.

Der „Wal" hatte immer noch einen großen Vorzug vor denkbaren Konkurrenten: seine enorme Seetüchtigkeit. Sie war es, die einen Wolfgang von Gronau zu seinen großen Flügen ermutigte, erst nach Island (1929), dann in die USA (1930 und 1931), schließlich um die Welt (1932). Während von Gronau bei den ersten beiden Flügen noch den alten „Wal", den berühmten „Amundsen-Wal", benutzte, stand ihm für die bei-

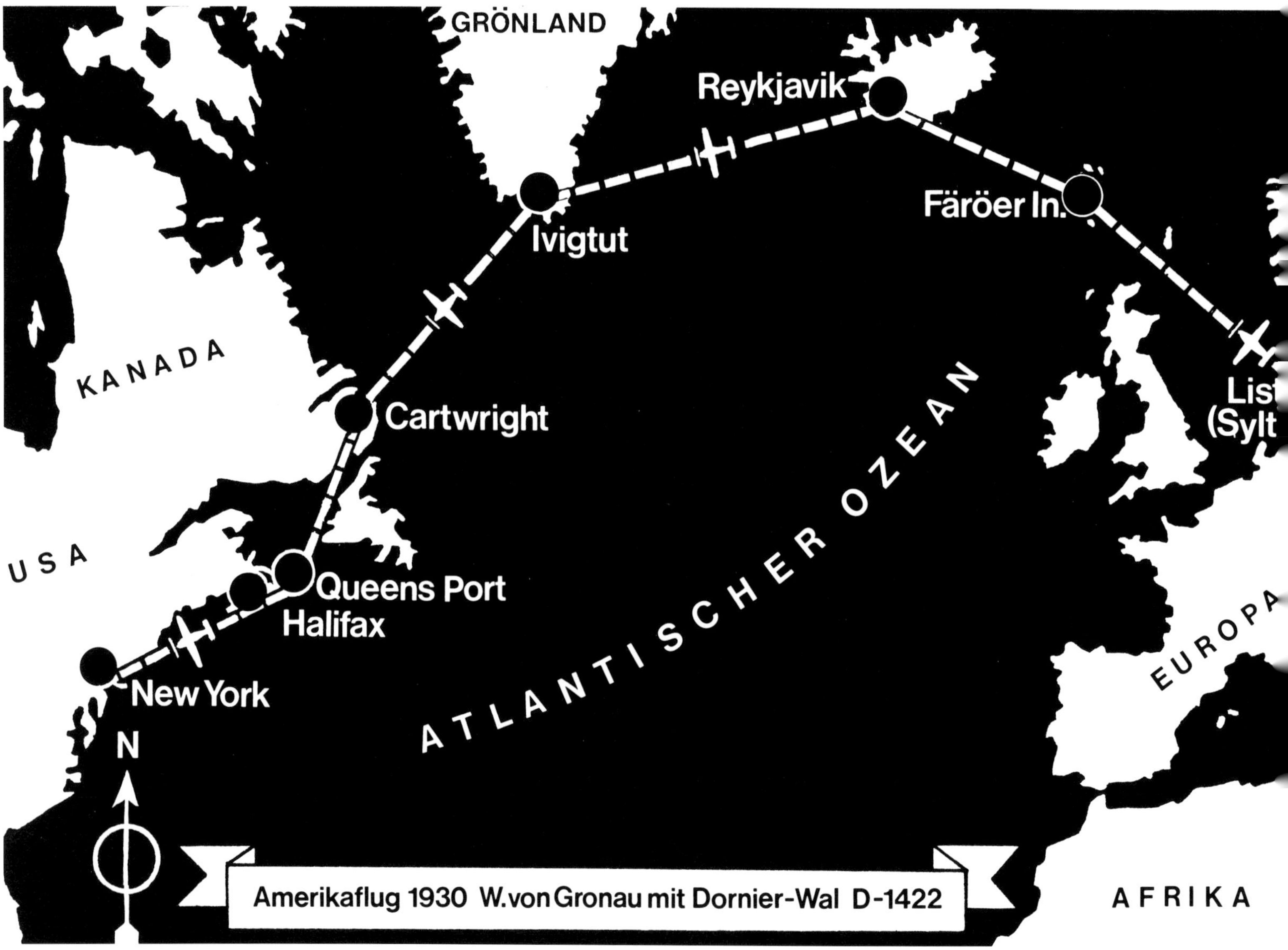

Die vordere Passagierkabine des verbesserten, leistungsfähigeren Verkehrs-Wal (linke Seite oben).

Mit dem Amundsen-Wal flog Wolfgang von Gronau im Jahr 1930 auf dieser Route in die USA (linke Seite unten).

Nach seinem Nordatlantikflug landete Wolfgang von Gronau vor der Battery von New York (links).

Empfang beim amerikanischen Präsidenten Hoover nach dem ersten Amerikaflug des Wal; v.l.n.r.: Clarence Young, Zweiter Pilot Eduard Zimmer, Präsident Hoover, Pilot Wolfgang von Gronau, Dr. Kiep (unten).

den anderen Flüge ein neuer „Wal" der Verkehrsfliegerschule auf Sylt zur Verfügung, die D-2053 (W. Nr. 223), die als „Grönland-Wal" berühmt werden sollte. *„Die Neuauflage des ‚Wales' zeigte wesentliche Verbesserungen,"* schrieb Wolfgang von Gronau. Das Flugboot hatte im Cockpit einen künstlichen Sperry-Horizont und im Funkraum eine leistungsfähigere FT-Anlage für Kurz- und Mittelwellen, dazu Peilempfänger und Notsender.

Die Flüge von Gronaus auf der sogenannten Nordroute hatten nichts mit Rekordsucht zu tun. Für die geplanten Interkontinentalflüge der Handelsluftfahrt war die Erfahrungsbasis der deutschen Luftfahrtindustrie dadurch, daß noch jegliche Militärfliegerei fehlte, relativ schmal. Von Gronaus Flüge, vor allem der Weltflug, sollten der deutschen Flugzeug- und Motorenindustrie ebenso wie den Herstellerfirmen der Funk- und Navigationsinstrumente neue Erkenntnisse vermitteln, die wiederum der deutschen Luftfahrt zugute kommen würden. Sein Weltflug führte aus dem Polarkreis in die Tropen, und wenn sich auf dem Flug über Grönland eine Eisschicht an den Tragflächen bildete, so glühten diese weniger Wochen später unter den sengenden Strahlen der Sonne. Dreieinhalb Monate brauchten die vier Männer in ihrem „Dornier-Wal", als sie (mit Schiffspapieren) durch 20 Länder flogen. Zum erstenmal gelang damit einer europäischen Besatzung ein Weltflug.[66]

Wolfgang von Gronau startete am 8. August 1931 mit seinem neuen Wal in List auf Sylt zu seinem zweiten Amerikaflug.

D-2053

Empfang der Wal-Besatzung vor der City Hall in New York durch Bürgermeister Jimmy Walker (oben).

Raumeinteilung des Wal D-2053 für den Nordatlantikflug; im Schwerpunktbereich waren die großen Treibstofftanks untergebracht (unten).

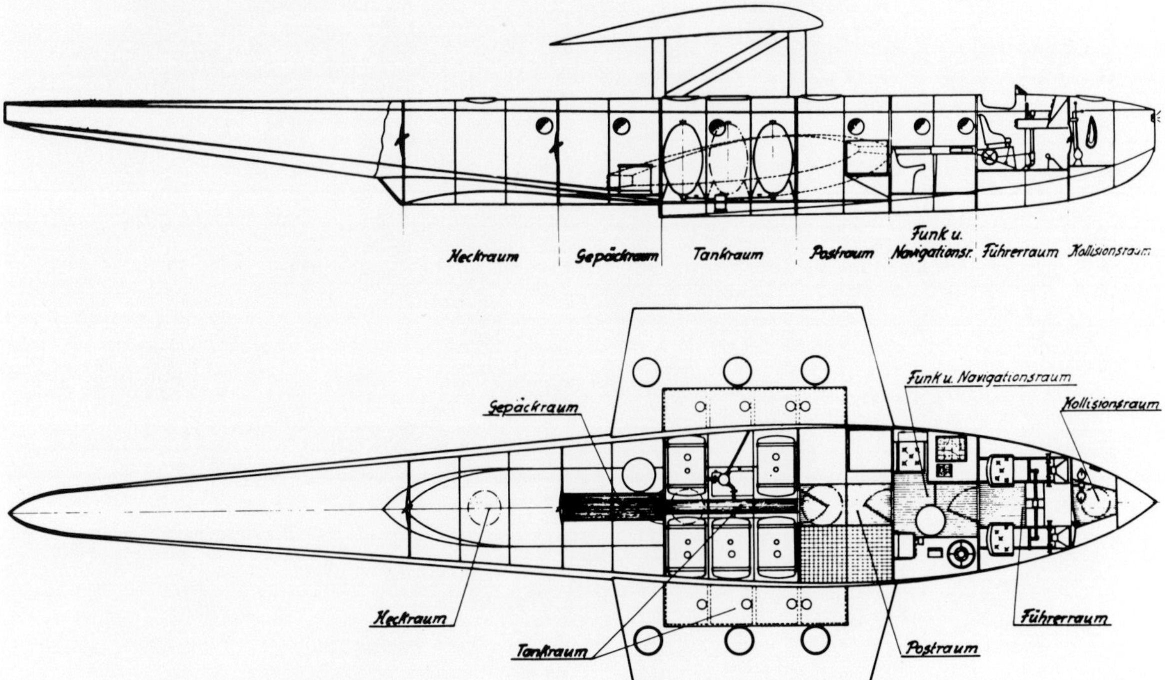

Zwischenstopp des Wal im Hafen von Godthaab (unten).

Der berühmte Flieger Wolfgang von Gronau nach seiner Rückkehr vom zweiten Amerikaflug wieder in List auf Sylt (links).

Gronaus Flug um die Welt

Für Wolfgang von Gronau („Wölfchen"), den gestandenen Seeflieger, der im Krieg erste Heinkel-Torpedo-Flugzeuge eingeflogen und 1926 durch den Gewinn des ersten deutschen Seeflugwettbewerbes nachdrücklich auf sich aufmerksam gemacht hatte, sollte dieser Flug schon die dritte Atlantik-Überquerung auf der „Nordroute" über Island werden – und der zweite Versuch eines „Weltfluges". Der Traum vom ersten war ein Jahr zuvor, 1931, in den Schären der grönländischen Küsten ausgeträumt. Da hatten die Flieger auf eingelagerten Treibstoff aus dem Vorjahr zurückgegriffen, nicht ahnend, daß die Grönländer sich selbst bedient und normales Benzin nachgefüllt hatten. Das hatte einer der hochverdichteten Motoren nicht ausgehalten. Reparatur mit Bordmitteln – eine Woche harte Arbeit mit Handsäge und Schmirgelpapier. Bis nach Chicago waren sie mit dem „Grönland-Wal" noch gekommen. Jetzt also der zweite Versuch mit dem Dornier-Wal D-2053. Franz Hack, der blondgelockte Bordmonteur, und Funker Fritz Albrecht gehörten zur eingespielten Crew. Sie wußten, was sie erwartete, kannten die Schwierigkeiten mit dem Wetterdienst, mit Motorpannen, beim Tanken in der Dünung und beim Start in engen Buchten und Häfen. Neu war der Copilot, Ghert von Roth.

Start am 22. Juli 1932. Ein „Superwal" der Deutschen Verkehrsfliegerschule, deren Vorstandsmitglied von Gronau war, machte Wind und Wellen, damit der schwerbeladene „Wal" – Fluggewicht etwa 9200 kg – vom Wasser hochkam.

Rejkjavik meldete Nebel und schlechtes Wetter, der „Wal" nahm Kurs auf einen kleinen Ausweichhafen. 1800 km, erste Etappe. Die durchgefrorene Besatzung in ihrem Lederzeug bekam nicht mal einen Grog in dem kleinen Hotel: es wurde von der Heilsarmee betrieben. Weiter! Von Gronau kannte die Strecke, sie war mittlerweile nach ihm benannt. Zum vierten Mal Rejkjavik, zum dritten Mal Grönland – alles wird zur Gewohnheit. Unangenehm blieben die Kälte, der Regen, die Böen, der Nebel. Labrador wurde angepeilt. Von Udet, der gerade irgendwo im ewigen Eis filmte, kam ein Funkspruch.

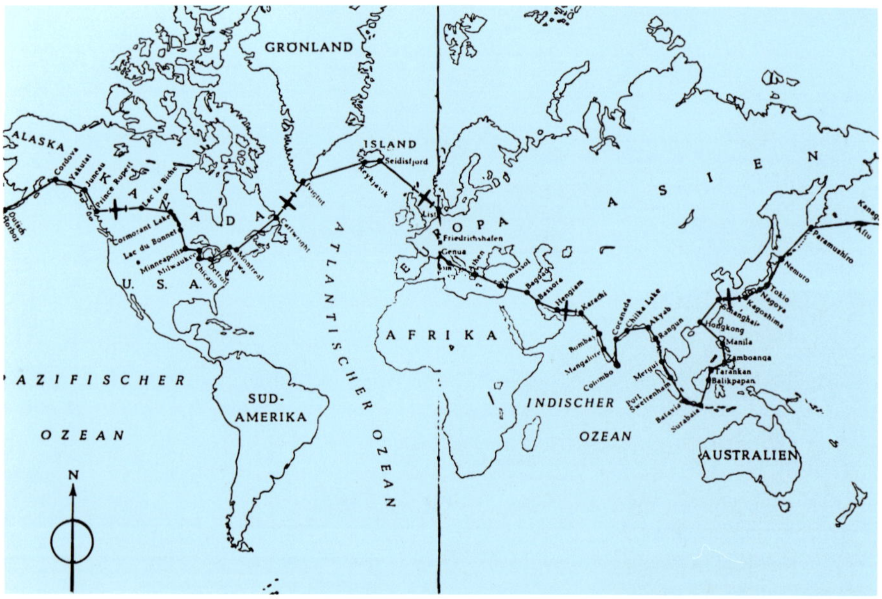

Größtes Aufsehen erregte Wolfgang von Gronaus Flug mit dem Dornier Wal rund um die Welt (oben).

Hier bei der Ankunft in Prince Rupert (ganz oben).

Viele exotische Stempel dokumentierten den weiten Weg dieser Postkarte (rechts).

Amerika, 28 Stunden reine Flugzeit von Kontinent zu Kontinent.

1000 km bis Montreal. Der erste Fehlstart bei Windstille in glühender Hitze. 400 Liter Brennstoff wurden wieder abgegeben. So erleichtert, klappte der Start. Unterwegs, über dem Lorenz-Strom, wurde das „feine Päckchen" rausgeholt, der dunkle Anzug für den stürmischen Empfang. In Montreal bekommt die Besatzung den ersten Eindruck von jener Publicity, die sie rund um die Welt verfolgen wird: Minister waren zur Stelle, Fotografen und Reporter. Stundenlange Ehrungen und Begrüßungsreden, Besuche in Clubs, Aufwartung beim Bürgermeister. Wenn der Flug einen Sinn haben sollte, mußten die Männer geduldige PR-Arbeit leisten. Und das hieß für die nächsten Wochen: „Keep smiling".

Auf dem Lake St. Clair, mit dem hinteren Motor rollend, erreichte der „Wal" Detroit – mit Verspätung. An einer Schweißstelle war das Entlüftungsrohr der Kühlwasseranlage gebrochen, drei Kolben hatten gefressen. Mechaniker der Trans American Airways halfen. Henry Ford sagte zu von Gronau: *„Sie haben sehr vernünftige Ideen."* Sagte auch, daß er fest daran glaube, daß der Höhepunkt der Wirtschaftskrise überwunden sei. Im fernen Deutschland kam Hitler bei der Reichstagswahl auf fast 38 Prozent.

Flug über Land war immer ein Wagnis mit dem Flugboot. Ein Kühlmantel leckte tatsächlich, und das hieß, noch einmal umkehren. Endlich das Ufer des Michigan: Chicago. Im Nu war die Besatzung ein willkommenes Propagandaobjekt im Wahlkampf und wurde von Empfang zu Empfang gezerrt. Konfetti flatterte als letzter Gruß der Zivilisation auf die Flieger in den Straßen von Milwaukee. Kanada! Vom Chef der Royal Canadian Air Force hatte von Gronau Spezialkarten bekommen, auch die Erlaubnis, Brennstofflager der Kanadier zu benutzen – fairer Korpsgeist in der Wildnis, der der Besatzung von nun an weiterhelfen würde.

Urwald, Seen. Ab und zu unter ihnen eine Fischerhütte, ein

kleiner Handelsplatz. *„Motoren betragen sich anständig"*, notierte von Gronau, ein Kompliment für die beiden BMW-VI-Motoren von je 680 PS. Zwischen zwei Etappen stand von Gronau Pate bei der Taufe eines deutschstämmigen Jungen. Dann wurde es ernst. Vor dem Flugboot lag eine lange Landstrecke, die Rocky Mountains versperrten den Weg zum Pazifik. Ein Journalist hatte Wetternachrichten beschafft. Die D-2053 kam schwer aus dem Wasser des Lac la Biche, 500 Meter über NN, die Luft war warm und wenig tragfähig. Vor den Piloten eine schwarze Gewitterwand. Es half nichts, sie mußten die Front umgehen – immer über Land. *„Das sind Minuten, in denen die grauen Haare wachsen"*, so von Gronau später.

Fünf Stunden bis zur ersten Gebirgskette. Der „Wal" machte an die 200 km/h, wurde mit der Zeit leichter. Bei guter Sicht konnten sie sich durch die Berge schlängeln, dahinter eine Hochebene mit Seen. Nochmal 90 spannende Minuten über den letzten Bergbarrieren – im Hirn immer diesen sechsten Sinn für das Geräusch der Tandem-Motoren. Schneebe-

Landung des Wal vor der japanischen Seeflugstation Kasumiga Ura bei Tokio (links).

Begrüßung der Wal-Besatzung in Nemuro, Japan (unten).

deckte Viertausender, tiefe Schluchten. Dann zwang sie bald der Nebel des Pazifik auf 50 Meter herunter. Eine Bucht, Prince Rupert. Der Shell-Vertreter, der Mann mit dem Treibstoff, stöberte sie auf.

Alaska und die Aleuten, das Ende der Welt, der gefährlichste Abschnitt. Nebel überall, mieses Wetter. Notlandung in einer nebelfreien Bucht: Der hintere Kühler leckte, mußte gelötet werden. Inseln mit Gebirgen tauchten vor den Piloten im offenen Cockpit plötzlich aus dem Regen, aus Wolken und Nebel auf; bei dem ständigen Höhenwechsel verlor der „Wal" zwei Antennen. Schlimmer noch: Der Kutter, der Treibstoff zur Attu-Insel hatte befördern sollen, lief im Nebel auf ein Riff und ging verloren. Die US Coast Guard schickte in diesem kritischen Augenblick ein eigenes Fahrzeug mit den von einem Nachschubdampfer übernommenen Fässern los. Der „Wal" flog derweil über dem offenen Ozean, um von den Vulkanen der Inselkette klarzukommen.

2. September: Der Wind kam von See her, der Start im engen Hafen von Attu war leichter als gedacht – der Start zum nächsten Kontinent, nach Asien. Der erste Hafen auf den Kurilen war, wie befürchtet, gar kein richtiger Hafen, nicht mehr als ein paar Riffe und eine kleine Mole und dazu eine gewaltige Dünung. Aber nach dem stundenlangen Flug war der „Wal" leicht und ließ sich gut in die mächtige Dünung setzen. Shell, in Japan „The Rising Sun", war auch auf diesem entlegenen Außenposten mit Schlauch und Pumpe zur Stelle.

Von nun an würde der Ärger mit den dienstbeflissenen unteren Chargen des Zolls und der Polizei nicht mehr aufhören, die der ohnehin genervten Besatzung die abenteuerlichsten Fragen stellten und das Flugboot systematisch durchstöberten, wobei sie auch schon mal triumphierend das einzige Gewehr an Bord zutage förderten; im Irak mußte dann sogar der König ein Machtwort sprechen.

Im Hafen von Hongkong: Die deutschen Weltflieger wurden von der Bevölkerung gebührend bestaunt.

Die erste Nacht vor Japan wurde auf dem „Wal" turbulent, die Wände wackelten, Brecher donnerten gegen die Duraluminbeplankung des Rumpfes. Einer hielt Wache, die anderen wälzten sich in Hängematte oder Schlafsack. Im Morgengrauen sah von Gronau von See her eine Nebelwand aufziehen. Nichts wie weg! Der Zöllner kletterte um ein Haar in den laufenden Propeller. Beim ersten Startversuch sprang der „Wal" derartig in der Dünung, daß der Mechaniker befürchtete, bei den harten Stößen könnte der hintere Kühler verlorengehen.

Nemuro auf Hokkaido. Japan erwartete die Deutschen – *„zarter, sanfter, zierlicher als die Amerikaner"*, so von Gronau, *„doch nicht minder begeistert"*. Hack mußte den Wal mit der Signalpistole gegen das Bootsgewimmel rings herum verteidigen, von Gronau durfte, umhegt von Geishas, in dem Bett schlafen, das schon Lindbergh benutzt hatte. Jahre später, 1939, wurde er übrigens als Luftfahrtattaché zur deutschen Botschaft nach Tokio kommandiert – es sollte ein Aufenthalt von acht Jahren werden.

Zwei Wochen Pause für den malträtierten „Wal" in Kasumiga-Ura, der Marineflugstation nahe Tokio. Zelle und Motor wurden von Kawasaki überholt, Lizenznehmer von Dornier und BMW (der Lizenzvertrag mit Dornier lief noch bis 1934). Ingenieure und Mechaniker kamen – kostenlos! – aus Kobe, das Material wurde ebenfalls nicht berechnet. Auch in Nagoya und in Kagoshima warteten die Fachleute von Kawasaki. Die Japaner – so resümierte von Gronau in den *„Vertraulichen Ergänzungen"* seines Berichts – kompensierten Freundschaft und Anerkennung durch ungehemmte Lernbegierde; sie wollten alles über den Flug und die moderne Instrumentierung – so den künstlichen Sperry-Horizont – wissen.

Die Besatzung litt unter der Hetzjagd gesellschaftlicher Zwänge: Empfänge und Rundfahrten, Ehrenmitgliedschaften und Ehrengeschenke, Orden und Medaillen, Führungen durch das Flugboot. Das Zeremoniell der Gastfreundschaft kostete Zeit. *„Vergiß nicht abzureisen!"* Immer wieder notierte von Gronau diese Maxime. Manchmal muß es wirklich schwergefallen sein.

Der Weiterflug Richtung Europa, bis dahin nur in groben Zügen geplant, wurde nun von der japanischen Shell-Vertretung mit landesüblicher Effizienz vorbereitet. Vorgesehene Stationen – immer an der Küste lang, immer Wasser unter dem Kiel: Shanghai, Hongkong, Manila, Zamboanga, Surabaja, Batavia, Rangoon, Colombo, Bombay, Karachi, Bagdad, Cypern, Athen, Rom.

So reibungslos wie die Besuchsprogramme schnurrte der weitere Etappenflug nicht ab. Immer hatte von Gronau den Kopf voller Sorgen: Mal sind es unvorhergesehene, wetterbedingte Ruhetage, mal ist es eine Vergaserreinigung bei Dünung und böigem Wind in einer Flußmündung. Im Hafen von Shanghai legten sie eine haarscharfe, haarsträubende Ziellandung im Getümmel von Booten und Schiffen hin. Beim Anflug auf Hongkong mieden sie Inseln und Dschunken; Schmuggler und Piraten waren allgegenwärtig.

Champagner am Äquator, 45 Grad Celsius im Flugboot. Von Gronau: *„Es wird recht heiß auf meinem Kopf, aber als ich eine nasse Wollkappe unter der Fliegerkappe aufsetze, ist es wie in Grönland."* Die Männer mußten (auch nach den Nächten in den Weltstädten) früh, vor Sonnenaufgang, starten, die Morgenkühle war wichtig; manchmal mußte das Frühstück für den ganzen Tag reichen. Abends wuschen sie sich mit Spiritus und stellten sich nackt auf dem Flugboot in den strömenden Tropenregen.

Am 10. Oktober erwischte es sie voll. Der vordere Motor fing an zu kochen. Hinten Vollgas! Sie warfen Brennstoff ab. Albrecht funkte SOS, SOS, Standort dazu. Die Maschine war nicht zu halten, knallte im Seegang auf, blieb aber schwimmfähig, hatte nur vorn unbedeutende Stauchungen. D-2053 trieb. 60 Seemeilen zur Küste. Tropenregen. Manila meldete sich über Kurzwelle. Am Motor, das zeigte die erste Untersuchung, war die Kühlwasserpumpe gebrochen. Die schwere, aber mustergültige Funkausrüstung – Langwellensender, Peilrahmen, Notsendeaggregat – zahlte sich jetzt aus. Es gelang der Besatzung, den Antennenmast aufzurichten. SOS über Langwelle. Ein englischer Postdampfer näherte sich, funkte, daß er es wegen der Post eilig hätte, wollte sie mit dem Flugboot an Bord nehmen. Und das bei 22,5 Meter Spannweite, bei einer Länge von 17,45 Meter! Von Gronau plädierte für Schleppen mit „full speed". Stille im Äther. Endlich die Rauchwolke am Horizont. Die „Caragola" nahm den Wal an die Leine. Tropennacht. Dinner in der Messe. Zwei Stunden Verspätung für den Briten.

Rangoon: die Hölle. In der Nacht tobte ein Zyklon über dem Hafen, der „Wal" trieb gerade noch an einer schweren Eisenboje vorbei. Bei glühender Hitze wurde dann der Motor auseinandergenommen. Am Kühlwasserthermometer war ein Kupferelement abgebrochen und von dem Rad der Wasserpumpe aufgesaugt worden; ein Stück war noch im Wasserkreislauf, nicht aufzufinden, ein Sieb mußte vor die Pumpe gesetzt werden. Für das beschädigte Pumpenrad wurde Ersatz aus Bronze gegossen, viermal so schwer. Drei Kreuze hinter Rangoon...

In Sittwe, der nächsten Station, richtete der Vertreter der Imperial Airways Wolfang von Gronau wieder auf, der schwer an dem Druck trug, daß nur die erfolgreiche Beendigung den Flug zu einem Triumph machen würde. Ein planmäßiger Flug, so tröstete der Brite von Gronau, finde keine Beachtung, interessiere nicht. *„Wenn die Sache mal schiefgeht, dann haben Sie auch die Presse."* Genauso war es.

Von nun an waren die Briten immer präsent, die Schiffe der Flotte Seiner Majestät oder die Stützpunkte der Imperial Airways, die sich zu dieser Zeit an die Außenstationen des Empire herantasteten (in Karachi, zu dieser Zeit noch der große Drehpunkt des Luftverkehrs, bekam übrigens, wie von Gronau vertraulich meldete, KLM unter Kennern die meisten Pluspunkte hinsichtlich Schnelligkeit und Zuverlässigkeit, vor den Briten und den Franzosen).

Im Tausend-Kilometer-Takt ging es der Heimat entgegen, einem Deutschland, das dem politischen Kollaps entgegen-

Nach der Zwischenstation in Batavia (links) mußte der Wal wegen eines Motorschadens im Indischen Ozean notwassern (unten), er wurde vom englischen Dampfer „Caragola" in den Hafen von Rangoon geschleppt (ganz unten).

KARACHI
HENJAM
GENUA

Der italienische Luftfahrtminister Balbo begrüßt die Besatzung in Ostia bei Rom (oben).

Zurück in der Heimat: triumphaler Empfang des Wal und seiner Besatzung im Werk Manzell am Bodensee (ganz links und links).

torkelte. Mit Mühe und Not kam der „Wal" aus dem Hafen von Colombo. In Bombay rammte ein Kohlenprahm das Flugboot. Kochender Kühler und Notlandung am Eingang zum Persischen Golf. Vor Basra brach ein Verspannungsdraht der vertikalen Dämpfungsfläche. In Ostia, Roms Seeflughafen, landete von Gronau auf dem Tiber exakt vor Marschall Balbo und seinen Offizieren. Der würde im nächsten Jahr mit einem ganzen Geschwader über den Atlantik fliegen. Von Gronau brachte dabei seine Erfahrungen als Berater ein. Mehr und mehr rückte der Interkontinentalverkehr in den Bereich des Möglichen.

„Sie haben den deutschen Namen", rief der Württembergische Wirtschaftsminister Dr. Reinhold Maier bei der Begrü-

EMPFANGS-ABEND

zu Ehren von Wolfgang von Gronau und seiner Besatzung anläßl. der glücklichen Vollendung seines Weltfluges 1932

SPEISENFOLGE

Grönland-Kraftbrühe
mit Island-Klößchen

Rocky-Mountains-Salm vom Rost

Ostindische Mayonnaise
Römische Kartoffeln

Nemuro-Masthuhn auf japanische Art
Rangoon-Salat
Chinesisches Kompott

Alaska-Bombe mit Aleuten-Soße

U. S. A.-Gebäck

Java-Kaffee
Manila-Zigarren
Griechische Zigaretten
Deutsches Bier

Kurgarten-Hotel
Friedrichshafen
10. November 1932

Zur Feier des Weltfluges wurde beim Empfangs-Abend eine buchstäblich globale Speisenfolge geboten (oben).

ßung der Flieger auf der Dornier-Werft Manzell aus, *„mit Ehren um die Welt getragen, nicht um ein Abenteuer mit ungewissem Ausgang auf sich zu nehmen, sondern um der Luftfahrt neue Wege zu bahnen. In einer Zeit, in der andere schon glauben, ihrer Pflicht zu genügen, wenn sie national reden, haben Sie gehandelt."* Vier Tage später, am 14. November, landete die Do X auf dem Bodensee, zurück vom Europa-, Amerika- und Deutschlandflug.

Reichspräsident von Hindenburg empfing die „Wal-Besatzung" in Berlin. Die Zeiten hatten sich im November 1932 schon erheblich geändert: Adolf Hitler ante portas! Reichsverkehrsminister Treviranus, der den Flug möglich gemacht hatte, war bereits nicht mehr im Amt.

Die neuen Wale

Der verbesserte, schneller gewordene „Wal" in der Zweitausführung der Verkehrsversion, der am 27. Januar 1931 seinen Erstflug machte, hatte BMW-VI-Motoren ohne Getriebe. Der Bootsbug war spitzer ausgeführt, die Leitwerkform geändert und die Fluggastkabine der Passagierversion auf 14 Plätze vergrößert. Das Abfluggewicht wurde bei unveränderter Tragflächengröße (96 m^2) auf 8000 kg erhöht.

Im Juni 1931 hatte die Lufthansa ihre ersten beiden verbesserten „Wale" als Postflugboote übernommen und sie auf die Namen „Passat" (D-2068) und „Monsun" (D-2069) getauft. In der Ostsee wurden sie einer eingehenden Seeprüfung unterzogen. Die neue Bootsform, die sogenannte Kielung, die allmählich in einen flachen Boden überging, ergab wesentlich bessere Leistungen bei Start und Landung. Die Flugzeuge mußten mit verschiedenen Belastungen bei Seegang starten und landen, ebenso Roll- und Schleppmanöver machen. Das Schleppen wurde zusammen mit dem von der Lufthansa für den Südatlantik ausgerüsteten Schoner „Orion" ausgeführt.

Ein achtstündiger Dauerflug beendete die Erprobung. Bemerkenswert, so schrieb einer der Piloten, sei vor allem die funktechnische Ausrüstung der Flugzeuge. Außer der gewöhnlichen Langwellenstation für Flugzeuge war in beide Wale eine Kurzwellenstation und ein Eigenpeiler eingebaut. Als ständige Besatzung waren vier Mann vorgesehen. Für den „ersten Führer" gab es im Funkraum einen großen Kartentisch mit Kompaß; dazu kamen ein zweiter Führer, ein Bordwart und ein Funker.

Schrittweise, ohne Risiko, erprobten diese verbesserten Wale die Etappe der Interkontinentalstrecke. 1931 wurden

Mit dem Wal „Bremerhaven" führte die Lufthansa Erkundungsflüge zwischen Lübeck, Southampton, La Coruna, Cadiz, Las Palmas bis nach Villa Cisneros durch; hier bei einem Stopp in La Coruna (unten).

Der Wal „Monsun" auf dem Heinkel-Großkatapult K 6 des schwimmenden Stützpunkts „Westfalen".

im Südatlantikdienst zwölf Flüge zwischen Cadiz und Las Palmas und drei Flüge bis Bathurst in Britisch-Gambia an der Westküste Afrikas unternommen. Vorher, 1930, hatte die Lufthansa schon einen ersten Service von Postvorausflügen eingeführt. Am 22. März hatte der „Jangadeiro", ein „Wal" der Syndicato Condor Ltda., dem Passagierschiff „Cap Arcona" Post bis hinter die Insel Fernando de Noronha nachgebracht und dabei auf hoher See landen müssen. Trotz Seegang 4 und hoher querlaufender Dünung brachte von Clausbruch, der Pilot, den „Wal" neben der gestoppten „Cap Arcona" heil zu Wasser. Nach der Postübergabe mußte der kleine „Wal" vier Stunden lang gegen die Wellen ankämpfend zur Insel zurückrollen, um dort in der geschützten Bucht nach Rio zu starten. Bei den folgenden Flügen fand die Postübergabe zwischen Dampfer und Flugzeug programmgemäß in der geschützten Bucht von Fernando de Noronha statt. Die Postlaufzeit verringerte sich dadurch um zwei Tage.

Zu diesen Postvoraus- oder Anschlußflügen kam seit 1930 auch die Zusammenarbeit mit dem Luftschiff „Graf Zeppelin", die auch in den nächsten Jahren aufrecht erhalten wurde.

Mit Katapult

Seit Jahren gab es in dieser Zeit des vorsichtigen Tastens Stimmen, die für einen schwimmenden Flugstützpunkt im Südatlantik plädierten, weil anders vorläufig noch nicht an einen regelmäßigen Verkehr nach Südamerika zu denken war. Im Juli 1932 charterte die Lufthansa deshalb vom Norddeutschen Lloyd den Dampfer „Westfalen", der schrittweise als „Flughilfsschiff" (so Lufthansa) um- und ausgebaut

Der Wal konnte auf das Schleppsegel der „Westfalen" aufgleiten (oben) und wurde dann mit einem Kran an Bord gehievt (rechts).

wurde. Er erhielt eine bei Heinkel entwickelte Großflugzeug-Schleuderanlage, einen Heckkran und ein Schleppsegel, also eine halbstarre Verbindung zum Schiff. Erprobungen führten zu Verbesserungen dieses neuartigen Systems. Auch die beiden „Wale", „Monsun" und „Passat", wurden für den Katapultabschuß verstärkt, sie hatten jetzt ein Fluggewicht von 8500 kg: der sogenannte „8½-Tonnen-Wal".

Im Frühjahr 1933 war das Katapult auf der „Westfalen" fertiggestellt, am 29. Mai erfolgte der erste Schleuderstart eines 8½-t-„Wals" mit dem Großkatapult K6. Diese Katapultanlage übertraf die Leistung der auf den Schnelldampfern „Europa" und „Bremen" eingebauten Katapulte um das Vierfache. Das höchste zulässige Abfluggewicht betrug 14 t, bei einer Abschußgeschwindigkeit von höchstens 150 km/h und einem höchsten Arbeitsdruck von 150 atü; das ergab eine Beschleunigung von 3,5 g. Die „Westfalen" bezog in der Mitte des Südatlantik Station, um die Flugstrecke zwischen Bathurst an der afrikanischen Westküste und Natal in Brasilien zu unterteilen. Der Probeflugbetrieb begann.[67]

Im Juni 1933 wurden erstmals Flüge über größere Entfernungen durchgeführt. Zum „1. Flug vom Katapultdampfer Westfalen nach Afrika" – so ein Sonderstempel auf der inoffiziell beförderten Post – wurde am 2. Juni der „Wal Monsun" rund 1200 km westlich der afrikanischen Küste katapultiert. Zwei Tage später – der „Wal" hatte Bathurst sicher erreicht – startete die „Monsun" zur ersten Überquerung des Südatlantik. Gesteuert von Flugkapitän Jobst von Studnitz hob die D-2069 am 4. Juni vom Gambiafluß ab, um nach mehrstündigem Flug zunächst wieder den Dampfer „Westfalen" zu erreichen. Am 6. Juni vom Katapult des Schiffes erneut in die Luft geschleu-

Die Bedienanlage des Katapults (links).

Mitten im Südatlantik konnte der Wal auf der „Westfalen" aufgetankt und zum Weiterflug vorbereitet werden (unten).

Auf einer Weglänge von nur wenigen Metern beschleunigte das Katapult den schweren Wal auf eine Startgeschwindigkeit von 150 km/h.

TAIFUN
LUFT HANSA

dert, legte die „Monsun" auch die weitere Strecke bis Natal in Brasilien ohne Zwischenfälle zurück. Bereits unter verkehrsmäßigen Bedingungen vollzog sich dann der erste Gegenflug Natal – „Westfalen" – Bathurst, der am 23./24. Juni unter dem Kommando von Flugkapitän Joachim Blankenburg ausgeführt wurde. Dabei überwand die „Passat" den Südatlantik in einer Gesamtflugzeit von 14 Stunden 30 Minuten.

Eine zweite Versuchsfahrt mit der „Westfalen", auf der auch eine Wartungswerkstatt mit Ersatzteillager und Platz für die Treibstofflagerung geschaffen worden war, folgte im Oktober 1933. Ein „Wal" kam von Bathurst, landete bei der „West-

Zu den im Südatlantik eingesetzten Walen gehörte auch der „Taifun" (ganz links).

Arbeitsplatz des Bordfunkers mit Peilgerät und Funksender (unten).

Der Führerraum mit Doppelsteuer und der Tankraum in der Bootsmitte (ganz unten links und rechts).

falen", übergab die Postsäcke an das zweite Flugboot, das schon auf dem Katapult wartete. Zwischen Start in Afrika und Landung in Brasilien lagen 15 Stunden und 5 Minuten. Wieder bewiesen die „Wale" bei diesen Versuchen in der härteren Winterzeit ihre Unverwüstlichkeit. Einmal war der Kran defekt, und das Flugboot lag 30 Stunden lang in einer Dünung der Stärke 5 bis 6, ohne daß die starke Beanspruchung ihm geschadet hätte.

1934 konnte die Lufthansa zum flugplanmäßigen Linienverkehr mit Postflugzeugen übergehen. Die 11369 km lange Strecke zwischen Berlin und Rio de Janeiro war in Etappen unterteilt, die mit verschiedenen Flugzeugtypen beflogen wurden. Der erste planmäßige Flug von Deutschland nach Südamerika am 3. Februar 1934 ging über die Route Berlin, Stuttgart, Sevilla, Bathurst, Natal, Rio. Planmäßige Beförderungsdauer: 5 Tage. Im Juli 1934 wurde der anfänglich 14tägige Dienst auf eine wöchentliche Verbindung verdichtet. Die Lufthansa setzte seit dem Sommer vier weiterentwickelte „10-t-Wale" ein. Sie unterschieden sich von den 8½-t-Walen durch die von 96 auf 112 m^2 vergrößerte Tragfläche, durch BMW-VI-Motoren mit Getriebe und durch größere Treibstoffzuladung. Die Tragfläche war gegen die Flossenstummel zweifach abgestrebt, das Cockpit in geschlossener Form ausgeführt.

Dazu kam ein zweites Katapultschiff, die „Schwabenland", auf deren Achterschiff das Katapult K7 montiert war, eine Weiterentwicklung des K6, aber mit gleichen technischen Leistungen. Dagegen war das Hinterteil des Katapults als Drehscheibe ausgebildet, um das Verschieben verschiedener auf dem Hinterschiff abgestellter Flugzeuge zu erleichtern. Der Abschuß erfolgte gegen die Fahrtrichtung des Motorschiffes.

„Sämtliche Maschinen mußten stets bis zur Höchstleistung beansprucht werden", meldete der Jahresbericht der Bezirksleitung Südatlantik. Nicht nur die Flugzeuge – auch die Besatzungen! Vor allem die Nacht- und Blindflüge verlangten von ihnen das Äußerste, dazu kamen Malariaerkrankungen, Gelbfieber, Quarantäne und Sandstürme. So minutiös der Atlantikdienst lief, so primitiv war die Unterbringung der Besatzungen auf ihren langen Flügen, spartanisch mit einem Wort, es gab auch keine Ablösungen. Sie flogen über den Atlantik in Shorts, Sporthemd und Turnschuhen, bei sich eine Aktentasche mit Butterbroten und eine Thermosflasche mit Tee oder Kaffee. Dennoch entwickelten die Crews gerade zu dem robusten „Atlantik-Wal" ein ganz besonderes Verhältnis. Er fühle sich *„in ihm ebenso sicher wie auf meinen eigenen zwei Beinen",* schrieb ein Besatzungsmitglied nach mehrjährigem Dienst.[68)]

Fürs Militär

72 „Wale" wurden, 1930 beginnend, in den dreißiger Jahren in Manzell gebaut – vor allem „Militär-Wale", sogar 1937 noch sieben Stück, die bis 1941 als Schulflugzeuge bei den deutschen Marinefliegern eingesetzt waren. Der „Militär-Wal" in seiner modernisierten Version entsprach in Abmessungen und Leistungen dem „8½-t-Wal", unterschied sich aber in der Aufteilung des sechsfach abgeschotteten Bootes: Bugstand für 1 MG mit Drehkranz, Cockpit mit einem Führersitz und einem ausbaubaren Klappsitz für den Beobachter, Navigations- und Funkraum, Tankraum mit neun Alumi-

Mit MG-Ständen wurde der Wal auch in militärischen Ausführungen für die Luftwaffe gebaut (unten).

Die Do C 3 (folgende Seiten) wurde später zum Eindecker Do C 2 A umgebaut und an die kolumbianische Luftwaffe geliefert (oben).

„Der fliegende Pater" Schulte mit seinem zweisitzigen Amphibium Do 12 (links).

Die Do 12 war eines der ersten Flugzeuge, die mit einem einziehbaren Fahrwerk ausgerüstet wurden.

niumbehältern, Heckstand mit zwei MG-Drehringen, begehbarer Heckraum zur Kontrolle der Steuerorgane.

Auch der Bau von Schwimmerflugzeugen war, nach dem Erfolg der Do D, versuchsweise weiter betrieben worden. So wurde 1931 der Jagdzweisitzer Do 10 zu einem Seeaufklärer, zur Do C 3 umkonstruiert, wobei Rumpf und Tragflügel vom Landflugzeug übernommen wurden. Bei der Erprobung dieses Eineinhalbdeckers in Metallbauweise zeigte sich, daß der verwendete Unterflügel nicht den erwarteten Auftrieb brachte. Die Do C 3 wurde deshalb auf die Do C 2 A, einen abgestrebten Hockdecker, umgebaut. Beibehalten wurde die ungewöhnliche Flügelkonstruktion: die größte Dicke in der Ebene des Stielanschlusses, nach außen und gegen die Flugzeugmitte stark abnehmend, um dem hinter dem Tragwerk sitzenden Piloten gute Sicht zu geben; die Tragwerk-Vorderkante war stark nach hinten gezogen, dadurch ergab sich eine leichte Pfeilstellung.

Die Do C 2 A war mit Hispano Suiza 12 Nbr-Motor (740 PS) ausgerüstet. Gegenüber Do C 3 war bei Do C 2 A neben dem Kraftstoff-Haupttank im Rumpfboden ein Zusatzbehälter hinter der Motorbrandwand eingebaut. Auf das einsitzige, hinter dem Tragwerk angeordnete Cockpit mit Mittelsteuerung folgte der Platz für den Beobachter/Schützen; die Bewaffnung sah für den Führer zwei starre MG vor, im Beobachterraum je ein MG auf einem Drehkranz und in einem unteren Waffenstand. Von diesem verbesserten Typ wurden zwei Flugzeuge an die kolumbianische Luftwaffe geliefert.

In der inzwischen durch DMB gepachteten Werft von Altenrhein wurden, nach der Fertigstellung der dritten Do X, in Lizenz gebaute Mehrzweckflugzeuge vom Typ Fokker C V für die Schweiz montiert.[69] Im Auftrage von DMB entstand zudem 1931/32 die Do 12, ein Amphibium-Sportflugzeug. Dieser Schulterdecker konnte durch das im Flug ein- und auskurbelbare Fahrgestell sowohl auf dem Land als auch vom Wasser starten und landen. Über dem freitragenden zweiholmigen trapezförmigen Tragflügel war der Motor auf einem Bock angeordnet. Anstelle der sonst üblichen Flossenstummel sorgten zwei unter dem Tragwerk angeordnete Stützschwimmer für die Stabilität auf dem Wasser. Am mehrfach abgeschotteten Boot waren seitliche Mulden für das einklappbare Fahrgestell. Der Bootsboden war einstufig, flach gekielt und mit einem herausschwenkbaren Führungskiel versehen. Hinter dem Bugraum für Seeausrüstung und Gepäck lagen das zweisitzige Cockpit mit ausbaubarer Doppelsteuerung, die Kabine für ein bis zwei Passagiere, der Gepäck- und Heckraum (wahlweise zur Einrichtung von Schlafgelegenheiten). Der ursprünglich eingebaute luftgekühlte Motor Argus As 10 mit 220 PS wurde später gegen einen Sternmotor Gnome-Rhone-Titan 5 Ke von 317 PS ausgetauscht. Von der Do 12 – Erstflug am 23. Juni 1932 – wurde nur ein Muster gebaut. 1935 übernahm es der „Fliegende Pater" Schulte für seine Missionszwecke in Übersee.

Weiterer Ausbau, intensivierte Forschung

Am 14. Mai 1934 feierte Claudius Dornier seinen 50. Geburtstag. Zu diesem Zeitpunkt spürte sein Unternehmen schon den kräftigen Aufwind der „Konjunktur", wie er selbst die Aufrüstung nannte. Das Beschaffungsprogramm für die Luftwaffe sah bis zum 30. September 1935 etwa eine Verzehnfachung des Flugzeugbestandes vor, 4021 Flugzeuge sollten gebaut werden. Die Dornier Metallbauten waren an diesem Programm mit dem Bau von 150 Do 11, 222 Do 13/Do 23 und 21 „Walen" beteiligt. Außerdem lagen die ersten Aufträge für zwei Neuentwicklungen, die Do 17 und die Do 18, vor.

Die Entstehung des Konzerns

Das Unternehmen investierte, es baute aus und vergrößerte sich. In Löwental errichtete DMB im Jahre 1934 auf eigenem Gelände eine neue Werftanlage, hauptsächlich für Montagezwecke. Außerdem erstellte das Reichsluftfahrtministerium auf Antrag von DMB am Rande des Löwentaler Flugplatzes eine transportable, geräumige Abstellhalle mit Nebenräumen; auch sie wurde gepachtet und für Flugbetrieb und Versuchsabteilung verwendet. In Löwental, das sich zu dieser Zeit stark entwickelte, wurden vor allem der Tragflächenbau, der Rumpf- und (teilweise) Bootsbau und die Gesamtmontage für Serienlandflugzeuge, dazu der Flugbetrieb einschließlich des Flugversuchs, konzentriert.

1934 erwarb die Maschinen- und Schiffbau G.m.b.H. Manzell, eine Dornier-Tochtergesellschaft, die Fabrik des Metallwerks Pfronten in Pfronten-Weißbach. Sie wurde als mechanische Werkstatt ausgebaut und stellte vor allem Drehteile her. In Lindau-Rickenbach wurde, ebenfalls 1934, auf eigenem Gelände eine neue Profilzieherei mit Werkstattgebäude erbaut; außerdem wurde der gesamte Leitwerks- und Tragwerksrippenbau dorthin verlegt. Zusätzlich wurden Lagerräume in Langenargen erworben.

„Einer Weisung der Behörde entsprechend", wie es im Geschäftsbericht 1934 hieß, also auf Anordnung des Reichsluftfahrtministeriums, wurden zur Entlastung der Friedrichshafener und Wismarer Anlagen in Lübeck und München Tochtergesellschaften gegründet. Die Konturen eines Süd- und eines Nordkonzern, Begriffe, die nun in den Geschäftsberichten auftauchen, zeichneten sich ab.

Am 24. November 1934 wurde die „Leichtkonstruktionen München G.m.b.H." als selbständige Gesellschaft mit Sitz in München gegründet. Von der „Compagnie Internationale des Wagon-Lits et des Grands Express Européens" wurden deren Fabrikanlagen in Neuaubing gepachtet. Im Laufe des Jahres 1935 wurde der Betrieb aufgenommen. Zunächst wurde der Serien-Rumpfbau von Manzell nach Neuaubing verlegt, beginnend mit dem Rumpfbau für die Do 23, dem ab 1936 die Herstellung der kompletten Rümpfe aus dem Do 17- und Do 217-Lieferprogramm folgte. Auch die Tragwerks-Serienfertigung wurde mit dem zunehmenden Ausbau der Anlagen übernommen.

Ebenfalls am 24. November 1934 wurde die „Leichtkonstruktionen Lübeck G.m.b.H." als selbständige Gesellschaft mit Sitz in Lübeck gegründet. Die neue Gesellschaft pachtete Werftanlagen und errichtete auf eigenem Gelände eine moderne Fabrikationshalle. 1935 konnte der Betrieb aufgenommen werden.

Die Hauptarbeit bestand zunächst in der Herstellung von Rümpfen für die Dornier-Werke Wismar, und zwar für die Baumuster Junkers W 34 und Heinkel He 111. Außerdem pachtete DMB in Berlin-Reinickendorf Werkstatträume, in denen die Teilbetriebe Profilfräserei, Profilzieherei und Nietenherstellung eingerichtet wurden. Reinickendorf arbeitete vor allem für die Werke des Nordkonzerns.

Während in Deutschland kräftig investiert wurde, trennte sich Dornier (ebenso wie Luftschiffbau Zeppelin und Aero-Union) 1934 vom Restbesitz der CMASA-Beteiligung in Italien. Die bei der Gründung der Do-Flug (für den Do-X-Bau) gezeichneten Aktien (nom. sfrs. 750.000.–, davon 380.000 treuhänderisch) gab DMB an das Reichluftfahrtministerium zurück. Sodann verzichtete DMB auf ihr laufendes Kontokorrent-Guthaben in Altenrhein und erhielt von dem schließlich auf eine Million sfrs. zusammengelegten Aktienkapital 205 Aktien der Immobilien-Aktiengesellschaft Altenrhein (nom. sfrs. 205.000.–). Damit waren die mit dem Bau der Werft entstandenen Besitzverhältnisse bereinigt.

Mit der steigenden Zahl der Beschäftigten im Dornier-Konzern – 1933 gab es bei DMB 1144 Beschäftigte, 1934 waren es 3539, 1935 schon 6853 – wuchsen auch die Probleme der Unterbringung. Schon in den zwanziger Jahren hatte sich der enge Zusammenhang zwischen der „Wohnungsnot" (so im Geschäftsbericht 1924) und der Produktivität der Arbeiterschaft gezeigt. 1934 begannen deshalb die Arbeiten an der „Dornier-Siedlung" in Manzell; sie wurde im Laufe der Jahre weiter ausgebaut. Von 1934 bis 1939 entstanden so in Manzell 158 Häuser. Die Dornier Metallbauten unterstützten die Siedler mit Hypotheken. Der Ort, der 1910, als Claude Dornier in den Luftschiffbau Zeppelin eintrat, nur 15 Häuser gehabt hatte, entwickelte sich jetzt zu einem Dorf von 1000 Einwohnern.

Dornier-Projekte für den Schneider-Pokal

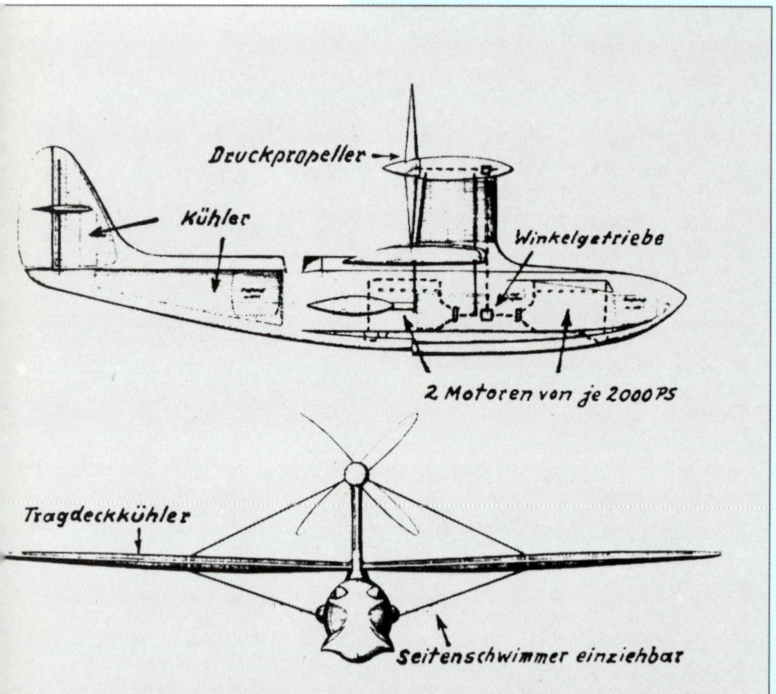

Ein von den bisherigen Rennflugzeugen stark abweichender Entwurf von Dornier. 2 Motoren von je 2000 PS liegen im Innern des Flugbootes, durch ein Getriebe wird die Motorleistung auf die Luftschrauben übertragen

Seit 1913 wurden die internationalen Wettbewerbe um den berühmten „Schneider-Pokal" ausgetragen. Der französische Industrielle Jacques Schneider wollte damit die Entwicklung von Hochleistungsseeflugzeugen fördern.

Auch Claude Dornier interessierte sich für diesen Wettbewerb. 1924 entwickelte er ein Schwimmerflugzeug mit einem 500 PS starken Fiat-Motor, das 330 km/h erreichen sollte (ganz oben).

Das Modell eines weiteren Rennflugzeugs mit zwei BMW VI von je 1000 PS (oben rechts) stellte Dornier 1928 auf der ILA 1928 in Berlin aus. Auch im Jahr 1931 entwarf Claude Dornier noch einmal ein Rennflugzeug für den Schneider-Pokal. Die beiden je 2000 PS starken Motoren waren im Rumpf untergebracht, die Schwimmer einziehbar. Das Flugzeug war für eine Geschwindigkeit von 650 km/h ausgelegt (links oben). Keines dieser Flugzeuge wurde allerdings gebaut.

Zur Behebung der Wohnungsnot entstand ab 1924 in Manzell die „Dornier-Siedlung".

Claude Dornier – betont zivil

In aller Stille, jedem Trubel und Festgehabe abhold, wie es seine Art war, hatte Claude Dornier zu seinem 50. Geburtstag am 14. Mai 1934 mit seiner Familie seine Allgäuer Heimat, das Grab seiner Eltern und sein Geburtshaus in Kempten besucht. Nach dem frühen Tod seiner ersten Frau hatte er zum zweiten Mal geheiratet. Dieser Ehe mit Anna, geb. Selinka, entsprossen sechs Kinder, die Söhne Silvius, Prosper, Justus, Donatus, Christoph und die Tochter Dorothea. Am westlichen Stadtrand von Friedrichshafen hatte Claude Dornier ein Grundstück gekauft, auf dem er sich ein mit den Jahren ständig erweitertes Haus baute. Seine Frau, in der *„große landwirtschaftliche Talente schlummerten"* (so Claude), war auf die Idee gekommen, den durch Zukäufe beachtlich gewachsenen Grundbesitz, der sich bis ans Seeufer erstreckte, landwirtschaftlich zu nutzen; es wurde Weidewirtschaft mit Allgäuer Herdbuchvieh betrieben.

Claude Dornier hatte seit seinen Jugendtagen im Hause des kunstsinnigen Großvaters ein starkes künstlerisches Empfinden entwickelt, das er anläßlich seines über halbjährigen Japanaufenthalts methodisch in Kunstkennerschaft umgesetzt hatte. Sein Spezialgebiet als Sammler: chinesische Bronzen von der Shang- bis zur Tangzeit. Jedesmal, so bekannte er, wenn er seiner kleinen, aber authentischen Sammlung ein neues Stück habe hinzufügen können, sei es ein Fest für ihn gewesen.

Claude Dornier war nie ein Mensch der Selbstdarstellung. Ein *„stiller ernster Mann, unermüdlich in seiner Arbeit"*, so erinnerte sich Wolfgang von Gronau an ihn, rühmte auch den in *„technischen Dingen starken Optimismus"* Dorniers, der sich auf Freunde und Mitarbeiter übertrug. Andere Besucher waren beeindruckt von der Klarheit seiner Ausführungen und auch von seiner Bescheidenheit. Journalisten mit Interview-Wünschen sahen sich einem verschlossen wirkenden Mann gegenüber.[70)]

Langjährige Mitarbeiter, die Claude Dornier aus dem engen Zirkel der Verantwortlichen im Unternehmen kannten, erinnerten sich ihres Chefs mit jenen Worten der Verehrung, wie sie nur einem Vorbild zukommen – erinnerten sich an Dornier als eine *„zurückhaltende und rücksichtsvolle Persönlichkeit, die es verschmähte, sich mit großen Worten an die Spitze zu stellen"*.

Claude Dornier war ein konzentrierter Arbeiter, den schon die geringste Verspätung eines Mitarbeiters unruhig machen konnte. Ordnungsliebe, ein Erbteil der Mutter, wie er schrieb, war für ihn eine hohe Tugend. Die *„uns eigene schwäbische Zähigkeit"*, von der er sprach, verband sich in ihm mit einem ausgesprochenen Sinn für Realitäten, mochten sie technischer oder geschäftlicher Art sein.

Claude Dornier, der in seinen Anordnungen jede Schärfe vermied und auf Höflichkeit, auf friedliche Zusammenarbeit großen Wert legte, hatte stets einen ausgewählten Stamm von hochqualifizierten Mitarbeitern um sich, den er sehr wohl zu schätzen wußte. Nicht das investierte Kapital bestimme den Wert eines Unternehmens, sagte er in einer Rede, sondern der Geist, der in ihm herrsche. *„Ich habe oft, wenn man mir sagte, Sie haben viel zu wenig Kapital in Ihrem Unternehmen, erwidert: Ich habe viel mehr Kapital, als Sie in meiner Bilanz vorfinden. Mein eigentliches Kapital ist unsichtbar, es besteht aus meinen alten, in langen Jahren mit mir zu einem Gusse zusammengeschweißten Arbeitskameraden."* Zu diesen seinen engsten Mitarbeitern zählten Oberingenieur Albert Presser (Zellenbau), Direktor Eugen Jäger (Projektbüro), Oberingenieur Ernst Tiedke (Bootsbau), Oberingenieur Martin Neubert (Statisches Berechnungsbüro), Dr. Max Kohler (Versuchsabteilung) und der langjährige Betriebsdirektor Paul Berner. Seit Mitte der dreißiger Jahre wurden Dornier-Mitarbeiter für langjährige Tätigkeit im Unternehmen mit goldenen und silbernen Ehrennadeln ausgezeichnet.

Sein *„gänzliches Desinteressement"* an politischem Geschehen habe er kaum verbergen können, schrieb Dornier im Rückblick auf seine frühe Ingenieurstätigkeit. Auch die spätere Erkenntnis des Unternehmers, wie eng verquickt der Gang der politischen Entwicklung mit dem Wohl und Wehe eines ganzen Industriezweiges wie der Luftfahrtindustrie war – 1933 übrigens mit einigen tausend Beschäftigten erst an 97. Stelle im Deutschen Reich – dürfte an seiner frühen, eher apolitischen Einstellung wenig geändert haben: Er hielt weiter auf größtmögliche Distanz zu den Regierenden. Auch, was nicht ausblieb, als „Betriebsführer" unter den Nationalsozialisten ging er in betontem Zivil, den steifen Hut auf unverwechselbare Art ein wenig aus der Stirn zurückgeschoben, an Feiertagen seinen Arbeitern voran – ein Zivilist durch und durch.

Für den Konstrukteur Claude Dornier freilich wurde es unter dem Nationalsozialismus angesichts der geradezu hektischen Belebung der Luftfahrtindustrie schwierig, wenn nicht unmöglich, die technische Entwicklung in seinem Unternehmen selbst zu bestimmen, so wie er es zwei Jahrzehnte lang in Maßen hatte tun können. Die straffe Lenkung durch die Berliner Zentralen zielte kurzfristig und konsequent auf die Schaffung einer neuen Luftwaffe. Reizvolle Experimente auf dem Reißbrett, kreative Ausflüge, wie sie sich Claude Dornier 1924, 1928 und 1932 mit seinen Entwürfen für die Geschwindigkeitsrennen der Schneider-Trophy, auch mit seinen Hubschrauber-Patenten, erlaubt hatte, gehörten der Vergangenheit an.

Dorniers Werk

An Ehrungen für den Fünfzigjährigen hatte es nicht gefehlt. Schon vorher war er zum Ehrensenator der Technischen Hochschule München ernannt worden. Im April 1934 machte ihn die Stadt Friedrichshafen, in die er 1910, wie er gern erzählte, mit einem Rechenschieber in der Tasche gekommen war, zu ihrem Ehrenbürger. Im Laufe der Jahre hatte er auf vielen in- und ausländischen Kongressen seine Gedanken zum Flugzeug- und speziell zum Flugbootbau entwickelt und über seine Erfahrungen berichtet.

Als ein Pionier der deutschen Ingenieurkunst und Technik

Claude Dornier war ein konzentrierter Arbeiter. In seinen Anordnungen vermied er jede Schärfe und legte großen Wert auf eine harmonische Zusammenarbeit.

wurde er in zahlreichen Glückwünschen gewürdigt. Aus der Rückschau über die Jahrzehnte der schnellen Entwicklung im Flugzeugbau wurde noch einmal das Wagnis deutlich, das er 1914 eingegangen war, als er die ausschließliche Verwendung von Metall anstrebte. Jetzt, in den dreißiger Jahren, erwies sich der damals eingeschlagene Weg als der richtige.

Claude Dornier, das wurde in den Würdigungen deutlich, hatte als erster die Bedeutung der Schalenbauweise im Leichtmetallbau erkannt, sie wurde ein Hauptbestandteil der Dornier-Metallbauweise überhaupt. Vorausschauend und wegweisend hatte er diese Entwicklung aufgenommen und sie in völliger Erkenntns der Grundzüge der Schalenbauweise perfektioniert. Gerade der Lizenzbau von Flugzeugen anderer Unternehmen habe den Dornier-Mitarbeitern, so H. Schulte-Frohlinde, nun Leiter des Werkes in Wismar, *„ganz und gar die Augen über die Güte, die durchdachte Zweckmäßigkeit und Reife der Dornier-Konstruktionen geöffnet"*. Auch alle mit der Schalenbauweise zusammenhängenden Fragen, wie Ausgestaltung von Schaleneinspannungen, Kräfteeinleitungen, Gestaltung von Öffnungen und Ausschnitten, Verbindungs- und Nietfragen waren gelöst worden. Das Prinzip der Schalenbauweise hatte sich als eine der grundsätzlichen Pioniertaten im Flugzeugbau auf der Welt durchgesetzt, es war zum Allgemeingut des modernen Metallflugzeugbaus geworden.

Mit der „Komet"- und der „Merkur"-Baureihe hatte Claude Dornier im Bau von Landflugzeugen, mit einer ganzen Familie ständig vergrößerter Typen im Flugbootbau unübersehbare Akzente gesetzt. So wirkte die Do X richtungweisend für die Flugzeugindustrie der am Atlantikflugverkehr und somit an Großflugzeugen interessierten Staaten wie Amerika, England und Frankreich. Die 30er Jahre wurden unter Dorniers starkem Einfluß zur großen Zeit der Großflugboote von Latécoère, von Glenn Martin, den Short Brothers und Boeing.

Vor allem der „Wal", Claude Dorniers genialer Wurf, der *„für lange Zeit das finanzielle und technische Rückgrat unseres Unternehmens wurde"*, wie er selbst sagte, stand immer wieder im Mittelpunkt des Interesses. Schon 1932 hatten die im Luftverkehr eingesetzten „Wale" über 10 Millionen Flugkilometer zurückgelegt. Es muß für den Konstrukteur eine unsagbare Genugtuung gewesen sein, daß wenige Wochen vor seinem 50. Geburtstag zum ersten Mal mit „Dornier-Walen" der Brückenschlag über den Ozean unter flugplanmäßigen Bedingungen gelungen war. Am 12. September 1934 fand schon der 25. planmäßige Postflug über den Atlantik statt, am 24. Oktober der erste durchgehende Nachtpostflug über den Ozean.

Schnellere Flugzeuge – erhöhter Versuchsaufwand

Claude Dornier, Pionier des Großflugzeugs, war 1934 seit 20 Jahren im Flugzeugbau tätig. Von Anfang an hatte er der Versuchs- und Forschungstätigkeit im Unternehmen gebührende Beachtung geschenkt. Schon zum Ende des Ersten Weltkrieges hatte sich eine beachtliche Methodik der statischen Belastungsversuche herausgebildet, die im Grundsätzlichen bis in die dreißiger Jahre beibehalten wurde. Geändert hatte sich die Zielsetzung solcher Untersuchungen. Man legte später geringeren Wert auf den Bruchversuch selbst, sondern bemühte sich vielmehr, einen umfassenden Überblick über den Verformungs- und Spannungszustand der zu prüfenden Gebilde im elastischen Bereich zu bekommen. Das erforderte ein Verfeinern und Ergänzen besonders in meßtechnischer Hinsicht. Man ging auch zu aufwendigeren Versuchsmethoden, beispielsweise zum spannungsoptischen Verfahren, über.

Doch schon bald hatte man erkennen müssen, daß die Betrachtungsweise bei ruhender Last allein nicht mehr zum

Beurteilen der Sicherheit eines Flugzeuges ausreichte. Vor allem die stoßartigen Vorgänge bei Start und Landung und die vom Triebwerk ausgehenden Erschütterungen bereiteten Sorge. Daher unterzog man die unmittelbar gefährdeten Teile Prüfungen, die, wenn auch nur angenähert, den wirklichen Belastungsvorgängen angepaßt wurden.

Von den dreißiger Jahren an standen im Flugzeugbau die Fragen der Zeit- und Dauerfestigkeit im Vordergrund. Schon bei den damals erreichbaren Geschwindigkeiten war es erforderlich, eine Wahrscheinlichkeitsbetrachtung über die Häufikgeit der Lastwechseländerungen anzustellen, die ein Flugzeug im Laufe der Jahre durch Steuerausschläge und Böen auszuhalten hätte.

Ein anderes Problem, das mit der Steigerung der Fluggeschwindigkeit zusammenhing, war das Flattern von Flächen und Leitwerken – eine heimtückische Erscheinung. Mitte der dreißiger Jahre war es gelungen, diese Vorgänge aufzuhellen und die neuen Flugzeugtypen von Anfang an flattersicher zu machen. Zu dieser Zeit wurde jedes Flugzeug, bevor es bis zur Höchstgeschwindigkeit ausgeflogen wurde, eingehend auf sein schwingungstechnisches Verhalten untersucht. Zur experimentellen Prüfung wurde das flugklare Flugzeug an Gummiseilen in einer Flugzeughalle aufgehängt, so daß es fast wie im Fluge schwebte. Dann verband man es mit einer Schüttelvorrichtung, die das ganze Flugzeug heftig durchrüttelte. Auf diese Weise ließen sich Teile finden, die besonders zu Schwingungen neigten. Durch Erhöhen der Steifigkeit oder durch Ändern der Massenverteilung wurden dann auch diese Teile schwingungsfrei gemacht.

Es zeigte sich, daß die Weiterentwicklung der Triebwerke in Leistung und Zuverlässigkeit neue Möglichkeiten für den Flugzeugentwurf bot. Die Versuchstätigkeit auf triebwerkstechnischem Gebiet erfuhr damit, und mit der Zunahme der Sonderaufgaben, eine wesentliche Belebung.[71] Zu solchen Sonderaufgaben zählten die Heizung und die Lüftung des Flugzeuges, die Verhütung von Eisansatz, der Antrieb für Luftschrauben, Fahrwerke, Höhenleitwerke und Landehilfen. Die Triebwerksversuche ließen sich teilweise auf erdfesten Prüfständen ausführen; in den meisten Fällen mußte aber das fliegende Flugzeug selbst das Versuchsfeld abgeben.

Besondere Bedeutung hatten in den dreißiger Jahren die Flugmessungen flugmechanischer Art erlangt. Es hatte ver-

Claude Dornier mit seinen beiden ältesten Söhnen Claudius (rechts) und Peter.

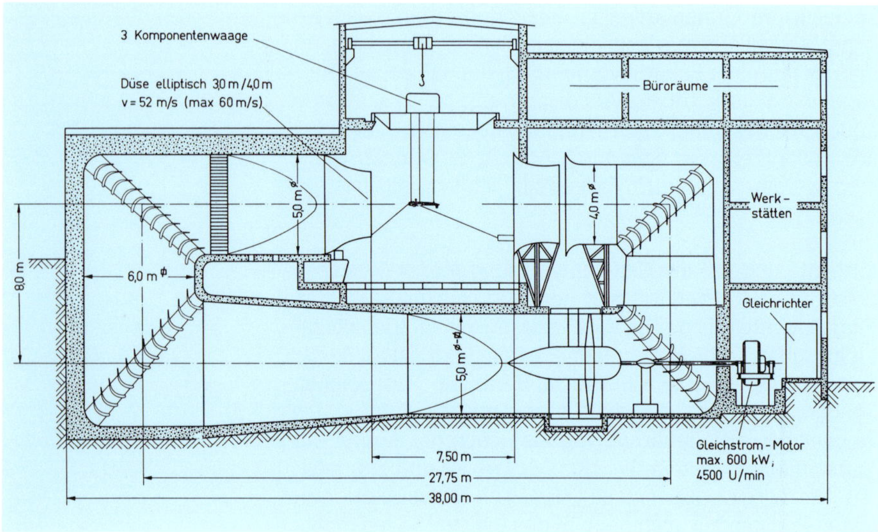

Der Windkanal im Werk Manzell wurde seit 1936 für die Entwicklung der neuen Flugzeuge eingesetzt (oben).

hältnismäßig lange gedauert, bis sie ernsthaft in Angriff genommen wurden. Das hing damit zusammen, daß die Flugzeugführung schon alle Aufmerksamkeit verlangte, aber auch mit der Annahme, daß im Fluge überhaupt keine zuverlässigen Messungsergebnisse zu erhalten seien. Inzwischen aber war eine Steigerung der Flugleistung und eine Verbesserung der Flugeigenschaften ohne Flugversuche nicht mehr denkbar. Die Meßmethoden waren soweit entwickelt und die Erfahrungen aus Meßflügen so zahlreich, daß die Ergebnisse des Flugversuches und des üblichen Laboratoriumsversuches kaum noch wesentliche Genauigkeitsunterschiede aufwiesen. Das galt erst einmal für die Ergebnisse des symmetrischen Fluges, also für die Ergebnisse der Leistungsmessungen bei Start, Landung, im Geschwindigkeits-, Steig- und Gipfelflug, ferner für die der Eigenschaftsuntersuchungen um die Querachse.

Hauptversammlung der Lilienthal-Gesellschaft für Luftfahrtforschung im Oktober 1938, v.l.n.r.: Igor Sikorsky, Claude Dornier, Kurt Tank, General Liotta, italienischer Luftwaffenattaché in Berlin (unten).

Mit dem großzügigen Ausbau der Versuchsabteilung ging 1936 der Bau eines Freistrahl-Windkanals auf dem Werksgelände in Manzell einher, seinerzeit der größte firmeneigene Kanal eines deutschen Flugzeugwerkes.[72] Der Strahlquerschnitt betrug 3x4 m^2, die maximale Antriebsleistung 800 PS und die größte Geschwindigkeit 60 m/s. Als Gebläse diente eine sechsflügelige Schraube mit einem Durchmesser von 5 m, die über eine 9,5 m lange Welle von einem Gleichstrom-Elektromotor außerhalb des Kanals angetrieben wurde. Die Waagen, eine Seckskomponenten- und eine Dreikomponentenwaage, waren auf einer verschiebbaren Bühne über dem Meßraum angeordnet. Hinsichtlich örtlicher Gleichmäßigkeit der Geschwindigkeit, des statischen Druckes sowie der Strahlrichtung und des Turbulenzgrades war der Kanal den guten deutschen und ausländischen Kanälen bei den Forschungsinstituten gleichwertig. Von den bei Dornier entwickelten Flugzeugmustern, besonders von der Do17, Do22, Do24, Do26, Do215, Do217, Do317, Do335, Do214, wurden bis 1945 eine große Zahl von Drei- und Sechskomponentenmessungen an Modellen durchgeführt. Diese Modelle wurden meistens als sogenannte „Baukastenmodelle" ausgeführt, die einzelnen Teile des Modells wie Flügel, Rumpf, Leitwerk, Motorgondeln waren also austauschbar.

In einem Rundfunkinterview anläßlich der Verleihung der Lilienthal-Gedenkmünze an Claude Dornier im Jahre 1938 wurde auch über die Arbeit der „Flugversuchsgruppe" berichtet, beispielsweise über Längsstabilitätsmessungen in fliegenden Flugzeugen. Nach Erläuterungen über die eingebauten Meßinstrumente hieß es da:

„Da werden zunächst eine Reihe von Meßgeräten eingebaut, darüber hinaus noch weitere Geräte für Messung der Ruderausschläge, der Richtung der Flugzeuganströmung usw. Ferner wird Sandballast in Säcken von 20 bis 25 kg in das Flugzeug hineingebracht. Der Flugzeugführer erhält dann den Auftrag, in einer ganz bestimmten Höhe mit einer bestimmten Fluggeschwindigkeit und Motorleistung zu fliegen. Nun verschiebt man den Ballast mehrere Male und stellt fest, wie sich das Flugzeug dabei verhält, bzw. welche Maßnahmen, insbesondere Ruderausschläge, notwendig sind, um es wieder in seinen alten Flugzustand zurückzubringen. – Die Schwierigkeit der Versuche liegt in der richtigen Planung und in der Auswertung, da die vielen Einflußgrößen in mannigfacher Weise miteinander zusammenhängen und im Flugversuch nicht unabhängig voneinander verändert werden können. Daß darüber hinaus eine solche Messung mitunter auch eine sportliche Leistung darstellt, können Sie ermessen, wenn Sie bedenken, daß der Sandballast bei unseren Flugzeugen 4 bis 6 Zentner wiegt und nun in Höhen bis zu 3000 und 4000 m, bei denen man ohnehin die Verdünnung der Luft schon deutlich als Atemnot spürt, hin und her geschleppt werden muß."[73]

Die Entwicklung der Do 17 und Do 19

Das erste große Beschaffungsprogramm für den schnellen Aufbau einer bedeutsamen Luftwaffe vollzog sich bis zum März 1935 unter dem Deckmantel der Geheimhaltung. Im Reichsluftfahrtministerium hatten praktisch dieselben Stellen das Sagen, die schon vorher für die Reichswehr, hinter dem vorgeschobenen Reichsverkehrsministerium, die Entwicklung gelenkt und betrieben hatten – siehe Do P und Do F.

Schnellverkehrsflugzeug oder Bomber?

So war es, wie man heute weiß, bei der Do 17, die lange als „zweimotoriges Schnellverkehrsflugzeug" und somit als ursprünglich reiner Lufthansa-Auftrag durch die Literatur geisterte – was sie nicht war. Die Lufthansa-Direktion hatte schon früh dem Reichsluftfahrtministerium eine als „Geheime Kommandosache" deklarierte Studie über das „Werden der deutschen Handelsluftfahrt" vorgelegt und darin selbst unmißverständlich zur Entwicklung zweimotoriger Schnellverkehrsflugzeuge Stellung bezogen, wie sie sich unter dem – von Claude Dornier oft genug beschworenen – Eindruck der amerikanischen Konkurrenz auch in Deutschland vollzogen hatte. In dieser Studie hieß es:

„Die Vorarbeiten der DLH auf Schaffung zweimotoriger Schnellverkehrsflugzeuge (nach amerikanischem Vorbild) beginnen Anfang 1933. Mit Heinkel werden die technischen Vorarbeiten für die He 111 (Fluggewicht 6500 kg, 2 BMW VI) im Frühsommer 1933 abgeschlossen, jedoch die Entwick-

Mit der Entwicklung der Do 17 begann bei Dornier die Ära der Schnellflugzeuge; hier der Rumpf des Prototypen Do 17 V 1 vor dem Zusammenbau.

Belastungsversuch am Rumpf der Do 17 V 1 (oben).

Wegen ihrer aerodynamisch hochwertigen, schlanken Form wurde die Do 17 später auch „fliegender Bleistift" genannt; hier die Do 17 V 1 mit einfachem Leitwerk (unten).

lung vom Reichsluftfahrtministerium bis gegen Ende 1933 zunächst zurückgestellt. Dann werden die Arbeiten wieder aufgegriffen. Infolge erhöhter Anforderungen seitens des RLM wird das Rüstgewicht stark erhöht, so daß das Fluggewicht bei ungeänderter Zuladung (2 Mann Besatzung, 10 Fluggäste) etwa 750 kg höher liegt. Die ersten Flüge Ende November 1934 ergaben eine Höchstgeschwindigkeit von mehr als 340 km/h. Eine ähnliche Geschwindigkeitsleistung zeigt das unter denselben Bedingungen entwickelte Junkers-Flugzeug Ju 86 (2 Schwerölmotoren Jumo 5). Die ersten Versuchsflüge wurden ebenfalls im November 1934 gemacht.

Als drittes Glied der Entwicklungsreihe ist die von Dornier gebaute und vom Reichsluftfahrtministerium entwickelte Do 17 (2 BMW VI) zu nennen. Dieses Flugzeug ist erst in zweiter Linie für Verkehrszwecke bestimmt. Infolgedessen muß-

ten für den Luftverkehr manche Unbequemlichkeiten in Kauf genommen werden (infolge durchlaufender Flügelholme; Gastraum mit drei Einzelabteilen, Hauptgepäckraum nur von der Rumpfoberseite zugänglich). Das Flugzeug hat bis jetzt eine Höchstgeschwindigkeit von 375 km/h erreicht. Weitere Geschwindigkeitsverbesserung ist noch zu erwarten."[74)]

Das ließ, 1935, an Deutlichkeit nichts zu wünschen übrig. Die Do 17, dieser zweimotorige Ganzmetall-Schulterdecker mit einziehbarem Fahrwerk und Spornrad (in der ersten Phase der Spezifikation als Do 15 bezeichnet), war vor allem als schnelles Kampfflugzeug, als mittlerer Bomber gedacht. Das kam auch im Entwicklungsauftrag des Reichsministers der Luftfahrt an DMB vom 24. Mai 1933 zum Ausdruck, wo es hieß, daß *„ein Flugzeug für die Zwecke des Reichsverbandes der Deutschen Luftfahrtindustrie und eines für die Zwecke der Deutschen Luft Hansa"* vorgesehen sei, *„jedoch mit der Maßgabe, daß die von Ihnen in Aussicht genommene gewisse Trennung beider Projekte n i c h t vorgenommen wird, und daß die Belange des Reichsverbandes den Vorrang vor denjenigen der Luft Hansa"* hätten.

Das Wort „nicht" ist auch im Original gesperrt und unterstrichen – bei den damals üblichen Methoden der Tarnung eine eindeutige Formulierung: Die Militärversion der Do 17 für den Reichsverband, genauer für die Erprobungsstelle (E-Stelle) Rechlin, hatte eindeutig den Vorrang vor einer denkbaren Zivilversion, was sich dann auch bei der Lufthansa (wie sie hervorhob) als äußerst hinderlich erwies und spürbaren Widerwillen gegen diesen Flugzeugtyp aufkommen ließ. Die Bezeichnung „Schnellverkehrsflugzeug" entsprach natürlich dem damals üblichen Stil der Geheimhaltung.

Schon bei der Do 17 V 2 ging Dornier auf das Doppelleitwerk über. Nur einen Monat lang wurde diese Maschine bei der Lufthansa erprobt.

Dem Auftraggeber, zuerst noch das Heereswaffenamt (WaPr8), dann das Reichsluftfahrtministerium, lag *„in erster Linie"* an der *„beschleunigten Erprobung"* der beiden bestellten Do 17, so im Brief vom 24. März 1933. Die erste („Sonderflugzeug für RLM") trug die Werknummer 256 und die interne Bezeichnung Do 17 C, die zweite, Do 17 A („Verkehrsausführung DLH") die Nummer 257. Die Null-Serie wurde, auch das ein Zeichen der Zeitnot, noch vor dem Erstflug der V 2 bestellt. Im Vertrag vom 4. November 1933 wurde schließlich noch eine dritte Do 17 in Auftrag gegeben, Werknummer 258, Do 17 D, diese mit doppeltem Seitenleitwerk. Bei Dornier wurde intern an der Behördenarbeit Kritik geübt. Der *„Typ hätte längst fliegen können"*, hieß es am 31. Oktober 1933, *„wenn nicht durch dauernde Kommissionssitzungen, die sich z. T. nur mit belanglosen Kleinigkeiten befaßten, das Bauvorhaben einfach unmöglich gemacht worden wäre."*

„Für die Bomberausführung (Do 17 C)", so heißt es in einer akribischen Untersuchung über die Entwicklungsstadien der Do 17, *„war der BMW VID, Verdichtung 1:7,3, vorgesehen, für die zivile Version (Do 17 A) die nur 1:6,0 verdichtete schwächere Version des gleichen Motors und für die ebenfalls für zivile Zwecke gedachte Do 17 D der über die Schweiz beschaffte französische Hispano-Suiza 12 Ybrs."* Und weiter: *„Die Bezeichnungen C, A und D wurden erst im Februar 1935 abgeschafft und durch die uns geläufigeren, neu eingeführten V 1, V 2 und V 3 ersetzt. Vom gleichen Zeitpunkt an wurden die Buchstaben dann nur noch als Bezeichnung der Baureihen verwendet, weshalb die erste Serie der Do 17 folgerichtig mit dem nächstfolgenden Buchstaben, dem E, gekennzeichnet wurde."* [75)]

Der Termindruck des Auftraggebers führte zwar bei Dornier zu erheblich gesteigerter Aktivität; dennoch ließ sich nicht verhindern, daß der Zeitpunkt, zu dem die V 1, die Militärversion schließlich flugklar war, nämlich der 23. November 1934, ein Jahr nach dem vertraglich fixierten lag. Einerseits war allzu vieles, vor allem bei der Ausrüstung, neu und unerprobt, andererseits aber auch die Kapazität des Unternehmens bis zur Grenze der Leistungsfähigkeit strapaziert. *„Unsere Konstruktionsbüros arbeiteten"*, so heißt es im Geschäftsbericht 1935, *„hauptsächlich an der Entwicklung folgender Neukonstruktionen: Do 18 (Zweimotoren-Flugboot), Do 19 (Viermotoren-Landflugzeug) Do 24 (Dreimotoren-Flugboot) sowie an der Weiterentwicklung und der Serienreifmachung der Baumuster Do 23 und Do 17."* Die Do 17 habe die in sie gesetzten

Hoffnungen erfüllt, hieß es zudem, Aufträge in ausreichendem Umfang lägen vor.

Die V 1 blieb die einzige Do 17 mit einfachem Seitenleitwerk (auch sie wurde später umgebaut); schon die V 2, die Zivilversion, machte ihren Erstflug am 15. Mai 1935 mit dem doppelten. Bei der Ermittlung der Flugleistungen in Rechlin konnte das Flugzeug vollauf überzeugen. Bei der Lufthansa wurde es übrigens, als D-AHAK „Rhein", nur einen Monat lang sozusagen erprobt und *„alsdann im Auftrag des RLM an die Firma DMB Friedrichshafen zurückgeben"*, wie es lakonisch hieß. Am 19. September 1935 flog die V 3 zum erstenmal. Schon im Februar 1935 stand fest, daß die lange elliptische Bugspitze durch eine verglaste Kanzel ersetzt würde.

Insgesamt sind bis 1937 – zusammen mit dem V 1-Ersatz – 22 V-Versionen der Do 17 gebaut worden: Versuchsträger für unterschiedliche Formen der Bewaffnung, der Bombenmagazine, der Steuerung, Heizung und Enteisung, auch für verschiedene Motoren wie BMW VI, BMW VI D, Hispano Y, DB 600, DB 600 C, BMW 132 F und Bramo; eine, die V 15, als erste Do 17 mit fünf Mann Besatzung, wurde als „Führungsflugzeug" erprobt. Die V 2 in ihrer neuen Bomberausführung wurde das Muster für die Baureihe E-1, die V 7 für die Baureihe E-2. Auf die V 8 ging die Fernaufklärerversion, die Baureihe F-1, zurück, auf die V 11 die Baureihe F-2.

Do 17 – ein neuer Abschnitt im Flugzeugbau

Nachdem Adolf Hitler Anfang März 1935 die Luftwaffe zum dritten selbständigen Wehrmachtsteil erhoben und sie damit „enttarnt" hatte, nachdem beim „Erntedankfest des deutschen Volkes" auf dem Bückeberg im Oktober 1935 zum erstenmal eine Do 17 in der Öffentlichkeit vorgestellt worden war, machte die erste Do 17 E, der serienreif gewordene Schnellbomber mit dreiköpfiger Besatzung, am 30. Mai 1936 seinen Erstflug, im Juni wurde er ausgeliefert. *„Führer und Bombenschütze"* –, so die „Dornier-Post" damals –, *„wurden nebeneinander untergebracht, um trotz der Teilung der Aufgabe, den Zielanflug für den Führer und die Bedienung des Bombenabwurfes durch den Bombenschützen, eine Einheit des Wollens durch unmittelbare Verständigungsmöglichkeit zu erreichen."* Als Triebwerk wurde der flüssigkeitsgekühlte BMW VI, Baureihe 9, ohne Getriebe mit dreiflügeliger VDM-Verstellschraube (3,2 m Durchschnitt) eingebaut. Der Kraftstoff war in zwei ungeschützten Flügelbehältern von je 700 l untergebracht. Der schlanke langgezogene Rumpf der Do 17 war in Ganzmetall-Schalenbauweise ausgeführt. Der freitragende Flügel in Trapezform mit abgerundeten Enden hatte Blechbeplankung und im Mittelteil der Flügelunterseite Stoffbespannung. An der Hinterkante des Flügels waren Querruder und Landeklappen angeordnet. Das unter den Motoren angeordnete Fahrwerk war hydraulisch-mecha-

In der Militärausführung erhielt die Do 17 eine verkürzte und vollkommen verglaste Kanzel; hier die Do 17 V 8, das Musterflugzeug für die Fernaufklärer-Ausführung Do 17 F 1.

nisch einziehbar. Die bremsbaren Räder schwenkten nach hinten in die Motorgondeln ein, wobei sich die Öffnung in der Flügelseite durch zwei selbsttätige Klappen schloß.

Bei der Do 17, diesem formschönen Flugzeug, waren alle Bauteile, die zur Außenform des Flugzeuges beitrugen, den Forderungen der Aerodynamik untergeordnet; das ging bis zu Kleinigkeiten wie Nieten, Blechstößen, Lagerarmen und Türgriffen. So entstand ein schlanker, fast runder Rumpf und eine relativ kleine Tragfläche. Durch die Anwendung von Start- und Landeklappen konnte die Flächenbelastung gesteigert werden, ohne die Landegeschwindigkeit zu erhöhen und ohne die Startleistung gegenüber normalen Flugzeugen herabsetzen zu müssen. Um an Interferenz-Widerstand zu sparen, wurde der Rumpf sozusagen in den Flügel einbezogen. Er stellte gewissermaßen selbst einen Teil des Flügels dar.

Mit dem Serienbau der Do 17 begann für Dornier ein neuer Abschnitt im Flugzeugbau. Großserien wie diese – allein im Dornier-Werk München wurden 268 Do 17 E-Flugzeuge ge-

Flügel der Do 17 E im Bau (ganz oben).

Vorderholm mit Flügelnase vor der Montage (oben).

Rumpfserienbau der Do 17 E (rechts).

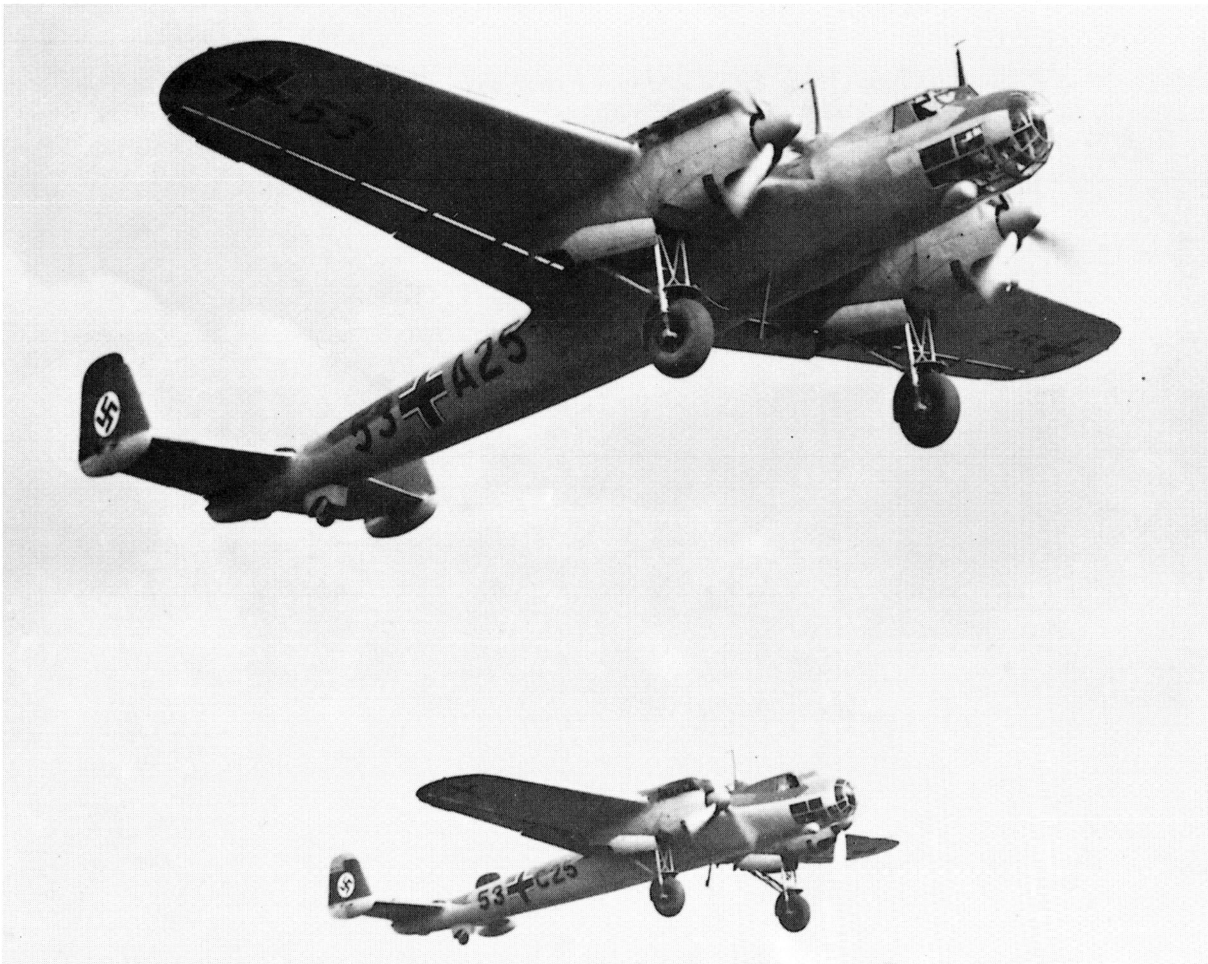

Zwei Do 17 E mit verschiedenen Tarnanstrichen (links).

Claude Dornier bei der Besichtigung einer Do 17 (unten).

baut – hatte es zuvor noch nicht gegeben. Von Anfang an hatten die Konstrukteure die Do 17 auf eine rationelle Fertigung vom Fließband ausgelegt. Die Grundzelle der Do 17 bestand aus vier Großbauteilen: dem Hauptrumpf, der trennbaren Kanzel, dem Leitwerk und dem Tragwerk. So konnten z.B. Hauptteile bei Teilbeschädigungen auch ohne Schwierigkeiten auf Truppenwerften ausgetauscht werden.

Während die Behäutung des Rumpfes bis dahin eben war oder höchstens nach einer Ebene schwach gekrümmt, konnte die Behäutung der Do 17 nicht mehr abgewickelt werden. Die Vorbereitung für die Beplankung war deshalb nicht mehr durch Aufreißen zu gewinnen. Es wurde ein anderer Weg gesucht – und über den Urkörper gefunden. Der Urkörper war die Erstausführung des Rumpfgerippes aus Stahl, auf dem die Spanteinteilung, die Anordnung der Längsträger, der Längs- und Aussteifungsprofile, der Abschlußprofile von Türen und Deckeln sowie die gesamte Nieteinteilung wiedergegeben waren, und zwar auf der Höhe des Spantaufmaßes.

Flugkapitän Robert Untucht, ein kühner Pilot, hatte in Friedrichshafen mit der Do 17 waghalsige Kunststücke vollführt. Karl Kössler schließt in seiner Untersuchung über die Do 17 nicht aus, daß Untuchts Urteil beim RLM *„vielleicht so manchen Vorbehalt und einige Skepsis gegenüber diesem ‚engen' Flugzeug zu beseitigen geholfen haben kann"*, ja, daß gerade seine Vorführung der Do 17 – Ende 1935 – zum erstenmal die Verwendung als Aufklärer nahegelegt haben könnte. *„Wäre es nicht denkbar, daß sein Vorschlag gelautet haben mag, aus dem mittleren Bomber Do 17 aufgrund seiner Schnelligkeit und Wendigkeit einen wenig gefährdeten Fernaufklärer abzuleiten?"* Im September 1936 war jedenfalls die Do 17 V 8, das Musterflugzeug für die Fernaufklärerausführung Do 17 F-1, flugklar, im Oktober die Do 17 V 11, Mustermaschine für die Baureihe Do 17 F-2. Die Do 17 F entsprach bis auf den Einsatzzweck dem Schnellbomber Do 17 E. Sie erhielt zwei flüssigkeitsgekühlte BMW VI, Baureihe 9, ohne Getriebe. Die Bewaffnung bestand aus zwei Maschinengewehren MG 15.

Der Triumph in Dübendorf

Auf die V 21 folgten die ersten drei Flugzeuge der Baureihe M: MV 1, MV 2, MV 3. Die MV 3, von zwei Bramo 323 D angetrieben und als Schnellbomber bezeichnet, stellte das Muster für die Baureihe M dar. Berühmt aber wurde MV 1, und zwar durch den Alpenrundflug beim „IV. Internationalen Flugmeeting" in Zürich 1937. Die Luftwaffe, die sich hier zum ersten Mal bei einem internationalen Wettbewerb stellte, trat

Das Kampfflugzeug Do 17 M wurde von zwei Bramo-323-Motoren angetrieben.

Beim IV. Internationalen Flugmeeting 1937 in Zürich war die Do 17 MV1 weitaus schneller als die ausländischen Jagdflugzeuge (oben).

Claude Dornier nach dem Erfolg der Do 17 MV1 in Zürich-Dübendorf (rechts).

auf dem Flugplatz Dübendorf vom 22. Juli bis 1. August 1937 mit einer starken Mannschaft an; so startete beim Geschwindigkeitsrennen Generalmajor Udet mit einer Bf 109, er mußte aber aufgeben. 14 Nationen mit etwa 60 Flugzeugtypen hatten zu den verschiedenen Rennen dieses renommierten Wettbewerbs, der seit 1922 alle fünf Jahre stattfand, gemeldet.

Die Strecke des Alpenflugs, der schwierigsten und bedeutendsten Konkurrenz, führte von Dübendorf nach Thun, von Thun nach Bellinzona und von dort zurück nach Dübendorf. In Thun und Bellinzona waren Landungen vorgeschrieben, die Gesamtstrecke betrug 367 km. Gewertet wurde die Zeit vom Startsignal bis zum Überfliegen der Ziellinie am anderen Platz, so daß also Start und Steigen auf die notwendige Höhe, in einem Fall 3500 m, mit zur Flugzeit zählten. Der Wettbewerb wurde in drei Klassen ausgeflogen, Klasse a) als Einsitzer, b) als Mehrsitzer und c) in geschlossenen Dreierketten.

Die Besatzung der Do 17 bestand aus General Milch, Major Polte als Pilot und den Fliegeringenieuren Hänsgen und Franz. Die Dornier-Mannschaft sah mit Bedauern, daß die in Konkurrenz zur Do 17 gemeldeten italienischen Flugzeuge Breda R 20 und Savoia S 79 nicht antraten, weil nach inoffiziellen Aussagen der tiefgelegene Flugplatz Bellinzona, fliegerisch der schwierigste auf der Strecke, wegen seiner geringen Abmessungen für diese Flugzeuge zur Landung nicht geeignet sei. So mußte die Do 17 in ihrer Klasse am 27. Juli gegen das Mehrzweckflugzeug Fairey Fox (Hispano Suiza, 860 PS) und gegen das Mehrzweckflugzeug C 35 (Hispano Suiza, 860 PS) antreten. Der Wettbewerb fand bei günstigem Wetter statt, der Kurs konnte direkt geflogen werden. Willy Polte: *„Die kurzen Strecken stellten hohe Anforderungen an die Navigationskunst der Besatzungen. Dabei war es weniger eine Frage, die Zielflugplätze zu finden, als sie auf dem kürzesten Weg anzufliegen. Jeder umgeflogene Kilometer drückte sich in verlorenen Sekunden aus, die auf den kurzen Strecken kaum mehr aufzuholen waren."* Polte flog ständig mit Vollgas, *„eine brutale Prüfung des Materials. Die Öl- und Kühlwassertemperaturen standen dauernd an der oberen Grenze."* [76)]

eine erstaunliche Steigfähigkeit und Wendigkeit bewies. Das Fahrwerk war elektro-mechanisch oder von Hand einziehund ausfahrbar, die Laufräder hydraulisch bremsbar.

Erfahrungen in Spanien

Jugoslawien hatte sich seit den zwanziger Jahren, vor allem durch den Kauf von Do D und Wal, zu einem wichtigen Dornier-Kunden entwickelt. Zusätzlich zu der in Kumber in der Bucht von Kattaro eingerichteten Werkstatt war angesichts des beträchtlichen Arbeitsumfangs eine zweite in Divolje bei Split gekommen. Die Militärs im Königreich Jugoslawien konnten auch für die Do 17 gewonnen werden. 36 Flugzeuge wurden insgesamt ausgeliefert. Diese Exportver-

Im Herbst 1938 wurde die Do 17 M auf der Internationalen Luftfahrtausstellung in Paris gezeigt.

Die Do 17 siegte in der Gesamtzeit von 58 Minuten und 42,3 Sekunden. Sie war damit fast fünf Minuten schneller als der schnellste ausländische Jagdeinsitzer der Klasse A. Das war nicht nur das Resultat der aerodynamischen Form, sondern auch der eigens für das Rennen eingebauten DB-601-A-Motoren mit Wasserdüsenkühler. Das Flugzeug, für das ein englischer Journalist das Wort „Flying Pencil" geprägt hatte, erregte bei der Fachwelt erhebliches Aufsehen. Sie wurde Augenzeuge, wie Flugkapitän Egon Fath die Flugeigenschaften der Do 17 demonstrierte, wie er die Überziehfähigkeit und das Abkippen zeigte, Steilkurven, Turns und Loopings vorführte. Den größten Eindruck hinterließ die Tatsache, daß die Do 17 auch noch mit einem abgestellten Motor

sion, an der auch Schweden Interesse zeigte, erhielt die Bezeichnung Do 17 K.

Die ersten 20 Flugzeuge mit der Bezeichnung Ka 1 wurden, ebenso wie 14 weitere, Ka 2 genannte, auf der Basis der Do 17 E gebaut: Die Tragwerkunterseite war teilweise mit Stoff bespannt, Fahrwerk und Spornanlage hydraulisch-mechanisch einziehbar. Die letzten beiden, als KB bezeichnet, beruhten auf der Ausführung Do 17 M (Tragwerk mit vollständiger Duralplatbeplankung, Fahrwerk elektro-mechanisch einziehbar). Der Rumpfbug wurde verlängert und mit einer neuen Kanzel versehen. Do 17 K erhielt Gnome-Rhone 14-K-Motoren und VDM-Verstellschrauben mit 3,3 m Durch-

messer. Am 25. Oktober 1937 überführte Chefpilot Egon Fath die Do 17 K1 von Friedrichshafen nach Belgrad in einer Flugzeit von zwei Stunden 20 Minuten. 1940, ein Jahr vor dem deutschen Überfall, erwarben die Jugoslawen die Lizenzrechte zum Nachbau und fertigten im Staatlichen Flugzeugwerk in Kraljewo etwa 40 Do 17.

Das Reichsluftfahrtministerium wertete die Eigenschaften und Leistungen der Do 17 als ideal für militärische Einsätze. Zu ihren besten Eigenschaften gehörten die hervorragende Wendigkeit, die große Festigkeit der Zelle, die Stechflüge mit Geschwindigkeiten über 600 km/h zuließ, und die schnelle Reaktion auf jeden Ruderausschlag. Die verschiedenen Variationen der Do 17-Baureihe wurden, unter Beibehaltung der Grundzelle, in der Folgezeit als Tag- und Nachtaufklärer, Fernerkunder und Nachtjäger ausgelegt. Das stellte die Konstrukteure vor Probleme, besonders die Unterbringung der immer komplizierter werdenden Ausrüstung und Bewaffnung in dem so klein wie möglich gehaltenen Rumpf.

So wurden vier Flugzeuge, Do 17 R1 bis R4, für die Lichtbildsonderstaffel Rowehl gebaut (Fliegerstaffel Staaken), wobei Großbauteile aus der Serie Do 17 M kamen; als Triebwerk wurde der DB 601 A mit dreiflügeliger VDM-Verstellschraube (3,4 m Durchmesser) verwendet. So wurden 15 Do 17 U mit vergrößertem Bug und sechsköpfiger Besatzung sowie zusätzlichen Funk- und Navigationsgeräten als Führungsflugzeug für Geschwaderführer ausgerüstet; das Triebwerk bestand aus zwei Bramo 323 A, die dreiflügeligen VDM-Verstellschrauben hatten einen Durchmesser von 3,6 m. Die Do 17 P war das Nachfolgemuster der Do 17 F. Die Zelle entsprach der Do 17 M-Ausführung, die Ausrüstung der Do 17 F. Als Triebwerk kamen zwei BMW 132 N mit je 865 PS zum Einbau, die dreiflügeligen VDM-Verstellschrauben hatten 3,7 m Durchmesser. Zu den zwei geschützten Kraftstoffbehältern im Flügel kamen zusätzlich zwei geschützte Rumpfbehälter, insgesamt 2120 Liter.

1937 begann mit dem Kampfgeschwader 255 in Memmingen die Umrüstung der ersten Kampfverbände auf Do 17 E. Erfahrungen unter kriegsmäßigen Bedingungen wurden während des spanischen Bürgerkrieges gemacht, der im Juli 1936 ausbrach und durch das Eingreifen deutscher (Legion Condor) und italienischer Truppen schließlich im März 1939 zugunsten von General Franco entschieden wurde. Die Legion Condor flog mit einer Reihe von Do 17 der Versionen E und F.

Als Exportausführung für Jugoslawien wurde die Do 17 K mit Gnome-Rhone-Motoren gebaut (oben und links).

Von zwei Daimler-Benz DB 601 A wurde das Fotoaufklärerflugzeug Do 17 R angetrieben.

Das „Projekt GB"

Parallel zur Enwicklung der zweimotorigen Do 17 lief die der viermotorigen Do 19. Dieser Fall hat, obwohl der viermotorige Bomber nur in einem einzigen Exemplar fertig gebaut worden ist, Diskussionen vor allem nach dem Krieg ausgelöst. Hat die Luftwaffenführung, so die Frage, einen schweren, vielleicht einen entscheidenden Fehler begangen, als sie 1937 die Entwicklungsarbeiten an den drei bestellten „Großbombern" (GB) bei Dornier (ebenso übrigens wie bei Junkers) stoppte? Hätte die weiterentwickelte Do 19, hätte der „Ural-Bomber", wie er im Sprachgebrauch der Eingeweihten hieß, den Grundstock jener strategischen Bomberflotte abgeben können, die später, im Kriege, auf seiten der deutschen Luftwaffe, fehlte? Die USA hatten es vorgemacht, hatten seit 1934 bei Boeing das „Projekt 299" vorangetrieben, so daß 1938 die Serienproduktion der B 17-B anlaufen konnten, Vorläuferin der „Fliegenden Festungen". Fest steht, daß die Luftwaffe zur Führung eines strategischen Luftkrieges nicht in der Lage gewesen ist.

Der viermotorige Großbomber Do 19 kam über das Prototypenstadium nie hinaus.

1933, als die wichtige Entscheidung für die Do 17 gefallen war, schien die Zeit auch reif für den modernen viermotorigen Bomber, der für ein Unternehmen wie Dornier in der Größenauslegung von Landflugzeugen freilich immer noch einen erheblichen Schritt nach vorne bedeutete. Die ersten Projektzeichnungen und Projektarbeiten zu dem Großbomber wurden bereits im Juli 1933 begonnen. Bei Dornier ging man von einer Geschwindigkeit von 350 km/h aus. Die Frage der Verteidigungsfähigkeit gegen angreifende schnelle Jagdflugzeuge stand, besonders beim RLM, von Anfang an im Mittelpunkt der Überlegungen. Am 24. Februar 1934 erhielt Dornier vom RLM den Auftrag zur Fertigung einer Attrappe, deren Besichtigung Ende August 1934 stattfand. Junkers arbeitete derweil an der Ju 89.

Seit Ende der zwanziger Jahre wurde in Deutschland das Buch *„Il Dominio del'aria: Probabili aspetti della guerra futura"* des Italieners Guilio Douhet diskutiert. Douhet, ein ehemaliger Bersaglieri-Offizier, Chef einer Fliegerabteilung und im Ersten Weltkrieg auf Grund seiner scharfen Kritik an der militärischen Führung von einem Kriegsgericht zu Gefängnis verurteilt, hatte 1921 sein Buch über den Krieg der Zukunft publiziert. Aus den Erfahrungen des Stellungskrieges zog er den Schluß, daß der totale Krieg nur mit Luftstreitkräften zu führen sei. Absolute Luftherrschaft sei die Voraussetzung, um den nächsten Krieg zu gewinnen.[77)]

Projektierte Flugzeuge wie Do 19 und Ju 89 fügten sich, ohne daß sie schon fertiggestellt waren, in ein solches Konzept, das unter Oberst Walther Wever, dem Chef des Luftkommandoamtes im RLM, in die Planungen einbezogen wurde. So fand im November 1934 in Berlin mit hohen Offizieren ein Kriegsspiel statt, in dessen Verlauf eine Partei am dritten Tag zum Angriff auf die feindliche Flugzeug- und Flugmotorenindustrie überging. Wenn erst einmal Luftwaffe und Luftrüstung zerschlagen waren, so die Vorstellung, müsse der Gegner Frieden schließen.

Am 24. Januar 1935 erteilte das RLM den Auftrag über Entwicklung und Lieferung einer Do 19 V1 mit vier getrennt laufenden, luftgekühlten Triebwerken Siemens SAM 322, den Bau einer V2 mit vier luftgekühlten Triebwerken BMW 132 F und der Lieferung einer V3, die der V2 entsprach. Dazu kamen weitere separate Teile wie Leitwerk, Rumpfvorderteil und Flügel. Laut RLM waren die V1, V2 und V3 für den Reichsverband der Deutschen Luftfahrt-Industrie, Erprobungsstelle Rechlin, bestimmt. Für die Do 19 V1-V3 wurden die Werknummern 701, 702 und 703 registriert.

Als die Do 19, ein freitragender Mitteldecker, mit vier luftgekühlten Bramo-322-J2-Motoren und dreiflügeligen VDM-Verstell-Luftschrauben, schließlich am 28. Oktober 1936 unter Egon Fath ihren Erstflug machte, war Wever, der Initiator dieses Projekts, schon tödlich verunglückt, es stand schlecht um das Programm. Am 18. Juli 1936 hatte DMB dem RLM brieflich eine Besprechung zwischen Oberstleutnant Richthofen und Claude Dornier bestätigt, wonach *„uns anheimgestellt (wurde), einen Teil der für die Do 19 gestellten Aufgaben zu streichen, da diese nicht mehr als besonders vordringlich erscheinen"*. Die Nullserie war schon gestrichen – der Anfang vom Ende. Göring setzte eher auf Quantität, also auf eine große Zahl mittlerer Bomber, als auf Qualität.

Eines *„der dunkelsten Kapitel der deutschen Luftfahrtgeschichte"*, sagten die einen, ein verhängnisvoller Mißgriff, eine vertane Chance der Ära Göring und Udet mit katastrophalen Folgen. Das andere Lager verweist auf die mangelnde Leistungsfähigkeit der Motoren und die Langsamkeit des Flugzeugs, auch auf die begrenzte Kapazität der Luftrüstung in Deutschland, die den Großbomberbau noch gar nicht zuließ – verweist auch auf die He 177 als Beweis dafür, daß der Gedanke an den Großbomber selbst nach Abbruch des ersten Programms noch längst nicht aufgegeben worden sei; und auch aus der He 177 sei nie ein einsatzfähiges Flugzeug geworden.

In einem letzten Brief Claude Dorniers vom 25. Juni 1936 an das RLM klingt spürbares Mißbehagen an dem ganzen 2.868.000-RM-Auftrag, ja selbst der Vorwurf der Rufschädigung durch: *„Der Unterfertigte hat sogar zu wiederholten Malen gebeten, seine Firma mit anderen, mehr Aussicht versprechenden Aufgaben zu betrauen; diesem Wunsch konnte damals nicht stattgegeben werden."* Noch einmal plädierte Dornier für den Umbau der Do 19 zu einem *„modernen Verkehrs-, Last- und Sonderflugzeug"*, damit nicht *„der gesamte Aufwand umsonst gewesen sei. Auch unsere Gefolgschaft könnte es nicht begreifen, daß eine Arbeit, die mit Über- und Sonntagsstunden mit allen Mitteln z.Zt. vorgetrieben werden mußte, plötzlich in den Winkel gestellt wird."*

Es half alles nichts. Die einzige gebaute Do 19 flog dann, heißt es, als Transporter, die beiden anderen wurden verschrottet.

Konsequenz im Flugbootbau

Die Do 17 löste 1936 die Do 23 in der Serienfertigung ab. Die süddeutschen Dornier-Werke (Manzell, Löwental, Lindau-Rickenbach, Pfronten, Neuaubing) waren fast ausschließlich mit diesem Flugzeug ausgelastet. Auf Weisung des RLM, das zudem eine Dezentralisation der Fertigungsstätten forderte, war jetzt noch die Montagewerft bei Oberpfaffenhofen mit einem eigenen Fluggelände dazugekommen. Im Werk Manzell befanden sich nur noch der Muster- und Versuchsbau, die Konstruktionsbüros und die Verwaltung sowie der Montage- und Flugebtrieb für Serien-Wasserflugzeuge.

Do 14: Versuchsarbeiten für den Südatlantik

So wurde am Bodensee seit Jahren schon an der Do 14, einem Versuchsboot zum Studium des Fernantriebs, gearbeitet. Die Entstehung dieses Flugboots ging auf einen Ideenwettbewerb im Frühjahr 1930 zurück. Lufthansa suchte ein *„See-Flugzeug, das für die Verwendung im regelmäßigen Postverkehr über dem Südatlantik"* geeignet war.[78] Im April 1931 entschied sich die Flugesellschaft für den Dornier-Entwurf und gab Versuchsarbeiten in Auftrag: den Bau einer Attrappe, Windkanal- und Schleppversuche, auch die Entwicklung einer Kühlanlage.[79] Das Reichsverkehrsministerium akzeptierte den von DMB kalkulierten Preis von 760.000 RM und lieferte für das Flugboot die Motoren.

Gefordert war ein Maximum an Reichweite bei hoher Reisegeschwindigkeit. In dem vorgeschlagenen Schulterdecker waren die beiden BMW-VI-Motoren, um den Luftwiderstand zu vermindern, im Boot untergebracht. So ließen sich auch die Motoren ständig überwachen. Sie wirkten über eine lange Fernwelle auf eine möglichst große Luftschraube. Denn die Erfahrung hatte gelehrt, daß langsam drehende Propeller in gewissen Grenzen einen besseren Wirkungsgrad zeigten als schnell laufende Schrauben kleineren Durchmessers. Auf einem hohen Bock, nur von dem verkleideten Getriebe abgeschirmt, arbeitete die vierblättrige Dornier-Holzluftschraube (5 m Durchmesser) unter fast idealen Strömungsverhältnissen. Treibstoff lagerte nicht nur im Tragwerk, sondern auch in den schwimmerartigen Auslegern, die beiderseits an die Stummel des Bootes angeschlossen waren, um eine möglichst ruhige Lage bei bewegter See zu erreichen.

Die Do 14 wurde als Versuchsflugzeug zum Studium des Fernantriebs gebaut.

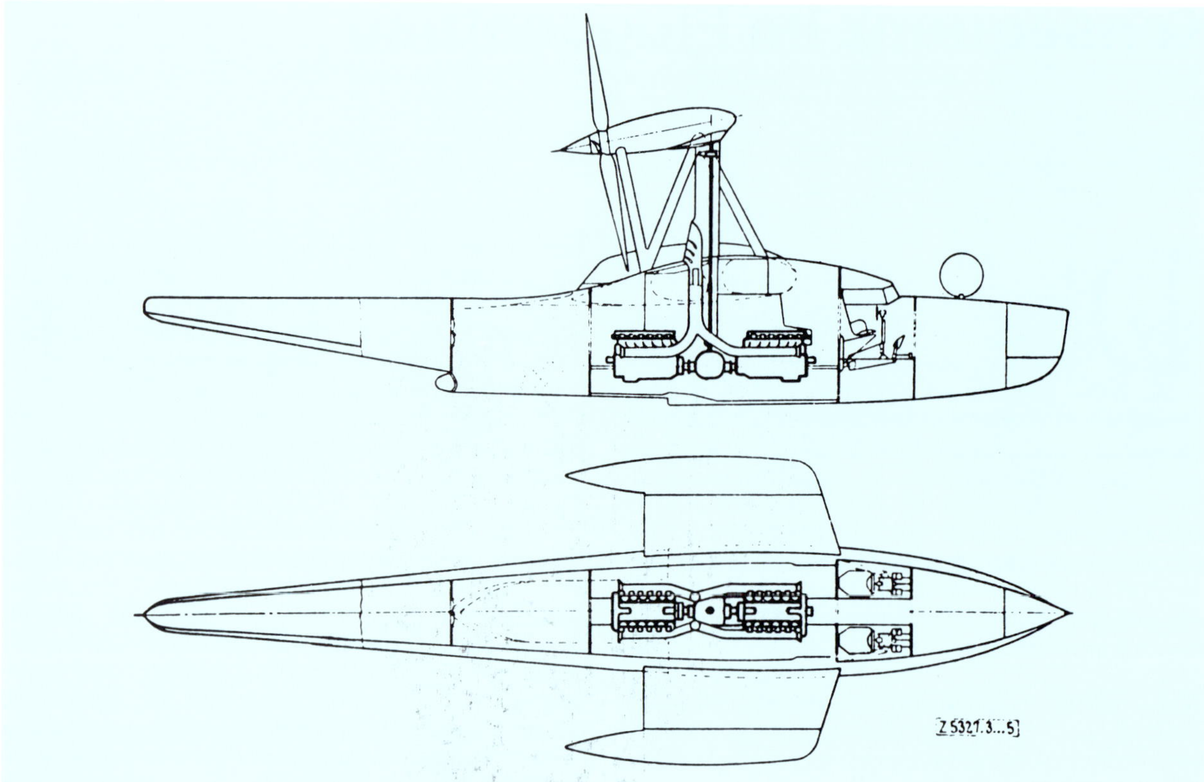

Die beiden Motoren der Do 14 waren im Rumpf eingebaut und trieben über Kupplungen, Getriebe und Fernwellen den Propeller an (rechts).

Die Triebwerksanlage wurde von einem separaten Bedienstand im Rumpf aus kontrolliert (unten).

Eine weitere Besonderheit des Triebwerkes waren die reinen Oberflächenkühler aus Leichtmetall, die auf der Druckseite des Flügels angeordnet waren und sich vollständig dem Profil des Flügels anpaßten. Die mit der Oberflächenkühlung bei der Dauererprobung gewonnenen Erfahrungen berechtigten zu der Annahme, daß damit im Langstreckenverkehr eine weitere Senkung des Betriebsmittelverbrauchs und damit eine Erhöhung der Reichweite erzielt werden könnte. An der Außenhaut des Bootes befand sich zusätzlich für das Rollen auf dem Wasser ein Flächenkühler, der vom Wasser gekühlt wurde.

Die Aufgabe, die sich die Konstrukteure von DMB selbst gestellt hatten, war schwierig. Die Versuche mit dem Triebwerk, auch mit der Kühlanlage, kosteten viel Zeit. Erst am 22. Oktober 1936 wurde die Flugabnahme bestätigt. Probleme hatten sich vor allem beim Start ergeben. Um die nötige Startleistung der Motoren zu erreichen, hatte man ein zweistufiges Wechselgetriebe zwischen Motoren und Fernantriebswelle geschaltet mit dem Ergebnis, daß die Motoren trotz der starren Luftschraube sowohl beim Start wie beim Reiseflug mit der jeweils günstigsten Drehzahl liefen. In Verbindung mit einer ausrückbaren Kupplung brachte diese Anordnung erhöhte Sicherheit, denn nun konnte der Pilot im Notfall mit einem Motor weiterfliegen, mit Hilfe des zweistufigen Getriebes sogar bei einer verhältnismäßig günstigen Motordrehzahl. Auch in diesem Flugzustand wirkte der Schraubenzug in der Mittellängsebene des Flugzeugs, und nicht einseitig, wie beim Versagen eines Triebwerks an einem Flugzeug, dessen Motoren nebeneinander angeordnet sind.

Das Wechselgetriebe war in jahrelanger Gemeinschaftsarbeit mit der Zahnradfabrik Friedrichshafen entwickelt worden. Durch seinen Einbau konnte das bis dahin erreichte Abfluggewicht von etwa 8 t beträchtlich erhöht werden, es dürfte dem errechneten Wert von 11 t nahegekommen sein. Die betrieblichen Vorteile der Anlage, die leichtere Wartbarkeit und die Zugänglichkeit der Motoren im Fluge, wurden durch das beträchtliche Mehrgewicht des Fernantriebs aufgehoben; er brachte also in der untersuchten Form keinen entscheidenden Gewinn mehr. Im Juni 1937, nach etwa 100 Flugstunden, wurden deshalb die Motoren der D-AGON ausgebaut und die Zelle mit Getriebe und Luftschraube nach Altenrhein geschleppt.

Do 18, die Endform des „Wal"

Der technische Fortschritt hatte die Do 14 überholt. Während ihrer langen Entwicklungszeit waren verstellbare Luftschrauben auf den Markt gekommen, mit denen man auch bei Flugzeugen normaler Bauart die Motoren bei Start und im Reiseflug mit der günstigsten Drehzahl arbeiten lassen konnte. Das Bedürfnis nach einer aufwendigen Sonderkonstruktion entfiel somit. Bei diesen technischen Aussichten bot sich die Weiterentwicklung des Wal zu seiner endgültigen Form in der Do 18 an.

Claude Dornier: *„Ich war immer darauf bedacht, meine Konstruktionsgrundsätze unwandelbar weiterzuverfolgen, auch auf die Gefahr hin, einmal als unmodern zu gelten."* Die Do 18 war die Krönung der Entwicklungsreihe, die mit der Gs I begonnen hatte.

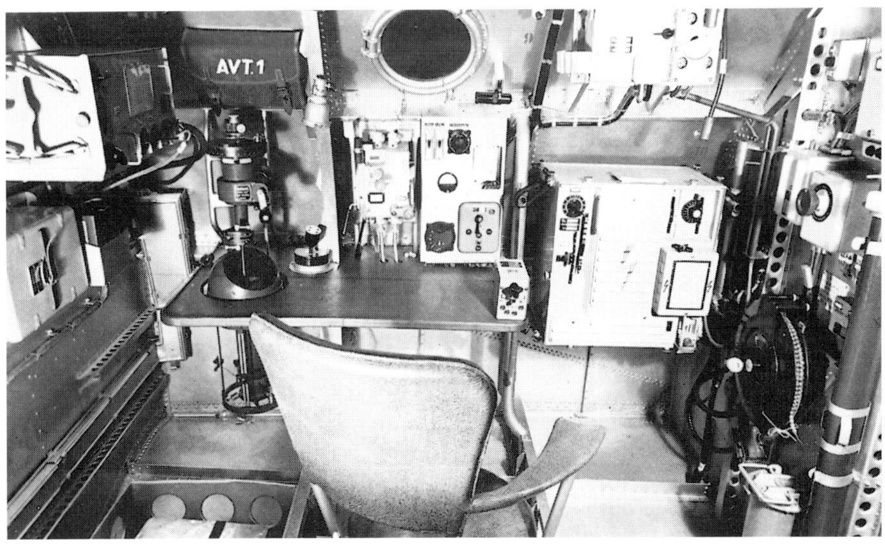

Am 7. August 1933 erteilte das Reichsluftfahrtministerium den Auftrag zur Entwicklung und zum Bau der ersten beiden Flugzeuge dieses Typs: Do 18 A (später V1) in Dural, mit Duralleitwerk für den geplanten Südamerika-Dienst der Lufthansa; Do 18 C (später V2) in Hydronalium mit Dural-Leitwerk, für den Reichsverband der Deutschen Luftfahrtindustrie, Erprobungsstelle Travemünde. Weitere V-Flugzeuge folgten. Konstruiert und gebaut wurde der Prototyp in Manzell, wo auch der erste Flug (15. März 1935) und die Werkserprobung stattfanden. Die Do 18 sollte zu einem großen Erfolg in der Dornier-Flugboot-Familie werden.

Die Do 18 war die Krönung einer Entwicklung, die mit der Gs I und dem Wal begonnen hatte (ganz oben).

Funkraum der Do 18 E (oben).

Klar und funktionell gestaltet war der Führerraum der Do 18.

Verbesserungen der – katapultfähigen – Do 18 gegenüber dem „Wal", nämlich Erweiterung des Aktionsradius und Erhöhung der Reisegeschwindigkeit, konnten durch die aerodynamische Durchbildung erzielt werden: durch Einsparung an schädlichen Widerständen, durch Verkleinerung des Bootsquerschnittes und sorgfältige Abrundung aller Kanten, durch organischen Übergang des Rumpfendes in das Seitenleitwerk und insbesondere durch sehr sorgfältige Ausbildung der Triebwerksanlage. Sie bestand aus zwei Junkers Dieselmotoren Jumo 250 C in Tandem-Anordnung. Die dreiflügeligen Luftschrauben waren aus Metall und hatten einen Durchmesser von 3,30 m am vorderen und 3,20 m am hinteren Triebwerk. Die beiden Wasserkühler waren übereinander im Verbindungsschacht zwischen Bootsrumpf und Tragfläche untergebracht. Der obere Kühler gehörte zum Kreislauf des hinteren Motors, der untere zum vorderen.

Wie der „Wal" war die Do 18 ein abgestrebter Hochdecker. Der Bootsrumpf mit scharfem Kiel und schwach gewölbtem Boden (mit Mittellängsstufe) trug seitlich die üblichen Flossenstummel. Zwischen Boot und Flügel befand sich ein schlanker, tropfenförmiger Aufstiegsschacht, in dessen Vorderteil die Kühler aerodynamisch günstig untergebracht waren. Jede Flügelhälfte war durch zwei Stiele gegen die Flossenstummel abgestrebt; der Angriffspunkt der Stiele am Flügel befand sich jedoch erheblich weiter innen als beim „Wal", wodurch die Stiele verkürzt wurden. Der Flügel hatte leichte Trapezform und über die ganze Hinterkante durchlaufende als Doppelflügel ausgebildete Klappen, in der Mitte als Landeklappe, außen als Querruder. Knapp hinter dem Gesamtschwerpunkt des Bootes verlief die Querstufe. Ein Spornkasten dahinter garantierte ein weiches Einsetzen bei Wasserung und gute Führung des Bootes. Das Wasserruder lag am Ende des Spornkastens.

Die Jumo-205-Motoren trugen erheblich zur Wirtschaftlichkeit der Do 18 bei. Das auf die Leistungseinheit bezogene geringfügig höhere Eigengewicht der Dieselmotoren wurde bei längeren Flügen durch Ersparnis beim Treibstoffverbrauch bei weitem aufgehoben. Das Langstreckenflugboot für Post und Fracht erhielt die Typenbezeichnung Do 18 E, sechs gingen an die Lufthansa. Die Raumaufteilung sah so aus: Bugraum für Seeausrüstung, Cockpit mit Doppelsteuerung, Funk- und Navigationsraum, Kraftstoffraum, Post- und Frachtraum, Heckraum für Betriebshilfegerät; weiterer Kraftstoff in den Stummeln. An Treibstoff konnte die Do 18 etwa 3900 l an Bord nehmen. Dieser war in vier ovalen Behältern im Tankraum sowie in den Zusatzbehältern in den Flossenstummeln gelagert. Bei der sechsten Do 18 der Lufthansa wurde das Tragwerk versuchsweise von 98 auf 112 m^2 vergrößert, um das Fluggewicht erhöhen zu können. Beim Wasserstart wurde so eine Steigerung von 8.500 auf 9.000 kg, beim Katapultstart von 10.000 auf 11.000 kg erreicht. Die vom Tragwerk zum Stummel führenden Stielpaare wurden bei dieser Version, der Do 18 F (D-AANE), durch zusätzliche Streben gegen das Tragwerk abgefangen.

Mit der Do 18, die bis 1939 den Südatlantik 65mal überquerte, wagte sich die Lufthansa auch auf den Nordatlantik. Während Piloten damals bei der schwierigen Ost-West-Über-

Die Kühlanlagen der beiden Jumo 205-Dieselmotoren waren im Verbindungsschacht zwischen Rumpf und Tragflächen eingebaut.

Die Do 18 E „Aeolus" wird am Kran auf das Katapult eines schwimmenden Stützpunkts gehievt (rechts oben).

querung auf eine günstige Wetterlage zu warten pflegten, legte es die Lufthansa bei ihren großen Versuchsserien darauf an, bei jedem Wetter zu starten. Am 9. September 1936 begann die erste Versuchsserie, an der die Flugboote „Aeolus" (D-ABYM) und „Zephir"(D-ARUN) und der Flugstützpunkt „Schwabenland" beteiligt waren. Zwischen dem 8. September und 10. Oktober lief eine Serie zur Erkundung der beiden südlichen Flugwege über den Nordatlantik: Lissabon – Azoren – New York; Lissabon – Azoren – Bermudas – New York. Dabei wurden vier Hin- und Rückflüge zwischen den Azoren und New York, insgesamt acht Ozeanüberquerungen ohne Rücksicht auf die Wetterlage ausgeführt. Nach der ersten Landung einer Do 18 gab die Pressestelle der Lufthansa bekannt: *„Mit der Landung in New York hat die Deutsche Lufthansa als erste Luftverkehrsgesellschaft der Welt den Nordatlantik mit einem für den planmäßigen Luftpostverkehr ausgerüsteten Flugzeug in der schwierigen Ost-West-Richtung bezwungen."*

Zu welchen Leistungen dieses aerodynamisch so gelungene Flugboot im Verein mit den sparsamen Jumo-Schwerölmotoren fähig war, zeigte der vielbeachtete Langstrecken-Weltrekord im Jahr 1938: Am 27. März wurde die Do 18 (D-ANHR) mit vergrößerten Tanks (Besatzung: Flugkapitän von Engel, Flugkapitän Gundermann, Oberflugzeugfunker Stein, Flugmaschinist Roesel) von der „Westfalen" im englischen Kanal katapultiert und flog in 43 Stunden nach Caravellas in Brasilien, insgesamt eine Strecke von 8.392 km. Junkers errechnete dabei einen Kraftstoffverbrauch von 155 g PS/h

Der über die ganze Hinterkante laufende Doppelflügel diente als Landeklappe und Querruder.

„ein Rekord, der bisher von keinem Flugmotor erzielt werden konnte."[80] Nach der Ankunft drahtete die Crew: *„Boot und Besatzung in bester Verfassung."* Während Weltflieger von Gronau Jahre zuvor noch über die Schwergängigkeit der Ruder beim „Wal" geklagt hatte, zeigte die Do 18 nunmehr ausgereifte Flugeigenschaften.

In der Ausführung der Do 18 L wurden statt der Dieselmotoren luftgekühlte BMW 132-Sternmotoren eingebaut.

Diese Rekord-Do 18 wurde später zur Do 18 L, umgerüstet auf die BMW-132-Motoren. Denn inzwischen beherrschte man die Technik, durch Strömungshauben den Kühlaufwand bei luftgekühlten Motoren zu senken und dabei die Kühlung zu verbessern. Da für die Zug- und Druckschraube derselbe Motor ohne Änderung der Kühl-Leitbleche oder gar etwa der Zylinderköpfe verwendet wurde, sah man für den hinteren Motor Zwangskühlung vor, die Kühlluft wurde also nicht nur unter dem Einfluß des Staus des Flugwindes, sondern mit Hilfe eines einstufigen Hilfsgebläses durch den Zylinderstern des Motors gedrückt. An der Oberseite der Gondel, etwas hinter dem zweiten Motor, befand sich eine Stufe in der Motorengondel-Verschalung. Durch eine Öffnung an der Stufe strömte die Frischluft an der Stelle in den Raum ein, wo sich die Verlängerungswelle zur Druckschraube befand. Damit keine erwärmte Kühlluft des vorderen Motors dem hinteren Motor zufloß, erfolgte der Austritt der Kühlluft beim vorderen Motor nicht ringförmig, sondern durch seitlich an der Gondel angeordnete Klappen. Diese Klappen waren gerade, so daß der Betätigungs-Mechanismus zur Regelung sehr einfach war. Die im Raume der Verlängerungswelle befindliche Frischluft wurde durch einen Lüfter, der von der Verlängerungswelle angetrieben wurde, durch den Motor entgegen

Die Besatzung der Do 18 E nach dem Rekordflug über 8392 km von England nach Brasilien, v.l.n.r.: Hans-Joachim Stein, Hans-Werner von Engel, Erich Gundermann und Hellmut Rösel (ganz links).

Die Do 18 E bei der Ankunft in Rio de Janeiro (oben).

Nach ihrer Rückkehr vom Rekordflug wurde die Besatzung von Claude Dornier persönlich begrüßt (links).

Do 18 im Kriegseinsatz

Die für den zivilen Transozeandienst entwickelte Do 18 wurde ab 1937 auch für militärische Einsätze produziert. Die Do 18 D (im Bild) war ein Langstrecken-Aufklärungsflugboot, während die spätere Do 18 G für die Seenotrettung eingesetzt wurde. Eine weitere Verwendungsmöglichkeit fand sich mit der Do 18 H in der Blindflugschulung. Die Do 18 wurde in Lizenz auch bei Weserflug gebaut.

der Flugrichtung gedrückt. Der Motor wurde auf diese Weise normal gekühlt. So konnte eine Änderung der Kühlbedingungen für den hinten liegenden Motor vollständig vermieden werden. Aus dem Raum hinter dem Motor, dem Geräteraum, strömte die gebrauchte Kühlluft durch zwei seitliche Klappen ins Freie. Auf diese einfache Weise war es gelungen, ohne Schwierigkeiten und ohne jede Veränderung des normalen Motors, mit einem Aufwand von etwa 30 PS das Kühlungsproblem einwandfrei zu bewältigen. Mit dieser Lösung wurde auch die Kühlung des hinten liegenden Motors beim Einmotoren-Flug zufriedenstellend gestaltet, da die Einflüsse der Geschwindigkeit und des Luftschraubenstrahls auf die Kühlung durch die Zwangskühlung ausgeschaltet waren. Statt des früheren normalen Katapult-Startgewichtes von 10 t konnte die neue Do 18 ein Fluggewicht von 12,2 – 13,5 t, je nach Windstärke, ohne Starthilfe in die Luft bringen. Auch eine Steigerung der Geschwindigkeit entsprechend der erhöhten Motorenleistung trat ein. *„Die neue Do 18 ist mit ihren luftgekühlten Motoren ein sehr lebendiges Flugzeug geworden"*, sagte ein Flugzeugführer nach einem Probeflug. Nach der erfolgreichen Triebwerkserprobung wurde die Do 18 L für militärische Zwecke umgerüstet. Die Bewaffnung bestand aus zwei beweglichen MG im Bug- und Heckstand und je einer 50-kg-Bombe unter den Flügelteilen.

Von der Do 18 wurden, soweit feststellbar, 177 Stück gebaut, in Manzell wie auch, und zwar zum wesentlichen Teil, bei Weserflug in Lizenz. Die Do 18 D, die Militärversion der Do 18-Baureihe, entsprach im Aufbau der Do 18 E. Als Triebwerk kamen zwei Jumo 205-C-Motoren mit Oberantrieb, Baureihe 3, zum Einbau. Der hintere Motor war mit einer Wellenverlängerung ausgerüstet. Die dreiflügeligen VDM-Verstellschrauben maßen 3,3 m bzw. 3,2 m Durchmesser. Die Raumaufteilung der Do 18 D war folgende: Bugraum mit einem Drehring für ein MG 15 auf dem Bootsdeck, Führerraum mit Einzelsteuerung, Funk- und Navigationsraum, Kraftstoff-Umpumpanlage, Tankraum mit den gegen Beschuß geschützten und mit Schnellablaß versehenen Kraftstoffbehältern, Frachtraum, Heckraum mit Drehring für ein MG 15, Schlauchboot und Notausrüstung, Zielflugempfänger. Als weitere Bewaffnung waren zwei 50-kg-Bomben an Trägern unter jeder Flügelseite angeordnet. Gegenüber dem vorangegangenen Baumuster Do 18 D wurden bei der Do 18 G Änderungen vorgenommen: der Bootsbug wurde spitzer, die Bootsstummel wurden um etwa 30 cm verbreitert. Als Triebwerk verwendete man den Jumo 205 C der Baureihe 4, hinterer Motor ebenfalls mit Wellenverlängerung. Die Bewaffnung entsprach der Do 18 D, bei einigen Do 18 G wurde der Heckstand als Kanonenstand mit Kuppel ausgebildet. Vermutlich wurden aus der Do 18 G-Serie einige Flugboote für den Seenotrettungsdienst umgerüstet. Die Bergung erfolgte über die Bootsstummel durch eine Ladeluke in der Bootswand. Der Ausbau eines Kraftstoffbehälters schuf Platz für drei Sitzgelegenheiten und zwei Liegen. Eine weitere Einsatzmöglichkeit für die Do 18 fand sich als Blindschulflugzeug. Der Führerraum wurde entsprechend instrumentiert und hatte Doppelsteuerung, rechts auskuppelbar. Diese Do 18 H flog ohne Bewaffnung.

Do 24, eine Spitzenleistung im Flugbootbau

Im Jahr 1935 erhielt DMB vom Reichsluftfahrtministerium den Auftrag zur Entwicklung eines besonders leistungsfähigen Fernaufklärungs-Seeflugzeugs, das auch zu Bombenangriffen eingesetzt werden sollte. Angesichts der Verwendung auf offener See war höchste Seefähigkeit gefordert. Für die Konstrukteure in Manzell ergab sich daraus die Aufgabe, die aerodynamisch optimale Durchbildung des Flugzeugs mit jenen bewährten Baugrundsätzen bei dem (mit Duralplat beplankten) Bootskörper zu verbinden, die zu der auf allen Weltmeeren erwiesenen Seetüchtigkeit der Dornier-Flugboote geführt hatten.

Die Do 24, die ihre Verwandtschaft mit dem „Wal" und der Do 18 nicht verleugnete, erwies sich als gelungener Kompromiß, als eine Spitzenleistung im Flugbootbau. Die Gestaltung des Tragwerks als freitragender Eindecker, die harmonische Anfügung der windschnittig verkleideten Triebwerke an der Flügelvorderkante, die Verbindung des Flügels mit dem Bootskörper durch wenige kurze Stiele ergaben einen hohen aerodynamischen Wirkungsgrad, zu dem auch die Abrun-

dung des Bootsoberteils, die verbesserte Gestaltung der Flossenstummel und die Linienführung des Cockpitaufbaues beitrugen. Das Ergebnis waren Flugleistungen, welche die gestellten Forderungen erheblich übertrafen, war zudem eine Wirtschaftlichkeit im Langstreckenflug, die Flugbereiche von über 3.000 km bei einem Abfluggewicht ermöglichten, das noch unter dem maximalen lag. Hinzu kamen noch volle Flugfähigkeit im Fall eines Motorausfalls und gute Manövrierfähigkeit im Seegang. Durch Anwendung

Blick in das noch unbeplankte Tragwerk der Do 24 (oben) und in das Bootsinnere (ganz links).

Das Rumpfboot der Do 24 beim Umdrehen für das Aufbringen der oberen Beplankung (links).

Die dreimotorige Do 24 baute auf den mit der Do 18 gewonnenen Erfahrungen auf; der Prototyp Do 24 V 1 war noch mit Dieselmotoren Jumo 205 ausgerüstet (unten).

Eine Do 24 K beim Start: Holland war der erste Kunde für dieses hochseefähige Flugboot.

X-1

Bei der Hochseeprüfung in der Nordsee bewährte sich die Do 24 ausgezeichnet (rechts).

Do 24 K im Einsatz in Niederländisch-Indien (unten).

Diese holländische Besatzung unternahm im Juni 1939 mit einer Do 24 K einen fünftägigen Rundflug um das niederländisch-indische Archipel über eine Strecke von 12 000 Kilometern (Mitte rechts).

Eine niederländische Do 24 K in Sambo gegenüber Singapore (rechts).

Serienproduktion der Do 24 K in Altenrhein (links).

Als Antrieb dienten drei Wright Cyclone-Motoren (Mitte links).

Die Do 24 K wurde in Holland in Lizenz produziert; die bei der Firma De Schelde gebauten Flügel (oben) wurden zur Endmontage bei Aviolanda transportiert.

Nach Kriegsbeginn interessierte sich auch die deutsche Luftwaffe für diesen Flugboot-Typ; hier die Do 24 V2 bei Narvik im Norwegen-Feldzug (links).

wirksamer Landehilfen in Form von einer durchlaufenden Spreizklappe unter dem Flügelmittelteil und von Schlitzquerrudern an den Flügelhälften konnten Landung und Start im Seegang auch aerodynamisch günstig beeinflußt werden. Durch die flache, wenig gekielte Bootsform ergaben sich ein glatter Wasserablauf beim Rollen und Start und eine relativ geringe Spritzwasserbildung.

Nicht nur das RLM zeigte Interesse an dieser Konstruktion, sondern auch die niederländische Marine, die mit ihren „Walen" seit langem in dem riesigen Inselgebiet von Niederländisch-Indien operierte. Sie entschied sich für den Einbau von Wright Cyclone-Motoren (je 890 PS). Im September 1937 absolvierte die Do 24 V 4 (D-ADLP) vor ihrer Ablieferung an den Auftraggeber in den Niederlanden eine Hochsee-Erprobung unter härtesten Bedingungen und erzielte dabei die besten Werte, die bis dahin von einem Flugboot erreicht worden waren. Im Herbst wurde die Werkserprobung der Do 24 K (so hieß die Exportversion) und das erste Flugzeug, die Do 24 V 3 (Kennzeichen X-1), an den Marine-Lucht-Vaartdienst (M.L.D.) geliefert. Die Firma Aviolanda, die schon durch den Bau von Walen Erfahrungen im Flugbootbau hatte, erhielt zusammen mit der Firma De Schelde, Vlissingen, den Auftrag zum Lizenznachbau. 30 Flugboote vom Typ Do 24 K kamen aus Manzell und Altenrhein. Der MLD stationierte insgesamt 37 Flugboote in Soerabaja, wo sie als Fernaufklärer im Gebiet der Sundainseln und Neu-Guinea flogen. So unternahm eine Do 24 (X-21) im Juni 1939 einen Rundflug um die Ostindischen Inseln und legte dabei rund 12.000 km zurück.

Bei solchen Einsätzen blieben die Do 24-Flugboote oft mehrere Wochen von ihrem Stützpunkt entfernt. Die Größe des Bootskörpers und die dank der Stummelbauweise vorhandene Möglichkeit, den gesamten Betriebsstoff im Flügel und in den Stummeln zu lagern, ergab im Bootsinnern so viel freien Raum, daß sich Ruhe- und Wohnräume für die Besatzung einschließlich Kochgelegenheit unterbringen ließen. Die Do 24 konnte bei Überwachungsflügen für längere Zeit auf See niedergehen, um den Treibstoffvorrat zu schonen. Buchten wurden zur Aufnahme des Nachschubs angeflogen.

Das RLM, das mit der terminlichen Zurückstellung der eigenen Flugboote einverstanden war, begnügte sich bei der Do 24 V1 und V2 zunächst mit den leistungsschwächeren, wassergekühlten Jumo-205-C-Triebwerken (je 600 PS). Am 10. Januar 1938 machte die V1 ihren Erstflug. Für den militärischen Einsatz war die Do 24 mit drei Gefechtsständen ausgerüstet. Eine Maschinengewehr-Kuppel befand sich auf der Rumpfnase vor dem Cockpit, eine weitere in der Mitte des Rumpfs und eine am Rumpfheck. Unter dem Tragflügel konnten Träger zum Bombentransport angebracht werden.

Do 26 – mit einziehbaren Stützschwimmern

Der letzte vor dem Zweiten Weltkrieg entwickelte Flugboottyp, die Do 26 aus dem Manzeller Werk, war mit einer größten Reichweite von 9.000 km so konzipiert, daß es die Wasserstrecke Lissabon – New York (5.400 km) auch bei widrigsten Wetterverhältnissen und auf Umwegen nonstop durchfliegen konnte. Hauptforderungen an den Entwurf: hohe Reisegeschwindigkeit und große Reichweite. Der Normalfall des Flugbetriebs sah Starts mit dem Katapult vor, Landungen in bewegter See nur bei reduziertem Fluggewicht. Als Antrieb diente wieder der wirtschaftliche Junkers-Schwerölmotor Jumo 205; je zwei Triebwerke waren in Tandemanordnung links und rechts des Rumpfes in die Tragflügel eingebaut.

Die außergewöhnlich scharfen Entwurfsforderungen ließen sich nur bei sparsamstem Haushalten mit den Baugewichten erzielen. Zum zweiten Mal (nach der Do 12) ging man bei Dornier vom eigenstabilen Boot ab und verzichtete auf die Stummel, das typische Merkmal der langen Flugboottradition. Statt eines verstrebten Hochdeckers entstand ein freitragender Schulterdecker mit einziehbaren Stützschwimmern, eine Neuerung für Dornier und für den Flugbootbau

Das formschönste Dornier-Flugboot war zweifellos die viermotorige Do 26; aus Gründen der Widerstandsverminderung verzichtete Dornier auf die traditionellen Flossenstummel, die Stützschwimmer wurden schon während des Starts eingefahren.

Bei der Lufthansa stand die Do 26 für den transatlantischen Postverkehr im Einsatz (links).

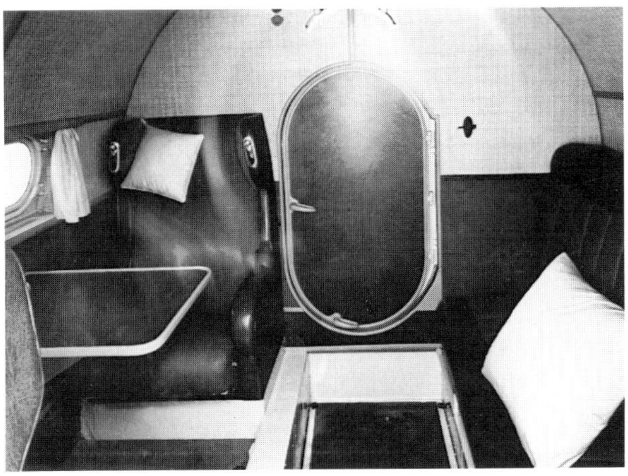

Als Passagierflugzeug kam die Do 26 nicht mehr zum Einsatz (Mitte links).

Der Holmverband der Do 26: Charakteristisch war die organische Flügelkrümmung (oben).

Um die Spritzwassergefahr zu vermindern, konnten die hinteren Motoren der Do 26 beim Start nach oben geschwenkt werden (links).

überhaupt. In jedem Flügel war, in etwa 8 m Abstand von der Bootsmitte, ein Stützschwimmer angebracht, ein trapezförmiger Kasten mit stark abgerundeter Bugseite. Er bestand aus Duralspanten mit Duralblechbehäutung, verstärkt durch aufgenietete Profile. Der eingeschwenkte Schwimmer bildete mit der Außenhaut einen Teil der Tragflächenbeplankung. Das Einziehen und Ausfahren der Schwimmer erfolgte elektro-mechanisch und von Hand.

Durch den Wegfall der Stummel war es möglich, den Bootsrumpf relativ schmal zu halten, die Breite betrug 2,5 m. Das Boot hatte zwei Stufen: eine belüftete Querstufe und eine nach hinten in eine Schneide auslaufende zweite Stufe. Hinter den Stufen war ein Spornkasten angebracht. Das rechteckige, stark nach oben geknickte Mittelstück des dreiteiligen, hochbelasteten Flügels trug zwei schlanke, gut geformte Motorgondeln mit je zwei in Tandemform angeordneten Jumo-Motoren. Die vorderen Luftschrauben – dreiflügelige, verstellbare Metalluftschrauben mit einem Durchmesser von etwa 3,4 m – wurden direkt, die hinteren über Fernwelle angetrieben. Um bei Wasserstarts eine Spritzwassereinwirkung zu vermeiden, wurden die hinteren Triebwerke elektromechanisch um 10 Grad (das entsprach 40 cm Schraubenweg) nach oben geschwenkt. Die Do 26 konnte in vier Tanks 7300 l Treibstoff an Bord nehmen. Das – katapultfähige – Flugboot war in seiner Grundkonzeption durch Schottwände in zehn Räume unterteilt, und zwar den Bugraum, den vorderen Postraum, Cockpit, Funk- und Navigationsraum, den Tankraum, den hinteren Postraum, den Ruheraum, die Anrichte, Waschraum und Heckraum.

Am 21. Mai 1938 konnte Dornier-Werkspilot Erich Gundermann mit der Do 26 V1 – Zulassung D-AGNT „Seeadler" – zum Stapelflug starten. Sobald das Flugboot beim Start größere Geschwindigkeit aufgenommen hatte, wurde die Seitenstabilität mit den Querrudern aufrecht erhalten, so daß mit dem Einfahren der Stützschwimmer schon begonnen werden konnte. Beim Abheben waren sie bereits im Flügel verschwunden. Bei der Landung wurden die als Spaltruder ausgebildeten stoffbespannten Querruder auf etwa 15 Grad nach unten verstellt und die zwei Landeklappen zwischen Querruder und Bootsrumpf bis zu 60 Grad nach unten ausgeschlagen.

Die (in Manzell gebaute) Do 26 galt als ausgesprochen formschönes Boot. In einer Firmenpublikation hieß es damals über das Resultat der grundlegenden aerodynamischen Verbesserungen: *„Der Gesamtwiderstand F x Cw der Do 26 ist nur um ein weniges größer als der nach dem gleichen Wert bemessene Widerstand der Triebwerkanlage des Superwals."* [81)]

Do 26 – Medikamente an Bord

Im September 1938 gingen die Do 26 V1 und V2 bei der Lufthansa in die Erprobung, im November fanden auf dem Katapultschiff „Friesenland" Katapultversuche in der Wesermündung statt. Beim ersten Abschuß mit einem Gewicht von 14,7 t wurde, bei einem Gegenwind von 29 km/h, eine Beschleunigung von 2,6 g und eine Endgeschwindigkeit des Flugboots beim Verlassen des Schlittens von 157 km/h gemessen. Beim vierten Start hatte die Do 26 das endgültige Einsatzgewicht von 19 t und kam bei einem Gegenwind von 43 km/h auf eine Geschwindigkeit von 135 km/h. Anschließend führte der Pilot, Graf Schack, einen Steigflug auf 2000 m aus und landete in grober See, bei einer Windgeschwindigkeit von etwa 75 km/h.

Im Auftrage der deutschen Reichsregierung startete die Do 26 V2 (Seefalke) am 14. Februar 1939 zum ersten, vielbeachteten Langstreckenflug. Mit 580 kg Medikamenten an Bord, die für die Erdbebenopfer in Chile bestimmt waren, flog Graf Schack von Travemünde über Lissabon, Bathurst, Natal nach Rio de Janeiro und bewältigte die 10.700 km lange Strecke in 36 Stunden. Graf Schack über den Start:

„...Die Wellen schlugen jetzt voll nicht nur über unser Boot hinweg, sondern in gleicher Weise über Flächen und Motorgondeln. Zu allen Entlüftungsleitungen und sonstigen Öffnungen kam es von oben hereingeströmt, die Propeller, die eigentlich als Luftschrauben gedacht waren, haben es sich bei ihrer Herstellung sicher auch nicht träumen lassen, daß wir sie noch einmal als Wasserschrauben verwenden würden, was anderes waren sie zeitweise nicht mehr. Wie ich das jetzt alles sah, wurde ich auch einen Augenblick lang unschlüssig, aber dann sagte ich mir, wir wollen es einmal probieren, auf Grund aller meiner Vorversuche müßte es eigentlich gehen. Als ich nun allmählich mehr Gas gab, nahmen wir zunächst schrecklich viel Wasser über und nach vorn war nichts mehr zu sehen. Ich gab es auf, beim Start überhaupt noch etwas sehen zu wollen und trotz 50 m Sicht richtete ich mich nur nach Wendezeiger und hielt den eisern in der Mitte, machte also einen ausgesprochenen Blindstart. Wir nahmen wieder riesige Mengen Wasser über, um uns herum war alles grün. Und dennoch mußten wir den Start durchführen, denn er sollte die letzte und schwerste Zerreißprobe der Do 26 darstellen. Die Besatzung des nicht weit entfernten Lotsenbootes berichtete später, sie hätte zeitweise nichts mehr von der Maschine gesehen, das ganze Boot einschließlich Flächen, Propeller, Motorgondeln war ihren Blicken verschwunden, und ein englischer Pilot, der von anderer Stelle diesem Start zusah, erzählte, er hätte keinen Cent mehr gegeben für die Besatzung und Maschine. Aber der Start gelang. Trotz des Seegangs waren wir nach 45 Sekunden in der Luft." [82)]

Im März 1939 wurde der „Seefalke" mit einer Fluggastkabine für vier Personen ausgerüstet und flog zum ersten Mal mit Passagieren an Bord von Friedrichshafen zum Müggelsee in Berlin. Damit war die Do 26 das erste Flugboot bei Lufthansa, das, außer im Flugposteinsatz, einen planmäßigen Passagierverkehr über den Atlantik hätte aufnehmen können. Da die verkehrsrechtliche Zustimmung der US-Regierung für die Nordatlantikroute aus offensichtlich politischen Motiven ausblieb, was Pan American Airways zugute kam, wurden die beiden Do 26 ebenfalls auf dem Südatlantik eingesetzt. Insgesamt überquerten sie achtzehnmal den Südatlantik und legten dabei 26.400 km zurück.

Im April 1939 erging ein *„Teilbericht über die Prüfung der Konstruktion und Festigkeit des Flugzeugmusters Do 26 V3*

Die Do 26 V1 über dem Bodensee (links).

Verladen der Medikamente für Chile (Mitte links).

Eine Do 26 beim Katapultstart im Südatlantik (unten).

Die Do 26 „Seeadler" im Dienst der Lufthansa (ganz unten).

und V4" an das RLM. Bei dieser Weiterentwicklung der Do 26 waren folgende Änderungen vorgenommen worden: Die Fluggastkabine für vier Passagiere wurde verbessert; Motoren höherer Leistung (700 PS statt 600 PS) wurden eingebaut; das Gewicht war höher (21 t beim Schleuderstart statt 19 t); die Stützschwimmer waren stärker gekielt, zusätzliche Treibstoffbehälter eingebaut.

Der Ausbruch des 2. Weltkrieges setzte solchen Versuchen ein Ende. „Seeadler" und „Seefalke" mußten ebenso auf die militärische Version mit Gefechtsständen umgerüstet werden wie die gerade bei Dornier in Erprobung stehende Do 26 V3 „Seemöve". Die im Bau befindlichen Do 26 V4, V5 und V6 wurden unter der Bezeichnung Do 26 C fertiggestellt und an die Marine abgeliefert. Sie erhielten dann die leistungsstärkeren Jumo-205-Ea-Motoren mit einer Startleistung von je 700 PS; auch die Jumo-205-D-Triebwerke mit je 880 PS wurden eingesetzt.

Die Do 26 C unternahm erfolgreiche Aufklärungsflüge in die höheren Breiten der Nordsee und des Atlantik. Schon beim ersten dieser Flüge gelangte die Do 26 bis zum 67. Breitengrad und war auf der Strecke Bergen – Shetlands – Island 19 Stunden unterwegs. Der Start erfolgte meistenteils durch Katapult – nun auch als Blindstart bei Nacht. Am 8. Mai 1940 wurde der „Seefalke" unter Führung von Graf Schack auf einem Versorgungsflug nach Narvik durch englische Jäger zur Landung im Tepkilien-Fjord gezwungen; das stark beschädigte Flugboot mußte aufgegeben werden. Zwei weitere Do 26 (V3 und V1) wurden im Rombaken-Fjord in Brand geschossen, eine andere im Luftkampf abgeschossen. Die Do 26 V5 ging am 16. November 1940 nach einem nächtlichen Schleuderstart vom Katapultschiff „Friesenland" vor Brest verloren, beide Flugzeugführer fanden den Tod.

Während des Krieges wurden die Do 26 für Aufklärungs- und Transportflüge eingesetzt (ganz rechts).

Die Do 26 V 1 im Norwegen-Feldzug, hier beim Entladen von Gebirgsjägern im Rombakken-Fjord bei Narvik (unten).

Do 214: Projekte für den Passagierverkehr

1939, zehn Jahre nach dem Start der Do X, diesem gewaltigen Sprung in der Flugbootentwicklung, sah Claude Dornier in seiner Abhandlung *„Derzeitiger Stand der Entwicklung von Langstrecken-Seeflugzeugen"* die Abkehr vom Katapultstart und, damit verbunden, die Entwicklung von Motoreneinheiten von 2500 PS Startleistung voraus. *„Da heute schon Boote mit bis 80 bis 100 t entworfen und in einer nicht zu fernen Zukunft auch gebaut werden, ergibt sich die unumgängliche Notwendigkeit der Schaffung großer Triebwerkseinheiten, deren untere Grenze bei 3000 PS liegen dürfte."* Zu dieser Zeit hatten amerikanische Großflugboote schon Pionierarbeit im Passagierdienst über die Ozeane geleistet. Seit 1937 flogen „China Clipper" Flugboote vom Typ Glenn Martin M-130 in Etappen regelmäßig über den Pazifik nach Hongkong. Und Ende 1939 hatten die Boeing-Clipper derselben Fluggesellschaft, der Pan American Airways System, schon 1800 Passagiere über den Atlantik, nach Europa und nach Amerika, befördert.

Fortschritte während des Jahrzehnts seit der Do X-Erprobung berechtigten zu großen Hoffnungen für die Zukunft des Transozeanverkehrs. Die Industrie lieferte bereits Triebwerke mit 1200 und 1500 PS. Die Chemiker hatten klopffeste Kraftstoffe hoher Oktanzahl geschaffen. Mehr und mehr fanden Aufladegebläse Anwendung, die Verstelluftschraube war längst betriebsreif. Durch eingehende Versuche in den Windkanälen war man zu aerodynamisch günstigen Lösungen gelangt. In Frankreich, England, Italien – und natürlich in Deutschland – wurde am Passagierverkehr über den Atlantik gearbeitet.

Lufthansa rüstete sich für den zu erwartenden Konkurrenzkampf. Ein erstes Dornier-Projekt, die Do 20, war schon Mitte der dreißiger Jahre konzipiert worden: Ein weiterentwickeltes, aerodynamisch verbessertes Flugschiff in der Art der Do X; deren Unterwasserform, auch die Anordnung der Flossenstummel, war unverändert übernommen worden. Das abgestrebte Tragwerk hatte den gleichen rechteckigen Grundriß mit abgerundeten Flügelenden, die Spannweite wurde um einen Meter vergrößert. Mit acht im Flügel liegenden Dieselmotoren, von denen je zwei auf eine Schraube großen Druchmessers arbeiten sollten, war an eine Höchstgeschwindigkeit von etwa 290 km/h und eine Reisegeschwindigkeit von 250 km/h gedacht. Mit 12 bis 16 Fluggästen, mit Post und Fracht sollte der Aktionsradius bei 4000 bis 5000 km liegen. Für die Passagiere gab es bequeme Schlafkabinen und reichlich bemessene Tagesräume. Gedacht war auch an eine Version mit 60 Sitzplätzen. Zu einem Entwicklungsauftrag durch die Lufthansa war es freilich nicht gekommen.

1938 unterbreitete Claude Dornier der Lufthansa erneut ein Projekt – Do P 93 – für den Passagierverkehr über den Atlantik: ein vollkommen freitragender Schulterdecker mit acht Triebwerken in Tandemanordnung. An diesem Riesenflugschiff, der Do 214, zeigte sich Lufthansa interessiert. Es sollte mit einem Abfluggewicht von 145 Tonnen etwa 40 Fluggäste in doppelbettigen Einzelkabinen mit einer Reisegeschwin-

Mit dem Projekt Do 20 wollte Dornier an das Konzept der Do X anknüpfen (linke Seite oben).

Wesentlich fortschrittlicher war das Projekt des achtmotorigen Flugschiffs Do 214 (linke Seite Mitte).

Für die Vorerprobung der Do 214 wurde das kleine Gleit-Flugboot Gö 8 gebaut (linke Seite unten).

Planung für die Lufthansa: Transozean-Flugschiff Do 214

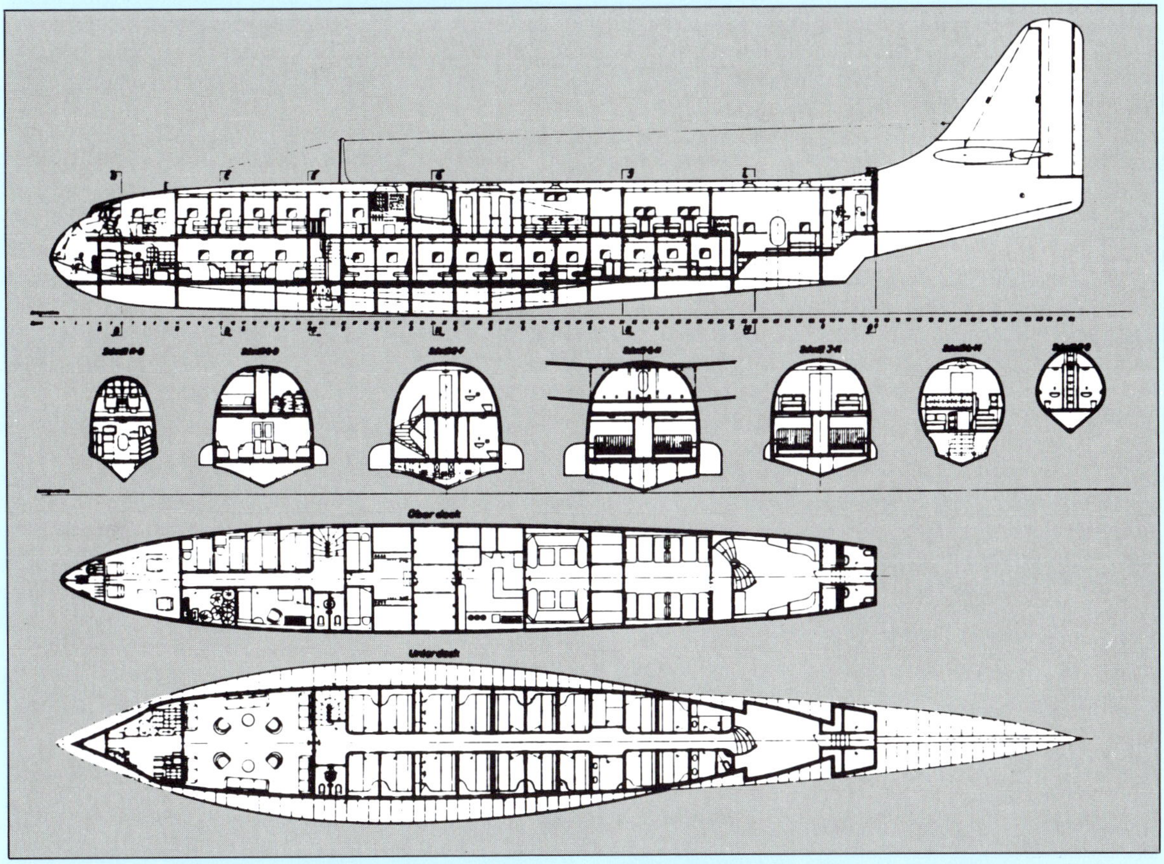

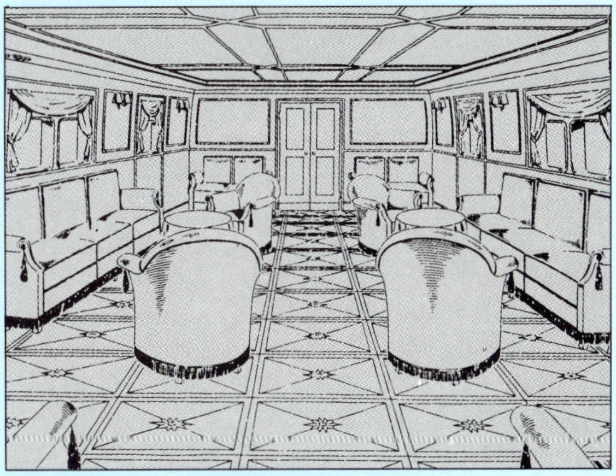

Komfortabel wie ein Luxusdampfer sollte die Do 214 werden, die bei Dornier ab 1938 im Auftrag der Lufthansa entwickelt wurde. Dieses Langstrecken-Flugschiff mit zwei großen Decks (ganz oben) war für den Passagierverkehr über den Atlantik vorgesehen. Im Oberdeck lagen außer den Besatzungsräumen unter anderem der Speiseraum (oben links), im Unterdeck die Einzelkabinen und der großzügige Gesellschaftsraum. Beide Decks waren mit Treppenhäusern verbunden.

In der bewährten Tandemanordnung sollten acht Daimler-Benz DB 613-Motoren mit je 4000 PS eingebaut werden, die hinteren Einheiten beim Start nach oben schwenkbar wie bei der Do 26. Als Höchstgeschwindigkeit wurden 490 km/h errechnet, als Reisegeschwindigkeit etwa 380 km/h. Eine Weiterentwicklung der traditionellen Flossenstummel waren die seitlichen Stabilisierungswülste. Die Vorarbeiten für die Do 214 mußten 1942 eingestellt werden.

digkeit von 380 km/h über Entfernungen von mehr als 8000 km, also auch auf der Strecke Lissabon – New York nonstop befördern. Im ersten Vierteljahresbericht 1939 hieß es bei der Lufthansa: *„Als Triebwerk sind acht Doppelmotoren Jumo 212 vorgesehen, die in drei km Höhe eine Reiseleistung von 1600 PS abgeben sollen."* Und im zweiten dazu ergänzend: *„Es wird versucht, so früh als möglich dem Wunsch der Lufthansa entsprechend Diesel-Motoren vorzusehen. Dies würde nach dem augenblicklichen Stand aber wohl erst vom dritten Flugzeug an möglich sein."* Die hinteren Motoren konnten beim Start und bei der Landung nach oben gestellt werden.

Zu dieser Zeit, Juli 1939, ein zusagender Vorentscheid war ergangen, wurde ein motorloses Modell der Do 214, die Gö 8, im verkleinerten Maßstab 1:5 bei Wolf Hirth in Göppingen gebaut. Das Flugmodell bestand ganz aus Holz, die Rumpfspitze hatte eine eingestrakte Vollsichthaube, die den Führersitz des einsitzigen Seglers verschloß. Dieses fliegende Modell mit 12 m Spannweite wurde, von einem Motorboot geschleppt, zahlreichen Wassertests unterzogen. Die neuartigen Wülste am Boot, durch das Flugmodell gründlich erprobt, waren als selbständige Bauteile am Bootskörper befestigt. Nach den Versuchsflügen kam die Gö 8 zur Versuchsanstalt nach Göttingen, wo die aerodynamischen Eigenschaften eingehend untersucht wurden.

Der Do 214-Entwurf für die Lufthansa sah vor, das zweistufige, mehrfach abgeschottete Boot in Schalenbauweise in Ober- und Unterdeck mit je 2,1 m lichter Höhe zu unterteilen. Im Oberdeck befanden sich die Räume für die zwölfköpfige Besatzung, im Unterdeck die komfortablen Kabinen und Aufenthaltsräume für die Passagiere. Der Treibstoff lagerte im Bootsboden. Das ganze Flugschiff sollte schall- und wärmeisoliert und mit Frisch- und Warmluft-Belüftung versehen werden.

Das freitragende Tragwerk hatte trapezförmigen Grundriß und bestand aus drei Teilen: dem mit dem Boot fest verbundenen Mittelstück und den beiden abnehmbaren Flügelenden von je etwa 5,5 m Länge. An den Flügelenden waren abnehmbare Endschwimmer mit einem Inhalt von ca. 1000 Liter vorgesehen. Der statische Verband des Tragwerks bestand aus Kastenholm, Querriegeln und Duralplatbehäutung. Im Bereich der Motorgondeln war der Flügel begehbar ausgeführt. Der Kastenholm war als Laufgang ausgebildet, mit Durchstiegen zu den Motorengondeln.

Die Do 214 war mit einem einkieligen Seiten-Leitwerk in Ganzmetallbauweise projektiert. Der über der Höhenflosse befindliche Teil des Seitenleitwerks war abnehmbar zum Einsetzen des durchgehenden Höhenleitwerks. Die freitragende Höhenflosse war V-förmig. Die beiden Höhenruderhälften waren untereinander verbunden. Hilfsruder waren am Quer-, Höhen- und Seitenruder vorgesehen. Die Landeklappen waren als Spreizklappen (ohne Ausgleich) ausgebildet, die mit Hilfsruder ausgestatteten Querruder als

Die Do 214 wurde auch in einer Ausführung als Truppentransporter untersucht (rechts).

Das Projekt Do 318: eine Weiterentwicklung der Do 24 (rechte Seite oben).

Die Do 22 See wurde nach Jugoslawien, Griechenland und Finnland exportiert (rechte Seite unten).

Spaltruder im Flügelprofil angeordnet. Die Steuerung des Flugschiffs war als elektrische Fernsteuerung geplant. Die Betätigung der elektrischen Geber erfolgte durch die als Doppelsteuerung in üblicher Form angeordneten Handräder und Fußpedale. Für den Fall des Versagens der elektrischen Steuerung war im Cockpit eine Hand-Notsteuerung eingebaut, die sich in diesem Fall selbsttätig einschaltete.

Im Herbst 1939 waren die Arbeiten zu einer Attrappe der Do 214 angelaufen. 1940 freilich kritisierte das RLM die Bindung von Arbeitskräften an ein ziviles Objekt. Deshalb mußte das Flugschiff für den militärischen Einsatz umkonstruiert werden. Es entstanden fünf Varianten: als Truppentransporter in verschiedenen Variationen, als Sanitätsflugzeug, Lastentransporter, Kraftstofftransporter, Minenleger und U-Boot-Versorger. Bei einigen Versionen sollte das Rumpfvorderteil seitlich wegklappbar sein, um das Unterdeck, beispielsweise mit Lastwagen, zu beladen. Bei diesen Projekten waren außerdem DB 613 A-, B- und C-Motoren vorgesehen. 1942 wurden dann die Vorarbeiten an der Do 214 endgültig eingestellt. Über ein Dutzend Spanten, die noch nicht zusammengebaut waren, ist Claude Dorniers mächtiges Flugschiff nicht hinausgekommen.

Die Do 216, ein sechsmotoriges Flugboot mittlerer Größe für den Atlantik-Passagierdienst, gedieh ebenso wenig über das Projektstadium hinaus wie die Do 318, eine vergrößerte Do 24 für den Seenotrettungsdienst. So blieb die ausgereifte Do 26 Claude Dorniers letztes hochseetüchtiges Flugboot – Höhepunkt jahrzehntelanger konsequenter Entwicklungsarbeit, die dem Luftverkehr neue Wege und neue Dimensionen erschloß.

Insgesamt waren Dornier-Flugboote im Transatlantik-Dienst vierhundertneunzehnmal über den Ozean geflogen. Der Krieg sollte die Grundlagen des gerade erst einsetzenden Interkontinentalverkehrs völlig verändern.

Do 22, ein wendiges Zwei-Schwimmer-Flugzeug

Immer noch machte der „Wal", die dauerhafteste Dornier-Konstruktion, von sich reden: 1938 anläßlich der dramatischen Rettung des italienischen Flugbootpiloten Stoppani aus dem Südatlantik durch „Boreas" und „Samun"; 1939 anläßlich der Teilnahme an der Deutschen Antarktis-Expedition. Den beiden Flugbooten „Boreas" und „Passat", die von der „Schwabenland" starteten, fiel dabei ein wesentlicher Teil der Forschungsaufgaben zu. Alfred Ritscher, der Leiter der Expedition, faßte diese Leistung so zusammen: *„In einer Gesamtflugzeit von 86 1/2 Stunden wurden etwa 16.000 km zurückgelegt und rund 600.000 Quadratkilometer nie vorher von Menschenaugen geschautes Land erkundet. Mit den Reihenmeßbildapparaten wurden davon 350.000 qkm in über 11.000 sich überlappenden Aufnahmen photogrammatisch erfaßt, so daß erstmalig von einem Antarktisgebiet dieser Größe eine verläßliche Karte gefertigt werden kann."*

1938 war für die Dornier-Werke ein Spitzenjahr des Exports gewesen: *„Der Anteil der für den Export angelaufenen Werk-*

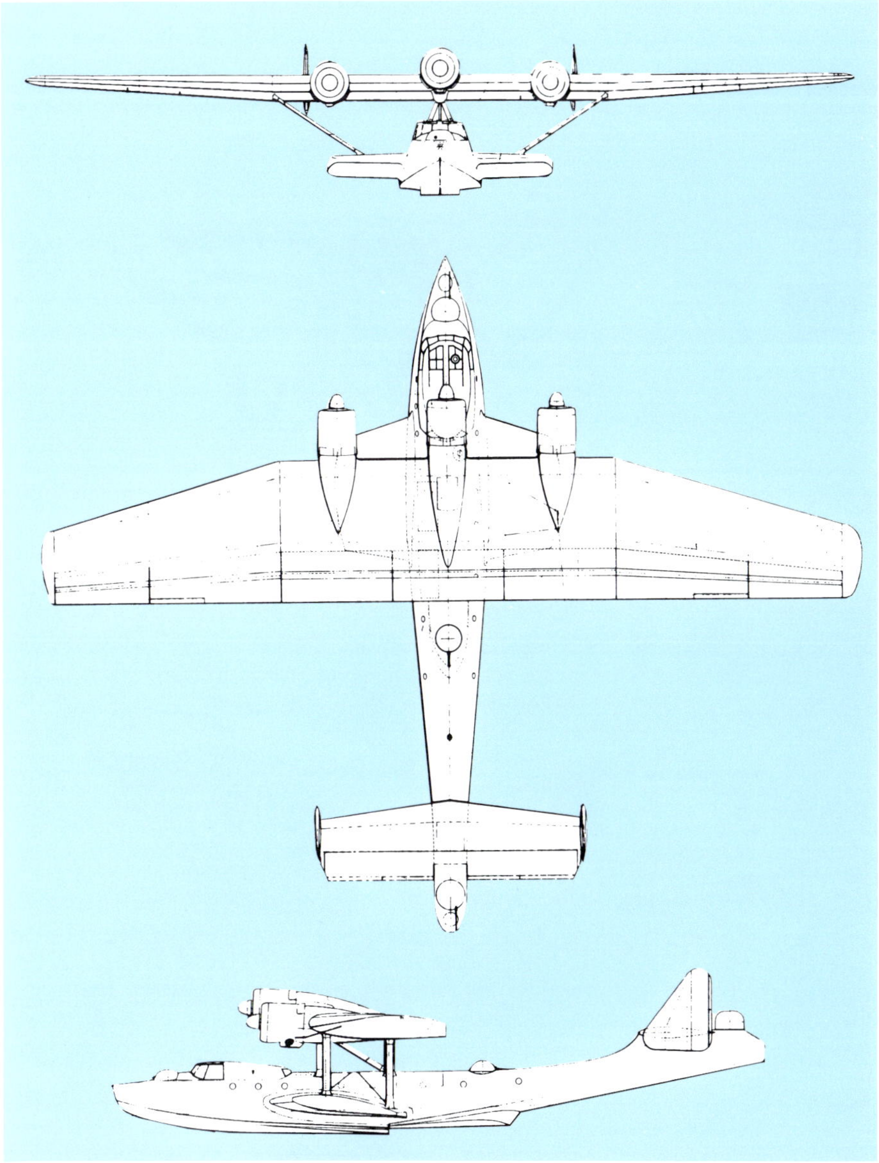

Die Do 22 konnte in kurzer Zeit von der Seeversion mit Schwimmern auf eine Landversion mit Fahrwerk umgebaut werden (ganz oben).

Das Experimental-Amphibium Do 212 mit hochschwenkbarem Heckpropeller (oben).

stattstunden", so der Geschäftsbericht, *„beträgt rd. 16% der gesamten Produktionsleistung des Dornier-Süd-Konzerns."* Nach Jugoslawien wurden Do 17 K geliefert, in die Niederlande Do 24 K-Flugboote, deren Bootskörper in Altenrhein gefertigt wurden. (Das Reich hatte seinen Aktienbesitz an der Immobilien-Aktiengesellschaft Altenrhein übrigens inzwischen an Claude Dornier abgestoßen.) Seit 1936 baute die Werft in der Schweiz Schul- und Sportflugzeuge von Bücker in Serie; in den Jahren 1936 bis 1940 verließen 100 Bücker 131 „Jungmann" und 80 Bücker 133 „Jungmeister" die Werkshallen. Viele dieser Doppeldecker fliegen noch heute. Außerdem wurden serienmäßig Sektionen der C 35 für die Schweizer Streitkräfte gefertigt.

Zu den Exporterfolgen der Dornier-Werke im Jahr 1938 und auch noch 1939 zählte auch das „Mehrzwecke-Flugzeug" Do 22. Der abgestrebte Hochdecker, ein wendiges Zwei-Schwimmer-Flugzeug, war gezielt für kleinere Länder mit längeren Seeküsten gedacht. Er sollte wirtschaftlich und dabei vielseitig einsetzbar sein, als Aufklärer, als Bomber, als Torpedoflugzeug, und in kurzer Zeit auf eine vollwertige Landversion umgebaut werden können. Flugzeugführer, Beobachter (der Kamera- und Funkgerät, bei Bedarf die Hilfssteuerung oder aber Zielgerät und Abwurfvorrichtung bediente) und Schütze saßen hintereinander. Das MG des Piloten schoß durch den Luftschraubenkreis.

Im Rumpfbug der Do 22 war der Hispano-Suiza-12-Y-21-Motor untergebracht, die dreiflügelige VDM-Einstellschraube hatte einen Durchmesser von 3,4 m. Das Rumpfgerüst bestand aus geschweißtem Stahlrohr, an dem Duralumin-Spanten und Längsprofile als Träger der Stoffbespannung oder Metallbeplankung befestigt waren . Die an den Enden abgerundeten Flügel waren pfeilförmig und leicht V-förmig bei paralleler Vorder- und Hinterkante. Der aus Dural gebaute zweiholmige Flügel war stoffbespannt. Insgesamt wurden 29 Do 22 gebaut, größtenteils Flugzeuge mit auswechselbarem Fahrwerk. Die Geschwindigkeit blieb bei beiden Ausführungen gleich, die Steigzeiten mit Schwimmern lagen geringfügig höher. Je zwölf dieser Flugzeuge wurden nach Jugoslawien und nach Griechenland, vier nach Finnland exportiert.

Ende 1938 wurde bei Dornier die Entwicklung eines neuen Sport-Amphibiums auf das Programm gesetzt. Die Do 212 sollte die letzte Dornier-Entwicklung in Altenrhein werden. Da die hoch über dem Tragflügel liegende Triebwerksanordnung des Vorgängermodells, der Do 12, nicht hatte überzeugen können, ging Claude Dornier auf den Vorschlag seines zweitältesten Sohnes, Dipl.-Ing Peter Dornier, ein, die Luftschraube am Heck um 12 Grad schwenkbar anzuordnen, so daß sie bei Start und Landung spritzwasserfrei bleiben sollte. Der luftgekühlte Zwölfzylinder-Reihenmotor vom Typ Hirth HM 512 B-0 war im hinteren Bootsteil eingebaut und trieb über eine Fernwelle, die unter dem Bootsdeck lief, den als Druckschraube arbeitenden Vierblattpropeller. Erste Flugversuche mit der Do 212 verliefen allerdings unbefriedigend. Deshalb wurde das Versuchsflugboot schließlich verschrottet.

Die Dornier-Werke im II. Weltkrieg

Am 1. August 1937 war der Name der Stammfirma Dornier-Metallbauten GmbH Friedrichshafen in „Dornier-Werke GmbH Friedrichshafen" umgeändert worden. Auf Wunsch des Reichsluftfahrtministeriums ging der Geschäfts- und Fabrikationsbetrieb der Leichtkonstruktionen München G.m.b.H. mit Wirkung vom 1. Januar 1938 auf die Dornier-Werke GmbH. in Friedrichshafen über, ebenso der Fabrikationsbetrieb der Leichtkonstruktionen Lübeck G.m.b.H. auf die Norddeutsche Dornier-Werke G.m.b.H. Die Anlagen in Neuaubing, auch die in Wismar, wurden gekauft, 1938 folgte die bis dahin gepachtete Fabrik in Berlin-Reinickendorf. Die Maschinen & Schiffbau GmbH Manzell (MSM) mit ihren Manzeller Werksanlagen wurde *„zwecks Klarstellung der Eigentums-Verhältnisse"* auf die Dornier-Werke übergeleitet. Im Auftrag der Marine entwickelte MSM ein leichtes Schnellboot (LS-Boot) mit Torpedo-Bewaffnung, das im Krieg in der Ostsee, in der Ägäis und im Stillen Ozean eingesetzt wurde; elf Boote wurden gebaut.

Der Aufbau der Luftwaffe brachte in dieser Zeit eine Fülle von Aufgaben. Die durchschnittliche Beschäftigtenzahl im Konzern belief sich 1938 auf 14228 – Dornier gehörte neben Junkers, Messerschmitt und Heinkel zu den großen deutschen Flugzeugproduzenten. Arbeitskräftemangel machte sich jetzt bemerkbar, es gab Produktionsengpässe, Folge der fieberhaft betriebenen Aufrüstung: *„Die teilweise außerordentlich schleppende Belieferung mit Motoren durch den Hauptauftraggeber brachte empfindliche Störungen, hauptsächlich in der Endmontage, mit sich"*, wie der Geschäftsbericht 1938 meldete; der Auftraggeber war natürlich das Reichsluftfahrtministerium. *„Ein großer Teil fertiggestellter Zellen muß teils in montiertem, teils in demontiertem Zustande abgestellt werden, bis die Motoren zum Einbau angeliefert werden."*
In Manzell wurde mit dem Bau eines großen Stollenwerkes für die Unterbringung der Belegschaft bei Luftangriffen begonnen. Der Krieg kündigte sich an.

Blick in die Endmontage des Kampfflugzeugs Do 17 Z.

Für die Marine wurde das Leicht-Schnellboot mit Torpedo-Bewaffnung gebaut (rechts).

In den ersten Kriegsjahren gehörte das Kampfflugzeug Do 17 Z zu den Standardtypen der Luftwaffe (unten und rechts Mitte).

Das Fernaufklärungsflugzeug Do 17 P war der modernere Nachfolger der Do 17 F (rechts).

Do 17 in vielen Variationen

Seit 1938 produzierten die Dornier-Werke die Do 17 P, das Nachfolgemuster des Fernaufklärers Do 17 F, und die Do 17 Z. Beide wurden auch von anderen Werken in Lizenz gebaut. Die Zelle der Do 17 P entsprach der Do 17 M, die Zweckausrüstung der Do 17 F. Sie erhielt BMW 132-Motoren, mit denen eine Höchstgeschwindigkeit von 410 km/h erzielt wurde. Zu den zwei geschützten Kraftstoffbehältern im Flügel kamen zusätzlich zwei geschützte Rumpfbehälter, insgesamt 2.120 Liter.

Unter den verschiedenen Versionen der Do 17 war die Do 17 Z mit über 900, bei Dornier und bei anderen Firmen in Lizenz gebauten Flugzeugen die erfolgreichste. Diese Baureihe war für unterschiedliche Einsatzzwecke ausgelegt: Z 1 und Z 2 als Bomber, Z 3 als Bomber/Stabstaffelerkunder, Z 4 als Blindflug-Schulungsflugzeug (mit Doppelsteuer), Z 5 als Bomber mit Seenotausrüstung, Z 6 als Wetter-Flugzeug, Z 7 als Nachtjäger „Kauz I", Z 9 als Flugzeug mit Elvemag-Einbau und Z 10 als Nachtjäger „Kauz II". Die Do 17 Z1 war noch mit Bramo 323-A-Triebwerken ausgerüstet, alle anderen Versionen mit den stärkeren Bramo 323 P; die VDM-Verstellschrauben hatten einen Durchmesser von 3,6 m. Im Aufbau entsprach die Do 17 Z weitgehend der Do 17 M. In der äußeren Form unterschied sie sich durch ein neues Rumpfvorderteil mit Vollsichtkanzel, den voluminösen „Waffenkopf". Auch die Besatzung variierte je nach Einsatzzweck: Z 1 bis Z 6 und Z 9 hatten vier Mann, Z 7 und Z 10 drei Mann Besatzung.

Die letzte Version der Do 17 erhielt die Typennummer 215, weil die Buchstaben von E bis Z (mit wenigen Ausnahmen) vergeben waren. Die Do 215 war mit der Do 17 Z identisch, erhielt aber die starken DB 601-A-Motoren, die ihre Flugleistungen beträchtlich erhöhten. Ursprünglich war die Do 215 als Exportausführung der Do 17 Z vorgesehen. Schweden bestellte 18 Stück dieser Do 215 A, doch der Kriegsausbruch verhinderte die Ablieferung. Diese Flugzeuge wurden für die

Als Fernaufklärer und als Nachtjagdflugzeug kam die Do 215 B zum Einsatz (oben).

Claude Dornier mit dem Chefpiloten Egon Fath im Führerraum einer Do 215 (links).

Die Nachtjäger–Ausführung Do 215 B 5 mit Radarantennen im Bug (unten).

Claude Dornier im Gespräch mit seinen Werkspiloten

Die Erprobung neuer Flugzeuge stellte höchste Anforderungen an die Piloten. Die Ingenieure der Entwicklungs- und Konstruktionsabteilungen, aber auch die Techniker und Mechaniker mußten stets in engem Kontakt mit den Einfliegern bleiben, um deren Kritik und Erfahrungen für die ständige Verbesserung der Flugzeuge nutzen zu können. Davon hing der Erfolg eines Flugzeugtyps ganz wesentlich ab.

Auch Claude Dornier suchte immer wieder das Gespräch mit seinen Werkspiloten; im Bild v.l.n.r.: Flugkapitän Fath, Claude Dornier, Flugkapitäne Appel, Schropp und Gundermann.

Luftwaffe umgerüstet und als Do215B ausgeliefert. Aufgrund vertraglicher Abmachungen wurden zwei Flugzeuge an die – zu dieser Zeit noch durch den „berühmt-berüchtigten Komplizenpakt" vom August 1939 mit Deutschland verbundene – UdSSR geliefert; sie erhielten die Bezeichnung Do215 B3.

Die Baureihen Do215B bis B10 flogen als Fernerkunder mit unterschiedlichen Ausrüstungen, die Do215 B5 (zum Teil umgebaute Aufklärer B4) als Nachtjägerversion „Kauz III". Die Do215 B6 erhielt DB610-A-Motoren mit Abgasturbine. Die Do17 stellte zusammen mit der Do215 zahlenmäßig den größten Anteil an den im Krieg geflogenen Dornier-Flugzeugen: insgesamt wurden in den eigenen Werken und bei Lizenzunternehmen 2.139 Flugzeuge gebaut.

Der Höhenflug der Do24

Das Löwentaler Werk fertigte während der Kriegsjahre vor allem Do17 und Do217, das sich schnell vergrößernde Neuaubing zusätzlich Ju88 und Me410. 1940 war in Oberpfaffenhofen die geplante Reparaturwerft zur Wartung und Instandsetzung der an die Luftwaffe gelieferten Flugzeuge Do17, Do215 und Do217 entstanden. Oberpfaffenhofen erlebte in diesen Jahren einen rapiden Aufschwung.

1943 freilich wurde der Serienbau der Do217 abgebrochen, zur Weiterentwicklung der Do317 kam es nicht mehr. Wismar, das bis 1943 Do217 gebaut hatte, erhielt die Anweisung, den Bau des Bombers einzustellen und die Arbeiter für andere Firmen freizustellen. Wismar begegnete dem mit dem Angebot an Arado, in die dort laufende Fertigung des Focke-Wulf-Jägers Fw190 einzusteigen. Für Arado bedeutete diese Hilfe die Rettung in einer hoffnungslosen Situation, denn die Fertigungstermine waren längst nicht mehr einzuhalten. Generalfeldmarschall Milch billigte diese Absprache. Für das Management und die Arbeiter in Wismar war der Abbau ganzer Fertigungsstraßen, das Einlagern der Vorrichtungen, Werkzeuge und typengebundenen Materialien aus der Fertigung eines gestoppten Musters nach etlichen Fertigungsumstellungen zur Routine geworden. Die Jäger-Fertigung lief bis zu 200 Stück im Monat über zwei Jahre, sie sank im Monat nach dem großen Bombenangriff am 25. August 1944 zwar um 20 Prozent ab, erreichte aber bis zum Jahresende etwa wieder die volle Höhe. Erst dann, gegen Kriegsende, ging die Stückzahl wegen der Beschaffungsschwierigkeiten auf 200 Stück im März 1945 zurück.

Einen ungeahnten Höhenflug erlebte während der Kriegsjahre die Do24. Als deutsche Truppen 1940 die Niederlande besetzten, standen bei Aviolanda fertige, noch nicht in die Kolonien geflogene Do24. Die Luftwaffe entschloß sich, dieses Flugboot als Seenotflugzeug zu verwenden und veranlaßte den Musterumbau einer Do24 bei Weserflug; alle Projektunterlagen kamen von Dornier. Der Umbau umfaßte die Zweckausrüstung, also große Deckel im Rumpf zum Ein- und Ausbringen von Tragbahren, außerdem deutsche Bewaffnung, Fluggeräte und Funkausrüstung. Bei Aviolanda befanden sich zudem noch Wright-Motoren für elf Flugzeuge sowie mehrere angefangene oder halbfertige Flugzeugzel-

Die Do 24 N im Seenotdienst (links).

Führerraum der Do 24 T (unten).

Besichtigung der Do 24-Endmontage: Claude Dornier mit Ernst Udet (links unten).

Do 24 T als Transportflugzeug während des Krieges, hier in Sewastopol (ganz unten).

len. Daraus wurden von Aviolanda und De Schelde elf Flugzeuge Do 24 N um- und neugebaut. Der Buchstabe N wurde wie das spätere T aus dem Wort See*NoT*flugzeug gewählt. Das RLM gab sofort eine große Fortsetzungsserie in Auftrag. Bei der Do 17 liefen zu der Zeit die Serien Do 17 P mit Motor BMW 132 und Do 17 Z mit Bramo 323, beide mit sogenannten Wechseltriebwerken, d.h. Austauschstellen an der Brandwand vor dem Flügelholm; das RLM entschloß sich für den Bramo 323; er wurde dann serienmäßig an die Do 24 angebaut. Diese Variante hieß Do 24 T. Parallel dazu wurde bei der französischen Société Nationale de Construction Aéronautique du Nord (SNCAN), die schon vorher Flugboote gebaut hatte, eine Serienproduktion aufgezogen: Bootsbau und Endmontage in Sartrouville an der Seine bei Paris; Bau des Leitwerks in Caudebec; Einfliegen in Le Havre.

In den Niederlanden wurden bis Augsut 1944 etwa 160 Flugboote gebaut, in Frankreich weitere 48. Die Do 24 T wurden im Seenotdienst und als Transportflugboote in der Nord- und Ostsee, im Ärmelkanal, über dem Atlantik, im gesamten Mit-

HDS-1
SAR

telmeerraum und am Schwarzen Meer eingesetzt. Bei ungezählten Flügen gelang es, zumeist unter hohem Einsatz, etwa 11.560 Menschen zu retten, darunter etwa 5.000 Angehörige gegnerischer Streitkräfte. Dazu kamen evakuierte Soldaten und Zivilisten, vor allem im Ostseeraum.[83]

Spanien erwarb während des Krieges von der deutschen Reichsregierung zwölf Do 24 T 3-Flugboote, die zwischen Mai und November 1944 vom Bodensee aus, entweder über das Rhonetal oder über Innsbruck und Genua zum Stützpunkt Puerto de Pollensa auf Mallorca überführt wurden; zu einem geplanten Lizenzbau kam es nicht mehr. Eines dieser Flugboote, das bis 1970 bei der spanischen Seenotrettungsstaffel auf Mallorca stationiert war, kehrte 1971 zu Dornier nach Friedrichshafen zurück. Der Rumpf wurde beim Bau des ATT (Amphibischer Technologie-Träger) verwendet.

Eine Do 24 T beim Start (ganz oben).

Bis 1970 standen drei Do 24 T auf Mallorca im Einsatz als Seenotflugzeuge (links).

Eine dieser letzten Do 24 T kehrte 1971 zum Bodensee zurück, sie wurde 1983 zum Experimental-Amphibium ATT umgebaut (oben).

An der Do 217 schieden sich die Geister

Die ersten Erfahrungen aus dem Einsatz unter kriegsmäßigen Bedingungen, die mit 17E und F in Spanien gemacht worden waren, gingen in die stärker bewaffnete und leistungsfähigere Do 217 ein, die am 4. Oktober 1938 als Do 217 V1 zum erstenmal flog – eine völlige Neukonstruktion mit wesentlich erweiterten Einsatzmöglichkeiten als Kampfflugzeug, Sturz- und Schnellbomber, als Nachtjäger und Fernerkunder. Sie und die nachfolgenden Versuchsflugzeuge bis zur V9 wurden mit verschiedenen Triebwerken ausgerüstet. Ein umfangreiches Erprobungsprogramm galt den verschiedenen Sturzflugbremsen. Während die üblichen Sturzflugbremsen durchweg an den Tragflächen installiert wurden, führte Dornier erstmals Heckbremsen ein, und zwar zwei verschiedene Versionen. Die eine Bauart bestand aus vier durchlöcherten Bremsklappen im Heck, die mittels Spindeltrieb kreuzförmig aus- und eingefahren werden konnten. Die zweite Version war ein ebenfalls ein- und ausfahrbarer Bänderbremsschirm. Bei V7 und V8 wurden die Bremsen durch einen Hecksteiß ersetzt.

Die Serienreife stärkerer Triebwerke, vor allem des luftgekühlten BMW 801 mit 14 Zylindern (1550 PS) und des flüssigkeitsgekühlten DB 603 mit 12 Zylindern (1750 PS), beide mit Kraftstoffeinspritzung, war die Voraussetzung für die Entwicklung der neuen Do 217, die größer und schwerer war als die Do 17. Von ihr unterschied sie sich nicht nur durch stärkere Motoren, Erhöhung des Fluggewichts und neue Detailkonstruktion, sondern auch durch vergrößerte Flügelfläche (55 bis 73 m^2), einen größeren Rumpf, verstärktes Fahrwerk und Heißluftenteisung. Hinzu kamen der Ersatz der Hydraulik durch elektrischen Antrieb, Trimmklappen an den Seitenrudern zum Austrimmen für den Einmotorenflug und eine verstärkte Bewaffnung. Als die Do 217 erschien, war sie eines der fortschrittlichsten schweren Mittelstreckenkampfflugzeuge, konstruktiv ganz konsequent auf ökonomische Großserienproduktion ausgelegt, was sich besonders im niedrigen Mann-Stunden-Bedarf und im minimalisierten Bedarf an Engpaß-Materialien zeigte. Anstelle von vier Großbauteilen wie bei der Do 17 gliederte sich die Do 217 in sieben Hauptteile: das Rumpfvorderteil, das kombinierte Rumpf- und Flügelmittelstück, die beiden Außenflügel, das Rumpfmittelstück und Rumpfende. Die Aufteilung machte Variationen bei gering zu haltendem Konstruktions- und Bauaufwand möglich. Ebenso konnten die Truppenwerften relativ

Die Do 217 E wurde als Kampf- und Aufklärungsflugzeug entwickelt (oben) und in großen Stückzahlen produziert (rechts).

Mit 1560 PS starken BMW 801 A-Motoren gehörte die Do 217 E zu den leistungsstärksten Kampfflugzeugen (links und unten).

Versuche mit neuartigen Sturzflugbremsen

Die Sturzflugfähigkeit gehörte zu den wichtigsten Forderungen, die von der Luftwaffe an die Kampfflugzeuge gestellt wurden. Neben der ausreichenden Festigkeit der Konstruktion war der Einbau von wirksamen Luftbremsen erforderlich, um die Geschwindigkeit im Sturzflug begrenzen zu können.

Dornier erprobte in einer Do 217 erstmals im Heck eingebaute Luftbremsen (oben), die aus vier durchlöcherten Segmenten bestanden. Sie konnten kreuzförmig ein und ausgefahren werden.

Ebenfalls an der Do 217 untersuchte Dornier einen Bänder-Bremsschirm, der nach dem Sturzflug wieder in den Heckkonus eingezogen werden konnte. (rechts)

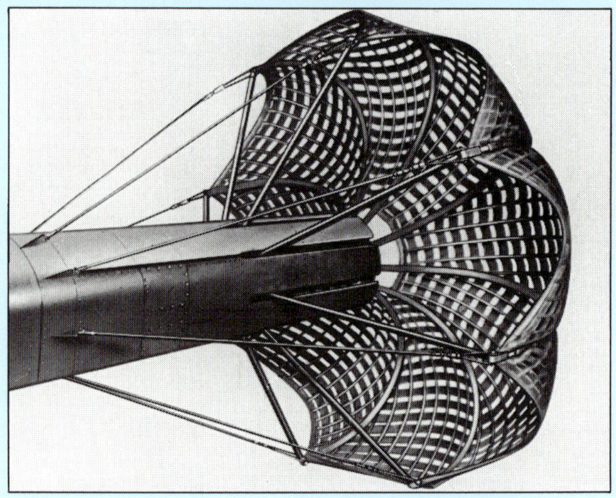

viele Flugzeuge einsatzbereit halten. Reparaturen durch Baugruppenaustausch waren relativ schnell und mit geringem Aufwand möglich.

1940 wurden sechs Lichtbildflugzeuge Do 217 A (Nullserie) mit 2 DB 601 R (je 1410 PS) ausgeliefert. Die Ausrüstung bestand aus zwei Reihenbildgeräten RB 50/30/30 und 1 RB 20/30/30. Zwei Flugzeuge wurden später, 1942, für Kurierzwecke umgerüstet und an die Versuchsstelle für Höhenflüge Oranienburg übergeben. Bei der Baureihe Do 217 C (Nullserie) hatten sieben Flugzeuge Jumo 211 B-Motoren, zwei DB 601-Motoren. Diese Flugzeuge mit Sturzflugbremse dienten als Erprobungsträger für die unterschiedlichen Triebwerke, Zielgeräte und Abwurfanlagen.

Die Do 217 V9 war das Musterflugzeug für die E-Serie, zahlenmäßig – von E1 bis E5 – die größte unter den gebauten. Sie unterschieden sich durch veränderte Kanzelausführungen in der Bewaffnung und den Bombenrüstsätzen, in den Rüst- und Fluggewichten, auch durch verstärkte Rumpfausführung und unterschiedliche Panzerung. Die bei dem (vor allem gegen Schiffsziele eingesetzten) E2-Baumuster eingebauten Sturzflugbremsen bewährten sich nicht. Sie setzten zwar die Sturzfluggeschwindigkeiten herab, brachten das Flugzeug aber häufig ins Pendeln und beeinträchtigten dadurch die Treffsicherheit. Außerdem versagte die Bremse häufig beim Wiedereinfahren, was nicht selten zum Totalverlust führte. Andererseits schätzten Piloten die Do 217 wegen ihrer Fähigkeit, schnell Fahrt aufnehmen zu können und bei vergleichsweise kleinem Höhenverlust im Bahnneigungsflug Geschwindigkeiten bis über 800 km/h (Fahrtmesseranzeige max. 850 km/h) bei beherrschbar bleibenden Ruderdrücken auszuhalten. Rechtzeitig erkannte feindliche Jäger konnten relativ leicht abgeschüttelt werden.

Sämtliche Do 217 E-Flugzeuge hatten BMW 801 A-Motoren und dreiflügelige VDM-Verstellschrauben mit 3,9 m Durchmesser. Der Kraftstoff war in den Flügel- und Rumpfbehältern (2960 Liter) untergebracht, für größere Reichweiten hatten die Flugzeuge zusätzlich zwei Blechbehälter an Bombenschlössern im Rumpf aufgehängt (1500 Liter) und zwei Holzbehälter am Flügel an den Bombenträgern befestigt (1800 Liter). Anfangs wurden die BMW 801-Motoren für unzuverlässig gehalten. Die Kühl- und Schmierprobleme dieses ersten, im Großserienbau gefertigten Doppelsternmotors waren in der Tat nicht unerheblich gewesen. Das überschattete die bedeutenden Vorteile des Triebwerkes: seine wesentlich höhere Start- und Notleistungsreserve und seine größere relative Beschußfestigkeit.

Aus der Do 217 E-2 entstanden die Do 217 J-1 und J-2 als Zerstörer und Nachtjäger mit neuem, unverglastem Waffenbug, stärkerer Bewaffnung und Spezialausrüstung mit Funkmeßgeräten. Durch den Einbau einer Seenotausrüstung war Einsatz über See möglich. Die Kraftstoffanlage im Flügel und Rumpf konnte durch einen Zusatzbehälter im hinteren Lastenraum (anstelle der Bomben) auf insgesamt 4.870 Liter erweitert werden. Do 217 N-1 und N-2 folgten als Weiterentwicklung des Nachtjägers Do 217 J. Eine Do 217 J bzw. J-2 bildeten durch Umbau die Musterflugzeuge für Do 217 NV1 und Do 217 N-1 mit DB 603 A-Motoren anstatt BMW 801 L. Die Triebwerke waren nicht mehr gepanzert.

Auch bei der Do 217 K-Baureihe handelte es sich um eine Weiterentwicklung der Do 217 E. Die Motoren BMW 801 A wurden übernommen. Äußerlich unterschied sie sich durch einen neuen, vergrößerten Rumpfbug mit einer Vollsichtkanzel aus sphärisch gewölbten Gläsern. Dadurch konnte die Sicht wesentlich verbessert werden. Zudem wurde bei der Do 217 K die Anordnung der Fluginstrumente in Vielfach-

Als Zerstörer und Nachtjäger wurde die Do 217 J gebaut; statt der verglasten Kanzel hatte diese Ausführung eine Radarantenne im Bug (ganz oben und oben).

Die Do 217 K unterschied sich von den Vorläufertypen durch den vergrößerten Bug mit gewölbten Scheiben (links).

In das Kampfflugzeug Do 217 M waren zwei 1750 PS starke Daimler-Benz DB 603 A-Motoren eingebaut; hier eine Do 217 M als Beuteflugzeug mit englischen Kennzeichen (rechts).

Aus der Do 217 J entstand als Weiterentwicklung der Nachtjäger Do 217 N mit Radaranlage (unten und ganz rechts).

Anzeigegeräten zusammengefaßt. Bei der Do 217 M schließlich wurden die luftgekühlten BMW 801-Motoren durch die leistungsstärkeren wassergekühlten DB 603 A-Triebwerke ersetzt. Sie wurde als Bomber und Kampfflugzeug für Sonderlasten eingesetzt.

Auch als Höhenaufklärer – Do 217 P – sollte das Flugzeug eingesetzt werden. Um große Höhen zu erreichen, wurde in den Rumpf ein DB 605 T eingebaut, der ausschließlich als Lader für die beiden DB 603-Motoren diente. Das Rumpfvorderteil war als abgedichtete, druckfeste Höhenkammer für einen Überdruck von etwa 0,5 atü ausgeführt. Die Kammer mit den Sichtscheiben war doppelwandig, der Abstand der Wände betrug 60 mm, wobei die innere Wand den Überdruck aufzunehmen hatte. Mit vergrößerten Flügeln (67 m^2) begann das Erprobungsprogramm der Höhenflüge. Im Juni 1943 wurde erstmals eine Höhe von 13.500 m ausgeflogen. Um die Flughöhen weiter zu steigern, wurde eine Flügelvergrößerung auf 71 m^2 und ein neuer Einbau für die Wasserkühlanlage des Gebläsemotors DB 605 in Angriff genommen. Mit diesem umgebauten Flugzeug wurden im August 1943 noch einige Werkstattflüge ausgeführt, bevor die weitere Flugerprobung abgebrochen wurde; zum Serienbau kam es nicht.

Von der Do 217 wurden etwa 1.700 Flugzeuge gebaut. An diesem Flugzeug hätten sich die Geister geschieden, sagte man später. Es gab ausgesprochene Anhänger unter den Piloten, sie waren aber in der Minderzahl. Das hing damit zusammen, daß die Do 217 mit einer Flächenbelastung flog, die erheblich über der aller bis dahin gebräuchlichen Kampfflugzeuge lag. Die Do 217 verlangte in der Tat ein anderes fliegerisches Feingefühl als beispielsweise die He 111 und auch die Ju 88. Außerdem differierten bei der Do 217 die Flugeigenschaften zwischen Schnell- und Langsamflug stärker als bei den von den meisten Luftwaffen-Piloten gewohnten Mustern.[84)]

Was in der Zelle steckte, zeigten nicht nur die überragenden Leistungen des Versuchsmusters der Do 217 P, sondern vor allem die Einsätze als fliegender Prüfstand für verschiedenartige Triebwerke, als Erprobungsplattform für neuartige Spezialwaffen, als Start- und Meßplattform für in Erprobung stehende komplexe Waffensysteme. Als Erprobungsträger hat kein anderes Flugzeug der Do 217 ernsthafte Konkurrenz gemacht; diese Flugzeuge wurden allerdings von besonders qualifizierten und ausgesuchten Flugzeugführern geflogen. So konnte das von Professor Eugen Sänger entwickelte Staustrahltriebwerk mit einer Do 217 E2 im Jahr 1942 im Flug erprobt werden. Auf einer Do 217 K3 wurde der raketenbetriebene Höhenaufklärer DFS 228 montiert und auf eine Höhe von 10.000 m geschleppt; dann wurde die Verbindung gesprengt – die DFS 228 stieg auf 22.500 m.

Unter der Bezeichnung Do 317 wurde eine vollkommen neu durchgearbeitete Weiterentwicklung der Do 217-Baureihe

Do 217 P-Höhenflugzeug mit Druckkabine und Ladermotor

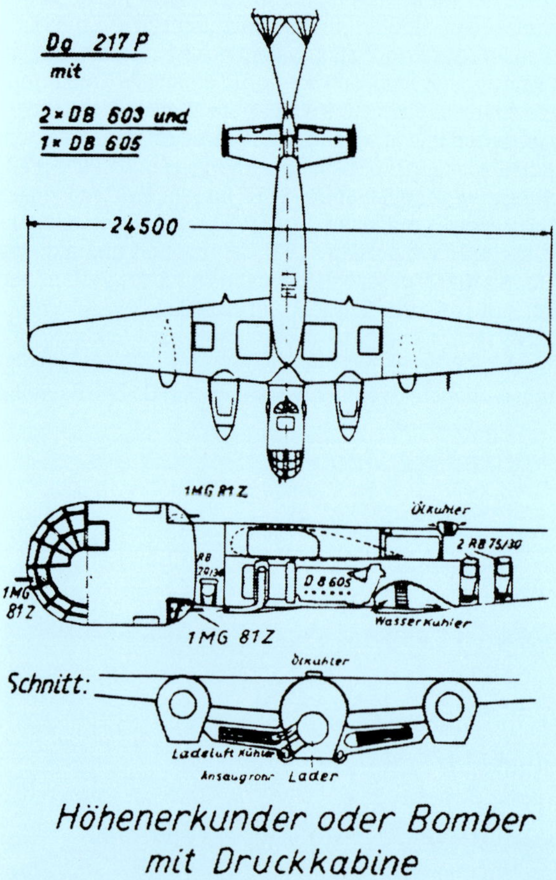

Die Do 217 P war ein Versuchsflugzeug, mit dem besonders große Höhen erreicht werden sollten. Zusätzlich zu den beiden DB 603 B-Motoren in den Flügeln war im Rumpf ein DB 605 T-Motor eingebaut. Er diente nur dem Zweck, über ein großes Turbogebläse die Ladeluft für die beiden Triebwerke zu liefern. Außerdem hatte dieser Typ als erstes Dornier-Flugzeug eine Druckkabine. Die Do 217 P erreichte bei Versuchsflügen eine Gipfelhöhe von 13 500 m, sie wurde aber nicht in Produktion genommen.

begonnen. Für den Bau der Do 317 A fanden kaum noch Bauteile der Vorgängerserie Verwendung. Insgesamt war die Do 317 in den Abmessungen etwas vergrößert; der Rumpf war geräumiger und für eine Nutzlast von 3.000 kg ausgelegt. Es sollten ferngesteuerte Waffen eingebaut werden. Der Erstflug der unbewaffneten Do 317 A fand am 8. September 1943 statt. Weitere Flugzeuge wurden nicht gefertigt. Für das vom RLM ausgeschriebene Bauprogramm „Bomber B" unterbreiteten die Dornier-Werke den Vorschlag Do 317 B, ein Höhenflugzeug mit Druckkabine und einer auf 26 m vergrößerten Spannweite, mit zwei DB 610-Doppeltriebwerken und drei ferngesteuerten Waffenständen. Auch dieses Projekt erledigte sich durch den Kriegsverlauf.

Do 335 – Höhepunkt der Propeller-Ära

Claude Dornier, 1942 zum Professor ernannt, hatte sich am 3. August 1937 ein *„Flugzeug mit zwei hintereinander angeordneten Motoren"* patentieren lassen, ein *„für Kampfzwecke bestimmtes zweimotoriges Flugzeug mit sehr hoher Geschwindigkeit"* und einem *„Tragflügel von verhältnismäßig kleiner Spannweite"*. Die Motoren sollten hintereinander angeordnet sein, *„und zwar treibt der vordere Motor eine an der Rumpfspitze befindliche Zugschraube, der hintere Motor eine etwa um die Längsachse des Rumpfes umlaufende Druckschraube. Die Motoren sind so weit auseinandergerückt, daß sie zwischen sich genügend Raum für die Besatzung, die Flugüberwachungsgeräte usw. frei lassen... Aus Rücksicht auf die Heckschraube muß das Flugzeug ein abnormales Fahrgestell haben, derart, daß die Rumpfachse des gelandeten Flugzeuges nahezu waagerecht liegt."*

Dorniers Patentansprüche bezogen sich auf ein Flugzeug, *„dessen Rumpf sich aus mindestens drei je für sich herstellbaren, auswechselbar miteinander verbundenen Baugruppen, nämlich einem Vorderteil, enthaltend eine Vortriebsanlage mit Zugschraube, einem vorn und hinten durch Brandwände abgeschlossenen, die Besatzung, die Flugüberwachungsgeräte und gegebenenfalls die Betriebsstoffe aufnehmenden Mittelteil und einem als Leitwerksträger dienenden Hinterteil, enthaltend eine Vortriebsanlage mit Druckschraube, zusammensetzt."* Die Außenhaut des Mittelteils sollte durch eine Panzerung Schutz gegen Geschosse bieten.

Claude Dornier, immer ein Verfechter der Tandem-Idee, errechnete im Vergleich mit einem normalen, zweimotorigen Flugzeug für seinen Vorschlag Vorteile: der Stirnwiderstand der Triebwerke war auf die Hälfte reduziert, der Propellerschub wurde auch bei Ausfall eines Motors zentral eingeleitet.

Dem Patent Nummer 728 044 folgte Anfang des Krieges ein kleiner Erprobungsträger, der von Wolf Hirth gebaut wurde. Die mit einem 80 PS-Motor ausgestattete Gö 9 bewies im Stand und im Flug die Betriebssicherheit des über eine Fernwelle angetriebenen Heckpropellers. Das Reichsluftfahrtministerium ließ sich allerdings noch nicht überzeugen. Mit diesem seinem Projekt Do P 231, das die konventionellen Bahnen der Flugzeugkonstruktion verließ, beteiligte sich Dornier dann, neben Arado und Junkers, an einem 1942 ausgeschrie-

Eine Do 217 wurde auch als Trägerflugzeug für verschiedene Versuchsprogramme eingesetzt. Im Huckepack trug sie den raketengetriebenen Höhenaufklärer DFS 228 (oben).

Das Staustrahltriebwerk von Professor Eugen Sänger auf einer Do 217 (links).

Nur noch als Prototyp wurde die Do 317 gebaut, zu einer Serienproduktion kam es nicht (unten).

Von der Idee zur Realität: Patent für die Do 335

DEUTSCHES REICH

AUSGEGEBEN AM 18. NOVEMBER 1942

REICHSPATENTAMT

PATENTSCHRIFT

№ 728 044

KLASSE 62 b GRUPPE 3 03

D 75854 XI/62 b

Dr.-Ing. e. h. Claude Dornier in Friedrichshafen
ist als Erfinder genannt worden.

Dornier-Werke G. m. b. H. und Dr.-Ing. e. h. Claude Dornier in Friedrichshafen

Flugzeug mit zwei hintereinander angeordneten Motoren

Patentiert im Deutschen Reich vom 3. August 1937 an
Patenterteilung bekanntgemacht am 15. Oktober 1942

Gemäß § 2 Abs. 2 der Verordnung vom 28. April 1938 ist die Erklärung abgegeben worden, daß sich der Schutz auf das Land Österreich erstrecken soll.

Die Erfindung betrifft ein für Kampfzwecke bestimmtes zweimotoriges Flugzeug mit sehr hoher Geschwindigkeit. Dasselbe hat einen Tragflügel von verhältnismäßig kleiner Spannweite. Zur Erzielung eines möglichst geringen Stirnwiderstandes sind die Motoren hintereinander angeordnet, und zwar treibt der vordere Motor eine an der Rumpfspitze befindliche Zugschraube, der hintere Motor eine etwa um die Längsachse des Rumpfes umlaufende Druckschraube. Die Motoren sind so weit auseinandergerückt, daß sie zwischen sich genügend Raum für die Besatzung, die Flugüberwachungsgeräte usw. frei lassen. Dieser Raum ist gegen die Motoren durch Brandwände abgeteilt. Aus Rücksicht auf die Heckschraube muß das Flugzeug ein abnormales Fahrgestell haben, derart, daß die Rumpfachse des gelandeten Flugzeuges nahezu waagerecht liegt.

Soweit ist das Flugzeug in seiner Gesamtanordnung bekannt.

Die Erfindung besteht nun darin, daß der Rumpf des Flugzeuges sich aus mindestens drei je für sich herstellbaren, auswechselbar miteinander verbundenen Baugruppen, nämlich dem Vorderteil, enthaltend eine Vortriebsanlage mit Zugschraube, einem vorn und hinten durch Brandwände abgeschlossenen, die Besatzung, die Flugüberwachungsgeräte und gegebenenfalls die Betriebsstoffe aufnehmenden Mittelteil, und einem als Leitwerksträger dienenden hinteren Teil, enthaltend eine Vortriebsanlage mit Druckschraube, zusammensetzt. Durch diese neuartige Aufteilung des Flugzeugrumpfes wird die Reihen-

728 044

anfertigung und die Auswechselbarkeit erleichtert und die Möglichkeit gegeben, diejenigen Teile, welche eines besonderen Schutzes gegen Geschosse bedürfen, unter einem solchen Schutz zusammenzufassen.

Es kann jede Baugruppe für sich fertig bis zum Zusammenbau hergestellt werden. Der mittlere Teil, der Besatzung, Flugüberwachungsgeräte und Betriebsstoffe, also außer Insassen alle diejenigen Dinge enthält, welche besonders zu schützen sind, läßt sich für sich panzern, beispielsweise durch Behäutung mit Stahlblechen von mehreren Millimeter Stärke. Die Betriebsstoffe können in Tanks gelagert oder der Mittelteil durch Schottwände teilweise als Tank ausgebildet sein, wie dies bei Schwimmkörpern an sich bekannt ist.

Das Flugzeug kann einen Rumpf oder mehrere miteinander verbundene Rümpfe haben, von denen jeder die Merkmale der Erfindung trägt.

Rumpfvorderteil und Rumpfhinterteil werden samt Vortriebsanlage usw. auswechselbar an dem Mittelteil befestigt.

Flugzeuge, deren Rumpfspitze samt vollständiger Vortriebsanlage auswechselbar an dem vorn stumpf endigenden übrigen Rumpf befestigt ist, sind an sich bekannt. Darüber hinaus aber fehlt es bei diesem vorbekannten Vorschlag an den übrigen Merkmalen der vorliegenden Erfindung.

Es ist auch ein Flugzeug bekannt mit einem vorn liegenden Motor, der außen an der Spitze des Rumpfes leicht abnehmbar ist, und mit einem Rumpfende, das sich im Vergleich zum Rumpfmittelstück nur als ganz kurzes, in der Länge das Leitwerk nicht überragender Stummel darstellt, dem die zusätzliche Aufgabe zufällt, das Rumpfende beim Eintauchen in das Wasser schwimmfähig zu erhalten. Zu diesem Zweck ist dieser Stummel als nach unten klappbarer Teil scharnierartig am Rumpfmittelstück angeschlossen. Es handelt sich also bei diesem vorbekannten Vorschlag nicht um eine ausgesprochene Unterteilung des Rumpfes in drei Baugruppen, die diejenigen herstellungstechnischen Vorteile bieten, die durch die vorliegende Erfindung erreicht werden.

In der Zeichnung ist ein Ausführungsbeispiel dargestellt.

Abb. 1 zeigt ein Flugzeug nach der Erfindung in der Seitenansicht, Abb. 2 zeigt das gleiche Flugzeug in der Ansicht von vorn.

Der Rumpf ist aufgeteilt in die drei selbständigen Bauteile 1, 2 und 3. Der vordere Teil 1 enthält den Motor 4, welcher die Zugschraube 5 antreibt. Der hintere Teil 3 enthält den Motor 6, welcher über die Welle 7 die Druckschraube 8 antreibt. Der Teil 3 ist als Leitwerksträger ausgebildet. Er trägt die obere Seitenflosse 9, die untere Seitenflosse 10, die Seitensteuer 11 und 12, das Höhenleitwerk 25 und das Spornrad 13.

Das Fahrgestell, welches in die Tragflügelhälften eingeschwenkt werden kann, hat Laufräder 14 an den Streben 15.

Der mittlere Rumpfteil 2, welcher gepanzert sein kann, ist nach vorn durch die Brandwand 16, nach hinten durch die Brandwand 17 abgeschlossen. Der vordere Teil 1 wird bei 18, der hintere Teil 3 bei 19 an dem mittleren Rumpfteil 2 befestigt. Der Mittelteil enthält den Führersitz 20 nebst Steuersäule und kann durch Schottwände 21 so abgeteilt sein, daß ein Betriebsstoffbehälter 22 gebildet wird. Seitlich am Rumpfmittelteil sind bei 26 die Tragflügelhälften 24 derart angeschlossen, daß sie um die Achse 23 gedreht werden können.

PATENTANSPRÜCHE:

1. Flugzeug, dessen Rumpf sich aus mindestens drei je für sich herstellbaren, auswechselbar miteinander verbundenen Baugruppen, nämlich einem Vorderteil, enthaltend eine Vortriebsanlage mit Zugschraube, einem vorn und hinten durch Brandwände abgeschlossenen, die Besatzung, die Flugüberwachungsgeräte und gegebenenfalls die Betriebsstoffe aufnehmenden Mittelteil und einem als Leitwerksträger dienenden Hinterteil, enthaltend eine Vortriebsanlage mit Druckschraube, zusammensetzt.

2. Flugzeug nach Anspruch 1, dadurch gekennzeichnet, daß der Mittelteil in an sich bekannter Weise mit einer Außenhaut versehen ist, welche einen erhöhten Widerstand gegen Geschosse hat, beispielsweise aus mehrere Millimeter starkem Stahlblech.

Hierzu 1 Blatt Zeichnungen

BERLIN. GEDRUCKT IN DER REICHSDRUCKEREI

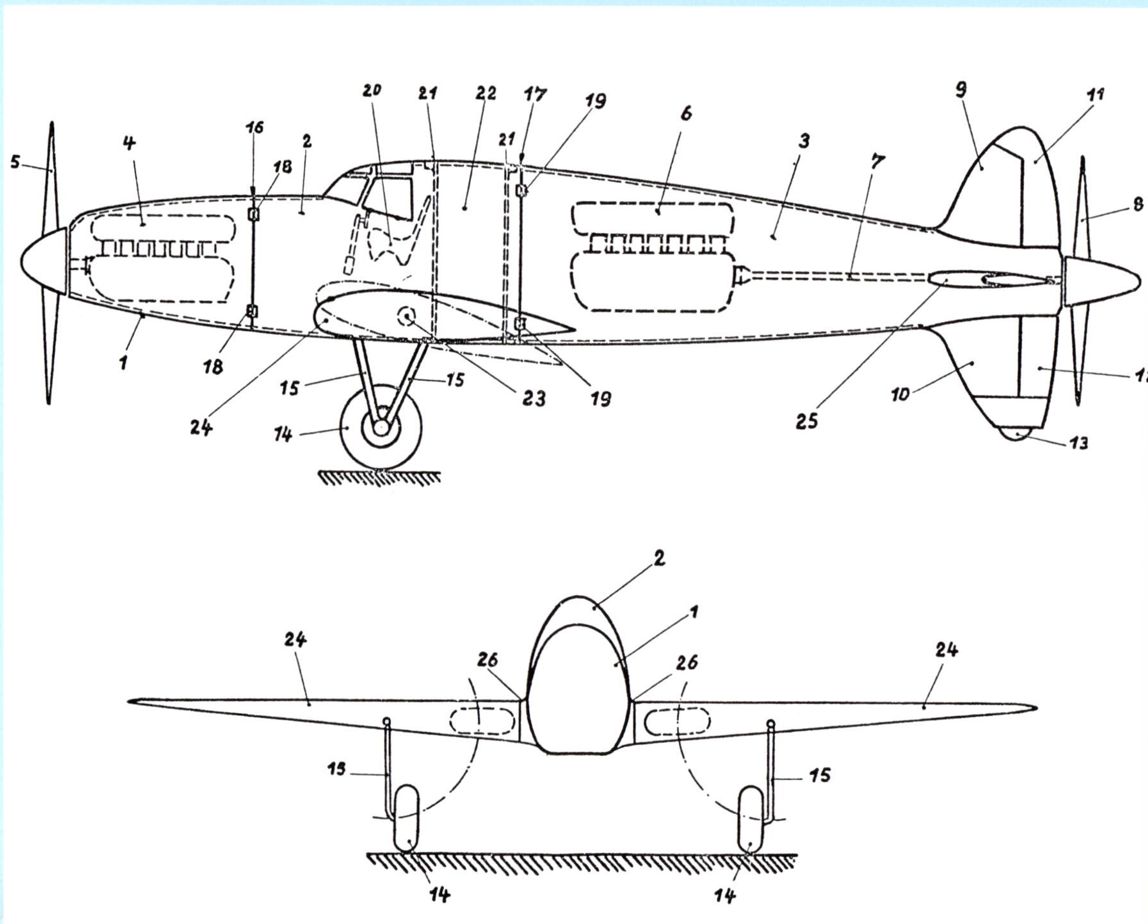

Das Prinzip der tandemartig in einer Triebwerksgondel hintereinander angeordneten Motoren hatte Claude Dornier seit vielen Jahren verfolgt. Für ein zweimotoriges, schnelles Kampfflugzeug meldete er 1937 ein neues Patent an: Um den Stirnwiderstand drastisch zu senken, waren die beiden Motoren im Rumpf eingebaut. Der vordere trieb einen Propeller im Bug an, der hintere einen Druckpropeller im Heck. Nach den in diesem Patent beschriebenen Ideen wurde das Kampfflugzeug Do 335 entwickelt.

Versuchsflugzeug Gö 9 zur Erprobung des Heckantriebs (links).

Ein ungewöhnliches Flugzeug: die zweimotorige Do 335 mit Zug- und Druckpropeller (unten und ganz unten).

benen Wettbewerb zur Entwicklung eines Schnellbombers. Der Dornier-Entwurf sah eine Bombenlast von 1000 kg und eine errechnete Höchstgeschwindigkeit von 800 km/h vor. Trotz angeblicher Dringlichkeit des Wettbewerbs wurde kein Auftrag vom RLM vergeben; immerhin erzielte die Do P 231 im Technischen Amt einen positiven Aspekt. Daraufhin änderte Dornier den Entwurf in ein Baumuster für ein schweres Mehrzweck-Jagdflugzeug um. Für dieses Baumuster erhielt Dornier unter der offiziellen Bezeichnung „Do 335" dann im Winter 1942/43 einen Entwicklungsauftrag.

Die Dornier-Werke brauchten für den Bau des ersten unbewaffneten Prototyps, der Do 335 V1, nur ein Dreivierteljahr. Am 26. Oktober 1943 startete Flugkapitän Dieterle in Mengen zum Erstflug.[85] Der Rumpf war eine Ganzmetall-Schalenkonstruktion mit 24 Spanten, die beiden Ganzmetall-Flügel waren mit dem Holmmittelstück am Rumpf angeflanscht.

Die versteifte Flügelnase war mit einer Enteisungsanlage versehen, die Landeklappen wurden hydraulisch betätigt. Im Flügel waren Treibstofftanks, Hauptkompaß, die Tanks für die hydraulische Anlage und die Sauerstoff-Flaschen untergebracht. Die Funkantennen waren im kreuzförmigen Leitwerk installiert. Als Fahrwerk wurde eine hochbeinige Bugradbauart gewählt, bei Dornier die erste dieser Art, weil das Flugzeug wegen der Heckluftschraube mit horizontaler Rumpfachse rollen, starten und landen mußte. Die beiden bremsbaren Hauptträder des Dreibeinfahrwerks wurden in die Flügel und das Bugrad um 90 Grad gedreht nach hinten in den Rumpf eingefahren.

Die Do 335 hatte zwei Daimler-Benz DB 603 E wassergekühlte Zwölfzylinder-Triebwerke mit 2 x 1800 PS Startleistung. Die Motoren waren in Tandem-Anordnung im Rumpf eingebaut, einer im Rumpfbug mit Zugschraube, der zweite Motor im Rumpfmittelteil trieb über eine Fernwelle einen Heckpropeller an. Das vordere Triebwerk hatte an der Stirnseite einen Ringkühler, das hintere Triebwerk dagegen einen Tunnelkühler. In einem Rumpftank und zwei Hilfstanks in den Flügelnasen führte die Do 335 insgesamt 1.850 Liter Treibstoff mit.

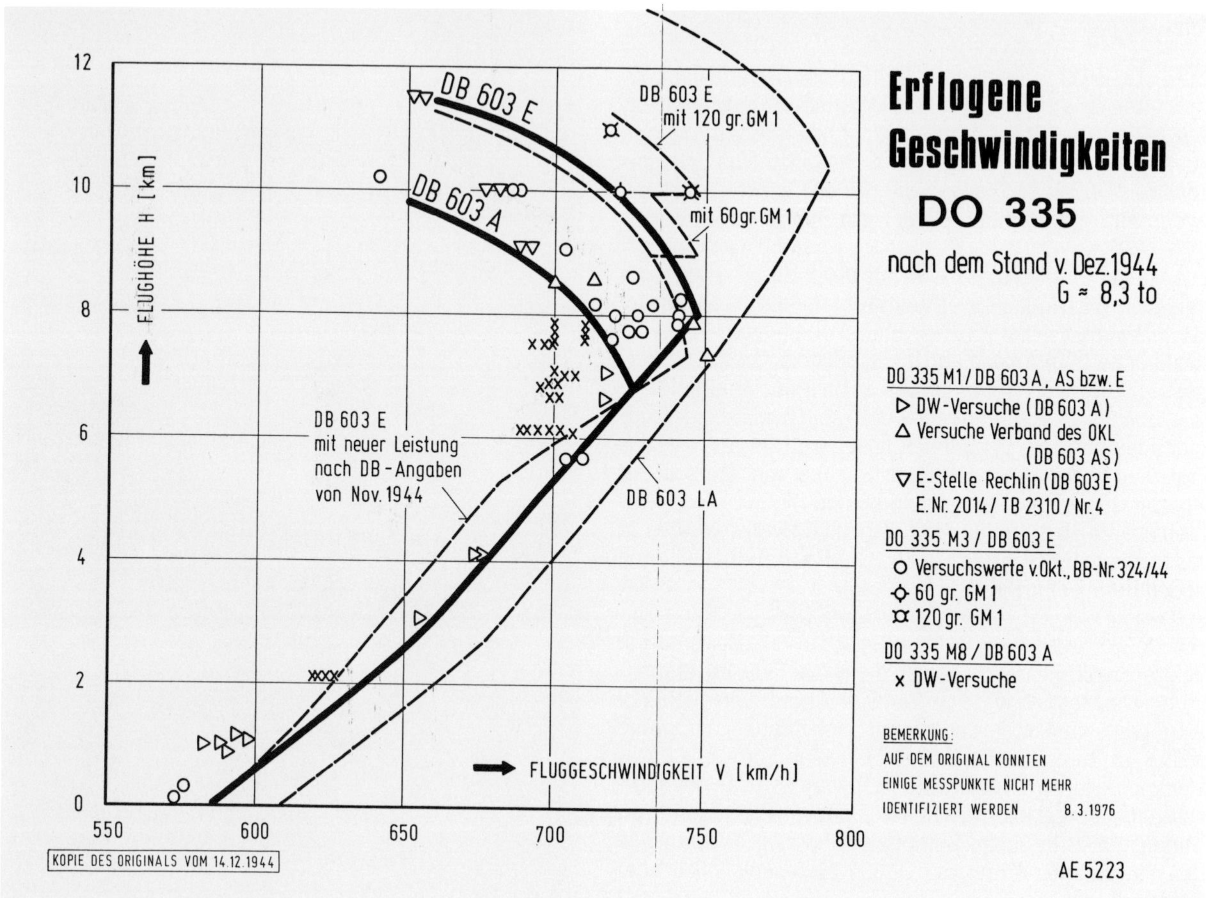

Das Cockpit der Do 335 war bereits mit einem Schleudersitz ausgerüstet (rechts oben).

Produktion der Do 335: Montage des Rumpfes mit dem hinteren Motor (oben).

Die Do 335 gehörte zu den schnellsten Propellerflugzeugen der Welt: Sie erreichte in etwa 8 km Höhe Geschwindigkeiten von weit mehr als 700 km/h. Diese Werte wurden bei verschiedenen Versuchsflügen gemessen (rechts).

Parallel zur Flugzeugentwicklung lief bei Dornier ein Entwicklungsauftrag des RLM für eine Schleudersitzanlage; auch Heinkel bekam diesen Auftrag. Mit beiden Anlagen wurden bei Heinkel in Marienehe 1943 Vergleichsversuche angestellt. Die Dornier-Anlage erwies sich als überlegen und wurde daher auch von Heinkel und für weitere deutsche Flugzeuge übernommen. Die Schleudersitzanlage war ausgelegt für die Schnellflugerprobung bis Mach 0,9. Der Sitz wurde mit Preßluft beschleunigt. Der Pressluftdruck betrug 80 bzw. 120 atü, je nachdem die Heckluftschraube und das obere Seitenleitwerk vor dem Abschuß abgesprengt wurden. Der Kolben war mit dem Sitz fest verbunden und flog mit diesem weg. Der Zylinder war am Flugzeug befestigt. Der seitlich aufklappbare Einstiegdeckel war zugleich die vor dem Abschuß abwerfbare Führerdachhaube. Beim Abwerfen im Flug mußte durch eine Zwangsführung verhindert werden, daß die abhebende Haube den Piloten verletzte. Dieser Vorgang war im Wasserkanal untersucht worden. Mit der zwangsgeführten Haube wurde kein Abschuß im Flug durchgeführt.

In der Flugerprobung erwies sich die Do 335, diese „fliegende Tandemgondel" (Claudius Dornier jr.), als außergewöhnlich, nicht nur in bezug auf die erreichten Leistungen, sondern auch in bezug auf die hervorragende Reichweite, Wendigkeit und Steigleistung. Die Höchstgeschwindigkeit des schweren Jagdflugzeuges betrug 760 km/h in Volldruckhöhe der Motoren, die Steigleistung 3 min. bis 2.000 m und 11,3 min. bis 8.000 m beim Fluggewicht von 8.700 kg. Hervorragend die Flugeigenschaften des schweren Jägers, natürlich bedingt durch die Unterbringung beider Motoren und damit von deren Massen und Schubkräften in der Mittelachse. Im Bahn-Neigungsflug ereichte der Dornier-Testpilot Appel 975 km/h. Dem Düsenjäger dieser Zeit erwies sich die Do 335 in der Reichweite überlegen, da sie viel sparsamer war; man rechnete gegenüber Strahlflugzeugen mit der dreifachen Flugdauer. Im Einmotorenflug zeigte sich, daß der Wirkungsgrad des Heckpropellers wegen der freien Abtrift besser war als der des Bugpropellers. Die erflogenen Einmotorenleistungen der Do 335 lagen noch über den errechneten. Hervorgehoben wurden vor allem die guten Blindflugeigenschaften und die hohe Betriebssicherheit.

Die Leistungen der Do 335 wurden von keinem anderen Serienflugzeug mit Kolbenantrieb wieder erreicht – die Do 335 war der Höhepunkt der Propeller-Flugzeug-Ära. Im Spätherbst 1943 wurde der Auftrag an die Dornier-Werke in Friedrichshafen über eine Nullserie erteilt, die in Musterflugzeuge für verschiedene Verwendungszwecke aufgeteilt wurde. Ende Dezember 1943 folgten Aufträge auf die Serienproduktion im Dornier-Werk München, im Februar 1944 bei Luther und Jordan in Braunschweig, im April ebenso bei Heinkel in Oranienburg. Trotz des verschärften Bombenkrieges wurde der Anlauf der Fertigung bewältigt.

Einige am Ende des Krieges zerstörte Do 335 auf dem Werksflugplatz Oberpfaffenhofen.

102
VG
PH

Endmontage der Do 335 in Oberpfaffenhofen nach der Übernahme durch die amerikanischen Truppen (rechts).

Eine der erbeuteten Do 335 wurde in die USA gebracht und eingehenden Flugversuchen unterzogen. Diese Maschine kam 1974 aus den USA zurück und wurde bei Dornier restauriert (vorige Seiten).

Von der Do 335 V-Serie wurden 14 Maschinen gebaut. Die A-0- und A-1-Serien brachten es ebenfalls auf insgesamt 14 Flugzeuge, der projektierten Do 335-B-Serie kam das Kriegsende zuvor. Die Do 335-V-Serie und auch die A-Serie wurden als einsitzige Mehrzweckflugzeuge gebaut, die Do 335 A 6, die A 10 und A 12 in zweisitziger Ausführung. Der Sitz des Funkers befand sich etwas erhöht hinter dem des Piloten. Als Jäger war die Do 335 mit zwei MG 151/15 über der Motorverkleidung im Rumpf und einer durch die Luftschraubennabe schießenden MK-103-Kanone ausgerüstet. An Bombenlast konnte die Do 335 maximal 500 kg tragen.

Zusätzlich zu den Musterflugzeugen wurden im Werk München elf Serienflugzeuge fertiggestellt. Die Dornier-Werke hatten angesichts der bevorstehenden Do 335-Serienfertigung und unter dem Eindruck bevorstehender angloamerikanischer Großangriffe schon 1943 mit der Verlagerung vieler Abteilungen begonnen. Das erforderte Überarbeitung des gesamten Arbeitsablaufes, denn an den Verlagerungsorten mußten die Abteilungen so ausgerüstet sein, daß sie einbaufertige Bauteile und Baugruppen herstellen konnten. So bekam, beispielsweise, der Schweißteilebau die Anlagen zum Spannungsfreiglühen und Härten, zur mechanischen Bearbeitung der geschweißten Knotenstücke: Drehbänke, Fräsmaschinen und ein Bohrwerk. Nach Abnahme durch die Abteilungsprüfstelle wurden die Schweißteile direkt dem Rumpf-, Flächen-, Triebwerkslagerzusammenbau zum Einmontieren zugestellt. Die verlagerten Werkstätten waren schließlich auf ein Territorium verteilt, das sich von Konstanz am Bodensee bis nach Oberpfaffenhofen bei München hinzog. Um Fertigungsraum zu beschaffen, mußten Fabriken, Spinnereien, Holzsägereien und Tischlereien ausgeräumt werden.

Dennoch gelang es nicht, die fertiggestellten Do 335 zur Truppenerprobung auszuliefern, ein Bombenangriff auf Oberpfaffenhofen kam dem zuvor. Das letzte noch existierende Exemplar der Do 335, als Beutegut in amerikanischem Besitz, war von 1980 bis 1989 als Leihgabe im Deutschen Museum in München zu besichtigen.

Wiederaufbau nach dem Zweiten Weltkrieg

Der im Jahr 1939 mit dem deutschen Einsatz gegen Polen begonnene Zweite Weltkrieg endete in Europa am 9. Mai 1945 mit der Gesamtkapitulation der Deutschen Wehrmacht. Die Niederlage Deutschlands war eine totale. Eine ihrer Folgen war die Gefangennahme und Internierung von Millionen deutscher Menschen, Soldaten, aber auch Zivilisten. Auch Claude Dornier – zusammen mit seinem Sohn Peter und zwei seiner Direktoren – wurde eine Zeitlang in Frankreich interniert.

Die Suche nach neuen Aufgaben

5.324 Dornier-Flugzeuge waren in der Zeit von 1914 bis 1945 gebaut worden, eingeschlossen die Lizenzbauten eigener Flugzeugtypen in anderen Werken. Der Luftschiff- und Flugzeugbau am Bodensee hatte bereits eine mehr als vier Jahrzehnte lange Tradition. Doch nun sah es so aus, als ob der Flugzeugbau in dieser mittlerweile hochindustrialisierten Region keinerlei Zukunft mehr haben würde.

Einige wenige Dornier-Flugzeuge wurden in die Nachkriegszeit hinübergerettet, vier Do 335, beispielsweise, zum Nachfliegen nach England, Frankreich und in die USA gebracht (eine blieb erhalten). Einige Do 24 T versahen weiterhin von Mallorca aus den Seenotrettungsdienst der Spanier im Mittelmeer (eine, Werknummer 240102, das zweite Nullserienmuster A-02, kehrte 1971 zu Dornier zurück). Und einzelne Do 24 K der alten niederländischen Marine standen nach den Wirren des Krieges im Pazifik schließlich noch im Dienst der australischen Air Force.

Claude Dornier, ein Mann von über 60 Jahren, stand buchstäblich vor dem Trümmerhaufen seines Lebenswerks. Bei Kriegsende war das Stammwerk in Friedrichshafen sowohl auf dem Gelände Manzell am See wie auch am Landflugplatz Löwental durch Bomben fast völlig zerstört. Das Werk Wismar wurde von der sowjetischen Besatzungsmacht enteignet. Auch die Fabriken in Lübeck und Berlin-Reinickendorf lagen in Trümmern. Das Werk München-Neuaubing hatte Bombenschäden und wurde beschlagnahmt, am Flugplatz Oberpfaffenhofen war eine große Halle zerstört, die übrigen waren beschädigt. Vorhandene Reste der Werke wurden demontiert, Fabrikeinrichtungen und Maschinen abtransportiert. Die Betriebe in den Westzonen standen unter Zwangsverwaltung. Am 28. Februar 1947 gab der „Administrateur Liquidateur der Dornier-Werke" bekannt, daß das *„Trümmermaterial aus dem Werk Manzell verkauft"* werden würde. *„Diese Verkäufe sind in erster Linie für die Geschädigten des Kreises Friedrichshafen und der einschlägigen Unternehmer für den Wiederaufbau bestimmt."* 1948 wurden durch Verfügungen des Administrateur General sowohl die Luftschiffbau Zeppelin GmbH wie die Dornier-Werke GmbH für aufgelöst erklärt.

Alle Besatzungsmächte, hier die französische, verfolgten in den ersten Nachkriegsjahren das Ziel, Fachwissen der deutschen Industrie für die eigene Luftfahrt nutzbar zu machen, sei es durch Berichte, Zeichnungen und Projekte, sei es durch Anstellung und Übersiedlung deutscher Ingenieure und Wissenschaftler ins Ausland. Die Lindauer Gegend, in die zahlreiche Dornier-Abteilungen in der letzten Kriegszeit ausgelagert worden waren, wurde so zu einem Zentrum für technische Aufgaben der Franzosen. Unter Leitung eines Franzosen wurde das „Centre Technique de Wasserburg" (CTW) aufgebaut, sein Stellvertreter war Dr. Ing. Kohler, vormals Leiter der Dornier-Versuchsabteilung. Der Kreis der Mitarbeiter setzte sich im wesentlichen aus Dornier-Versuchsingenieuren zusammen.

Das CTW hatte die Aufgabe, begonnene wissenschaftliche und Versuchsarbeiten zu Ende zu führen, schon abgeschlossene Versuche auszuwerten und neue Apparate, beispielsweise für die Dehnungsmessung und für die statische Belastung, weiterzuentwickeln. Berichte von Festigkeits- und Flugversuchen mit der Do 335 wurden ins Französische übersetzt und ausgewertet, zwei Do 335 wurden fertiggestellt und erprobt – fliegen durften die Deutschen natürlich nicht. Den Angestellten, Ingenieuren und Facharbeitern, insgesamt etwa 150 Personen, bot das CTW damals die Chance, fachlich tätig zu bleiben und materiell, wenn auch bescheiden, zu existieren. Anfang 1947 wurden die meisten Angestellten entlassen; eine kleine Anzahl verpflichtete sich zur Dienstleistung in Frankreich. Zu dieser Zeit wurde dort das zentrale „Office National d'Etudes et des Recherches Aéronautiques" (ONERA) gegründet, das etwa der Deutschen Versuchsanstalt für Luftfahrt entsprach. Das CTW wurde der ONERA unterstellt, die militärische Organisation durch eine zivile ersetzt.

Im Jahr 1948 – der Flugplatz in Oberpfaffenhofen diente der amerikanischen Luftwaffe für Überholungen, auch als Ausgangsbasis für die „Luftbrücke Berlin" – verkaufte Claude Dornier seine Anteile am Werk in Altenrhein. Die Dornier-Werke AG wurde somit endgültig von Dr. C. Caroni übernommen und in Flug- und Fahrzeugwerke AG (FFA) Altenrhein umbenannt; in diesem Jahr konnte sich das Werk mit Lizenzaufträgen für 100 De Havilland „Vampire" für die schweizerische Flugwaffe durch den Bau der Tragflächen wieder in die Flugzeugproduktion einschalten. In Friedrichshafen hatte derweil ein kleiner Stab von Mitarbeitern die Liquidation der

Firma Dornier zu betreiben, während Claude Dornier nach Zug übersiedelte. An Flugzeugbau, an eine Zukunft der Luftfahrt in Deutschland, wagte niemand zu denken.

Dafür zeigten sich anderweitig erste Lockerungen im Rahmen des Wiederaufbaus. So konnten 1948 die Arbeiten im Werk Pfronten im bayerischen Allgäu wieder aufgenommen werden. Unterlieferaufträge, vorwiegend für die Ausrüstung der Textilindustrie, brachten dabei die erste Berührung mit den Problemen des Textilmaschinenbaus. 1950 wurde das Werk Rickenbach bei Lindau (demontiert) freigegeben. Ausgehend von den Vorarbeiten in Pfronten erschien der Bau von Webautomaten und Textilausrüstungsmaschinen naheliegend. Die Verwertung der Erfahrungen von J. Haubold im Bau von Textilveredelungsmaschinen und besonders die Entwicklung von Webautomaten ermöglichten dann unter der Leitung von Peter Dornier und des Chefkonstrukteurs Simon Geisberger den Aufbau der „Lindauer Dornier Gesellschaft mbH" zu dem heute mit Abstand größten Hersteller von Webautomaten in der Bundesrepublik.

Claude Dornier sprach später im Rückblick über die *„Notwendigkeit, nach neuen Aufgaben Umschau zu halten"* und resümierte: *„Wir haben uns mit Fertighäusern beschäftigt, wir haben Leitern und Behälter gebaut, wir haben uns bemüht, unsere Profilzieherei wieder in Gang zu bringen, wir haben Versuche in der Kunststoff-Fabrikation gemacht. All diese Bemühungen mußten wir mit Ausnahme des Baues von Textilmaschinen wieder aufgeben. Wir können heute mit Stolz sagen, daß sich die Lindauer Dornier-Werke mit ihrem Programm international durchgesetzt haben."*

Do 25 und Do 27 – Kurzstartflugzeuge starten wieder

Claude Dornier, intern „der Professor" genannt, hatte die Hoffnung auf die Wiederaufnahme des Flugzeugbaus offensichtlich nie ganz aufgegeben, auch in jenen hoffnungslosen Jahren nicht, als *„für einen Neubeginn eigentlich nur der Wille geblieben war, weiterzumachen, eingedenk der großen Leistungen der Vergangenheit"*, wie Claudius Dornier jr. Jahrzehnte später formulierte. Wie nach dem Ersten Weltkrieg, so wollte Claude Dornier, dieser „besessene Konstrukteur", nicht erst jene langwierige politische Entwicklung abwarten, die schließlich wohl auch eine Lockerung aller bestehenden Verbote bringen mußte. Wieder ging er ins Ausland, diesmal nach Spanien, wo der Name Dornier traditionell einen guten Klang hatte.

In Madrid gründete er im Februar 1951 die „Oficinas Tecnicas Dornier" (OTEDO) unter Leitung seines Sohnes Claudius, im März fuhr Eugen Jäger als erster Mitarbeiter in die spanische Hauptstadt. Im Büro der OTEDO waren im Laufe der Zeit etwa 20 Dornier-Mitarbeiter tätig. Während sich in der Bundesrepublik Deutschland auf Claude Dorniers Initiative die Firmen Daimler-Benz, Dornier-Werke GmbH, Focke-Wulf, Heinkel, Junkers und Messerschmitt 1953 in der „Aero-Union" zusammenschlossen, um mit amerikanischen Firmen wegen einer Lizenzfertigung von Verkehrsflugzeugen für die „Aktiengesellschaft für Luftverkehrsbedarf" (Luftag), die spätere Lufthansa, zu verhandeln, bearbeiteten in Madrid erfahrene Ingenieure aus dem Hause Dornier Projekte für Ausschreibungen. Eine betraf ein kleines Verbindungsflug-

Mit dem Kurzstartflugzeug Do 25, hier der Prototyp P1, gewann Dornier eine Ausschreibung der spanischen Luftwaffe.

Die Do 25 P1 wurde von einem 150 PS starken Tigre-Motor angetrieben (unten), die Do 25 P2C hatte einen Continental-Motor mit 225 PS (links und ganz unten).

zeug mit Kurzstarteigenschaften für das spanische Heer. Dorniers Flugzeug, die Do 25, gewann. Zwei spanische Schreiner fertigten in einer Garage die Attrappe. Die beiden Prototypen und eine Bruchzelle wurden bei den spanischen CASA-Werken in Sevilla (Rumpf, Fahrwerk und Endmontage) und in Cadiz (Trag- und Steuerflächen) gebaut.

Die Do 25, ausgelegt für gute Langsamflugeigenschaften und kurze Start- und Landestrecken, war ein in Ganzmetallbauweise ausgeführter Schulterdecker mit Doppelspaltquerruder und -auftriebsklappen. Der Prototyp Do 25 P1 mit einem 150-PS-Motor des Typs Elizalde Tigre G-IV-B und nicht verstellbarer Luftschraube flog unter der Musterbezeichnung XL-9 erstmals am 25. Juni 1954 in Sevilla-Tablada mit dem CASA-Erprobungspiloten Ernesto Nienhuisen am Steuer. Kurze Zeit später folgte der Erstflug des Prototyps Do 25 P2. Der ursprünglich mit der P1 identische zweite Do 25-Prototyp wurde mit einem 225-PS-Continental-Motor des Typs 0-470-J und einer Verstell-Zweiblatt-Luftschraube von Hartzell mit „constant speed"-Einrichtung ausgerüstet und flog unter der Bezeichnung Do 25 P2C erstmals am 28. Juni 1955. Mit diesem wesentlich stärkeren Triebwerk konnten die Flugleistungen noch weiter verbessert und besonders auch die Technik, hohe Auftriebswerte zu erreichen, weiter entwickelt werden.

Die Do 25 erwies sich als wegweisend für die Nachkriegsentwicklung bei Dornier. Wie in den zwanziger Jahren mit dem

Flugbootbau, erwarb sich das Unternehmen in den fünfziger und sechziger Jahren neuerlich einen weltweiten Ruf durch die Entwicklung und den Bau von einfachen, robusten STOL-Flugzeugen (STOL: Short take-off and landing). Das „Kurzstart-Arbeitsflugzeug" wurde zu einem feststehenden Begriff, der mit dem Namen Dornier verbunden ist.

Als im Jahre 1955 die Bundesrepublik wieder die Lufthoheit erhielt und das Flugzeug-Bauverbot aufgehoben wurde, kehrten die meisten Mitarbeiter der OTEDO nach Deutschland zurück, um am Bau der Do 27, zu der die Do 25 P2C die Vorstufe bildete, mitzuwirken. Einige Ingenieure arbeiteten seit August 1955 im Hause von Professor Dornier in Friedrichshafen, später in einer daneben errichteten Holzbaracke. Der größte Teil der Madrider Belegschaft ging zunächst aber in das wieder freigegebene Werk Neuaubing, wo in einer Halle Leichtmetalleitern und Container gebaut wurden, während in zwei anderen großen Hallen noch einige tausend Tonnen Getreide lagerten. Die Do 25 wurde Beamten und Offizieren des neugeschaffenen Bundesministeriums der Verteidigung vorgeführt. Die anschließenden Verhandlungen führten dazu, daß am 2. Februar 1956 eine Serie von Do 27 für die Bundeswehr bestellt wurde.

Der Fertigungsbeginn für die Do 27 wurde auf den 1. Januar 1956 festgelegt. Die Arbeiten begannen mit einem gehörigen Maß an Improvisation. Wie die Do 25 in Ganzmetallbauweise ausgeführt, aber mit dem stärkeren Motor vom Typ Lycoming Go-480-B1 A6 (274 PS), startete am 17. Oktober 1956 die erste Do 27A (Heeresaufklärer) auf dem wiedereröffneten Werksflugplatz Oberpfaffenhofen zum Erstflug. Am 19. Januar 1957 übergab Claude Dornier die erste Do 27, feierlich an den Bundesverteidigungsminister Strauß, weitere 427 Flugzeuge für die Bundeswehr folgten.

Mit dieser Großserie – die Monatsproduktion konnte schließlich auf 14 Flugzeuge gesteigert werden – war Dornier der erste deutsche Flugzeughersteller nach dem Krieg, der ohne Lizenzverpflichtungen eine deutsche Eigenentwicklung zur Serienfertigung bringen konnte. Im Jahr 1957 – Dornier war mit der Do 27 erstmals wieder auf dem Pariser Aero-Salon vertreten – wurde das erste Flugzeug in der Zivilversion verkauft, nachdem für den zivilen Absatz eine Vertriebsorganisation aufgebaut worden war. 1959 wurde die Do 27 mit großem Erfolg auf der Luftfahrtschau in Hannover und in Farnborough gezeigt. Im selben Jahr konnten schon 35 Do 27 der Zivilversion verkauft werden, davon 24 ins Ausland. Die 500. Do 27 wurde am 10. Dezember 1960 ausgeliefert.

Von dem in Spanien zuvor entwickelten Prototyp Do 25 unterschied sich die Do 27, ein freitragender Hochdecker, durch erhöhte Flugleistung, einen etwas fülligeren Rumpf und größere Zuladung. Die wichtigsten Änderungen gegenüber der Do 25 waren, neben dem leistungsstärkeren Motor, das breitere Hauptfahrwerk und der zweiteilige Flügel. Bei der Konstruktion wurde besonders auf fabrikatorische Einfachheit und Robustheit geachtet. Dem vielseitigen Einsatz, auch unter tropischen und arktischen Bedingungen, wurde durch die Ganzmetallbauweise mit Blechbeplankung von Rumpf und Flügel Rechnung getragen. Das Flugzeug wurde bis 1963 in einer Reihe von Varianten gebaut, die sich durch verschieden starke Triebwerksleistung, durch das Abfluggewicht, durch ein verstärktes Fahrwerk und durch die Ausrüstung unterschieden.

Mit der Do 27 hatten die Dornier-Werke einen glücklichen Start in das schwierige Geschäft auf dem Weltmarkt. Im Frühjahr 1959 unternahm eine Do 27 einen Erprobungs- und Vorführungsflug durch Afrika, bei dem 14 Länder angeflogen wurden. Die Bundeswehr setzte die Do 27 als Verbindungs-, Schul- und Beobachtungsflugzeug ein, bei den Heersfliegern gehörte sie zur Erstausstattung. Auch die Streitkräfte Belgiens, Portugals, Spaniens, Schwedens, Südafrikas und der Schweiz erteilten Lieferaufträge. Darüber hinaus war die Do 27 in allen Kontinenten ein beliebtes Reise-, Zubringer- und Transportflugzeug. Als Spezialausführung wurden einige Flugzeuge für den Krankentransport und Rettungseinsatz, für den Vermessungsdienst und auch als Land- und Forstwirtschaftsflugzeug umgerüstet. Es gab auch Spezialausrüstungen mit Schneekufen und mit Schwimmern. Am 20. April 1959 wurde die Schwimmerversion Do 27 S bei Starts, Flügen und Wasserungen auf dem Bodensee erprobt – fast ein historisches Ereignis: Nach fünfzehnjähriger Unterbrechung flog endlich wieder ein neues Wasserflugzeug von Dornier.

Die Serienproduktion der Do 27 im Werk Neuaubing begann Anfang 1956 (ganz rechts).

Mit einem Auftrag von 428 Maschinen des Typs Do 27 sicherte die neue Bundeswehr den Wiederaufbau der Flugzeugproduktion (unten).

136

Claude Dornier übergab am 19. Januar 1957 die erste Do 27 an die Bundeswehr (unten).

Die Do 27 für Afrikaflüge des Tierforschers Grzimek (rechts), und als Sanitätsflugzeug (ganz unten).

Do 27 T in Frankreich: Experimente mit der Propellerturbine

Als einer der ersten Flugmotorenhersteller nahm die französische Firma Turboméca schon in den fünfziger Jahren die Produktion von kleinen, leistungsstarken Propellerturbinen auf. Turboméca rüstete 1960 eine Do 27 Q-4 auf eine Astazou II-Propellerturbine um, und daraus entstand die Experimental-Version Do 27 T.

Im Vergleich zum serienmäßigen Kolbenmotor Lycoming GO-480 mit 274 PS hatte die Astazou II eine Startleistung von 525 PS. Wegen ihres deutlich geringeren Gewichts mußte die Propellerturbine aus Schwerpunktgründen weit nach vorne verlegt werden. Trotz der erheblich gesteigerten Kurzstart- und Steigleistungen ging die Do 27 T nicht in Serienproduktion.

Eine Do 27 H-2 mit Skiern nach der Landung auf dem Wildspitz-Gletscher (oben).

Die Schwimmerversion Do 27 S war das erste Wasserflugzeug, das bei Dornier nach dem 2. Weltkrieg gebaut wurde (links).

Do 28 – mit zwei Motoren

Im Rahmen der umfangreichen Lieferungen von Do 27 (620 Stück wurden gebaut, davon 50 in Lizenz bei der CASA) ergab sich die Möglichkeit, durch unmittelbare Anschauung Umfang, Struktur, Bedürfnis und Möglichkeiten des Geschäftsflugwesens in den verschiedenen Ländern kennenzulernen. Als wesentliche Erkenntnis zeigte sich, daß bei den unvorherzusehenden Einsatzbedingungen und Einsatzfällen die planmäßige Durchführung des Flugauftrags auch bei Schlechtwetterbedingungen ebenso wie bei Ausfall einer Triebwerkseinheit unter allen Umständen gewährleistet sein mußte. Das bedeutete für jede denkbare Weiterentwicklung Mehrmotorigkeit und volle Blindflugtauglichkeit, also IFR-Instrumentierung und Enteisungsanlage.

Um in möglichst kurzer Zeit und mit geringem technischem Aufwand und Risiko diese Voraussetzungen zu erfüllen, wurde unter Benutzung gewisser Konstruktionselemente des Baumusters Do 27 die zweimotorige Do 28 entwickelt und gebaut. Die Anordnung der beiden Motoren unter dem Flügel an seitlichen Auslegern erinnerte übrigens an das 1920 projektierte Verkehrsflugzeug Do G I „Greif".

Am 1. Dezember 1958 fand in Immenstaad die erste Besprechung über das Baumuster Do 28 statt, die Werkstatt in Neuaubing begann sogleich mit der Arbeit nach Behelfszeichnungen, so daß der Erstflug des Do 28-Prototypen V-1 schon am 29. April 1959 in Oberpfaffenhofen absolviert werden konnte. Die Flugeigenschaften wurden als sehr gut beurteilt. Ein Jahr später, am 20. März 1960, startete der Prototyp der Ausführung Do 28 A als STOL-Reiseflugzeug.

Bei der als freitragender Hochdecker ausgelegten Do 28 wurden der Flügel und die Auftriebshilfen der Do 27 zusammen mit dem hinteren Rumpfteil, der Kabine (für sechs Personen) sowie die Steuerflächen übernommen. Die beiden Lycoming-Motoren sowie die starren Hauptfahrwerks-Federbeine waren an einem Unterflügel angebracht. Wie schon die einmotorige Do 27 zeichnete sich auch die zweimotorige Do 28 durch hohe Reisegeschwindigkeit, ausgezeichnete Langsamflugeigenschaften sowie sehr kurze Start- und Landestrecken aus. Während die Version A-1 von zwei 255-PS-Lycoming-Motoren 0-540 und Zweiblatt-Luftschrauben angetrieben wurde, war die erstmals am 26. April 1963 geflo-

Die Serienproduktion der zweimotorigen Do 28 begann im Jahr 1960 (oben), es konnten viele Baugruppen der Do 27 übernommen werden; hier die Do 28 B in der Endmontage in Oberpfaffenhofen (rechts).

gene Ausführung Do 28 B-1 mit 290-PS-Motoren des Typs Lycoming IO-540 und Dreiblatt-Verstell-Luftschrauben ausgerüstet, um die Einmotoren-Leistung und damit die Flugsicherheit noch weiter zu verbessern. Dieses Flugzeug hatte eine Rollstrecke von 150 m, eine Gesamtstartstrecke auf 15 m Höhe von 270 m, eine Landestrecke aus 15 m Höhe und 225 m und dabei eine Rollstrecke von 110 m. Mit der Bezeichnung Do 28 C befand sich noch eine achtsitzige Ausführung mit zwei 530-WPS-Propellerturbinen im Projektstadium.

Wie Jahrzehnte nach dem Afrikaflug Mittelholzers im Februar 1959 eine Do 27 von München nach Johannesburg in Südafrika geflogen war, so startete im Oktober 1961 eine Do 28 von Oberpfaffenhofen nach Milwaukee/USA und Narsarssuak/Grönland und Goose Bay/Labrador: der erste Flug eines deutschen Fabrikats nach dem Krieg über den Atlantik. Insgesamt wurden 120 Do 28 A und B gebaut, vier davon gingen an die Flugbereitschaft des Verteidigungsministeriums, die anderen überwiegend in den Export.

Mit der Do 27 und der Do 28 war der Grundstein für das kontinuierliche Wachstum des Unternehmens gelegt. Ende 1956 wurde in Immenstaad mit Unterstützung der Landesregierung das „Seewerk" erworben. 1959 zogen Projekt- und Konstruktionsabteilung, Berechnung und Versuch von Friedrichshafen nach Immenstaad um; auch die Hauptverwaltung hatte nun ihren Sitz in dem neuen Verwaltungsgebäude.

Dornier hatte sich wieder auf dem Weltmarkt des Flugzeugbaus etabliert. Auf der Deutschen Luftfahrtschau 1962 bezifferte Claudius Dornier jr. den Jahresumsatz im zivilen Flugzeuggeschäft auf immerhin rund 16 Millionen DM. *„Dornier ist damit heute – abgesehen von einigen Herstellern kleiner Sportflugzeuge – die einzige deutsche Firma, die in nennenswertem Umfang Zivilflugzeuge produziert."*

Die Do 28 A bewährte sich in vielen Rollen, auch als robustes und wirtschaftliches Taxi- und Zubringerflugzeug (oben und ganz oben).

Von der Do 28 A wurden 60 Exemplare gebaut und an Kunden in vielen Ländern verkauft (links).

Freigabe: Regierung von Oberbayern Nr. GS-301101

Als Weiterentwicklung der Do 28 A entstand die Do 28 B mit leistungsstärkeren Motoren und Dreiblatt-Propellern. Auch von dieser Version wurden 60 Maschinen produziert.

D-INDO

Do 28 D: „Skyservant"

Der 75. Geburtstag des Firmengründers fiel mit der Einweihung des neuen Bürogebäudes im Werk Immenstaad zusammen. Der Tag bot vielen Freunden und Organisationen Gelegenheit, das Lebenswerk Claude Dorniers zu würdigen, der VDI verlieh ihm die goldene Ehrennadel. Auch zum 80. Geburtstag, am 14. Mai 1964, gingen aus aller Welt Glückwünsche ein. Der Bundespräsident verlieh ihm den Stern zum Großen Verdienstkreuz der Bundesrepublik Deutschland. *„Ihre Erfolge"*, so sagte einer der Festredner, *„haben Sie nie hochmütig gemacht, Rückschläge ließen Sie nie zweifeln. Sie sind immer derselbe geblieben, im Glück maßvoll und bescheiden, im Unglück standhaft und gelassen"*. Claude Dornier selbst zog zu dieser Zeit Bilanz: Der Wiederaufbau sei nicht stürmisch vor sich gegangen, eher könne man von einer *„gewissen Bedächtigkeit des Handelns"* sprechen. *„Vielleicht ist dies dem Einfluß des alten Mannes zuzuschreiben, der unsichtbar auch heute noch die Geschicke des Konzerns beeinflußt"*.

Die Systematik im Schaffen Claude Dorniers, die ebenso gerühmt wurde wie seine Beharrlichkeit und Rührigkeit, zeigte sich jetzt noch einmal in der Konsequenz, mit der er die mit der Do 25 begonnene Typenreihe – vorwiegend mit Eigenmitteln – weiter der Marktlage anpaßte; dieses Konzept trug eindeutig seine Handschrift. In einer Zeit, in der jeder Entwicklungstätigkeit bei Dornier durch große personelle, materielle und finanzielle Verluste enge Grenzen gesetzt waren, in der es auch sinnlos erschien, mit Neuentwicklungen in unmittelbare Konkurrenz zu bereits vorhandenen und auf dem Markt eingeführten Typen zu treten, in der sich zudem Pläne zum Bau größerer Flugzeuge, etwa unter Verwendung von Spezialerfahrungen und in Zusammenarbeit mit dem Ausland, als undurchführbar erwiesen, sah er die Möglichkeit zu zukunftsträchtigen Investitionen vor allem auf bis da-

Die Dornier-Kurzstart-Flugzeuge fanden in aller Welt einen großen Kundenkreis, hier eine Do 28 B auf Demonstrationstour in Afrika im Jahr 1967 (ganz oben).

Die Do 28 S mit Schwimmern wurde nach Kanada geliefert (oben).

Endmontage der Do 28 D-1 Skyservant im Werk Oberpfaffenhofen, im Hintergrund der Senkrechtstarter Do 31 (rechts).

Freigabe: Regierung von Oberbayern, Nr. GS 301/46

hin vernachlässigten Gebieten. So hatte sich die Zielsetzung der Nachkriegsarbeiten Dorniers im Flugzeugbau auf die Verwirklichung prinzipieller Auslegungs- und Gestaltungsrichtlinien konzentriert. Sie lauteten etwa: Möglichst vielseitige Eignung für verschiedenste Transport- und Arbeitsaufgaben (Mehrzweckflugzeug); Verkürzung der Start- und Landestrecken auf ein Maß, das den Flugzeugeinsatz unabhängig von ausgebauten Flugplätzen erlaubt; Gewährleistung größtmöglicher Flugsicherheit in allen Flugzuständen und unter allen Einsatzbedingungen.

Der Weltmarkt der Kurzstart-Arbeitsflugzeuge, an dem Dornier in wenigen Jahren einen erheblichen Anteil hatte gewinnen können, verlangte nach größeren, leistungsfähigeren Typen. So entwickelte Dornier in dem in Kirchberg eingerichteten Konstruktionsbüro „Zivile Flugzeugfertigung", aufbauend auf den Erfahrungen mit der Do 27 und Do 28, die größere Variante Do 28 D, die von Claude Dornier den Beinamen „Skyservant" erhielt, einen STOL-Transporter für maximal 14 Personen. Der Prototyp „Skyservant" V1 flog am 23. Februar 1966. Die Startstrecke auf 15 m betrug 252 m, die Rollstrecke dabei 152 m. Das Startgewicht lag bei 3650 kg, die Reisegeschwindigkeit bei 285 km/h.

Um auf einen niedrigen Verkaufspreis für den zweimotorigen Schulterdecker zu kommen, wurden von Anfang an, soweit es aerodynamisch zu vertreten war, alle fertigungstechnischen Belange berücksichtigt. Komplizierte und teure Flächenformteile, Schweißstücke und Frästeile wurden vermieden. Fast sämtliche Behäutungsbleche sind abwickelbar. Die Anzahl der Profilarten, Blechstärken und Normteile wurde auf ein Minimum beschränkt, ganze Baugruppen und Einzelteile sind möglichst gleich und austauschbar. Der Flügel hat Rechteckform und somit jeweils gleiche Rippen für Vorflügel, Nase, Holmkasten, Flügelhinterteile, Doppelspaltklappen und Querruder. Ebenfalls Rechteckform mit gleichen Rippen hat das Höhenleitwerk. Der Rumpf ist über die gesamte Länge des Passagier- und Frachtraums formgleich, d.h. sämtliche Spanten haben außen den gleichen Umriß. Seitenwände und Unterteil mit Fußboden sind bis auf die Deckenradien vollkommen eben und lassen sich leicht fertigen. Die Fertigungsvereinfachungen wirken sich nicht nur auf den Anschaffungspreis aus, sie verbessern, verbilligen und vereinfachen auch die Bevorratung und Beschaffung von Ersatzteilen ganz wesentlich. Die Standard-Ausführung sah sechs Sitzplätze mit Gepäck und Garderobe bei voller Reichweite vor. Bei reduzierter Reichweite lassen sich bis zu

Der Prototyp der Do 28 D startete am 23. Februar 1966 zu seinem Erstflug. Dieses Kurzstart-Mehrzweckflugzeug war für einfachste Herstellung und vielseitige Einsatzmöglichkeiten ausgelegt.

59 07

D-IBYR

RADIO TV-LIGHT
SEIKO

Die Flugbereitschaft der Luftwaffe flog vier Do 28 D-1 (links).

Von der Version Do 28 D-2 bestellte die Bundeswehr 121 Maschinen für die Luftwaffe und die Marine (linke Seite oben).

Die Do 28 D-1 landete nach einer Südatlantik-Überquerung in Rio de Janeiro (linke Seite Mitte).

Auch im Fernen Osten fand die Do 28 D-1 reges Interesse, hier bei einer Vorführung in Hongkong (linke Seite unten).

Mit einem Rundsichtradar unter dem Bug ausgerüstet, wurde die Do 28 D-2 auch für die Seeraumüberwachung eingesetzt.

Finanziert durch Spenden konnte diese Do 28 D-1 an Missionare in Kolumbien geliefert werden.

maximal zwölf Fluggäste unterbringen. Bei Ausbau der Passagiersitze kann ein Frachtraum von etwa 7,6 m^3 geschaffen werden. Umrüstungen fordern bei diesem vielseitigen Arbeitsflugzeug relativ wenig Zeit.

Am 24. Februar 1967 wurde die Do 28 D „Skyservant" vom Luftfahrt-Bundesamt offiziell zugelassen; wenige Wochen danach erhielt die „Skyservant" auch die FAA-Zulassung (die Federal Aviation Agency ist die Zulassungsbehörde der USA). Mit der Produktion der Serienversion D-1 wurde nach Eingang der ersten Exportaufträge im Jahr 1968 begonnen. Als „Fliegendes Arbeitspferd" konzipiert, stellte die „Skyservant" in allen Erdteilen und vor allem auch in Ländern der Dritten Welt ihre Leistungsfähigkeit und Zuverlässigkeit unter Beweis – im Passagier- und Frachttransport, als Plattform für Fotogrammetrie und Erderkundung, bei Verbindungsaufgaben, Such- und Rettungsmissionen, im Sanitäts- und Versorgungseinsatz. Die Qualitäten dieses Klein-Transportflugzeugs veranlaßten das Bundesverteidigungsministerium zur Beschaffung von vier Flugzeugen der Version D-1 für die Flugbereitschaft der Luftwaffe in der VIP-Ausführung. Im Jahr 1970 folgte ein Auftrag über 121 Flugzeuge der Ausführung D-2 für Luftwaffe und Marine.

Gegenüber der D-1 hatte die Version D-2 eine erhöhte Abflugmasse und aerodynamische Verbesserungen an Landeklappen, Querrudern und Höhenleitwerk, der Vorflügel war auf den Außenflügelbereich reduziert. Das hervorragende Leistungsspektrum der „Skyservant" wurde am 15. März 1972 durch sechs FAI-Weltrekorde (FAI = Fédération Aéronautique Internationale, Paris) dokumentiert. Die Dornier „Skyservant" gehört zu den wenigen deutschen Nachkriegs-Flugzeugentwicklungen, die sich auf dem Weltmarkt im harten Wettbewerb mit Erfolg behaupten konnten. Dieses Flugzeugmuster, in mehr als 25 Ländern aller Klimazonen im Dienst, trug wesentlich dazu bei, daß Dornier lange den größten Exportanteil der deutschen Luft- und Raumfahrtindustrie erzielen konnte.

Vom Kurz- zum Senkrechtstart

Eine neue Konzeption der Kurzstarttechnik wurde mit dem Experimentalflugzeug Do 29 erprobt.

Seit der Do 25 war über die Do 27, Do 28 und die Do 28 D „Skyservant" die Entwicklungslinie von Kurzstartflugzeugen konsequent verfolgt worden. Mit Vorflügeln und Doppelspaltlandeklappen konnte die Mindestgeschwindigkeit dieser Flugzeuge auf 60 bis 70 km/h heruntergedrückt werden, und daraus ergaben sich Rollstrecken, die je nach Beladung nur 100 bis 200 Meter betrugen: Der Abstand zum senkrechtstartfähigen, mechanisch allerdings viel aufwendigeren Hubschrauber wurde immer kleiner. Diesen Weg wollte Dornier nun mit neuen technischen Lösungen weitergehen.

Mit Schwenkpropellern – die Do 29

Schon in der Frühzeit der Luftfahrt hatten sich viele Konstrukteure mit dem Problem befaßt, wie man die üblicherweise nur für den Vortrieb genutzte Schubkraft des Propellerantriebs auch zur Erhöhung des Auftriebs einsetzen könnte. Einer der ersten, der konkrete Lösungen dafür vorschlug, war Claude Dornier: Im Jahr 1920, also zu einer Zeit, als gerade die Flugboote Gs I und „Delphin I" den Neubeginn nach dem Ersten Weltkrieg markierten, wurde ihm ein Patent über ein *„Flugzeug mit schwenkbaren Schrauben"* erteilt. Vorgeschlagen wurde darin ein dreimotoriger Eindecker, dessen im Bug fest eingebauter Mittelmotor wie üblich eine Zugschraube antreiben sollte. Die beiden unter den Flügeln installierten seitlichen Motoren jedoch sollten samt ihren

Druckpropellern um 90 Grad nach unten drehbar sein, so daß sie eine Hubwirkung erzeugen konnten. 1923 wurde dafür auch in den USA ein Patent erteilt.

Jahrzehnte später griff Dornier diese Idee wieder auf. Denn in den fünfziger Jahren hatte die Kurzstarttechnik bei vielen Flugzeugfirmen hohe Priorität. Bei Dornier wurde mit Förderung des Bundesverteidigungsministeriums das Projekt Do 29 in Angriff genommen, und in einer Denkschrift vom 30. Juli 1956 heißt es dazu: *„Die Lücke zwischen dem Hubschrauber und dem normalen Starrflügelflugzeug zeichnet sich ab, durch eine neue Art von Flugzeug geschlossen zu werden, an welcher heute allerorts gearbeitet wird."* Wenn es nämlich gelingen würde, die Motorleistung zur Auftriebserzeugung bei Start und Landung heranzuziehen, dann könnte eine Flugzeuggattung entstehen, *„welche sich auf Flugfelder abstützt, die in ihrer Größe etwa den heutigen Hubschrauberlandeplätzen entsprechen, jedoch eine weit höhere Vorwärtsgeschwindigkeit besitzt als der Hubschrauber."* Dieses neue Gerät, so wird in der Denkschrift weiter ausgeführt, könne dem Hubschrauber überall dort, wo es auf Transportleistung und Geschwindigkeit, nicht jedoch auf absoluten Stillstand in der Luft ankomme, überlegen sein und ihn zusätzlich durch Blindflugfähigkeit sowie Anspruchslosigkeit in bezug auf Wartung übertreffen.

Nicht nur das historische Patent von 1920 gehörte zu den Grundlagen, die zur Auslegung der Do 29 führten: *„Das Schwenken von Druckschrauben ist für uns ein gewissermaßen vertrautes Problem"*, so hieß es in der Denkschrift von 1956, *„indem bei dem Transozean-Frachtflugboot Do 26 schon im Jahr 1938 die Druckschrauben zur Vermeidung von Spritzwasserschäden nach oben geschwenkt wurden. Diese Anordung hat sich damals im praktischen Lufthansa- und Truppenbetrieb bestens bewährt."*

Mit dem zweimotorigen Versuchsflugzeug Do 29 sollten also, aufbauend auf den Erfahrungen mit der Do 27, weitere Erkenntnisse für die Entwicklung von Flugzeugen mit immer kürzeren Start- und Landestrecken gesammelt werden. Um möglichst schnell und ohne allzu hohen Kostenaufwand zu einer Lösung zu kommen, wurden für dieses Experimentalflugzeug weitgehend Bauteile der Do 27 verwendet: Der Hochauftriebsflügel konnte mit kleinen Änderungen übernommen werden, der Rumpf erhielt ein neues Vorderteil mit

Schon 1920 hatte sich Claude Dornier in einer Patentschrift mit dem Prinzip der Schwenkpropeller befaßt (rechts).

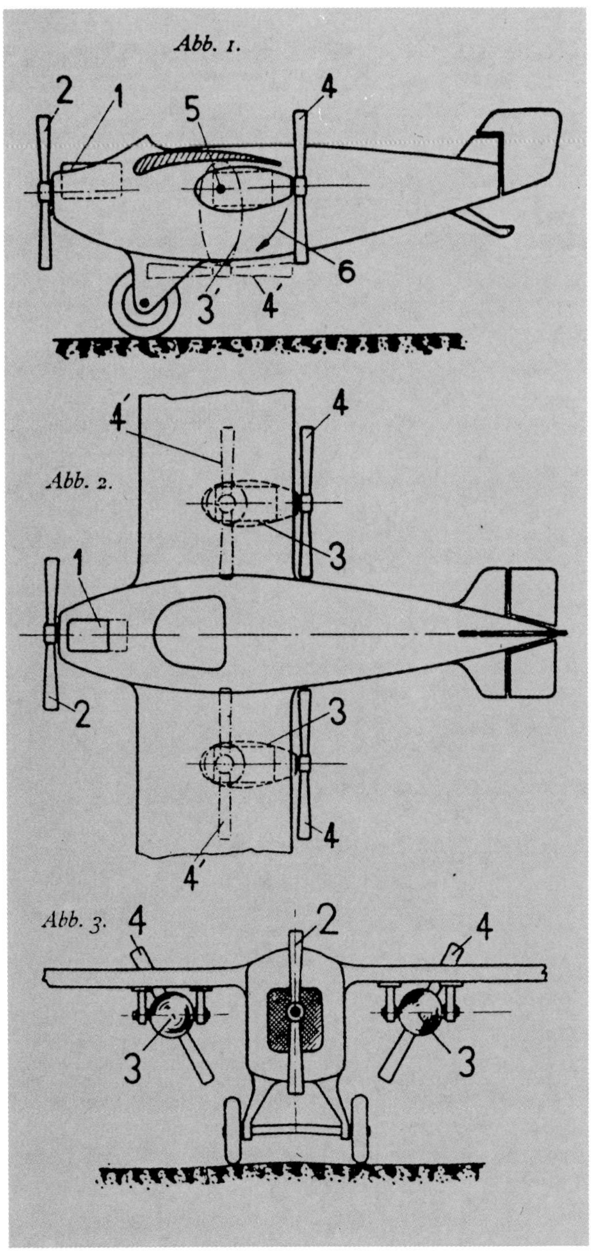

Claude Dornier mit seinem ältesten Sohn Claudius bei einer Besichtigung der Do 29 am 31. März 1960 in Oberpfaffenhofen (ganz rechts).

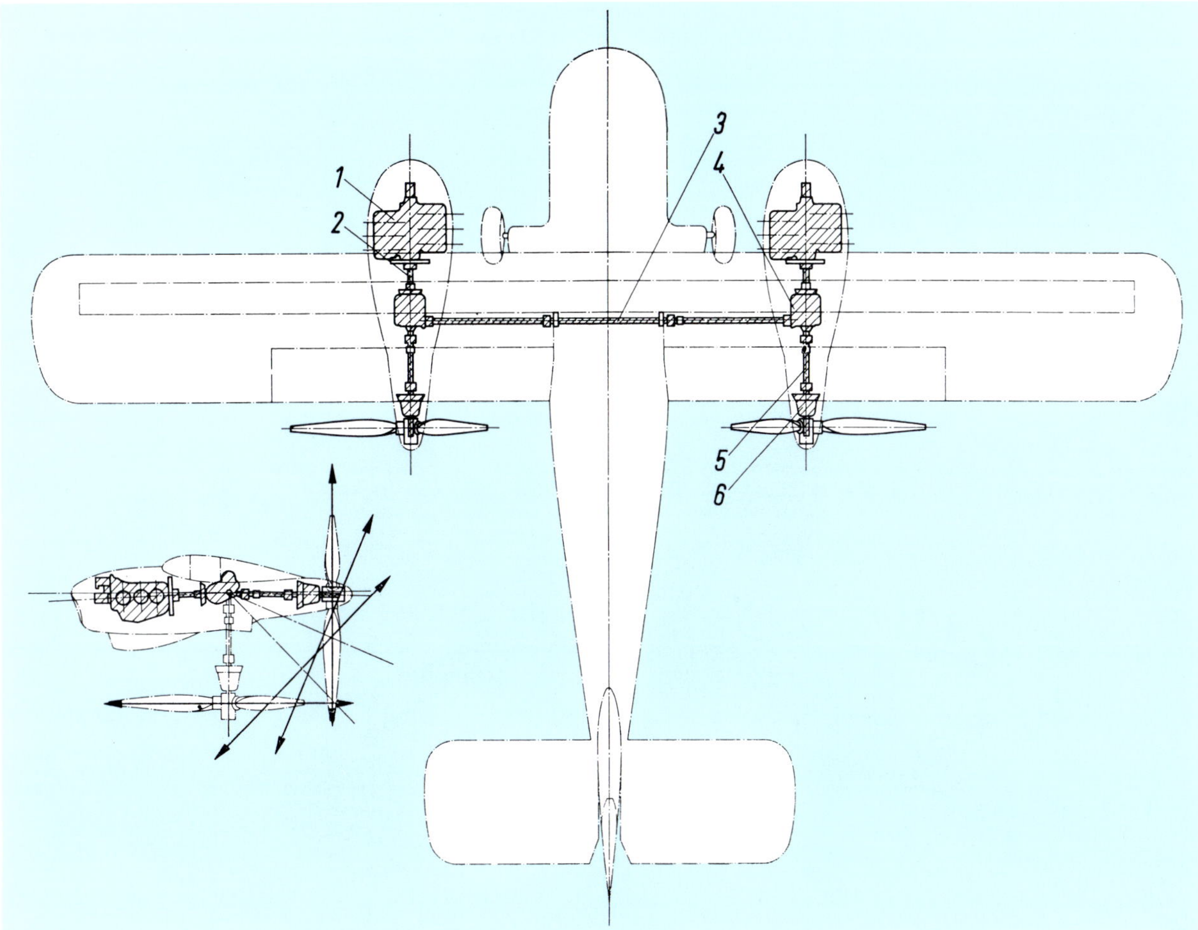

Diese Zeichnung erläutert das Antriebskonzept der Do 29:
1 = Motor Lycoming GO 480 B 1 A-6, 270 PS
2 = Motorwelle
3 = Verbindungswelle
4 = ZF-Schwenkgetriebe mit Freilauf, Übersetzung 1,3 : 1
5 = Getriebezwischenwelle
6 = Propeller-Untersetzungsgetriebe, Untersetzung 1,56 : 1

Vollsichtverglasung, die Leitwerksflächen der Do 27 wurden etwas vergrößert, um ihre Wirksamkeit bei den angestrebten geringen Geschwindigkeiten aufrechtzuerhalten.

Die beiden Lycoming GO-480-Motoren mit je 270 PS wurden unter den Flügeln installiert. Über ein von der Zahnradfabrik Friedrichshafen konstruiertes Schwenkgetriebe mit Freilauf konnten die Druckschrauben um 90 Grad nach unten gedreht werden. Um bei Ausfall eines Motors in einer kritischen Flugphase keine unsymmetrischen Schubverhältnisse entstehen zu lassen, waren die beiden Motoren über eine quer durch den Mittelflügel laufende Verbindungswelle miteinander verbunden.

Hans Schabronath, der damalige Versuchsleiter der Dornier GmbH, beschrieb die Funktion dieser Anordnung so: *„Dadurch ist der Antrieb beider Luftschrauben und der Flug mit vollem Momentausgleich und bleibender Schubsymmetrie auch beim Versagen eines Motors möglich. Infolge der geringen Schraubenkreisbelastung sinkt der Gesamtschub dabei nur auf etwa 70 % ab."*

Viele Versuche im Windkanal, aber auch Funktions- und Dauerversuche der kompletten Triebwerksanlage waren vorausgegangen, bevor die drei vom Verteidigungsministerium in Auftrag gegebenen Exemplare der Do 29 in Bau gingen. Der Prototyp Do 29 V1 startete schließlich am 21. Dezember 1958 in Oberpfaffenhofen zu seinem Erstflug.

Die Ergebnisse der Flugversuche mit der Do 29 waren ermutigend. Das Flugzeug konnte schon nach 80 Metern Rollstrecke abheben, die Startstrecke bis 15 Meter Höhe lag bei 170 Metern. Die mit voll um 90 Grad nach unten geschwenkten Propellern eigentlich mögliche Mindestgeschwindigkeit von kaum 30 km/h konnte allerdings nicht ausgeflogen werden, da bei diesen geringen Geschwindigkeiten die Wirksamkeit der Ruder nicht mehr ausreichte. Immerhin war die Do 29 noch bis zu Geschwindigkeiten von nur 72 km/h steuerbar. Hätte man noch langsamer fliegen wollen, dann wäre eine Änderung der ganzen Steueranlage nötig gewesen.

Zu den Flugeigenschaften der Do 29 bemerkte Hans Schabronath in einem Vortrag auf dem IV. Europäischen Luftfahrtkongreß in Köln (18. – 22. September 1960): *„In allen erflogenen Bereichen ist das Flugzeug bemerkenswert flugstabil und gut steuerbar... Im jetzt bestehenden Zustand ist die Maschine auch mit vollem Höhenruderausschlag bei keiner Schwenkstellung zu überziehen... Die bisherigen Erprobungsflüge mit der Do 29 zeigten die vorteilhaften Flug- und Bedienungseigenschaften dieser Versuchsausführung."*

Auch der zweite Prototyp Do 29 V2 ging noch in die Erpro-

YD 101

bung, der dritte wurde nicht mehr fertiggestellt, da das Verteidigungsministerium kein Interesse mehr an diesem Programm zeigte. Für Dornier bedeutete der Abbruch der Versuche einen herben Rückschlag. Immerhin hatte man in der bereits erwähnten Denkschrift an serienreife Weiterentwicklungen mit Propellerturbinenantrieb gedacht, vor allem als schnelles Aufklärungs- und Verbindungsflugzeug für das Militär, aber auch als Kurzstrecken-Passagiermaschine: *„Die deutsche Luftfahrtindustrie findet hier ein weites Feld der Betätigung vor, auf dem noch von keiner Seite ein nennenswerter Vorsprung vorhanden ist, andererseits die Anforderungen an Forschungsgelegenheiten und Entwicklungsmittel unsere beschränkten Gegebenheiten nicht übersteigen."*

Aus diesen Plänen sollte nichts werden. Aber sicher ist dennoch, daß die Do 29 mit ihrem schwenkbaren Schub eine wichtige Zwischenstufe auf dem Weg zum Senkrechtstarter darstellte, mit dem Dornier einige Jahre später flugtechnisches Neuland beschreiten sollte.

Das Hubschrauber-Intermezzo

Professor Henrich Focke war es im Jahr 1936 mit seiner Fw 61 gelungen, den ersten brauchbaren Hubschrauber zu bauen. Die faszinierende Idee, ein Fluggerät zu schaffen, das senkrecht starten und landen konnte und deshalb keinen Flugplatz brauchte, war schon seit Leonardo da Vinci durch die Köpfe vieler Träumer und Pioniere gegeistert. Daß sich auch Claude Dornier sehr früh mit solchen Gedanken beschäftigte, verwundert nicht – sein Schwenkpropeller-Patent von 1920 bewies ja, daß er das Problem der Verkürzung der Start- und Landewege schon immer sehr ernst nahm.

Mehrere seiner Patente, die zwischen 1922 und 1935 erteilt wurden, befaßten sich mit dem Prinzip des Hubschraubers, und wie ein roter Faden zieht sich durch seine Gedankengänge die Idee, den Rotor nicht unmittelbar mechanisch vom Motor antreiben zu lassen: Claude Dornier suchte nach anderen Wegen, um die Probleme zu umgehen, die mit dem dafür erforderlichen schweren Getriebe verbunden waren. So beschrieb er in einem Patent von 1923 eine Erfindung für Hubschrauber, *„deren Drehflügel durch von umschlossenen Luftfördereinrichtungen bewirkte Luftströme in Umdrehung versetzt werden"*, und zehn Jahre später folgte dann das Patent *„Kreisendes Tragflügelsystem für Flugzeuge"*, in dem er Hubschrauber vorschlug, *„welche durch Rückstoß eines an den Enden der Flügel aus drehbaren Düsen austretenden Treibmittels angetrieben werden."*

Damals fehlten noch die technischen Voraussetzungen zur Realisierung solcher revolutionären Konzepte, und überdies gab es in diesen Jahren beim Aufbau des Unternehmens ganz andere Probleme, deren Bewältigung keinen Raum mehr ließ für exotische Hubschrauber-Pläne. Erst zehn Jahre nach dem Zweiten Weltkrieg lebten diese Gedanken wieder auf: Dr. Theodor Laufer, einer der Pioniere des Reaktionshubschraubers, stieß zu Dornier und nun schien die Zeit reif zu sein für die Realisierung einer vierzig Jahre alten Idee.

Auf eigenes Risiko und mit firmeneigenen Mitteln wurde der

DEUTSCHES REICH

AUSGEGEBEN AM
15. AUGUST 1934

REICHSPATENTAMT
PATENTSCHRIFT
№ 601 412
KLASSE **62b** GRUPPE 37 01
D 65245 XI/62b
Tag der Bekanntmachung über die Erteilung des Patents: 26. Juli 1934

Dr.-Ing. e. h. Claude Dornier in Friedrichshafen a. B.

Kreisendes Tragflügelsystem für Flugzeuge

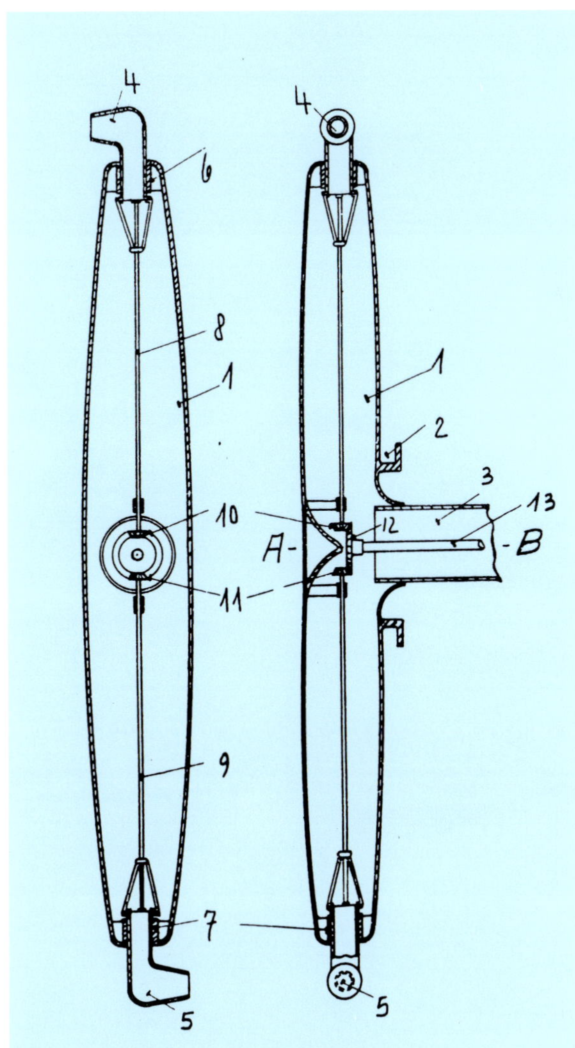

Landeanflug der Do 29 mit den nach unten geschwenkten Propellern (ganz links).

In einem Patent aus dem Jahr 1934 hatte Claude Dornier bereits das Prinzip eines Reaktionshubschraubers vorgeschlagen (links).

ultraleichte, einsitzige Reaktionshubschrauber Do 32 E entwickelt. Ein BMW 6012 L Turbokompressor lieferte die Preßluft, die durch die hohlen Rotorblätter gedrückt und an den Blattspitzen ausgestoßen wurde. Der Rückstoß dieses Luftstrahls versetzte den Rotor in Umdrehung. Die Vorteile dieses Prinzips klangen bestechend: Weil wegen des Antriebs direkt am Rotor kein Rückdrehmoment entstand, war der Heckrotor, wie er sich damals ganz allgemein bei Hubschraubern durchgesetzt hatte, nun überflüssig. Man brauchte deshalb auch kein Getriebe, keine Kupplung, keine Wellen. Abgesehen von der Gewichtsersparnis wurden damit auch Störquellen beseitigt, so daß mit einem sicheren und kostengünstigen Betrieb zu rechnen war.

Der Mini-Hubschrauber Do 32 E startete erstmals am 29. Juni 1962 in Oberpfaffenhofen, und schon bald machte er Schlagzeilen: Zusammengefaltet in einer sechs Meter langen Kiste verpackt, konnte die Do 32 E von zwei Mann in vier Minuten

Auf kleinstem Raum zusammengefaltet, konnte die Do 32 E in einem Autoanhänger transportiert werden (oben).

In wenigen Minuten war der Mini-Hubschrauber nach dem Auspacken wieder betriebsbereit (rechts).

aufgebaut und betriebsbereit gemacht werden. Nachdem dieses Experimentalgerät bewiesen hatte, daß der Preßluft-Reaktionsbetrieb tatsächlich funktionierte, plante Dornier bereits eine zweisitzige Serienversion – die Do 32 Z. Der Luftlieferer für diese Maschine sollte eine Turbomeca Astazou X-Turbine sein, und bei nur 250 kg Leergewicht wurde eine Zuladung von über 300 kg errechnet. *„Mit der Do 32 Z wird ein Hubschrauber vorgestellt, der eine vorteilhafte Anwendung gewährleistet, da er einen sehr unkomplizierten mechanischen Aufbau besitzt und auch von Piloten geflogen werden kann, die nicht dauernd in Übung sind und an deren Geschicklichkeit keine zu großen Anforderungen gestellt werden,"* so pries ein Werksbericht vom Mai 1963 die Do 32 Z an. Man dachte an Einsätze bei der Polizei, in der Land- und Forstwirtschaft, für die Überwachung von Hochspannungsleitungen und Pipelines, bei der Prospektion und Vermessung oder auch im Dienste der Meteorologie, der Presse und bei Expeditionen.

Als keine Fördermittel aus Bonn zu erwarten waren, gab Dornier dieses Projekt zwar auf, aber das bedeutete noch nicht das Ende des Reaktions-Rotors. Es gelang immerhin, das Verteidigungsministerium für unbemannte Anwendungen zu interessieren: 1966 flog der ferngesteuerte Do 32 U, dann folgte 1967 die gefesselte Rotorplattform Do 32 K „Kiebitz", sie bestand praktisch aus dem Rotor- und Antriebssystem der Do 32 E, wobei die Kraftstoffversorgung durch ein Fesselseil von einer mobilen LKW-Station aus gesichert wurde. Damit konnte die Do 32 K in einer Höhe von 200 Metern als Beobachtungsstation stabil stationiert werden. Zu Aufträgen kam es allerdings nicht, wenngleich mit dem weiterentwickelten, leistungsgesteigerten Do 34 „Kiebitz" bis in das Jahr 1981 hinein erfolgreiche Versuche geflogen werden konnten.

Eine wesentliche Verbesserung des Reaktionsantriebs versprach sich Dornier mit dem sogenannten „Heißgas-Rotor", der ab 1966 untersucht wurde. Statt kalter Preßluft sollte der

Der von Dornier mit Eigenmitteln finanzierte Do 32 E ging 1962 in die Flugerprobung (ganz oben).

Der Mini-Hubschrauber als privates Reisevehikel: Eine Vision, die auch mit der Do 32 E nicht zu realisieren war (oben).

heiße Abgasstrahl einer Turbine direkt durch den hohlen Rotormast in die Blätter geleitet werden. Davon versprach man sich eine Reduzierung der Verluste, die beim „Kaltgas-Rotor" durch die Umsetzung der mechanischen Leistung der Turbine über einen vorgeschalteten Luftlieferer entstehen. Im Rahmen des Forschungsauftrages „Verbesserung des Wirkungsgrades von Reaktionshubschraubern" wurde ein Versuchsrotor untersucht. Es ging um die Frage, wie man die sehr heißen Gase in den Rotorblättern beherrschen konnte, ohne die Festigkeit der Duralkonstruktion zu beeinträchtigen.

In einem Bericht vom Oktober 1967 hieß es dazu: *„Die größtmögliche Einfachheit wurde dadurch erreicht, daß das in der Isolierung schwimmende Heißgasrohr, welches Temperaturen von 700°C bis 750°C aufweist und aus hochwarmfestem Nimonic hergestellt ist, an seinem äußeren Ende die Blattspitzendüse trägt und bei Erwärmung frei nach außen expandieren kann."* Der Temperatursprung an der nur wenige Millimeter dicken Isoliermatte im Inneren des Blattes betrug etwa 650°C, so daß in der tragenden Duralkonstruktion nur noch etwa 100°C auftraten. Das brachte noch einen willkommenen Nebeneffekt: Die Temperatur an der Blattoberfläche bot einen „automatischen" Schutz vor Vereisung. Die Versuche auf dem Rotorprüfstand in Löwental zeigten, daß der neuartige Rotor alle Erwartungen erfüllte.

Mit diesem Heißgas-Reaktionsprinzip wurde dann noch im selben Jahr 1967 der viersitzige Leichthubschrauber Do 132 projektiert, aber zu einer Realisierung kam es nicht mehr. Damit war nach Jahren intensiver Forschungs- und Versuchsarbeit das Hubschrauber-Intermezzo bei Dornier zu Ende gegangen.

Do 32 K Kiebitz: die gefesselte Rotorplattform mit Kaltgas-Reaktionsantrieb (oben).

Mit dem Konzept des Heißgasrotors sollte ein möglichst einfacher Hubschrauber entwickelt werden; die Skizze zeigt den Aufbau des von Dornier erprobten Rotorblattes (rechts).

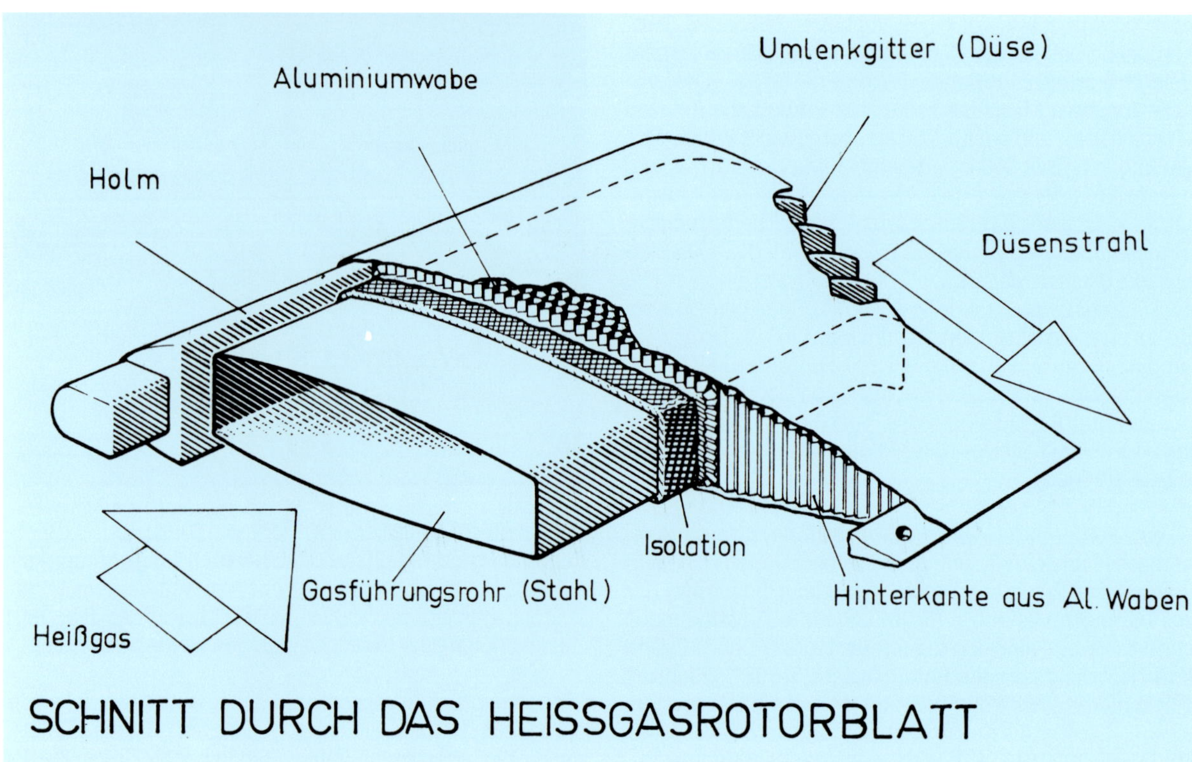

Do 31 – der Senkrechtstarter

Seit 1957 wurden vom Verteidigungsministerium ganz gezielt Projekte für Transportflugzeuge mit Kurzstarteigenschaften verfolgt. Die Erfahrungen mit der Do 27 und der Do 29 waren für Dornier eine hervorragende Ausgangsbasis für eine Beteiligung an diesen frühen Studien. Unter der Projektnummer Do P 348 wurden viele, zumeist zweimotorige Konzepte untersucht. Eines dieser Projekte aus dem Jahr 1959 war die Do 30, ein 10,8 Tonnen schwerer Transporter mit zwei 1938 PS starken Rolls-Royce Dart-Propellerturbinen.

Aber dann formulierte die NATO im Rahmen der damals noch herrschenden Doktrin der *„massiven Vergeltung"* den Forderungskatalog NBMR 4 (NATO Basic Military Requirement 4) für ein senkrechtstartendes Transportflugzeug.

Die Überlegung war einfach: Im Verteidigungsfalle würden die Flugplätze zu den ersten Zielen gehören, und folglich sollten Flugzeuge entwickelt werden, die senkrecht starten und landen konnten, also auch auf zerstörten Flugplätzen, oder auf Straßen, oder in Waldlichtungen. Vom Führungsstab der deutschen Luftwaffe wurden daraufhin drei Senkrechtstartprojekte in Auftrag gegeben: als Überschall-Abfangjäger die VJ 101 des Entwicklungsrings Süd (Heinkel, Messerschmitt, Bölkow), als Unterschall-Kampfflugzeug und Aufklärer die VAK 191 B (Vereinigte Flugtechnische Werke VFW und Fiat) und als taktischer Transporter für die logistische Versorgung die Do 31 (Dornier in Zusammenarbeit mit VFW und dem Hamburger Flugzeugbau HFB). Der Begriff V/STOL (Vertical/Short Take Off and Landing) wurde in den sechziger Jahren zum magischen Begriff für die revolutionäre Technologie der kurz- und senkrechtstartenden Flugzeuge. Eine ganz neue Ära im Flugzeugbau schien anzubrechen.

Für die deutsche Luftfahrtindustrie bedeuteten diese anspruchsvollen Senkrechtstarter-Programme eine immense technische Herausforderung. Bei Dornier hatten die Vorarbeiten für den Senkrechtstarter Do 31 schon 1959 begonnen,

Mit dem Reglerversuchsgestell wurden die Steuerungssysteme für die Do 31 E erprobt.

und man kam sehr schnell zu der Überlegung, daß für die von der Luftwaffe gestellten Aufgaben kein Propellerantrieb, sondern der reine Strahlturbinenantrieb die beste Lösung sein würde. In einem Dornier-Bericht aus dem Jahr 1969 wurde festgestellt: *„Aus umfangreichen Vergleichsuntersuchungen zwischen typischen VTOL-Konfigurationen (Rotor, Propeller, Strahlkonfiguration) ging das Strahlflugzeug als aussichtsreichste Konzeption hervor."* Hubschrauber oder propellergetriebene Senkrechtstarter haben zwar eindeutige Vorteile, wenn längere Schwebeflüge gefordert werden, aber darum ging es in den Forderungen der Luftwaffe nicht: *„Bei der Do 31 handelt es sich jedoch um ein V/STOL-Transportflugzeug, für das keinerlei Bedarf nach längeren Schwebeflügen besteht und dessen Aufgabe es war, eine bestimmte Nutzlast innerhalb einer möglichst kurzen Zeit an einen vorgegebenen Ort zu transportieren,"* so der Dornier-Bericht.

Daß Dornier überhaupt daran denken konnte, einen senkrechtstartenden Strahltransporter zu entwickeln, war auf eine neue Generation von Spezialtriebwerken zurückzuführen, die in Großbritannien, nicht zuletzt mit deutschen Finanzierungsbeitragen, entstanden war: Die Firma Bristol-Siddeley hatte für das V/STOL-Kampfflugzeug P 1127 (aus dem später der Harrier wurde) das Pegasus-Triebwerk entwikkelt, bei dem mit vier drehbaren Düsen der Schub von der Horizontalen in die Vertikale geschwenkt werden konnte (im Prinzip vergleichbar mit den Schwenkpropellern der Do 29). Und bei Rolls-Royce war das kleine, extrem leichte RB 162 entstanden, ein Triebwerk, das nur für den Betrieb während der Start- und Landephase ausgelegt war.

Claude Dornier und Direktor Hans Schabronath, der Leiter der Versuchsabteilung, bei der Besichtigung des Reglerversuchsgestells am 28. November 1964 (unten).

Zwei der Pegasus-Triebwerke mit je 7 Tonnen Schub waren unter den Flügeln der Do 31 installiert, und insgesamt acht RB 162 (vier auf jeder Seite) mit je 2 Tonnen Schub waren nahezu senkrecht eingebaut in den großen Gondeln an den Flügelspitzen. Das maximale Abfluggewicht der Do 31 beim Senkrechtstart betrug 21 Tonnen, und der hohe Schubüberschuß der gesamten Triebwerksanlage reichte also aus, um den Ausfall eines beliebigen Triebwerks voll auszugleichen. Beim Senkrechtstart wurden die Düsen der Hub/Schub-Triebwerke Pegasus nach unten gerichtet, und zusammen mit dem Schub der Hubtriebwerke hoben sie das Flugzeug ab. Dann wurden die Schwenkdüsen der Pegasus-Motoren nach hinten gedreht, das Flugzeug beschleunigte, und schon nach etwa 20 Sekunden reichte der aerodynamische Auftrieb der Flügel aus, um das Flugzeug zu tragen – die Hubtriebwerke konnten wieder abgeschaltet werden.

Da die Ruder des Flugzeugs im Schwebe- und Übergangsflug keine Wirkung hatten, mußte eine neuartige Steuerungsanlage entwickelt werden: Die Nickmomente wurden durch zwei von Triebwerks-Abzapfluft gespeiste Steuerdüsen am Heck erzeugt, die Gierbewegungen um die Hochachse durch gegensinniges Schwenken der Abgasdüsen an den Hubtriebwerken, und die Rollsteuerung erfolgte durch eine Schubdifferenzierung der Hubtriebwerke. Alle diese Bewegungen konnten vom Piloten mit seinen normalen Steuerorganen durchgeführt werden, die im aerodynamischen Flug auch die Ruder betätigten.

Mit dem großen Schwebegestell wurden zuerst gefesselte Versuche auf einer hydraulischen Säule durchgeführt (links), bevor die Flugerprobung begann (oben).

D-9530

Die Do 31 E 1, ohne Hubtriebwerke in den Außengondeln, wurde für die konventionelle Erprobung eingesetzt (ganz links).

Mit der Do 31 E 3 gelang der Nachweis, daß das Konzept eines strahlgetriebenen Senkrechtstart-Transporters richtig war; hier die Do 31 E 3 bei der Erprobung in Oberpfaffenhofen (links und unten).

So sah also das Konzept der Do 31, des ersten senkrechtstartenden Strahltransporters der Welt aus. Nachdem im Februar 1962 vom Verteidigungsministerium der Entwicklungsauftrag für die Do 31 E (E = „Experimental") erteilt worden war, liefen die Arbeiten bei Dornier mit Hochdruck an. Um aber die völlig neuen Techniken schrittweise erproben zu können, baute Dornier neben diversen Bodenprüfständen auch zwei ungewöhnliche Flugmaschinen. Das sogenannte „Reglerversuchsgestell" (RVG) war eigentlich nur ein kreuzförmig aus Rohren zusammengesetztes Gittergerüst mit den ungefähren Abmessungen des späteren Flugzeugs. Angetrieben von vier einfachen Hubtriebwerken konnte es sowohl auf einer hydraulischen Säule gefesselt als auch im freien Schwebeflug zur Erprobung der Flugregel- und -steueranlage benutzt werden. Das RVG startete erstmals am 21. April 1964 und führte insgesamt 243 „Flüge" durch.

Dieser so skurril anmutende fliegende Prüfstand leistete un-

schätzbare Dienste. Denn für die Do 31 E mußte in Zusammenarbeit mit der Firma Bodenseewerk Gerätetechnik in Überlingen eine völlig neue Regleranlage entwickelt werden. Die Begründung dafür liefert der bereits erwähnte Bericht: *„Bei VTOL-Flugzeugen, die im Gegensatz zu konventionellen Flugzeugen im Schwebeflug keine aerodynamische Dämpfung besitzen und im Übergangsflug nur schwach gedämpft sind, kann auf ein automatisches Fluglagestabilisierungssystem nicht verzichtet werden. Die Flugregleranlage hat daher die Aufgabe, im Schwebeflug und während der Transitionsphase die Fluglage der Do 31 um alle drei Flugzeugachsen zu stabilisieren. Außerdem soll der Regler die vom Piloten kommandierte Führung des Flugzeugs übernehmen."*

Als nächster Schritt folgte dann das sogenannte „Große Schwebegestell" (SG): Es war schon mit der Originaltriebwerksanlage der Do 31 E ausgerüstet, entsprach auch in seinem Aussehen weitgehend der endgültigen Maschine,

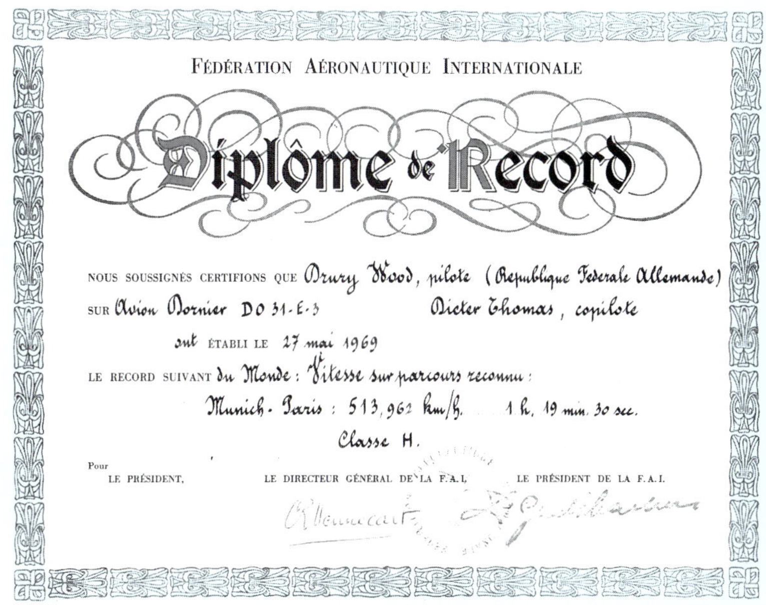

FÉDÉRATION AÉRONAUTIQUE INTERNATIONALE

Diplôme de Record

NOUS SOUSSIGNÉS CERTIFIONS QUE Drury Wood, pilote (Republique Federale Allemande)
SUR Avion Dornier DO 31-E-3 Dieter Thomas, copilote
ont ÉTABLI LE 27 mai 1969
LE RECORD SUIVANT du Monde : Vitesse sur parcours reconnu :
Munich - Paris : 513,962 km/h. 1 h. 19 min. 30 sec.
Classe H.

Pour LE PRÉSIDENT, LE DIRECTEUR GÉNÉRAL DE LA F.A.I. LE PRÉSIDENT DE LA F.A.I.

konnte sich aber nur langsam schwebend vorwärtsbewegen. Mit diesem Gerät, das erstmals am 11. Januar 1967 flog, wurden die Bordsysteme unter weitgehend operationellen Bedingungen erprobt, die Flug- und Steuerungseigenschaften im Schwebeflug untersucht sowie geeignete Senkrechtstart- und -landetechniken entwickelt. Wie wichtig auch diese Phase der Vorerprobung war, zeigen diese Ausführungen im Bericht von 1969: *„Bedingt durch die Fülle der in der Do 31 enthaltenen, neu entwickelten Elemente traten an den Bordsystemen zahlreiche und zum Teil erhebliche Mängel auf, die im Rahmen des SG-Erprobungsprogramms weitgehend risikolos erkannt und beseitigt werden konnten."*

Inzwischen war der Bau von drei Exemplaren der Do 31 E weit vorangeschritten. Die E 1 sollte nur für die konventionelle Flugerprobung eingesetzt werden (statt der Hubtriebwerke war in den Flügelgondeln Ballast eingebaut), eine zweite Zelle diente für statische Bruchversuche, und nur die E 3 war voll ausgerüstet für die Senkrechtstart- und -landetechnik. Dank der sorgfältigen Vorbereitung verlief die weitere Erprobung nun Zug um Zug und ohne größere Verzögerungen. Die Do 31 E 1 startete am 10. Februar 1967 zu ihrem konventionellen Erstflug, die E 3 folgte am 14. Juli desselben Jahres, und schon am 21. Dezember 1967 gelang mit der Do 31 E 3 die erste komplette VTOL-Platzrunde: Die Maschine startete senkrecht, ging in den schnellen Horizontalflug über, verzögerte im Landeanflug mit Hilfe der Hubtriebwerke wieder bis

Nicht nur Experten, auch das Publikum interessierte sich beim Aerosalon Paris 1969 für den deutschen Senkrechtstarter Do 31 E 3 (ganz links).

Eine der Urkunden für die fünf Weltrekorde, die mit der Do 31 E 3 beim Flug von Oberpfaffenhofen nach Paris erflogen wurden (oben).

zum Stillstand in der Luft und landete senkrecht wie ein Hubschrauber. Der amerikanische Testpilot Drury Wood zeigte sich von den Flugeigenschaften und Leistungen dieses ungewöhnlichen Flugzeugs beeindruckt.

Eigentlich war die Do 31 E nur als Vorläufer für das operationelle V/STOL-Transportflugzeug Do 31 gedacht, das in Serie für die Luftwaffe gebaut werden sollte. Aber noch vor Beginn der Flugerprobung kam vom Verteidigungsministerium die Order, daß die Arbeiten an der Do 31 E nur als reines Experimentalprogramm weitergeführt werden könnte, an eine Weiterentwicklung zur Serienversion sei nicht zu denken. Auch die anderen deutschen Senkrechtstarter, die VJ 101 und die VAK 191 B, wurden gestoppt, obwohl sie, ähnlich wie die Do 31 E, bewiesen hatten, daß die deutsche Luftfahrtindustrie in der Lage war, die komplizierte V/STOL-Technik innerhalb weniger Jahre zu beherrschen. Die Begründungen für den Abbruch dieser Programme waren vielfältig. Einerseits wurden von den Militärs die hohen Kosten der Senkrechtstarttechnik angeführt, ebenso die schwierige Versorgung der weitab von Flugplätzen verstreuten Kampfeinheiten, und andererseits hatte die NATO damals die neue Doktrin der *„flexiblen Antwort"* eingeführt: Man glaubte nicht mehr an die Notwendigkeit von Flugzeugen mit Senkrechtstartfähigkeiten.

Noch lief die Erprobung der Do 31 E, und dieses Flugzeug, der größte Senkrechtstarter der Welt, erregte im In- und Ausland erhebliches Aufsehen. Auf der Luftfahrtschau Hannover 1968 und beim Aerosalon Paris 1969 wurde die Do 31 E 3 in täglichen Flügen demonstriert, und am 27. Mai 1969 stellte Drury Wood mit seinem Co-Piloten Dieter Thomas auf dem Flug zum Aerosalon Paris fünf Weltrekorde in der neuen Kategorie der Senkrechtstarter auf.

Offiziell endete das vom Verteidigungsministerium finanzierte Entwicklungs- und Erprobungsprogramm der Do 31 E am 31. Oktober 1969. Aber inzwischen hatte sich die amerikanische Luft- und Raumfahrtbehörde NASA für dieses Programm interessiert. Gemeinsam mit Drury Wood flogen NASA-Piloten die Maschine noch bis in das Frühjahr 1970 hinein: Sie beurteilten das Flugverhalten dieses Experimentalflugzeuges hervorragend.

Ein letztes Mal wurde die Do 31 E 3 während der Luftfahrtschau Hannover im Jahr 1970 der Öffentlichkeit vorgeführt. Aber die Pionierzeit der Senkrechtstarttechnik war schon zu Ende, kaum daß sie richtig begonnen hatte. Noch 1969 hatten das Verteidigungsministerium und die Lufthansa gemeinsame Rahmenforderungen für ein V/STOL-Transportflugzeug aufgestellt, das in den achtziger Jahren einsatzfähig sein sollte, und die deutschen Flugzeugfirmen wurden zu einem Projektwettbewerb eingeladen.

Dornier schlug dafür das Konzept Do 231 „V-Jet" vor: Mit diesem, auf den Erfahrungen mit der Do 31 aufbauenden Projekt, gewann Dornier vom Gutachtergremium unter Leitung von Professor Thalau zwar die beste Bewertung aller eingereichten Vorschläge, aber für weitere Entwicklungsarbeiten wurden keine Mittel bewilligt.

Bewegungslos wie ein Hubschrauber stand die Do 31 E3 in der Luft, bevor sie langsam sinkend zur senkrechten Landung ansetzte.

D-9531

Zwei ungleiche Brüder: Das Kurzstartflugzeug Do 28 D Skyservant und der Senkrechtstarter Do 31 E 3.

Zu einem kommerziellen Erfolg mit Serienflugzeugen ließ sich die Senkrechtstarttechnik also nicht ummünzen. Für Dornier, ebenso wie für die anderen deutschen Firmen, war der Abbruch dieser Pionierarbeiten eine harte Enttäuschung. Das bedeutete eine völlige Neuorientierung für den Flugzeugbaubereich in der Bundesrepublik Deutschland. Dennoch bleibt festzuhalten, daß mit der in wenigen Jahren bewiesenen Fähigkeit, solch komplexe Systeme, wie es die Senkrechtstarter waren, zu entwickeln und erfolgreich zu erproben, ein wichtiger Meilenstein in der Nachkriegsgeschichte des deutschen Flugzeugbaus gesetzt werden konnte.

Claude Dornier beobachtete diese Ära der großen Hoffnungen und der kaum geringeren Enttäuschungen mit nie nachlassendem Interesse. Er starb am 5. Dezember 1969 in Zug, seinem Schweizer Wohnort.

Anmerkungen

Die fortlaufenden Ziffern beziehen sich auf die Fußnoten-Hinweise im Text.

Ein Ingenieur geht seinen Weg

1) Über die Entstehung des Zeppelin-Konzerns und über die leitenden Männer ausführlich in: Rudolf Herzfeldt, Geschäft und Aufgabe – 50 Jahre Zahnradfabrik Friedrichshafen, S. 51ff. Über die Organisation des Konzerns vgl. Zeppelin – Ein bedeutendes Kapitel aus der Geschichte der Luftfahrt
2) Claude Dornier hatte durchaus Sinn für Geschichte und die Dimension des Geschichtlichen. Im Vorwort zur Sammlung seiner „Vorträge und Abhandlungen" schrieb er ausdrücklich: *„Schließlich ist kein Fortschritt möglich ohne Kenntnis dessen, was früher gerechnet und gedacht wurde."*
3) Dornier, Ingenieurlaufbahn, S. 15
4) Dornier, Ingenieurlaufbahn, S. 57ff.
5) Über die Delag ausführlich in: Hans von Schiller, Zeppelin. Wegbereiter des Luftverkehrs, S. 60ff.
6) In: Über Metallwasserflugzeuge – vorgetragen auf der Wissenschaftlichen Gesellschaft für Luftfahrt (W.G.L.) im September 1921
7) Zitiert nach: Dr. Ing. Gustav Wieland, Die Flugzeugbauer vom Bodensee – von Kobers „Fliegenden Kisten" zum Dornier-Alpha-Jet, Nachdruck aus Schwäbische Zeitung 1975, S. 4
8) Zitiert nach: Zeppelin – Ein bedeutendes Kapitel aus der Geschichte der Luftfahrt, S. 18

Grundlegende Arbeiten im Metallflugzeugbau

9) Die Summen waren schließlich erheblich höher, betrugen ein Mehrfaches. Colsman, dessen Erinnerungen „Luftschiff voraus" Dorniers Darstellungen bis 1932 ergänzen, schrieb im Rückblick, S. 186: *„Selten sind einem Ingenieur an Mitteln und Zeit zur Durchführung seiner Aufgaben so unbegrenzte Möglichkeiten zur Verfügung gestellt worden, wie das vor und während des Krieges seitens der LZ (Luftschiffbau Zeppelin) Dornier gegenüber geschehen ist."*
10) Dr. Ing. M. Kohler, Von der Versuchs- und Forschungstätigkeit in den Dornier-Werken während der ersten 25 Jahre ihres Bestehens, S. 1ff.
11) Hierzu: Dipl. Ing. Heinrich Schulte-Frohlinde, dessen Geschichte im Manuskript vorliegt. Schulte-Frohlinde war im September 1914 nach Friedrichshafen gekommen, wo er als Konstrukteur, später als Betriebsleiter tätig war.
12) Vgl. die Berichte von Heinrich Triller, die im Manuskript vorliegen.
13) Dornier, Ingenieurlaufbahn, S. 85
14) Über Metallwasserflugzeuge
15) Vgl. hier und bei den folgenden Zitaten die Aufsätze von Dr. Ludwig Petzold, „Der Wille siegt", Dornier-Post 3 und 4/39, wo der Verfasser offensichtlich verloren gegangenes Material über die Rs-Flugboote veröffentlichte.
16) Vgl. Der erste Flug vom Bodensee zur Nordsee, Dornier-Post 4/36
17) Ausführlicher geht Ekkehard Woerner in seinem Beitrag „Beispiele aus der Entwicklung des Flugzeugtragflügels" in der Festschrift des Deutschen Patentamtes, Hundert Jahre Patentamt, auf Claude Dorniers Patente und ihren Stellenwert in der Geschichte des Flugzeugbaues ein.
18) Über Metallwasserflugzeuge
19) Vgl. Höhenjäger D1 und die Konkurrenz, aerokurier 12/1971 und 1/1972

Fortschritte im Flugbootbau

20) Über Metallwasserflugzeuge
21) Jahre später hat es noch einmal einen Annäherungsversuch gegeben, wie Homze in „Arming the Luftwaffe" belegt. Direktor Koppenberg von den Mitteldeutschen Stahlwerken, die zum Flick-Konzern gehörten, führte Gespräche mit Dornier, Heinkel und mit Junkers-Managern über eine mögliche Zusammenarbeit. Koppenberg schlug Dornier, der an zusätzlichen Staatsaufträgen interessiert war, gemeinsame Aktivitäten in den Anlagen der ehemaligen Deutschen Flugzeugwerke in Leipzig vor. Aber Dornier, so Homze, der einen Brief Koppenbergs vom 20.04.1933 anführt, „blieb unverbindlich" – wollte offensichtlich, wie auch nach dem Zweiten Weltkrieg, Herr im Hause bleiben.
22) Ausführlich mit Telegrammwechsel und Ausführungsbericht in H. Trillers Manuskripten
23) Dornier, Ingenieurlaufbahn S. 156ff.

Luftverkehr zu Lande und auf dem Wasser

24) Vgl. Hermann von Wilamowitz-Moellendorf, Der europäische Luftverkehr bis zum Jahr 1925, in: Jahrbuch für Luftverkehr 1925
25) Über das erste Jahr des deutschen Luftverkehrs berichtet die Broschüre: Eine Million Kilometer Luftverkehr der DLR (Berlin 1920)
26) Colsman, Luftschiff voraus, S. 199ff.

Der „Wal" und Marina di Pisa

27) Karl Feucht, Mit Amundsen zum Nordpol, in: Dornier-Post Juni/Juli 1936
28) Nachlesenswert ist Fritz W. Hammers Aufsatz „Überseeischer Luftverkehr", in: Der Flugkapitän 11/12 1932, der Aufschluß gibt über Hammers Arbeit und über die Anfänge der Südatlantik-Fliegerei
29) Vgl. Der Bodensee und die Fliegerei – 1. Die Dornier-Werke. Der Dornier Delphin D277 auf der See-Nachtflug-Versuchsstrecke Stettin-Kopenhagen... von Flugkapitän Dipl.-Ing. Horst Merz, in: „Kurz und gut", Jugendbeilage zu

Heft 5/69, herausgegeben von Byk Gulden, Konstanz
30) Werner Dobras: Aerolloyd – Ein Kapitel Fluggeschichte am Schwäbischen Meer, in: Bodensee-Hefte Mai 1982
31) Colsman, Luftschiff voraus, S. 188
32) Neuere Erfahrungen im Bau und Betrieb von Metallflugzeugen – vorgetragen auf der 10. ordentlichen Mitgliederversammlung der Wissenschaftlichen Gesellschaft für Luftfahrt im September 1925
33) Auch auf diese Versuche geht Claude Dornier näher ein in seinem Vortrag: Neuere Erfahrungen...

Dornier auf internationalen Märkten

34) Der Monatsbericht des Konzerns vom November 1922 meldete den Verkauf eines Falken an die Wrigth Aeronautical in Paterson/USA. Der Kaufpreis betrug 8900 Dollar.
35) Hans Bucher, Dornier-Flugzeuge in Japan, in: Dornier-Post April/Mai 1936
36) Vgl. Vogt, Weltumspannende Memoiren, S. 69

Verkehrsfliegerei 1926 – 1927: der „Merkur"

37) Die ursprüngliche Schreibweise „Luft Hansa" wurde bis Anfang 1934 beibehalten, dann von „Lufthansa" abgelöst. Da sich viele Entwicklungen im Luftverkehr über größere Zeiträume erstrecken, wenden wir im folgenden durchweg die moderne Schreibweise an.
38) Der Fernflug mit Dornier-„Wal" von Spanien nach Südamerika, in: Luftfahrttechnische Nachrichten, Februar 1926
39) Zitiert nach: 10 Jahre Deutsche Lufthansa (Berlin 1936)
40) In seinem Buch „Afrikaflug" gab Mittelholzer Einblick in die Strapazen eines solchen Fluges und über die Erfahrungen, die daraus zu ziehen waren. Hier einige Auszüge:
„Während in Neapel, Athen, Durban und East London der „Merkur" bei kräftig wehenden Winden mit einem Totalgewicht von 3950 kg an die Grenze seines Startvermögens kam, war auf dem Albertsee 650 m über Meer nur noch ein Start mit 3500 kg, auf dem Viktoriy Nyanza 1140 m mit 3500 kg Totalgewicht möglich. Dabei besteht noch eine große Differenz zwischen einem Start bei Windstille und einem solchen bei starkem Gegenwind. Sie betrug bei der „Switzerland" je nach der Stärke des Windes z.B. auf Meereshöhe 100 – 300 kg Mehrlast gegenüber einem Start bei Windstille. Die Leistungsabnahme betrug somit auf dem Viktoriasee ca. 16%, auf unsere reine Nutzlast bezogen aber volle 48%, so daß ich nur noch die Hälfte derselben laden konnte. Es ergibt sich daraus, daß ein wirtschaftlicher Luftverkehr mit Hydroplanen ohne Kompressormotoren auf dem hohen Seegebiet nicht möglich ist."

„Unser BMW-Motor lief bis zu Ende mit der Präzision eines Chronometers und gab mir ein solches Vertrauen, daß ich jeweilen ohne Bedenken die gefährlichen Landstrecken über Gebirge, Wüsten und Urwälder traversierte. Einige wenige kurze Aussetzer, die über diesem Gelände sehr unangenehme Empfindungen auslösten, mußten auf Wassertropfen, die sich durch Kodensation der feuchten Luft in den Benzinreservoiren bildeten und von dort in den Vergaser gelangten, zurückgeführt werden. Jedenfalls hat sich die Zündung der Scintilla-Magnete trotz feuchtheißer Tropenluft glänzend bewährt, ein Resultat, das unserer schweizerischen Industrie zu besonderer Ehre gereicht.

Die Kühlanlage der Dornier-Werke, der ich von Anfang an mein Hauptaugenmerk widmete und die mir anläßlich der Probeflüge so viele Bedenken machte, daß derentwillen die Abreise stark verzögert wurde, hat sich trotz der ungeheuren Beanspruchung durch harte Starte tadellos bewährt. Neben der geringen, kaum nennenswerten Verdunstung durch die Tropenwärme verloren wir kaum einen Tropfen Wasser während des ganzen Fluges. Der für besonders heiße Temperaturen vorsorglich konstruierte Zusatzkühler mit 5 m^2 Kühlfläche wurde nur im südlichen Sudan montiert und nachher nie mehr benötigt."

„Der von der Asiatic Petroleum Company gelieferte Brennstoff, vor allem die Mischung von Aviation Benzin mit Benzol, der auf allen Etappenstationen in verlöteten Büchsen von 18 Liter Inhalt (deren je zwei in einer Holzkiste gut verpackt waren) bereit stand, hat sich für unseren hochkomprimierten Motor vorzüglich bewährt. Leider war hingegen das Öl für die hohen Temperaturen zu dünn: Infolgedessen setzten sich auf den Ventiltellern dicke Ölkrusten an, zu deren Entfernung die Motorenrevision in Jinja nötig war. Es wurden dort die Ventilsätze neu eingeschliffen und einige wenige Ventile, die offenbar durch eingedrungenen Wüstensand deformiert waren, durch neue ersetzt."

„Mit Ausnahme des linken Schwimmers, der anläßlich der Landung in East London auf der harten Brandung im vorderen Drittel etwas beschädigt wurde, ohne jedoch leck zu werden, war an der Flugzeugzelle keine Reparatur vorzunehmen. Zwecks Teerung der Schwimmer wurde die Maschine vermittels des großen Dampfkrans auf dem Staudamm in Assuan hochgezogen, wo es sich herausstellte, daß durch ein kleines, offenes Nietenloch in die mittlere Schotte Wasser eindringen konnte, das wir jeweilen kurz vor dem Start mit einer kleinen Handpumpe herausschöpften. Anläßlich eines Probelaufes des Motors in Kairo kam das Flugboot zu nahe an die Boje, wodurch sich eine Spitze des Propellers etwas verletzte. Der Schaden wurde jedoch in wenigen Stunden durch die Royal Air Force in Heliopolis wieder ausgebessert, so daß wir erst in Kisumu diesen Propeller durch einen neuen ersetzten. Dieser wurde dem nach Mombasa vorausgesandten umfangreichen Reserve-Bestandteillager entnommen."

„Dank der vorzüglichen Konstruktion von Motor und Zelle beschränkte sich die Arbeit des Monteurs während der Flugreise auf die Überwachung der Maschinenanlage, wo von Zeit zu Zeit gelockerte Schrauben angezogen werden mußten. Nach je 1000 km Flug wurden die Zündkerzen gereinigt und Frischöl auch in das Motorgehäuse eingefüllt. Hätten wir an Stelle der Handanlaßvorrichtung einen Druckluftstarter für das Inbetriebsetzen des Motors gehabt (der wegen Gewichtsersparnis leider nicht in Frage kam), so wäre die Arbeit Hartmanns sogar für Tropenverhältnisse recht erträglich gewesen. Infolge der fortwährend sich ändernden atmosphärischen Verhältnisse, wo speziell Luftfeuchtigkeit und Temperatur großen Einfluß hatten, dauerte es oft lange, den Motor in Betrieb zu setzen. Dabei muß eben berücksichtigt werden,

daß es dem Weißen unter der Äquatorsonne nicht möglich ist, körperlich wie geistig die selbe Arbeit wie in der gemäßigten Zone zu leisten. Es ist somit ein Haupterfordernis, das an die Mitglieder einer Expedition gestellt werden muß, daß sie über eine durch Sport gestählte, robuste Gesundheit verfügen und an den besonderen Bedürfnissen des Körpers in den Tropen durch eine angepaßte Lebensweise Rechnung tragen."

Lizenzen, Verträge und eine große Vision

41) Dornier, Ingenieurlaufbahn, S. 154
42) Albert Deissinger: Flugzeugbau in den Niederlanden, in: Dornier-Post April/Mai 1937
43) Einen Überblick über die gesamte Entwicklung gibt der Artikel „Der Luftverkehr der ‚Syndicato Condor Ltda.' in Südamerika", in: Der Lufthanseat Januar 1938
44) Vgl. „Luftverkehrserkundung auf der Strecke Spanien – Kanarische Inseln", in: Lufthansa Betriebsmitteilungen 31.7.1928

Die Do X, ihr Bau und ihre Erprobung

45) Über eine Familie ähnlicher Flugboote. Vortrag, gehalten vor der „Royal Aeronautical Society" in London im Herbst 1928
46) Das Flugschiff Do X. Vortrag, gehalten auf der Jahresversammlung der Wissenschaftlichen Gesellschaft für Luftfahrt am 6.11.1929
47) Die Marine sah sich tatsächlich als der Auftraggeber für ein *„seefähiges Versuchsflugboot größtmöglichen Ausmaßes, das als Fernaufklärer, Minenleger oder Torpedoflugzeug versuchsweise Verwendung finden sollte"*, ohne daß es, wie man weiß, dazu gekommen wäre. Einzelheiten über die Entstehungsgeschichte der Do X aus der Perspektive der Marine in: Der Kampf der Marine gegen Versailles 1919-1935, vom 20. April 1937, bearb. v. Kapitän z. S. Schüssler
48) Diese und die weiteren Zitate über die Konstruktionsgedanken und die Arbeiten an der Do X vgl. Das Flugschiff Do X. Vortrag...
49) Im Dornier-Archiv liegen sämtliche Flugberichte aus der Erprobungszeit der Do X
50) Über Luftschiffe. Erfahrungen, Vergleiche, Folgerungen und Ausblick. Aus: Wissenschaftliche Vorträge, gehalten auf der Hochschultagung 1931 der Technischen Hochschule München
51) Material zu dem Patentstreit liegt in den Sondersammlungen des Deutschen Museums München

Experimentierphase im Landflugzeugbau

52)Eine Studie über die *„Sicherheit im Luftverkehr"*, die Erhard Milch im April 1929 auf Grund der Betriebsergebnisse der Lufthansa 1926-1928 vorlegte, wirft ein bezeichnendes Licht auf die Probleme der Luftfahrtgesellschaften in jener Zeit. So mußten Lufthansa-Flugzeuge 1928 wegen des Wetters oder wegen technischer Probleme noch 1169 Zwischenlandungen vornehmen, davon 286 *„auf unvorbereitetem Gelände"*, also Notlandung auf freiem Feld. Größtes Problem: die Störanfälligkeit der Motoren. Milch:
„Der Bau von Flugzeugen größerer Ausmaße verlangt eine Leistung, die ein einzelner Motor zur Zeit nicht hergeben kann, da die Leistungssteigerung eines Motors auch heute noch, wenn auch weniger als früher, beschränkt ist. Rein technisch gesehen, war dies zunächst ein Nachteil, da mehrere Motoren mehr Anlaß zu Störungen gaben als einer. Die Störungsmöglichkeiten stiegen prozentual mit der Anzahl der Motoren, die des Triebwerks sogar noch in höherem Umfange, da die große Triebwerksanlage komplizierter ist. Der Luftverkehr war gezwungen, sich mit dieser Tatsache abzufinden und machte aus der Not eine Tugend. Da die Störungen an einem Motor sehr häufig zu ganzem Ausfall desselben führen, d.h. bei einem einmotorigen Flugzeug die sofortige Landung erfordern, wurde bei mehrmotorigen Flugzeugen die Forderung erhoben, auch bei Ausfall eines beliebigen Motors weiterfliegen zu können. Es war hierbei nicht gleichgültig, welcher Motor ausfiel; der Ausfall von Seitenmotoren fiel schwerer ins Gewicht als der des Mittelmotors. Von Einfluß war auch die Zahl der Motoren, da es sich sehr bald herausstellte, daß die eben erwähnte Forderung nur bei Flugzeugen möglich war, die über mindestens drei Motoren verfügten. Auch bei diesen konnte in den ersten Jahren das Ziel im allgemeinen nicht erreicht werden. Da die Maschinen aufgrund der Betriebsentwicklung sehr schnell an Gewicht zunahmen und die Betriebsverhältnisse (Böigkeit, schlechttragende Luft, Gieren des Flugzeuges) höhere Anforderungen stellten als Versuchsflüge, fehlte im allgemeinen, besonders bei schlechtem Wetter, der so notwendige Kraftüberschuß, um den Flug fortzusetzen. Das Urteil über die mehrmotorigen Maschinen hat lange unter diesen Tatsachen gelitten. Durch den Einbau stärkerer Motoren und Verbesserung der aerodynamischen Eigenschaften wurden jedoch die Mängel behoben und wertvolle Erkenntnisse für die Weiterverfolgung des genannten Zieles gesammelt. Die D.L.H. fordert z.B. bei den Abnahmeflügen von dreimotorigen Flugzeugen heute eine Normalgipfelhöhe von 1000 m und mehr nach Ausfall eines beliebigen Motors, d.h. die dreimotorige Maschine muß mit zwei Motoren noch mit voller Last auf diese Höhe steigen können. Diese Höhe wird als Minimum betrachtet, da Gelände- und Wetterverhältnisse Einschränkungen der wirklichen Gipfelhöhe mit sich bringen können. Wie langwierig der zurückgelegte Weg war, geht am besten daraus hervor, daß ein schon 1925 in den Streckenverkehr eingesetztes Großflugzeug erst 1928 als wirklich durchentwickelt bezeichnet werden konnte."
Es dauerte noch Jahre, bis zweimotorige Flugzeuge den gehörigen Sicherheitsgrad erreicht hatten.
53) Vgl. Flugsport, 1932, Heft 12
54) Zitiert nach den Aktenbeständen (R 2/5596 und 5597) im Bundesarchiv Koblenz
55) Hierzu H. Schulte-Frohlinde, Entwicklung und Lebensdauer von Verkehrsflugzeugen, in: Der Flugkapitän, 1932 Heft 2/3
56) Aktenvermerk des Reichsverkehrsministeriums vom 17.10.1931

Do X auf Reisen

57) Dornier, Ingenieurlaufbahn, S. 197
58) In dem Buch „Marcel Dornier – Gemälde – Zeichnun-

gen – Graphik" gibt der Bruder des Konstrukteurs, neben seiner Sicht der harten Jugendzeit, auch Hinweise auf seine Arbeiten für Dornier.
59) Über Luftschiffe. Erfahrungen...
60) Der gesamte Flugbericht ist nachzulesen im (1979 publizierten) Nachdruck der seinerzeit in der Schweizer Aero Revue erschienenen Berichte.
61) Niederschrift über die Besprechung am 5. November 1930 im Reichsverkehrsministerium
62) P.H. v. Mitterwallner: Mit der Do X 2 über die Alpen und rund um Italien, in: Der Flugkapitän 1932 Heft 4/5

Der Grundstock der neuen Luftwaffe

63) Zit. nach Völker, Dokumente und Dokumentarfotos..., S. 233
64) Zit. nach Völker, Die deutsche Luftwaffe 1933 – 1939, S. 58. Dort finden sich auch materialreiche Darstellungen über die Ausrüstung der Truppe mit Waffen und Gerät.
65) Über den Aufbau von Wismar und über die Arbeit der nächsten Jahre geben die Manuskripte von Schulte-Frohlinde und Pönitzsch weiteren Aufschluß.

Der „Wal" auf dem Atlantik – und der Weltflug

66) Am eindrucksvollsten hat Wolfgang von Gronau selbst über seine Flüge berichtet – vor allem in seinem Buch „Pionierflüge mit dem Dornier-Wal".
67) F.W. Hammer: Der Flugstützpunkt „Westfalen" und die Flugzeugverbindung Deutschland-Amerika, in: Zeitschrift des Vereins Deutscher Ingenieure 22/1934
68) Wilhelm Küppers, Bordfunker auf den „Walen", hat in seinem Buch „Start frei – Atlantik" eine sehr unbekümmerte Schilderung jener Pionierjahre gegeben, einen Hymnus auf den „Wal": Er war „für mich lange Zeit ein Begriff für das Flugzeug schlechthin."
69) Etwa 1968 erschien eine „Übersicht der im Flugzeugwerk Altenrhein gebauten Flugzeugtypen", herausgegeben von der Flug- und Fahrzeugwerke AG Altenrhein.

Weiterer Ausbau, intensivierte Forschung

70) So, beispielsweise, ersichtlich aus einem in der „Luftreise" im Juni 1934 erschienenen Artikel, einer einfühlsamen Würdigung, die freilich mit drei Sternen gekennzeichnet ist.
71) Der Leiter der Versuchsabteilung, Dr. Ing. M. Kohler, hat einige Jahre später eine Broschüre über die „Versuchs- und Forschungstätigkeit" bei Dornier publiziert, die den Stellenwert dieser Abteilung im Dornier-Konzern deutlich macht.
72) Vgl. hierzu H. Schlichting: Der Windkanal der Dornier-Werke, Sonderdruck aus „Luftfahrtforschung", Band 15 (1938), Lfg. 3
73) Preisträger der Lilienthal-Gesellschaft für Luftfahrtforschung sprachen im Rundfunk, in: Dornier-Post Okt./Nov./Dez. 1938

Die Entwicklung der Do 17 und Do 19

74) Nach den Unterlagen im Lufthansa-Archiv ging die Ausarbeitung am 9. 1. 1935 an das Reichsluftfahrtministerium.
75) Der Komplex der Do 17, Do 215 und Do 217 ist so kompliziert, daß im Rahmen dieser Darstellung, die ja Claude Dorniers Werk von 1914 bis 1969 umfaßt, nur ein Überblick gegeben werden kann. Die Zahl der Spezialuntersuchungen ist groß. So hat, beispielsweise, Karl Kössler in einer mustergültigen Darstellung – „Dichtung und Wahrheit – diesmal die Do 17", in Luftfahrt international, 1-3/1983 – die Entstehungszeit der Do 17 aufgearbeitet. Aus diesem großen Aufsatz wird hier zitiert.
76) Willy Polte war auch schon bei dem Flugmeeting 1932 dabei. In seinem Buch „Und wir sind doch geflogen" schildert er seine Erlebnisse bei diesen, für die Entwicklung der Luftfahrt wichtigen Wettbewerben.
77) Im Vorwort zur deutschen Ausgabe, die 1935 unter dem Titel „Luftherrschaft" erschien, schreibt Oberstleutnant Frhr. von Bülow geradezu prophetisch: *„Das eingehende Studium des Douhetschen Buches ist... gerade für uns Deutsche von höchstem Wert, weil kein Staat durch eine Douhetistische Luftoffensive stärker bedroht wäre als Deutschland."* Offensichtlich ist das Buch aber nicht in diesem Sinne verstanden worden.

Konsequenz im Flugbootbau

78) Für den Ideenwettbewerb habe man, wie Erhard Milch am 17. 4. 1930 an Claude Dornier schrieb, *„in Anbetracht der Bedeutung und Schwierigkeit der Aufgabe"* einige Fachleute gebeten, Lufthansa *„bei der Festlegung der Anforderungen an ein solches Flugzeug zu beraten"*. Es waren: Wolfgang von Gronau, Prof. Dr. Ing. Hoff, Prof. Dr. Ing. Madelung und Dipl. Ing. Spies.
79) Die Auftragserteilung für die Versuchsarbeiten gibt einen Einblick in das Kostengefüge der Luftfahrtindustrie jener Tage. So schlug der Bau einer Attrappe für das Flugboot mit 5.430,- RM, die Entwicklung der Kühlanlage mit 34.600,- RM zu Buch. Für Windkanalversuche wurden 15.000,- RM, für Schleppversuche 6.000,- RM und für Konstruktionsversuche 47.045,- RM angesetzt.
80) Vgl. „Langstrecken-Weltrekord mit JUMO 205", in: Junkers-Nachrichten April 1938
81) Dr.Ludwig Petzold, Das Metallflugzeug nähert sich der aerodynamischen Vollendung", in: Dornier-Post Aug./Sept. 1938
82) Für das Jahr 1939 war eine Broschüre „25 Jahre Dornier" geplant und schon gesetzt, die wegen des Kriegsausbruchs nicht mehr erschien. Hier wurden Graf Schacks Erinnerungen an den Start abgedruckt. Vgl. „Deutsche Flugboote im ewigen Eis", Dornier-Informationsdienst vom 28. 11. 1939.

Die Dornier-Werke im 2. Weltkrieg

83) Vgl. Carl Heß, „Die Do 24 im Einsatz des Seenotdienstes", in: Dornier-Post 3/66
84) Eine Zusammenstellung der Vorzüge und Nachteile der Do 217 befindet sich, als Manuskript, im Dornier-Archiv: „Erinnerungen an die Do 217" von Prof. Dr. Günter Aschoff
85) Flugkapitän Dieterle in seinem Flugbericht: *„Man fühlt sich gleich wohl auf dem Flugzeug, ein Beweis dafür, daß keine unangenehmen Eigenschaften bzw. Eigenarten auftreten. Die besondere Triebwerksanordnung wirkt sich – soweit*

das jetzt schon beurteilt werden kann – in keiner Weise unangenehm aus. In Punkto Einmotorenflug ist sie jedenfalls der üblichen Triebwerksanordnung weit überlegen. Eine Beeinflussung der Ruder durch die Heckschraube kann nicht festgestellt werden. Start und Landung sind einfach, was zum Teil auf die besondere Fahrwerksanordnung zurückzuführen ist. Lastigkeitsunterschiede sind nicht stark ausgeprägt. Steuerbarkeit im Großen und Ganzen brauchbar, im Querruder ist wahrscheinlich eine Änderung nötig, die größere Kraftentlastung bringt. Stabilität um die Querachse zu schwach, um die Hochachse stark ausgeprägt."

Anhang

Bezeichnung der Dornier-Flugzeuge

Die Typenbezeichnungen der von Dornier gebauten Flugzeuge sind nachstehend aufgeführt. Hierbei wurde gegliedert entsprechend den allgemein gültigen Richtlinien aus der Zeit des Ersten Weltkrieges, nach der bei Dornier eingeführten Typenreihe ab 1920 und der ab 1932 für die deutsche Luftfahrt-Industrie eingeführten Neu-Regelung, wie sie praktisch bis heute angewendet wird.

Typenreihe im Ersten Weltkrieg

Gleichzeitig mit dem Auftrag an die Luftschiffbau Zeppelin GmbH, der die „Abt. Do" angehörte, vergab das Oberkommando der Fliegertruppen entsprechend der Klasse des bestellten Flugzeuges auch Kennbuchstaben und -ziffern:

C für einmotorige zweisitzige Fern- und Nahaufklärer
D für einmotorige einsitzige Jagdflugzeuge
G für zweimotorige mehrsitzige Bomber
R für drei- bis sechsmotorige Fernbomber
(R = Riesenflugzeug)

Den Kennbuchstaben angefügt wurden für Landflugzeuge die Zusatzbezeichnung „l" und für Seeflugzeuge „s".

Beispiele:

RsI = Riesenflugzeug – See, Typ I
DI = Jagdflugzeug, Typ I
(vollständige Bezeichnung: Zepp. DI 1750/18 – 1750 = fortlaufende Fertigungsnummer, also das 1750. Flugzeug im Jahr 1918)

Dornier-Flugzeugtypen/Erster Weltkrieg

Seeflugzeuge

RsI	1914	Großflugboot
RsIIa	1915	Großflugboot/Experimentalflugzeug
RsIIb	1916	Großflugboot/Umbau der Motoranlage
RsIII	1917	Großflugboot
CsI	1917	Zweisitziger Seeaufklärer mit Schwimmern
RsIV	1917	Viermotoriges Großflugboot
GsI	1918	Zweimotoriges Flugboot

Landflugzeuge

VI	1916	Experimentalflugzeug/Jagdeinsitzer
ClI	1916	Zweisitziger Aufklärer/Prototyp
ClII	1918	Zweisitziger Aufklärer
DI	1918	Einsitziges Jagdflugzeug

Bezeichnung der Dornier-Flugzeugtypen ab 1920

Nach der Gründung der Dornier Metallbauten GmbH wurden die Flugzeuge durch die Abkürzung von „Do" und Anfügung eines Großbuchstabens aus dem Alphabet von A bis Y ausgewiesen. Dabei wurde der Buchstabe des Grundtyps auch für abgeleitete Versionen beibehalten. Bei Flugzeugen, die mit verschiedenen Motoren und für verschiedene Zwecke gebaut wurden, verlangte die Musterprüfstelle DLV-PfL (Deutsche Versuchsanstalt für Luftfahrt/Prüfstelle für Luftfahrt-Gerät, Berlin) eine Zusatzbezeichnung: dabei stand ein weiterer Großbuchstabe für den Motoren-Typ (B = BMW, R = Rolls-Royce usw.); ein Kleinbuchstabe kennzeichnete den Verwendungszweck (a = Transport, o = Post, i = Militär, l = Landversion, s = Seeversion).

Beispiele:

DoJ-Ris = Dornier „Wal" mit Rolls-Royce und für militärische Zwecke

DoB-Bal = Dornier „Merkur" mit BMW in Verkehrsausführung

Dornier-Flugzeugmuster

DoA „Libelle"	1920	Kleines dreisitziges Sportflugboot
„Spatz"	1924	Landausführung der „Libelle"
DoB „Komet"	1920	Verkehrsflugzeug Komet I und II
„Merkur"	1925	mit 4 Plätzen, Komet III mit 6 Plätzen – Weiterentwicklung zum „Merkur"
DoC	1924	Zweisitziges Aufklärungs- und Jagdflugzeug in Land- und See-Ausführung, Lizenzbau in Japan
DoD	1924	Zweisitziges Aufklärungs- und Torpedoflugzeug auf Schwimmern
DoE	1924	See-Aufklärer und Überwachungsflugboot
DoF	1932	Post- und Frachtflugzeug, später „Do 11"
DoG „Greif"	1920	Projekt eines Verkehrsflugzeuges
DoH „Falke"	1922	Einsitziges Jagdflugzeug, Land- und Seeausführung
DoJ „Wal"	1922	Hochseeflugboot für Passagier-Verkehr, verschiedene Versionen, auch für militärischen Einsatz, anfangs auch bezeichnet als GSII
DoK	1929	Verkehrsflugzeug für acht Fluggäste, Varianten DoK2 und DoK3 (für zehn Fluggäste)

Do L „Delphin"	1924	Verkehrsflugboot für fünf Fluggäste, mehrere Varianten
Do N	1926	Militär-Flugzeug für Japan, Landausführung der Do J
Do P	1930	Viermotoriges Militär-Flugzeug
Do R „Superwal"	1927	Zwei- bzw. viermotoriges Verkehrsflugboot für 19 Personen, mehrere Varianten
Do S	1930	Viermotoriges Verkehrsflugboot für 22 Personen
Do T	·1926	Sanitätsversion der Do B/„Merkur"
Do X	1929	Zwölfmotoriges Flugschiff, (Belastungsflug mit 169 Personen)
Do Y	1931	Dreimotoriger Bomber für Jugoslawien und Grundlage des Projekts Do 15

Neuregelung ab 1932

Für die deutsche Luftfahrt-Industrie wurde von der Musterprüfstelle ab 1932 ein einheitliches Bezeichnungssystem eingeführt, das die Abkürzungen der Hersteller-Firmen verwendete (Do = Dornier, Ju = Junkers, He = Heinkel, Me = Messerschmitt usw.), was bei Dornier auch schon vorher der Fall war.

Neu war aber die Bezeichnung der Muster durch zwei- oder dreistellige Zahlen, wobei an Dornier die Nummernreihe 10 bis 45 vergeben wurde. Soweit zu einem Grundmuster Weiterentwicklungen beschlossen wurden, kamen 100er-Gruppen zur Verwendung (Do 17/Do 217/Do 317).

Ergänzende Großbuchstaben kennzeichneten die Untertypen, angehängte Ziffern die Teil-Serien.

Beispiele:

Do 17 Z-3	= Kampfflugzeug Do 17 mit großem Besatzungsraum und mit Bramo-Motoren
Do 217 N-1	= Nachtjäger Do 217 mit DB-Motoren
Do 24 T-2	= Seenotflugzeug mit Bramo-Motoren

Vorträge und Publikationen von Professor Dr. Claude Dornier

- Die Ermittlung der momentanen Eigengeschwindigkeiten von Luftfahrzeugen mit Hilfe der Pitotschen Röhre. – Die Bestimmung des Schiffswiderstandes durch den Fahrtversuch. Luftschiffbau Zeppelin/Dipl.-Ing. A. Frhr. v. Soden und Dipl.-Ing. Cl. Dornier
  Sonderabdruck aus „Zeitschrift für Flugtechnik und Motorluftschiffahrt" 1911, Heft 19 und 20

- Beitrag zur Berechnung der Luftschrauben unter Zugrundelegung der Rateauschen Theorie, erschienen 1912 im Verlag von Julius Springer, Berlin

- Vorträge und Abhandlungen aus dem Gebiete des Flugzeugbaues und Luftschiffbaues 1914 - 1930:

  „Über Zeppelin-Luftschiffe"
  gehalten im Sommer 1914 auf der 18. ordentlichen Jahresversammlung der Schiffbautechnischen Gesellschaft

  „Beitrag zur Kenntnis der Leistung, Bewertung und Entwicklungsmöglichkeit starrer Luftschiffe, insbesondere Zeppelinscher Bauart"
  Nachdruck aus dem Jahrbuch 1915 der Schiffbautechnischen Gesellschaft

  „Über Metallwasserflugzeuge"
  vorgetragen auf der Wissenschaftlichen Gesellschaft für Luftfahrt (W. G. L.) im September 1921

  „Neuere Erfahrungen im Bau und Betrieb von Metallflugzeugen"
  vorgetragen auf der 10. ordentlichen Mitgliederversammlung der Wissenschaftlichen Gesellschaft für Luftfahrt im September 1925

  „Über eine Familie ähnlicher Flugboote"
  Vortrag, gehalten vor der „Royal Aeronautical Society" in London, Herbst 1928

  „Das Flugschiff Do X"
  Vortrag, gehalten auf der Jahresversammlung der Wissenschaftlichen Gesellschaft für Luftfahrt am 6. November 1929

- „Die Bedeutung des Flugschiffes für den zukünftigen Transport von Personen über See" Artikel enthalten in Broschüre Nr. 10 – Sonderdruck Do X, erschienen 1931

- „Über Flugschiffe" – Erfahrungen, Vergleiche, Folgerungen und Ausblick
  aus Wissenschaftliche Vorträge, gehalten auf der Hochschultagung 1931 der Technischen Hochschule München

- „Die Entwicklung des Verkehrsflugzeuges"
  erschienen im Flugsport Nr. 12, 1932

- „Derzeitiger Stand der Entwicklung von Langstrecken-Seeflugzeugen"
  erschienen in VDI-Zeitschrift Bd. 83, Nr. 1, 7. Januar 1939

- Dr. Dornier über sein Werk
  Dornier-Information vom 28. November 1939

- „Aus meiner Ingenieurlaufbahn"
  erschienen 1966

Literaturverzeichnis

Buddenbrock, Fr. Frhr. v.: „Atlantico", „Pacifico" – Lehrjahre des überseeischen Luftverkehrs, 1965, Düsseldorf

Colsman, Alfred: Luftschiff voraus!
Arbeit und Erleben am Werk Zeppelins, 1933, Suttgart Berlin

Davis, R.E.G.: A History of the World's Airlines, 1964, London

Deutsche Lufthansa, 10 Jahre, 1936, Berlin

Dornier, Marcel: Gemälde – Zeichnungen – Graphik, 1983, Sigmaringen

Douhet, Giulio: Luftherrschaft, 1935, Berlin

Do X 1929. Nachdruck der in der Schweizer Aero Revue erschienenen Berichte, 1979, Friedrichshafen

Eckener, Dr. Hugo: Im Zeppelin über Länder und Meere – Erlebnisse und Erinnerungen, 1949, Flensburg

Die Entwicklung der militärischen Luftfahrt in Deutschland 1920 - 1933 – Planung und Maßnahmen zur Schaffung einer Fliegertruppe in der Reichswehr, 1962, Stuttgart

Gronau, Wolfgang von: Pionierflüge mit dem Dornier „Wal", 1974, Steinebach-Wörthersee

Guidi, Guido: Sviluppo e ettivita della C.M.A.S.A., 1973, Rom

Hansen, Ernst Willi: Reichswehr und Industrie. Rüstungswirtschaftliche Zusammenarbeit und wirtschaftliche Mobilmachungsvorbereitungen 1923 - 1932. Militärgeschichtliche Studien, Band 24, 1978, Boppard am Rhein

Herzfeldt, Rudolf: Geschäft und Aufgabe – 50 Jahre Zahnradfabrik Friedrichshafen, 1965, Wiesbaden

Homze, Edward L.: Arming the Luftwaffe. The Reich Air Ministry and the German Aircraft Industry 1919 - 1939, 1976, Lincoln/London

Jahrbuch für Luftverkehr 1925. Herausgeber: Fischer von Poturzyn, Berlin/Josef M. Jurinek, München, o. J., München
Küppers, Wilhelm: Start frei – Atlantik. Sehnsucht – Eroberung – Beherrschung. o.J., Hamburg

Luftverkehr über dem Ozean, 1934, Berlin

Milch, Erhard: Die Sicherheit im Luftverkehr. Aufgrund der Betriebsergebnisse der Deutschen Luft Hansa 1926 - 1928, 1929, Berlin

Mittelholzer, Walter/Gouzy, Rene/Heim, Arnold: Afrikaflug. Im Wasserflugzeug „Switzerland" von Zürich über den dunklen Erdteil nach dem Kap der Guten Hoffnung, 1927, Zürich/Leipzig

Polte, Oberst (Willy): Und wir sind doch geflogen! Meine Flugerlebnisse in drei Erdteilen, 1941, Gütersloh

Schiller, Hans von: Zeppelin. Wegbereiter des Luftverkehrs, 1966, Bad Godesberg

Schliephake, Hanfried: Wie die Luftwaffe wirklich entstand, 1972, Stuttgart

Verkehrsflieger berichten – Flugberichte und Bilder deutscher Flugzeugführer und Flugkapitäne, 1931, Berlin

Völker, Karl-Heinz: Die deutsche Luftwaffe 1933 - 1939. Aufbau, Führung und Rüstung der Luftwaffe sowie die Entwicklung der deutschen Luftkriegstheorie, 1967, Stuttgart

Völker, Karl-Heinz: Dokumente und Dokumentarfotos zur Geschichte der deutschen Luftwaffe. Aus den Geheimakten des Reichswehrministeriums 1919 - 1939 und des Reichsluftfahrtministeriums 1933 - 1939, 1968, Stuttgart

Vogt, Richard: Weltumspannende Memoiren eines Flugzeug-Konstrukteurs, Steinebach-Wörthsee

Zeppelin – Ein bedeutendes Kapitel aus der Geschichte der Luftfahrt, 1983; Friedrichshafen

Claude Dorniers Bruder Marcel entwarf dieses Plakat für die Rund- und Streckenflüge des Bodensee Aerolloyd mit dem Delphin (links); unten ein Flugschein.

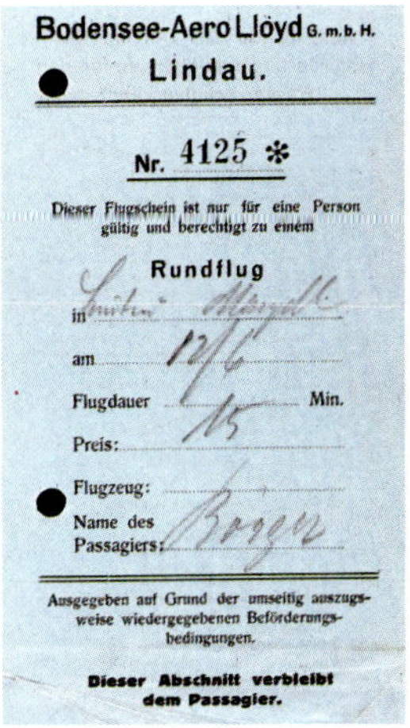

Bodensee-Aero Llöyd G. m. b. H.
Lindau.

Nr. 4125 *

Dieser Flugschein ist nur für eine Person gültig und berechtigt zu einem

Rundflug

in

am

Flugdauer Min.

Preis:

Flugzeug:

Name des Passagiers:

Ausgegeben auf Grund der umseitig auszugsweise wiedergegebenen Beförderungsbedingungen.

Dieser Abschnitt verbleibt dem Passagier.

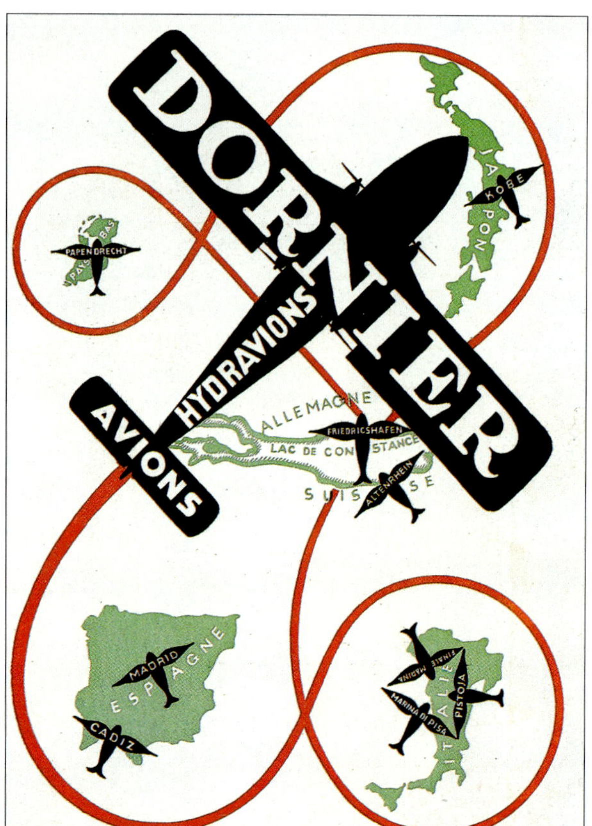

Eine Auswahl von Marcel Dorniers graphischen Arbeiten aus den zwanziger Jahren: Titelblatt für die Zeitschrift „Flugzeug und Yacht"; auf Anzeigen-Sujets zeigte er den Stammbaum der Dornier-Flugzeuge (rechts oben), die ausländischen Produktionsstätten in Japan, Italien, Spanien und Holland (rechts) sowie die Entwicklung der Beschäftigtenzahlen (ganz rechts).

Mit diesem Plakat warb die Lufthansa für ihre Flüge mit dem Dornier-Wal nach Helgoland.

The Illustrated Weekly

Vol XV No. 42 10¢

Deutsch-Amerika

Zeppelin und Dornier=Wal über Friedrichshafen.

Illustrated Weekly DEUTSCH-AMERIKA is published weekly by The Staats-Herold Corporation. Bernard H. Ridder, President; Amalie Wolffram, Vice President; Julius Holz, Vice President and General Manager; Joseph E. Ridder, Vice President; Felix Arnold, Treasurer; Victor F. Ridder, Secretary.—Place of business of the corpo ration and addresses of the above officers 22-24 North William Street, Borough Manhattan, New York, N. Y.—Entered as Second Class Matter February 4, 1922, at the Post Office at New York, N. Y., under the Act of March 3, 1879

Titelblatt der Zeitschrift „The Illustrated Weekly": Zeppelin und Dornier-Superwal über Friedrichshafen; vorne die Schloßkirche, im Hintergrund die Luftschiff-Hallen.

Titelblatt für einen Band mit den statischen Berechnungen für die zweimotorige Do N aus dem Jahr 1926.

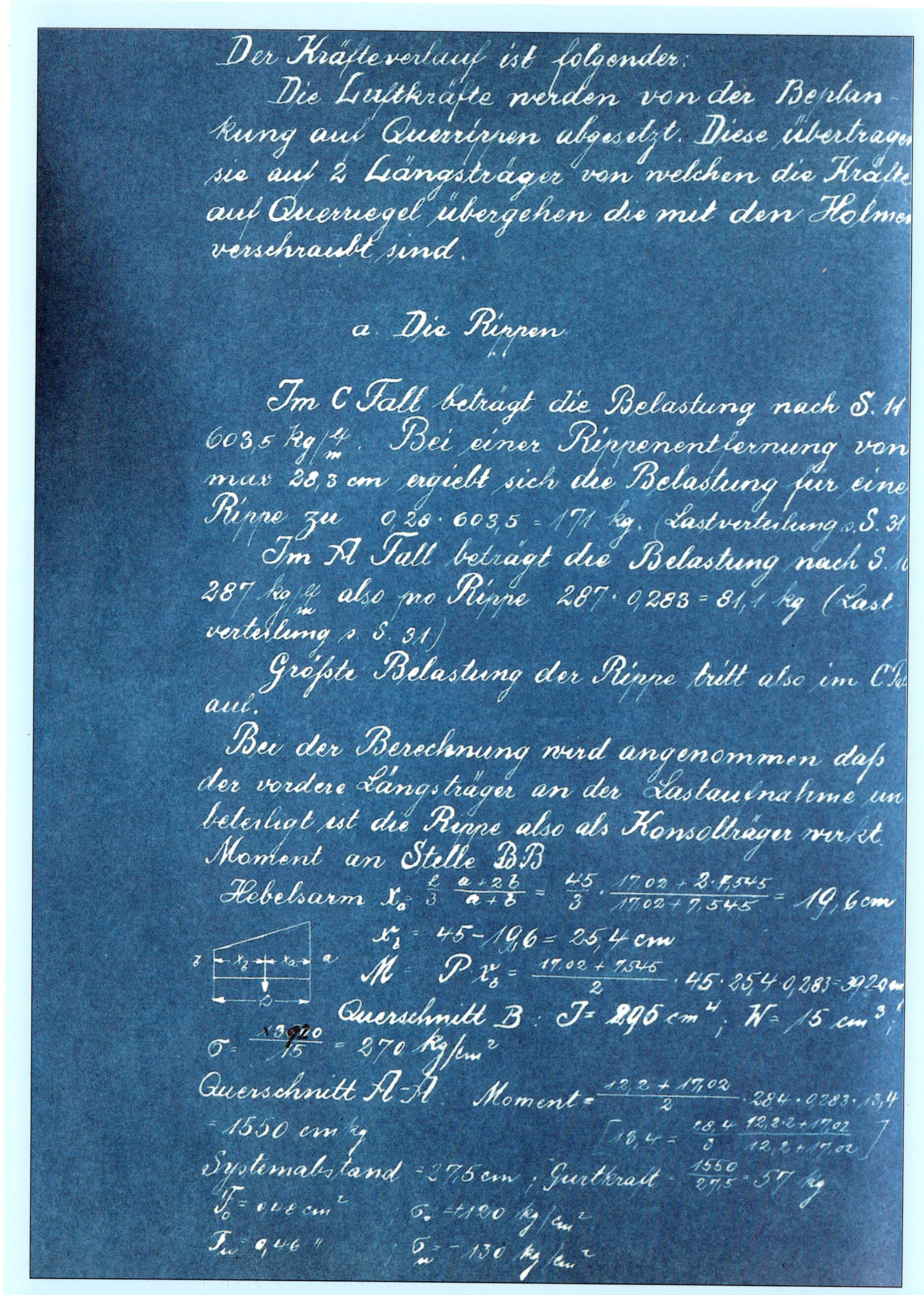

Der Kräfteverlauf ist folgender:

Die Luftkräfte werden von der Beplankung auf Querrippen abgesetzt. Diese übertragen sie auf 2 Längsträger von welchen die Kräfte auf Querriegel übergehen die mit den Holmen verschraubt sind.

a. Die Rippen

Im C Fall beträgt die Belastung nach S. 11 603,5 kg/m². Bei einer Rippenentfernung von max 28,3 cm ergiebt sich die Belastung für eine Rippe zu $0{,}28 \cdot 603{,}5 = 171$ kg. (Lastverteilung s. S. 31)

Im A Fall beträgt die Belastung nach S. 10 287 kg/m² also pro Rippe $287 \cdot 0{,}283 = 81{,}1$ kg (Lastverteilung s. S. 31)

Größte Belastung der Rippe tritt also im C Fall auf.

Bei der Berechnung wird angenommen daß der vordere Längsträger an der Lastaufnahme unbeteiligt ist die Rippe also als Konsolträger wirkt.

Moment an Stelle BB

Hebelsarm $x_a = \frac{l}{3}\,\frac{a+2b}{a+b} = \frac{45}{3} \cdot \frac{17{,}02 + 2 \cdot 7{,}545}{17{,}02 + 7{,}545} = 19{,}6$ cm

$x_b = 45 - 19{,}6 = 25{,}4$ cm

$M = P \cdot x_b = \frac{17{,}02 + 7{,}545}{2} \cdot 45 \cdot 25{,}4 \cdot 0{,}283 = 3920$ cmkg

Querschnitt B: $J = 296$ cm⁴; $W = 15$ cm³;

$\sigma = \frac{3920}{15} = 270$ kg/cm²

Querschnitt A-A. Moment $= \frac{12{,}2 + 17{,}02}{2} \cdot 28{,}4 \cdot 0{,}283 \cdot 13{,}4 = 1550$ cmkg

$\left[13{,}4 = \frac{28{,}4}{3}\,\frac{12{,}2 \cdot 2 + 17{,}02}{12{,}2 + 17{,}02}\right]$

Systemabstand $= 27{,}5$ cm; Gurtkraft $= \frac{1550}{27{,}5} = 57$ kg

$F_o = 0{,}48$ cm² ; $\sigma_o = +120$ kg/cm²

$F_u = 0{,}46$ " ; $\sigma_u = -130$ kg/cm²

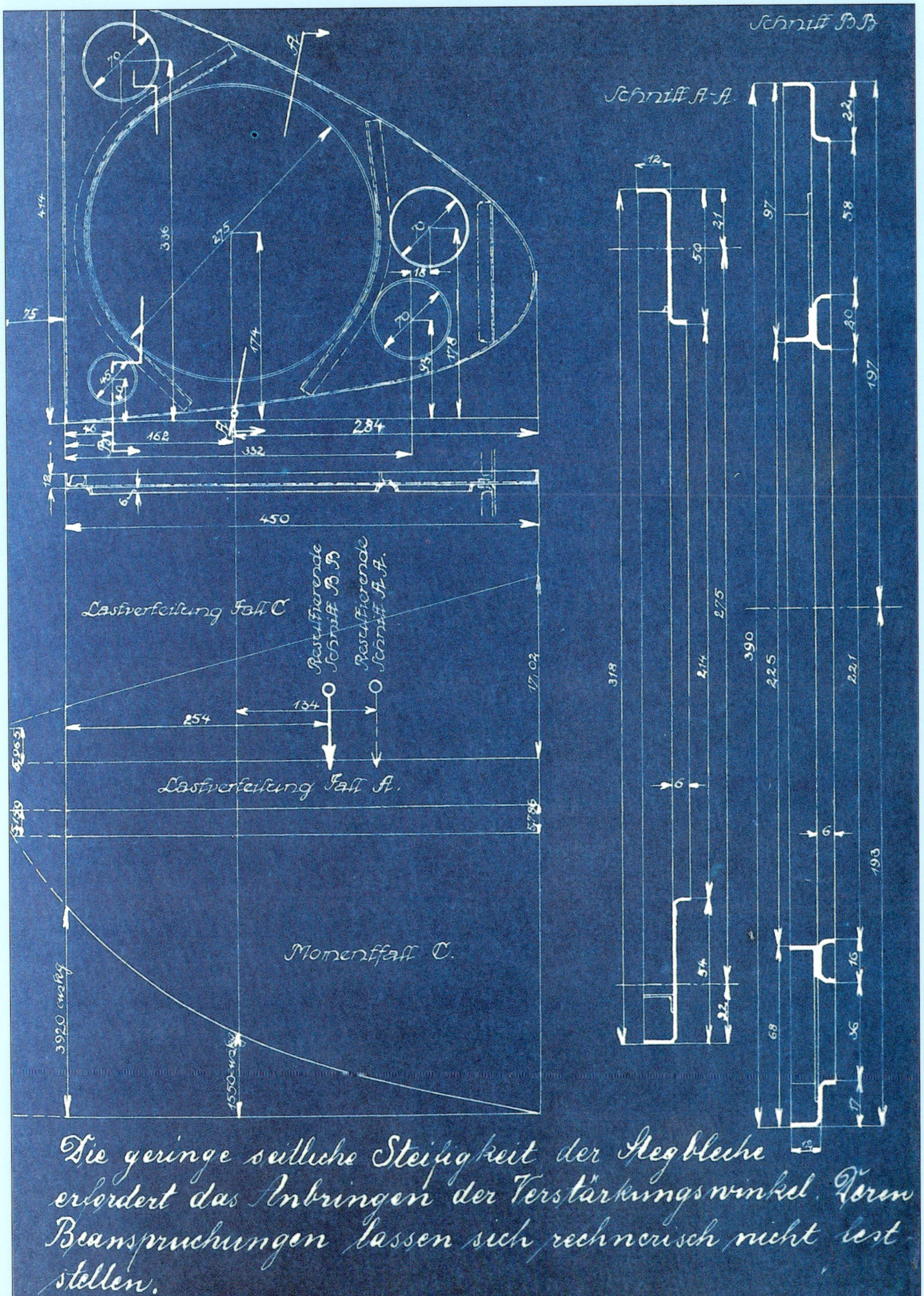

Frühe Dokumente des Metallflugzeugbaus: die sorgfältigen handschriftlichen Berechnungen für die Do N – hier am Beispiel der Rippen für die Tragflächen.

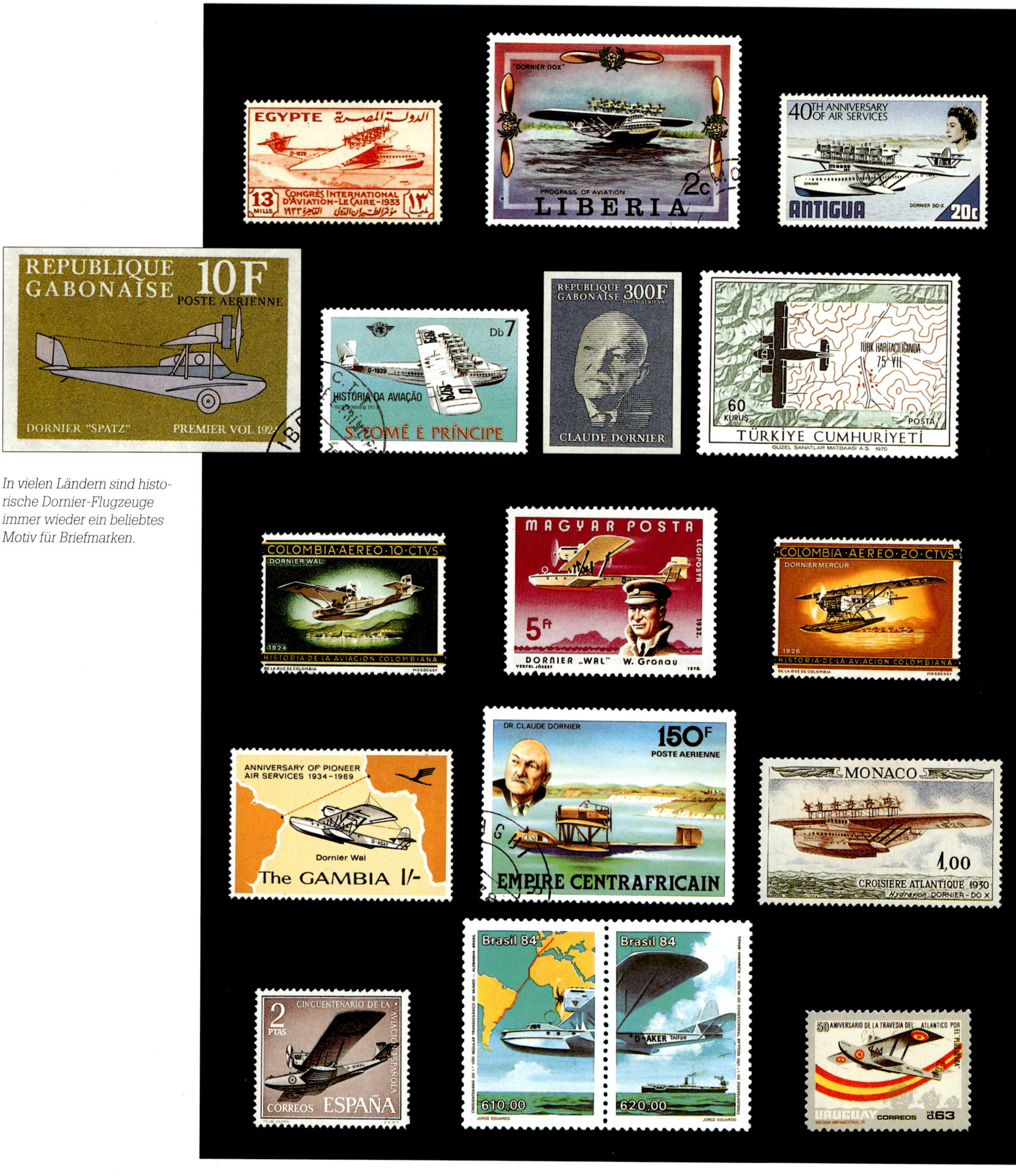

In vielen Ländern sind historische Dornier-Flugzeuge immer wieder ein beliebtes Motiv für Briefmarken.

Haus Doorn, den 11. November 1932.

Brieftelegramm

Seiner Majestät des Kaisers und Königs.

Ich beglückwünsche Sie und Ihre wackere Besatzung, zugleich im Namen Ihrer Majestät der Kaiserin, zum erfolgreichen Abschluß Ihres Fluges rund um den Erdball.

Vertrauen auf Ihr Dornier-Boot und seine Motoren haben Sie nach gründlich Vorstudien mit frischem Wagemut und echt deutscher Beharrlichkeit Ihr Ziel verfolgt und nach systematischer Leistungssteigerung nunmehr erreicht. Die, dank der unvergleichlichen Schöpfungen der Deutschen Technik, unter Ihrer Führung vollbrachte Leistung wird einen neuen Markstein bilden in der Entwicklung des Flugwesens, dem Ihre geniale Initiative neue Bahnen gewiesen ha

Ihnen und Ihren Kameraden Meinen Gruß !

Kapitänleutnant von Gronau
Dornierwerke
Altenrhein am Bodensee

Diesen Brief schrieb Kaiser Wilhelm II. aus seinem Exil im holländischen Doorn an Wolfgang von Gronau nach dessen aufsehenerregendem Weltrundflug mit dem Dornier-Wal im Jahr 1932.

LANGSTRECKENFL

IM ATLANTIKDIEN

Mit der Do 18, einem modernen Nachfolger des legendären Wal, beflog die Lufthansa ab 1935 ihre Postflugstrecken über den Südatlantik.

GBOOT DORNIER DO 18

DER DEUTSCHEN LUFTHANSA

Fachzeitschriften in aller Welt zeigten Dornier-Flugzeuge auf ihren Titelseiten.

Zum 25jährigen Dornier-Jubiläum im Jahr 1939 kam die Hauszeitschrift „Dornier Post" mit einem Titelbild der Do 18 heraus.

Rheingau Air Service
RAS
D-EGAO
Rheingau Air Service

Mit dem Kurzstartflugzeug Do 27 (ganz links) und der zweimotorigen Weiterentwicklung Do 28 (links) begann in den fünfziger Jahren der Wiederaufbau der Dornier-Werke.

Diese Do 335, im Jahr 1943 das schnellste serienmäßige Propellerflugzeug der Welt, kam 1974 aus den USA zurück und wurde bei Dornier für das Deutsche Museum in München restauriert (unten).

Die Do 28 D Skyservant entstand 1966 als robustes Kurzstart-Mehrzweckflugzeug, hier mit Radarantenne für die Seeraum-Überwachung (rechts).

Ein technologischer Höhepunkt der Dornier-Entwicklung war die Do 31 E, der erste und bisher einzige senkrechtstartende Strahltransporter der Welt (unten).